BIM 造价实训系列教程

BIM建筑工程计量与计价实训（四川版）

BIM Jianzhu Gongcheng Jiliang yu Jijia Shixun

主　编　张玲玲　王　婷

副主编　韦秋杰

重庆大学出版社

内容提要

本书分建筑工程计量和建筑工程计价上、下两篇。上篇建筑工程计量详细介绍了如何识图,如何从清单定额和平法图集角度进行分析,确定算什么,如何算的问题;讲解了如何应用广联达 BIM 土建计量平台 GTJ2018 软件完成工程量的计算。下篇建筑工程计价主要介绍了如何运用广联达云计价平台 GCCP5.0 完成工程量清单计价的全过程,并提供了报表实例。通过本书的学习,学生可以掌握正确的算量流程和组价流程,掌握软件的应用方法,能够独立完成工程量计算和清单计价。

本书可作为高校工程造价专业的实训教材,也可作为 GIAC 工程造价电算化应用技能认证考试教材,以及建筑工程技术、工程管理等专业的教学参考用书或岗位技能培训教材。

图书在版编目(CIP)数据

BIM 建筑工程计量与计价实训 : 四川版 / 张玲玲,王婷主编. -- 重庆 : 重庆大学出版社, 2020.8(2025.8 重印)

BIM 造价实训系列教程

ISBN 978-7-5689-2289-0

Ⅰ. ①B… Ⅱ. ①张… ②王… Ⅲ. ①建筑工程—计量—教材②建筑造价—教材 Ⅳ. ①TU723.32

中国版本图书馆 CIP 数据核字(2020)第 124051 号

BIM 造价实训系列教程

BIM 建筑工程计量与计价实训(四川版)

主　编　张玲玲　王　婷

副主编　韦秋杰

策划编辑:林青山

责任编辑:刘颖果　姜　凤　　版式设计:林青山

责任校对:关德强　　责任印制:赵　晟

*

重庆大学出版社出版发行

社址:重庆市沙坪坝区大学城西路 21 号

邮编:401331

电话:(023)88617190　88617185(中小学)

传真:(023)88617186　88617166

网址:http://www.cqup.com.cn

邮箱:fxk@ cqup.com.cn (营销中心)

全国新华书店经销

重庆正文印务有限公司印刷

*

开本:787mm×1092mm　1/16　印张:23　字数:561 千

2020 年 8 月第 1 版　2025 年 8 月第 7 次印刷

印数:14 001—15 500

ISBN 978-7-5689-2289-0　定价:59.00 元

出版说明

随着科学技术日新月异的发展，近两年“云、大、移、智”等技术深刻影响到社会的方方面面，数字建筑时代也悄然到来。建筑业传统建造模式已不再符合可持续发展的要求，迫切需要利用以信息技术为代表的现代科技手段，实现中国建筑产业转型升级与跨越式发展。在国家政策倡导下，积极探索基于信息化技术的现代建筑业的新材料、新工艺、新技术发展模式已成大势所趋。中国建筑产业转型升级就是以互联化、集成化、数据化、智能化的信息化手段为有效支撑，通过技术创新与管理创新，带动企业与人员能力的提升，最终实现建造过程、运营过程、建筑及基础设施产品三方面的升级。数字建筑集成了人员、流程、数据、技术和业务系统，管理建筑物从规划、设计开始到施工、运维的全生命周期。数字时代，建筑将呈现数字化、在线化、智能化的“三化”新特性，建筑全生命周期也呈现出全过程、全要素、全参与方的“三全”新特征。

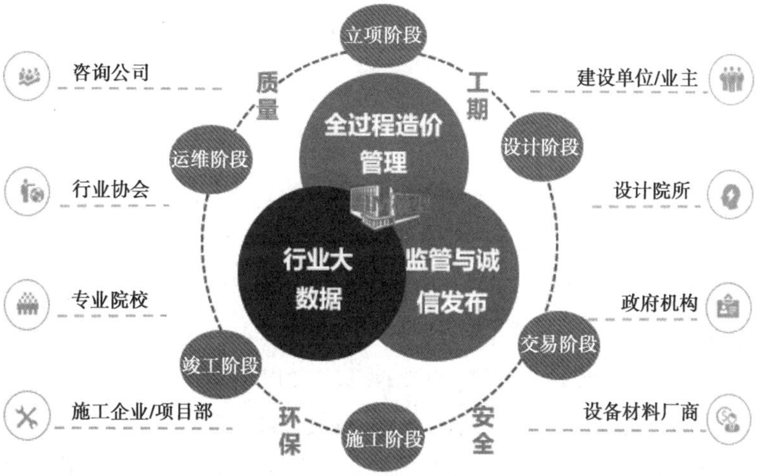

在工程造价领域，住房和城乡建设部于 2017 年发布《工程造价事业发展“十三五”规划》的通知，提出要加强对市场价格信息、造价指标指数、工程案例信息等各类型、各专业造价信息的综合开发利用。提出利用“云 + 大数据”技术丰富多元化信息服务种类，培育全过程工程咨询，建立健全合作机制，促进多元化平台良性发展。提出了大力推进 BIM 技术在工程造价事业中的应用，大力发展以 BIM、大数据、云计算为代表的先进技术，从而提升信息服务能力，构建信息服务体系。造价改革顶层设计为工程造价领域指出了以数据为核心的发展方向，也为数字化指明了方向。

产业深刻变革的背后，需要新型人才。为了顺应新时代、新建筑、新教育的趋势，广联达科技股份有限公司(以下简称"广联达公司")再次联合国内各大院校,组织编写新版《广联达 BIM 工程造价实训系列教程》,以帮助院校培养建筑行业的新型人才。新版教材编制框架分为 7 个部分,具体如下:

①图纸分析:解决识图的问题。

②业务分析:从清单、定额两个方面进行分析,解决本工程要算什么以及如何算的问题。

③如何应用软件进行计算。

④本阶段的实战任务。

⑤工程实战分析。

⑥练习与思考。

⑦知识拓展。

新版教材、配套资源以及授课模式讲解如下:

1. 系列教材及配套资源

本系列教材包含案例图集《1 号办公楼施工图(含土建和安装)》和分地区版的《BIM 建筑工程计量与计价实训》两本教材配套使用。为了方便教师开展教学,与目前新清单、新定额、16G 平法相配套,切实提高实际教学质量,按照新的内容全面更新实训教学配套资源。具体教学资源如下:

①BIM 建筑工程计量与计价实训教学指南。

②BIM 建筑工程计量与计价实训授课 PPT。

③BIM 建筑工程计量与计价实训教学参考视频。

④BIM 建筑工程计量与计价实训阶段参考答案。

2. 教学软件

①广联达 BIM 土建计量平台 GTJ。

②广联达云计价平台 GCCP5.0。

③广联达测评认证考试平台:学生提交土建工程/计价工程成果后自动评分,出具评分报告,并自动汇总全班成绩,快速掌握学生的作答提交数据和学习情况。

以上所列除教材以外的资料,由广联达公司以课程的方式提供。

3. 教学授课模式

在授课方式上,建议老师采用"团建八步教学法"(以下简称"八步教学法")模式进行教学,充分合理、有效利用课程资料包的所有内容,高效完成教学任务,提升课堂教学效果。

何为团建?团建就是将班级学生按照成绩优劣等情况合理地搭配分成若干个小组,有效地形成若干个团队,形成共同学习、相互帮助的小团队。同时,老师引导各个团队形成不同的班级管理职能小组(学习小组、纪律小组、服务小组、娱乐小组等)。授课时老师组织引导各职能小组发挥作用,帮助老师有效管理课堂和自主组织学习。本授课方法主要以组建团队为主导,以团建的形式培养学生自我组织学习、自我管理,形成团队意识、竞争意识。在实训过程中,所有学生以小组团队身份出现。老师按照"八步教学法"的步骤,首先对整个实训工程案例进行切片式阶段任务设计,每个阶段任务利用"八步教学法"合理贯穿实施。整个课程利用我们提供的教学资料包进行教学,备、教、练、考、评一体化课堂设计,老师主要扮演组织者、引导者角色,学生作为实训学习的主体,发挥主要作用,实训效果在学生身上得到充分体现。

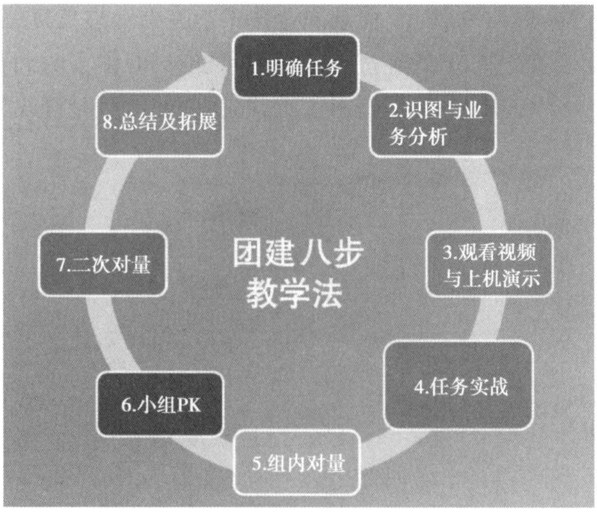

“八步教学法”授课操作流程如下：

第一步，明确任务：本堂课的任务是什么；该任务是在什么情境下；该任务的计算范围（哪些项目需要计算，哪些项目不需要计算）。

第二步，识图与业务分析（结合案例图纸）：以团队的方式进行图纸及业务分析，找出各任务中涉及构件的关键参数及图纸说明，从定额、清单两个角度进行业务分析，确定算什么，如何算。

第三步，观看视频与上机演示：老师采用播放完整的案例操作及业务讲解视频，也可以自行根据需要上机演示操作，主要是明确本阶段的软件应用的重要功能，操作上机的重点及难点。

第四步，任务实战：老师根据已布置的任务，规定完成任务的时间，团队学生自己动手操作，配合老师辅导指引，在规定时间内完成阶段任务。学生在规定时间内完成任务后，提交个人成果至考试平台自动评分，得出个人成绩；老师在考试平台直接查看学生的提交情况和成绩汇总。

第五步，组内对量：评分完毕后，学生根据每个人的成绩，在小组内利用云对比进行对量，讨论完成对量问题，如找问题、查错误、优劣搭配、自我提升。老师要求每个小组最终出具一份能代表小组实力的结果文件。

第六步，小组 PK：每个小组上交最终成功文件后，老师再次使用评分软件进行评分，测出各个小组的成绩优劣，希望能通过此成绩刺激小组的团队意识以及学习动力。

第七步，二次对量：老师下发标准答案，学生再次利用云对比与标准答案进行结果对比，从而找出错误点加以改正。掌握本堂课所有内容，提升自己的能力。

第八步，总结及拓展：学生小组及个人总结；老师针对本堂课的情况进行总结及知识拓展，最终共同完成本堂课的教学任务。

随着高校对实训教学的深入开展，广联达教育事业部造价组联合全国高校资深专业教师，倾力打造完美的造价实训课程。

广联达公司张玲玲、成都职业技术学院王婷担任主编；成都职业技术学院韦秋杰担任副主编。具体编写分工如下：广联达公司张玲玲负责编写绪论、第 1 章和附录，成都职业技术学院王婷负责编写第 2—6、13—15 章，成都职业技术学院韦秋杰负责编写第 7—12 章。

本系列教材在编写过程中，虽然经过反复斟酌和校对，但由于时间紧迫、编者能力有限，书中难免存在不足之处，诚望广大读者提出宝贵意见，以便再版时修改完善。

张玲玲

2019 年 7 月于北京

目录
CONTENTS

下篇　建筑工程计价

0 绪　论

1) BIM 给造价行业带来的优势

(1)提高工程量的准确性

从理论上讲,从工程图纸上得出的工程量是一个唯一确定的数值,然而不同的造价人员由于受各自的专业知识水平所限,他们对图纸的理解不同,最后会得到不同的数据。利用 BIM 技术计算工程量,主要是运用三维图形算量软件中的建模法和数据导入法。建模法是在计算机中绘制建筑物基础、墙、柱、梁、板、楼梯等构件模型图,然后软件根据设置的清单和定额工程量计算规则,充分利用几何数学的原理自动计算工程量。计算时以楼层为单位,在计算机界面中输入相关构件数据,建立整栋楼层基础、墙、柱、梁、板、楼梯等的建筑模型,根据建好的模型进行工程量计算。数据导入法是将工程图纸的 CAD 电子文档直接导入三维图形算量软件,软件会智能识别工程设计图中的各种建筑结构构件,快速虚拟出仿真建筑,结合对构件属性的定义,以及对构件进行转化就能准确计算出工程量。这两种基于 BIM 技术计算工程量的方法,不仅可以减少造价人员对经验的依赖,同时还可以使工程量的计算更加准确真实。BIM 的 5D 模型可以为整个项目的各个时期的造价管理提供精确依据,再通过模型获得施工各个时期甚至任意时间段的工程量,大大降低了造价人员的计算量,极大地提高了工程量的准确性。

(2)提升工程结算效率

工程结算中一个比较麻烦的问题就是核对工程量。尤其对单价合同而言,在单价确定的情况下,工程量对合同总价的影响甚大,因此核对工程量就显得尤为重要。钢筋、模板、混凝土、脚手架等在工程中被大量采用的材料,都是造价工程师核对工程量的要点,需要耗费大量的时间和精力。BIM 技术引入后,承包商利用 BIM 模型对该施工阶段的工程量进行一定的修改及深化,并将其包含在竣工资料里提交给业主,经过设计单位审核后,作为竣工图的一个最主要组成部分转交给咨询公司进行竣工结算,施工单位和咨询公司基于这个 BIM 模型导出的工程量是一致的。这就意味着承包商在提交竣工模型的同时也提交了工程量,设计单位在审核模型的同时就已经审核了工程量。也就是说,只要是项目参与人员,无论是咨询单位、设计单位,还是施工单位或业主,所有获得这个 BIM 模型的人,得到的工程量都是一样的,从而大大提高了工程结算的效率。

(3)提高核心竞争力

造价人员是否会被 BIM 技术所取代呢? 其实不然,只要造价人员积极了解 BIM 技术给造价行业带来的变革,积极提升自身的能力,就不会被取代。

当然,如果造价人员的核心竞争力仅体现在对数字、计算等简单重复的工作,那么软件的高度自动化计算一定会取代造价人员。相反,如果造价人员能够掌握一些软件很难取代的知识,比如精通清单、定额、项目管理等,BIM 软件还将成为提高造价人员专业能力的好帮手。因此,BIM 技术的引入和普及发展,不过是淘汰专业技术能力差的从业人员。算量是基础,软件只是减少了工作强度,这样会让造价人员的工作不再局限于算量这一小部分,而是上升到对整个项目的全面掌握,例如全过程造价管理、项目管理、精通合同、施工技术、法律法规等,掌握这些能显著提高造价人员核心竞争力的专业能力,将会为造价人员带来更好的职业发展。

2)BIM 在全过程造价管理中的应用

(1)BIM 在投资决策阶段的应用

投资决策阶段是建设项目最关键的一个阶段,它对项目工程造价的影响高达 70% ~ 90%,利用 BIM 技术,可以通过相关的造价信息以及 BIM 数据模型来比较精确地预估不可预见费用,减少风险,从而更加准确地确定投资估算。在进行多方案比选时,还可通过 BIM 技术进行方案的造价对比,选择更合理的方案。

(2)BIM 在设计阶段的应用

设计阶段对整个项目工程造价管理有十分重要的影响。通过 BIM 模型的信息交流平台,各参与方可以在早期介入建设工程中。在设计阶段使用的主要措施是限额设计,通过它可以对工程变更进行合理控制,确保总投资不增加。完成建设工程设计图纸后,将图纸内的构成要素通过 BIM 数据库与相应的造价信息相关联,实现限额设计的目标。

在设计交底和图纸审查时,通过 BIM 技术,可以将与图纸相关的各个内容汇总到 BIM 平台进行审核。利用 BIM 的可视化模拟功能,进行模拟、碰撞检查,减少设计失误,降低因设计错误或设计冲突导致的返工费用,实现设计方案在经济和技术上的最优。

(3)BIM 在招投标阶段的应用

BIM 技术的推广与应用,极大地提高了招投标管理的精细化程度和管理水平。招标单位通过 BIM 模型可以准确计算出招标所需的工程量,编制招标文件,最大限度地减少施工阶段因工程量问题产生的纠纷。投标单位的经济标是基于较为准确的模型工程量清单制订的,同时可以利用 BIM 模型进一步完善施工组织设计,进行重大施工方案预演,做出较为优质的技术标,从而综合有效地制订本单位的投标策略,提高中标率。

(4)BIM 在施工阶段的应用

在进度款支付时,往往会因为数据难以统一而花费大量的时间和精力,利用 BIM 技术中的 5D 模型可以直观地反映不同建设时间点的工程量完成情况,并及时进行调整。BIM 还可以将招投标文件、工程量清单、进度审核预算等进行汇总,便于成本测算和工程款的支付。另外,利用 BIM 技术的虚拟碰撞检查,可以在施工前发现并解决碰撞问题,有效地减少变更次数,从而有利于控制工程成本,加快工程进度。

(5)BIM 在竣工验收阶段的应用

传统模式下的竣工验收阶段,造价人员需要核对工程量,重新整理资料,计算细化到柱、梁,由于造价人员的经验水平和计算逻辑不尽相同,因此在对量过程中经常产生争议。

BIM 模型可将前几个阶段的量价信息进行汇总,真实完整地记录建设全过程发生的各项数据,提高工程结算效率并更好地控制建造成本。

3)BIM 对建设工程全过程造价管理模式带来的改变

(1)建设工程项目采购模式的选择变化

建设工程全过程造价管理作为建设工程项目管理的一部分,其能否顺利开展和实施与建设工程项目采购模式(承发包模式)是密切相关的。

目前,在我国建设工程领域应用最为广泛的采购模式是 DBB 模式,即设计—招标—施工模式。在 DBB 模式下应用 BIM 技术,可为设计单位提供更好的设计软件和工具,增强设计效果,但是由于缺乏各阶段、各参与方之间的共同协作,BIM 技术作为信息共享平台的作用和价值将难以实现,BIM 技术在全过程造价管理中的应用价值将被大大削弱。

相对于 DBB 模式,在我国目前的建设工程市场环境下,DB 模式(设计—施工模式)更加有利于 BIM 的实施。在 DB 模式下,总承包商从项目开始到项目结束都承担着总的管理及协调工作,有利于 BIM 在全过程造价管理中的实施,但是该模式下也存在着业主过于依赖总承包商的风险。

(2)工作方式的变化

传统的建设工程全过程造价管理是从建设工程项目投资决策开始,到竣工验收直至试运行投产为止,对所有的建设阶段进行全方位、全面的造价控制和管理,其工作方式多为业主主导,具体由一家造价咨询单位承担全过程的造价管理工作。这种工作方式能够有效避免多头管理,利于明确职责与风险,使全过程造价管理工作系统地开展与实施。但在这种工作方式下,项目参建各方无法有效融入造价管理全过程。

在基于 BIM 的全过程造价管理体系下,全过程造价管理工作不再仅仅是造价咨询单位的职责,甚至不是由其承担主要职责。项目各参与方在早期便介入项目中,共同进行全过程造价管理,工作方式不再是传统的由造价咨询单位与各个参与方之间的“点对点”的形式,而是各个参与方之间的造价信息都聚集在 BIM 信息共享平台上,组成信息“面”。因此,工作方式变成造价咨询单位、各个项目参与方与 BIM 平台之间的“点对面”的形式,信息的交流从“点”升级为“面”,信息传递更为及时、准确,造价管理的工作效率也更高。

(3)组织架构的变化

传统的建设工程全过程造价管理的工作组织架构较为简单,负责全过程造价管理的造价咨询单位是组织架构中的主导,各参与方之间的造价管理人员配合造价咨询单位完成全过程造价管理工作。

在基于 BIM 的建设工程全过程造价管理体系下,各参与方最理想的组织架构应该是类似于集成项目交付(Integrated Project Delivery,IPD)模式下的组织架构,即由各参与方抽调具备基于 BIM 技术能力的造价管理人员,组建基于 BIM 的造价管理工作小组(该工作小组不再以造价咨询单位为主导,甚至可以不再需要造价咨询单位的参与)。这个基于 BIM 的造价管理工作小组以业主为主导,从建设工程项目投资决策阶段开始,到项目竣工验收直至试运行投产为止,贯穿建设工程的所有阶段,涉及所有项目参与方,承担建设工程全过程的造价管理工作。这种组织架构有利于 BIM 信息流的集成与共享,有利于各阶段之间、各参与方之间造价管理工作的协调与合作,有利于建设工程全过程造价管理工作的开展与实施。

国外大量成功的实践案例证明,只有找到适合 BIM 特点的项目采购模式、工作方式、组织架构,才能更好地发挥 BIM 的应用价值,才能更好地促进基于 BIM 的建设工程全过程造价管理体系的实施。

4)将 BIM 应用于建设工程全过程造价管理的障碍

(1)具备基于 BIM 的造价管理能力的专业人才缺乏

基于 BIM 的建设工程全过程造价管理,要求造价管理人员在早期便参与到建设工程项目中来,参与决策、设计、招投标、施工、竣工验收等全过程,从技术、经济的角度出发,在精通造价管理知识的基础上,熟知 BIM 应用技术,制订基于 BIM 的造价管理措施及方法,能够通过 BIM 进行各项造价管理工作的实施,与各参与方之间进行信息共享、组织协调等工作,这对造价管理人员的素质要求更为严格。显然,在我国目前的建筑业环境中,既懂 BIM,又精通造价管理的人才十分缺乏,这些都不利于我国 BIM 技术的应用及推广。

(2)基于 BIM 的建设工程全过程造价管理应用模式障碍

BIM 意味着一种全新的行业模式,而传统的工程承发包模式并不足以支持 BIM 的实施,因此需要一种新的适应 BIM 特征的建设工程项目承发包模式。目前应用最为广泛的 BIM 应用模式是集成产品开发(Integrated Product Development,IPD)模式,即把建设单位、设计单位、施工单位及材料设备供应商等集合在一起,各方基于 BIM 进行有效合作,优化建设工程的各个阶段,减少浪费,实现建设工程效益最大化,进而促进基于 BIM 的全过程造价管理的顺利实施。IPD 模式在建设工程中收到了很好的效果,然而即使在国外,也是通过长期的摸索,最终形成了相应的制度及合约模板,才使得 IPD 模式的推广应用成为可能。将 BIM 技术引入我国建筑业中,IPD 是一个很好的可供借鉴的应用模式,然而由于我国当前的建筑工程市场仍不成熟,相应的制度还需进一步完善,与国外的应用环境差别较大,因此 IPD 模式在我国的应用及推广也会面临很多问题。

上篇

建筑工程计量

1 算量基础知识

通过本章的学习,你将能够:
(1)掌握软件算量的基本原理;
(2)掌握软件算量的操作流程;
(3)掌握软件绘图学习的重点;
(4)能够正确识读建筑施工图和结构施工图。

1.1 软件算量的基本原理

通过本节的学习,你将能够:
掌握软件算量的基本原理。

建筑工程量的计算是一项工作量大而繁重的工作,工程量计算的算量工具也随着信息化技术的发展,经历算盘、计算器、计算机表格、计算机建模几个阶段,如图 1.1 所示。现在我们采用的是通过建筑模型进行工程量的计算。

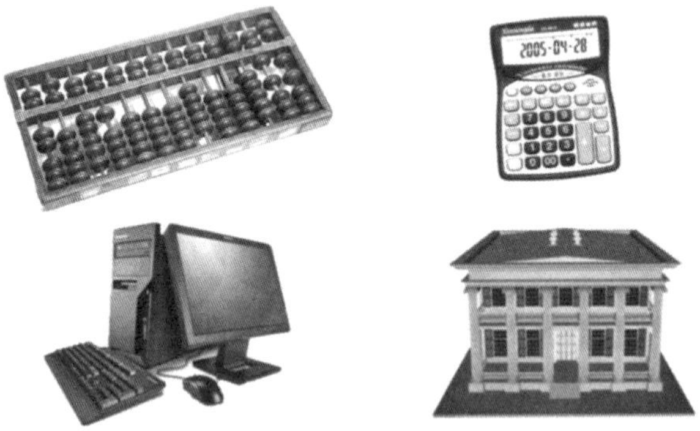

图 1.1

目前,建筑设计输出的图纸绝大多数采用二维设计,提供建筑的平、立、剖面图纸,对建筑物进行表达。而建模算量则是将建筑平、立、剖面图结合,建立建筑的空间模型。模型的正确建立可以准确地表达各类构件之间的空间位置关系,土建算量软件则按计算规则计算各类构件的工程量,构件之间的扣减关系则根据模型由程序进行处理,从而准确计算出各类构件的工程量。为方便工程量的调用,将工程量以代码的方式提供,套用清单与定额时可以直接套用,如图 1.2 所示。

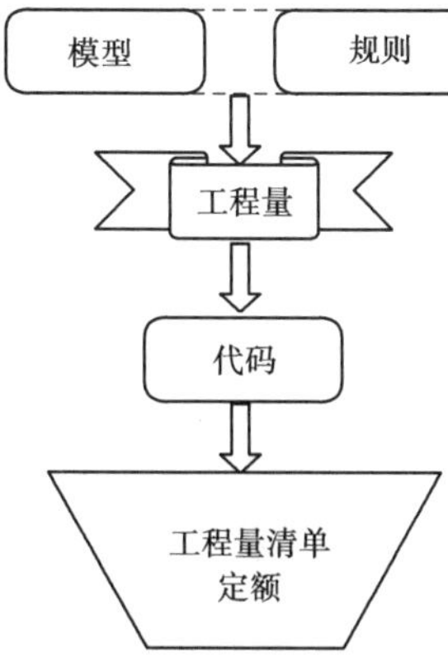

图 1.2

使用土建算量软件进行工程量计算,已经从手工计算的大量书写与计算转化为建立建筑模型。无论用手工算量还是软件算量,都有一个基本的要求,那就是知道算什么以及如何算。知道算什么,是做好算量工作的第一步,也就是业务关,手工算量、软件算量只是采用了不同的手段而已。

软件算量的重点:一是快速地按照图纸的要求,建立建筑模型;二是将算出来的工程量和工程量清单及定额进行关联;三是掌握特殊构件的处理及灵活应用。

1.2　软件算量操作

通过本节的学习,你将能够:
描述软件算量的基本操作流程。

在进行实际工程的绘制和计算时。GTJ 相对以往的 GCL 与 GGJ 来说,在操作上有很多相同的地方,但在流程上更加有逻辑性,也更简便,大体流程如图 1.3 所示。

1)分析图纸

拿到图纸后应先分析图纸,熟悉工程建筑结构图纸说明,正确识读图纸。

2)新建工程/打开文件

启动软件后,会出现新建工程的界面,左键单击即可,如果已有工程文件,单击打开文件即可,详细步骤“见 2.1 节新建工程”部分内容。

3)工程设置

工程设置包括基本设置、土建设置和钢筋设置三大部分。在基本设置中可以进行工程信息和楼层设置;在土建设置中可以进行计算设置和计算规则设置;在钢筋设置中可以进行

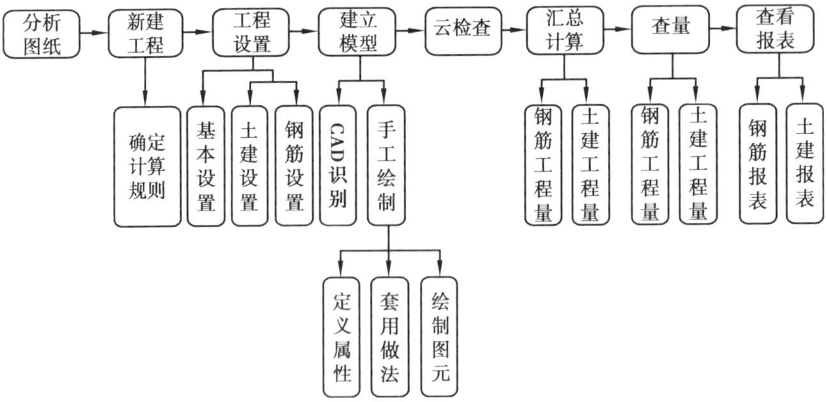

图 1.3

计算设置、比重设置、弯钩设置、损耗设置和弯曲调整值设置。

4)建立模型

建立模型有两种方式:第一种是通过 CAD 识别,第二种是通过手工绘制。CAD 识别包括识别构件和识别图元。手工绘制包括定义属性、套用做法及绘制图元。在建模过程中,可以通过建立轴网→建立构件→设置属性/做法套用→绘制构件完成建模。轴网的创建可以为整个模型的创建确定基准,建立构件包括柱、墙、门窗洞、梁、板、楼梯、装修、土方、基础等构件的创建。新创建出的构件需要设置属性,并进行做法套用,包括清单和定额项的套用。最后,在绘图区域将构件绘制到相应的位置即可完成建模。

5)云检查

模型绘制好后可以进行云检查,软件会从业务方面检查构件图元之间的逻辑关系。

6)汇总计算

云检查无误后,进行汇总计算,计算钢筋和土建工程量。

7)查量

汇总计算后,查看钢筋和土建工程量,包括查看钢筋三维显示、钢筋及土建工程量的计算式。

8)查看报表

最后是查看报表,包括钢筋报表和土建报表。

【说明】

在进行构件绘制时,针对不同的结构类型,采用不同的绘制顺序,一般为:

剪力墙结构:剪力墙→门窗洞→暗柱/端柱→暗梁/连梁。

框架结构:柱→梁→板→砌体墙部分。

砖混结构:砖墙→门窗洞→构造柱→圈梁。

软件做工程的处理流程一般为:

先地上、后地下:首层→二层→三层→……→顶层→基础层。

先主体、后零星:柱→梁→板→基础→楼梯→零星构件。

1.3 软件绘图学习的重点——点、线、面的绘制

通过本节的学习,你将能够:
掌握软件绘图的重点。

GTJ2018 主要是通过绘图建立模型的方式来进行工程量的计算,构件图元的绘制是软件使用中的重要部分。对绘图方式的了解是学习软件算量的基础,下面概括介绍软件中构件的图元形式和常用的绘制方法。

1)构件图元的分类

工程实际中的构件按照图元形状可分为点状构件、线状构件和面状构件。

①点状构件包括柱、门窗洞口、独立基础、桩、桩承台等。

②线状构件包括梁、墙、条基等。

③面状构件包括现浇板、筏板等。

不同形状的构件,有不同的绘制方法。下面主要介绍一些最常用的"点"画法和"直线"画法。

2)"点"画法和"直线"画法

(1)"点"画法

"点"画法适用于点状构件(如柱)和部分面状构件(如现浇板),其操作方法如下:

①在"构件工具条"中选择一种已经定义的构件,如 KZ-1,如图 1.4 所示。

图 1.4

②在"建模"选项卡下的"绘图"面板中选择"点",如图 1.5 所示。

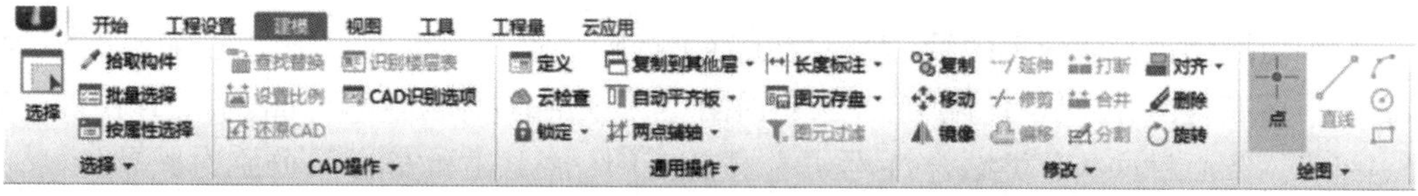

图 1.5

③在绘图区,用鼠标左键单击一点作为构件的插入点,完成绘制。

(2)"直线"画法

"直线"绘制主要用于线状构件(如梁和墙),当需要绘制一条或多条连续直线时,可采用绘制"直线"的方式,其操作方法如下:

①在"构件工具条"中选择一种已经定义好的构件,如墙 QTQ-1。

②在"建模"选项卡下的"绘图"面板中选择"直线",如图 1.6 所示。

③用鼠标点取第一点,再点取第二点即可画出一道墙,再点取第三点,就可在第二点和

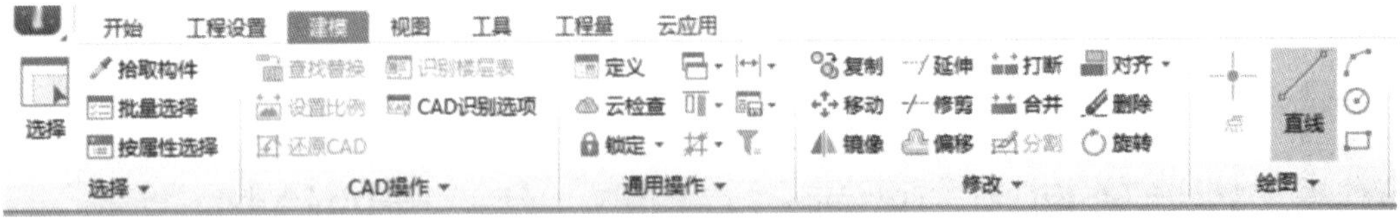

图 1.6

第三点之间画出第二道墙,以此类推。这种画法是系统默认的画法。当需要在连续画的中间从一点直接跳到一个不连续的地方时,先单击鼠标右键临时中断,然后再到新的轴线交点上继续点取第一点开始连续画图,如图 1.7 所示。

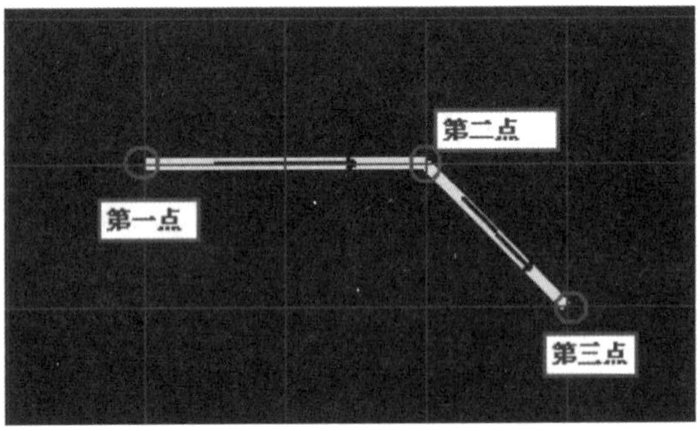

图 1.7

1.4 建筑施工图

通过本节的学习,你将能够:

(1)熟悉建筑设计总说明的主要内容;

(2)熟悉建筑施工图及其详图的重要信息。

对于房屋建筑土建施工图纸,大多数分为建筑施工图和结构施工图。建筑施工图纸大多由总平面布置图、建筑设计说明、各层平面图、立面图、剖面图、楼梯详图、节点详图表示方法等组成。下面就这些分类结合《1 号办公楼施工图(含土建和安装)》分别对其功能、特点逐一介绍。

1)总平面布置图

(1)概念

建筑总平面布置图表明新建房屋所在基础有关范围内的总体布置,它反映新建、拟建、原有和拆除的房屋、构筑物等的位置和朝向,室外场地、道路、绿化等的布置,地形、地貌、标高等以及原有环境的关系和邻界情况等。建筑总平面图也是房屋及其他设施施工的定位、土方施工以及绘制水、暖、电等管线总平面图和施工总平面图的依据。

(2)对编制工程预算的作用

①结合拟建建筑物位置,确定塔吊的位置及数量。

②结合场地总平面位置情况,考虑是否存在二次搬运。

③结合拟建工程与原有建筑物的位置关系,考虑土方支护、放坡、土方堆放调配等问题。

④结合拟建工程之间的关系,综合考虑建筑物的共有构件等问题。

2)建筑设计说明

(1)概念

建筑设计说明是对拟建建筑物的总体说明。

(2)主要内容

①建筑施工图目录。

②设计依据:设计所依据的标准、规范、规定、文件等。

③工程概况:内容一般应包括建筑名称、建设地点、建设单位、建筑面积、建筑基底面积、建筑工程等级、设计使用年限、建筑层数和建筑高度、防火设计建筑分类和耐火等级,人防工程防护等级、屋面防水等级、地下室防水等级、抗震设防烈度等,以及能反映建筑规模的主要技术经济指标,如住宅的套型和套数(包括每套的建筑面积、使用面积、阳台建筑面积,房间的使用面积可在平面图中标注)、旅馆的客房间数和床位数、医院的门诊人次和住院部的床位数、车库的停车泊位数等。

④建筑物定位及设计标高、高度。

⑤图例。

⑥用料说明和室内外装修。

⑦对采用新技术、新材料的做法说明及对特殊建筑造型和必要建筑构造的说明。

⑧门窗表及门窗性能(防火、隔声、防护、抗风压、保温、空气渗透、雨水渗透等)、用料、颜色、玻璃、五金件等的设计要求。

⑨幕墙工程(包括玻璃、金属、石材等)及特殊的屋面工程(包括金属、玻璃、膜结构等)的性能及制作要求,平面图、预埋件安装图等,以及防火、安全、隔声构造。

⑩电梯(自动扶梯)选择及性能说明(功能、载重量、速度、停站数、提升高度等)。

⑪墙体及楼板预留孔洞需封堵时的封堵方式说明。

⑫其他需要说明的问题。

3)各层平面图

在窗台上边用一个水平剖切面将房子水平剖开,移去上半部分、从上向下透视它的下半部分,可看到房子的四周外墙和墙上的门窗、内墙和墙上的门,以及房子周围的散水、台阶等。将看到的部分都画出来,并注上尺寸,就是平面图。

4)立面图

在与房屋立面平行的投影面上所作房屋的正投影图,称为建筑立面图,简称立面图。其中,反映主要出入口或比较显著地反映房屋外貌特征的那一面的立面图,称为正立面图,其余的立面图相应地称为背立面图和侧立面图。

5)剖面图

剖面图的作用是对无法在平面图及立面图上表述清楚的局部剖切,以表述清楚建筑内部的构造,从而补充说明平面图、立面图所不能显示的建筑物内部信息。

6)楼梯详图

楼梯详图由楼梯剖面图、平面图组成。由于平面图、立面图只能显示楼梯的位置,而无法清楚显示楼梯的走向、踏步、标高、栏杆等细部信息,因此设计中一般把楼梯用详图表达。

7)节点详图表示方法

为了补充说明建筑物细部的构造,从建筑物的平面图、立面图中特意引出需要说明的部位,对相应部位作进一步详细描述就构成了节点详图。下面就节点详图的表示方法作简要说明。

①被索引的详图在同一张图纸内,如图 1.8 所示。

图 1.8

②被索引的详图不在同一张图纸内,如图 1.9 所示。

图 1.9

③被索引的详图参见图集,如图 1.10 所示。

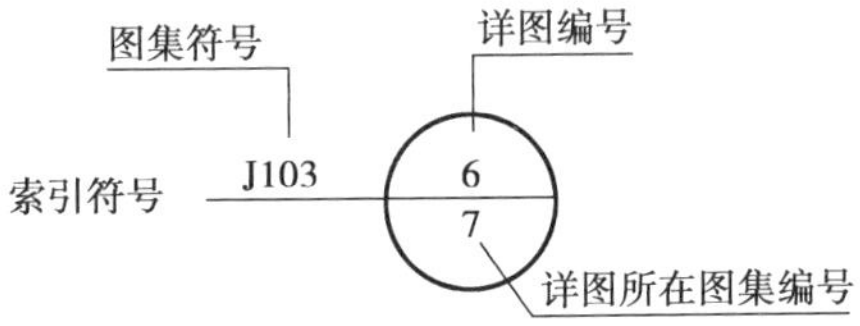

图 1.10

④索引的剖视详图在同一张图纸内,如图 1.11 所示。

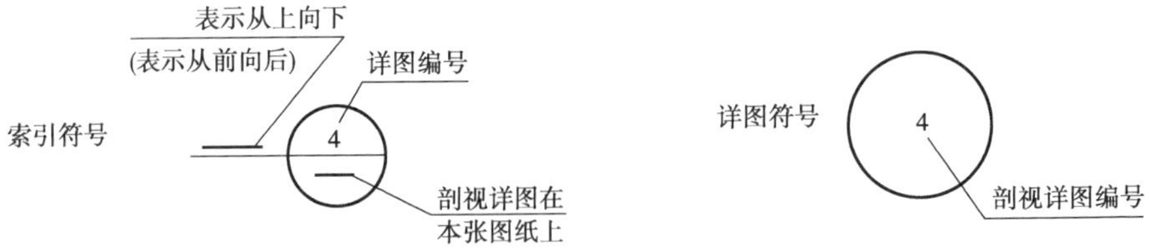

图 1.11

⑤索引的剖视详图不在同一张图纸内,如图 1.12 所示。

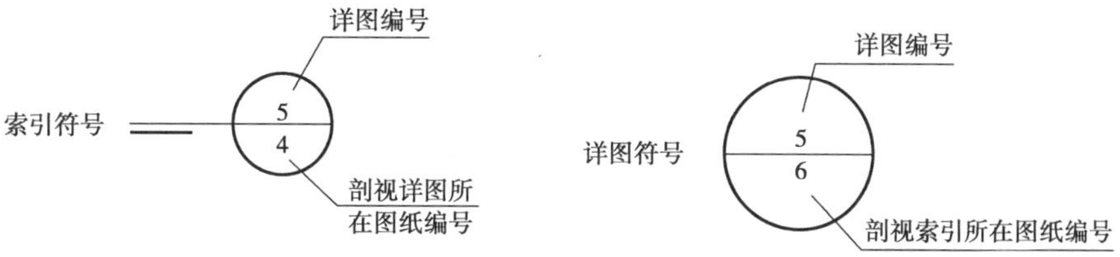

图 1.12

1.5 结构施工图

通过本节的学习,你将能够:
(1)熟悉结构设计总说明的主要内容;
(2)熟悉结构施工图及其详图的重要信息。

结构施工图纸一般包括图纸目录、结构设计总说明、基础平面图及其详图、墙柱定位图、各层结构平面图(模板图、板配筋图、梁配筋图)、墙柱配筋图及其留洞图、楼梯及其他构筑物详图(水池、坡道、电梯机房、挡土墙等)。

对造价工作者来讲,结构施工图主要是计算混凝土、模板、钢筋等工程量,进而计算其造价,而为了计算这些工程量,还需要了解建筑物的钢筋配置、摆放信息,了解建筑物的基础及其垫层、墙、梁、板、柱、楼梯等的混凝土强度等级、截面尺寸、高度、长度、厚度、位置等信息,预算角度也着重从这些方面加以详细阅读。下面结合《1 号办公楼施工图(含土建和安装)》分别对其功能、特点逐一进行介绍。

1)结构设计总说明

(1)主要内容

①工程概况:建筑物的位置、面积、层数、结构抗震类别、设防烈度、抗震等级、建筑物合理使用年限等。

②工程地质情况:土质情况、地下水位等。

③设计依据。

④结构材料类型、规格、强度等级等。

⑤分类说明建筑物各部位设计要点、构造及注意事项等。

⑥需要说明的隐蔽部位的构造详图,如后浇带加强、洞口加强筋、锚拉筋、预埋件等。

⑦重要部位图例等。

(2)编制预算时需注意的问题

①建筑物抗震等级、设防烈度、檐高、结构类型等信息,作为钢筋搭接、锚固的计算依据。

②土质情况,作为针对土方工程组价的依据。

③地下水位情况,考虑是否需要采取降排水措施。

④混凝土强度等级、保护层等信息,作为查套定额、计算钢筋的依据。

⑤钢筋接头的设置要求,作为计算钢筋的依据。

⑥砌体构造要求,包括构造柱、圈梁的设置位置及配筋、过梁的参考图集、砌体加固钢筋的设置要求或参考图集,作为计算圈梁、构造柱、过梁的工程量及钢筋量的依据。

⑦砌体的材质及砌筑砂浆要求,作为套砌体定额的依据。

⑧其他文字性要求或详图,有时不在结构平面图纸中画出,但应计算其工程量,举例如下:

a. 现浇板分布钢筋;

b. 施工缝止水带;

c. 次梁加筋、吊筋;

d. 洞口加强筋;

e. 后浇带加强钢筋等。

2)桩基平面图

编制预算时需注意的问题:

①桩基类型,结合“结构总说明”中的地质情况,考虑施工方法及相应定额子目。

②桩基钢筋详图,是否存在铁件,用来准确计算桩基钢筋及铁件工程量。

③桩顶标高,用来考虑挖桩间土方等因素。

④桩长。

⑤桩与基础的连接详图,考虑是否存在凿截桩头情况。

⑥其他计算桩基需要考虑的问题。

3)基础平面图及其详图

编制预算时需注意的问题:

①基础类型是什么?决定查套的子目。例如,需要注意判断是有梁式条基还是无梁式条基?

②基础详图情况,帮助理解基础构造,特别注意基础标高、厚度、形状等信息,了解在基础上生根的柱、墙等构件的标高及插筋情况。

③注意基础平面图及详图的设计说明,有些内容不画在平面图上,而是以文字的形式表达。

4)柱子平面布置图及柱表

编制预算时需注意的问题:

①对照柱子位置信息(b 边、h 边的偏心情况)及梁、板、建筑平面图柱的位置,从而理解柱子作为支座类构件的准确位置,为以后计算梁、墙、板等工程量做准备。

②柱子不同标高部位的配筋及截面信息(常以柱表或平面标注的形式出现)。

③特别注意柱子生根部位及高度截止信息,为理解柱子高度信息做准备。

5)梁平面布置图

编制预算时需注意的问题:

①结合剪力墙平面布置图、柱平面布置图、板平面布置图综合理解梁的位置信息。

②结合柱子位置,理解梁跨的信息,进一步理解主梁、次梁的概念及在计算工程量过程中的次序。

③注意图纸说明,捕捉关于次梁加筋、吊筋、构造钢筋的文字说明信息,防止漏项。

6)板平面布置图

编制预算时需注意的问题:

①结合图纸说明,阅读不同板厚的位置信息。

②结合图纸说明,理解受力筋范围信息。

③结合图纸说明,理解负弯矩钢筋的范围及其分布筋信息。

④仔细阅读图纸说明,捕捉关于洞口加强筋、阳角加筋、温度筋等信息,防止漏项。

7)楼梯结构详图

编制预算时需注意的问题:

①结合建筑平面图,了解不同楼梯的位置。

②结合建筑立面图、剖面图,理解楼梯的使用性能(举例:1#楼梯仅从首层通至3层,2#楼梯从负1层可以通往18层等)。

③结合建筑楼梯详图及楼层的层高、标高等信息,理解不同踏步板的数量、休息平台、平台的标高及尺寸。

④结合图纸说明及相应踏步板的钢筋信息,理解楼梯钢筋的布置情况,注意分布筋的特殊要求。

⑤结合详图及位置,阅读梯板厚度、宽度及长度,平台厚度及面积,楼梯井宽度等信息,为计算楼梯实际混凝土体积做准备。

1.6 图纸修订说明

1)建筑设计说明修改

六、墙体设计

1. 外墙:均为250 mm厚蒸压加气混凝土砌块。

2. 内墙:均为200 mm厚蒸压加气混凝土砌块。

3. 屋顶女儿墙:采用蒸压灰砂砖,240 mm厚。

门窗数量及门窗规格一览表

增加说明:塑钢窗使用推拉窗,飘窗使用平开窗,玻璃均采用钢化中空白玻,型号6 mm + 9A + 6 mm。

2)工程做法明细修改

一、室外装修设计

1.屋面

1)屋面1:不上人屋面

①20 mm 厚1:3水泥砂浆面层。

②1.5 mm 厚聚氨酯涂膜防水层(刷3遍),撒砂一层粘牢。

③20 mm 厚1:3水泥砂浆找平层。

④1:12 现浇水泥珍珠岩找坡层,$i=2\%$(最薄处20 mm 厚)。

⑤现浇混凝土屋面板。

2.外墙

1)外墙1:面砖外墙面(规格45 mm×45 mm)

①墙基层处理。

②20 mm 厚1:2.5 水泥砂浆找平层(加5%防水剂,聚丙烯纤维含量0.9 kg/m^3)。

③3 mm 厚专用黏结剂。

④界面剂一道。

⑤35 mm 厚挤塑聚苯板。

⑥界面剂一道。

⑦专用底层聚合物抗裂砂浆。

⑧镀锌钢丝网。

⑨锚固件(保温钉)。

⑩专用面层聚合物抗裂砂浆。

⑪专用黏结剂贴外墙面砖。

2)外墙2:干挂大理石墙面

①干挂大理石墙面。

②竖向龙骨间整个墙面用聚合物砂浆粘贴35 mm 厚聚苯板与角钢竖龙骨交界处严贴,不得有缝隙,粘接面积20%,聚苯板离墙10 mm,形成10 mm 厚空气层。聚苯保温板容重≥18 kg/m^3。

③墙面。

3)外墙3:涂料墙面

①喷甲基硅醇钠防水渗透剂防雨水渗漏。

②刷真石漆两遍。

③柔性腻子。

④抗裂防渗砂浆压入耐碱玻纤网格布一层。

⑤35 mm 厚挤塑聚苯板。

⑥界面砂浆。

⑦墙面。

4)外墙4:玻璃幕墙

二次深化设计。

5)外墙5:水泥砂浆外墙

①6 mm 厚1∶2.5 水泥砂浆罩面。

②12 mm 厚1∶3水泥砂浆打底扫毛或划出纹道。

二、室内装修设计

1. 地面

1)地面1:大理石地面(大理石尺寸800 mm×800 mm)

①铺20 mm 厚大理石板,稀水泥擦缝。

②撒素水泥面(撒适量清水)。

③30 mm 厚1∶3干硬性水泥砂浆黏结层。

④100 mm 厚C10 素混凝土。

⑤150 mm 厚3∶7灰土夯实。

⑥素土夯实。

2)地面2:防滑地砖地面

①2.5 mm 厚石塑防滑地砖,建筑胶黏剂粘铺,稀水泥浆碱擦缝。

②素水泥浆一道(内掺建筑胶)。

③30 mm 厚C15 细石混凝土随打随抹。

④3 mm 厚高聚物改性沥青涂膜防水层,四周往上卷150 mm 高。

⑤平均35 mm 厚C15 细石混凝土找坡层。

⑥150 mm 厚3∶7灰土夯实。

⑦素土夯实。

3)地面3:铺地砖地面

①10 mm 厚高级地砖,建筑胶黏剂粘铺,稀水泥浆碱擦缝。

②20 mm 厚1∶2干硬性水泥砂浆黏结层。

③素水泥结合层一道。

④50 mm 厚C10 混凝土。

⑤150 mm 厚5-32 卵石灌M2.5 混合砂浆,平板振捣器振捣密实。

⑥素土夯实。

4)地面4:水泥地面

①20 mm 厚1∶2.5 水泥砂浆抹面压实赶光。

②素水泥浆一道(内掺建筑胶)。

③50 mm 厚C10 混凝土。

④150 mm 厚5-32 卵石灌M2.5 混合砂浆,平板振捣器振捣密实。

⑤素土夯实。

2. 楼面

1)楼面1:防滑地砖楼面

①600 mm×600 mm×10 mm 抛光地砖面层,1∶1水泥砂浆擦缝。

②20 mm 厚1∶2干硬性水泥砂浆黏合层,上洒1~2 mm 厚干水泥并洒清水适量。

③20 mm 厚1∶3水泥砂浆找平层。

④水泥浆水灰比 0.4 ~0.5 结合层一道。

⑤结构层。

2)楼面 2:防滑地砖防水楼面

①400 mm×400 mm×10 mm 防滑地砖,稀水泥浆擦缝。

②撒素水泥面(洒适量清水)。

③20 mm 厚 1:2干硬性水泥砂浆黏结层。

④1.5 mm 厚聚氨酯涂膜防水层靠墙处卷边 150 mm。

⑤20 mm 厚 1:3水泥砂浆找平层,四周及竖管根部抹小八字角。

⑥素水泥浆一道。

⑦平均 35 mm 厚 C15 细石混凝土从门口向地漏找 1% 坡。

⑧现浇混凝土楼板。

3)楼面 3:大理石楼面

①铺 800 mm×800 mm×20 mm 大理石板,稀水泥擦缝。

②20 mm 厚 1:2干硬性水泥砂浆结合层,上洒 1 ~2 mm 厚干水泥并洒清水适量。

③20 mm 厚 1:3水泥砂浆找平层。

④水泥浆水灰比 0.4 ~0.5 结合层一道。

⑤现浇混凝土楼板。

4)楼面 4:水泥楼面

①20 mm 厚 1:2.5 水泥砂浆抹面压实赶光。

②50 mm 厚 C10 混凝土。

③钢筋混凝土楼板。

3.踢脚

1)踢脚 1:地砖踢脚

①面层:400 mm×100 mm×10 mm 深色地砖,高度为 100 mm。

②4 mm 厚纯水泥浆粘贴层(425 号水泥中掺 20% 白乳胶)。

③25 mm 厚 1:2.5 水泥砂浆基层。

2)踢脚 2:大理石踢脚

①面层:800 mm×100 mm×20 mm 深色地砖,高度为 100 mm,水泥浆擦缝。

②4 mm 厚纯水泥浆粘贴层(425 号水泥中掺 20% 白乳胶)。

③25 mm 厚 1:2.5 水泥砂浆灌注。

3)踢脚 3:水泥砂浆踢脚

①6 mm 厚 1:2水泥砂浆面层铁板赶光。

②7 mm 厚 1:3水泥砂浆基层。

③13 mm 厚 1:2.5 水泥砂浆基层。

4.内墙裙

墙裙 1:普通大理石板墙裙

①稀水泥浆擦缝。

②贴 10 mm 厚大理石板、正、背面及周边满刷防污剂。

③素水泥浆一道。
④6 mm 厚 1∶0.5∶2.5 水泥石灰膏砂浆罩面。
⑤8 mm 厚 1∶3水泥砂浆打底扫毛划出纹道。
⑥素水泥浆一道甩毛(内掺建筑胶)。
5. 内墙面
1)内墙面 1:水泥砂浆墙面
①墙体。
②7 mm 厚 1∶3水泥砂浆打底扫毛。
③6 mm 厚 1∶3水泥砂浆垫层找平。
④5 mm 厚 1∶2.5 水泥砂浆罩面压光。
⑤满刮腻子一道砂磨平。
⑥刷乳胶漆。
2)内墙面 2:瓷砖墙面
①墙体。
②10 mm 厚 1∶3水泥砂浆打底扫毛,分两次抹。
③8 mm 厚 1∶2水泥砂浆黏结层(加建筑胶适量)。
④200 mm×300 mm×6 mm 面砖,白水泥擦缝。
6. 天棚
1)天棚 1:抹灰天棚
①基层清理。
②刷水泥浆一道(加建筑胶适量)。
③10 mm 厚 1∶1∶4水泥石灰砂浆打底找平。
④4 mm 厚 1∶0.3∶3水泥石灰砂浆找平层。
⑤满刮成品腻子膏一道。
⑥刷乳胶漆三遍(底漆一遍、面漆两遍)。
7. 吊顶
1)吊顶 1:铝合金条板吊顶(燃烧性能为 A 级)
①钢筋混凝土内预留 ϕ8 吊杆,双向吊点,中距 900~1200 mm。
②ϕ8 吊杆,双向吊点,中距 900~1200 mm。
③次龙骨(专用),中距<300~600 mm。
④0.5~0.8 mm 厚铝合金条板,中距 200 mm。
2)吊顶 2:岩棉吸声板吊顶(燃烧性能为 A 级)
①钢筋混凝土内预留 ϕ6.5 吊杆,双向吊点,中距 900~1200 mm。
②ϕ6.5 钢筋吊杆,双向吊点,中距 1200 mm。
③承载(主)龙骨[50×15×1.2,中距<1200 mm。
④复面(次)龙骨 U50×19×0.5,中距 900~1200 mm(板材宽度)。
⑤复面横撑次龙骨 U50×19×0.5,中距等于板材长度<2400~3000 mm。
⑥12 mm 厚岩棉吸声板面层,规格 592 mm×592 mm。

8. 油漆工程做法

除已特别注明的部位外,其他需要油漆的部位为:

1)金属面油漆工程做法

①刷耐酸漆两遍。

②满刮腻子砂子抹平。

③刷防锈漆一遍。

④金属面清理、除锈。

2)木材面油漆工程做法:选用 L96J002-P119-油 41

①调和漆两遍。

②局部刮腻子砂纸打磨光滑。

③刷底油一遍。

④基层清理、除污、砂纸打磨。

具体各处的油漆颜色将由室内设计确定。

3)建筑图纸修改

1. 建施-12"①标高 -0.05 ~0.3 m 100 mm 砌体墙采用泡沫混凝土砌块"。

2. 台阶装饰详图修改如下:

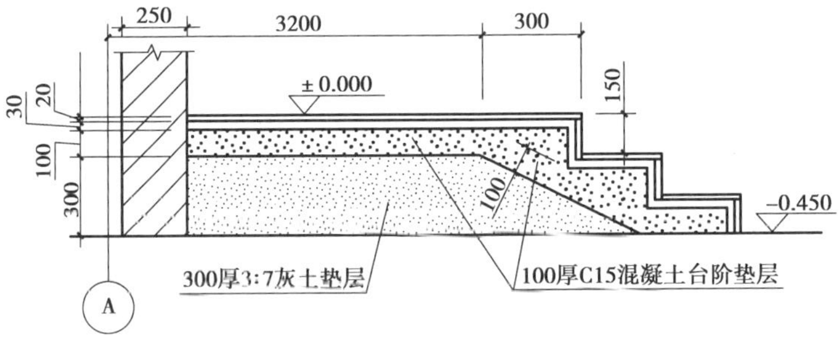

2 建筑工程量计算准备工作

通过本章的学习,你将能够:

(1)正确选择清单与定额规则,以及相应的清单库和定额库;

(2)正确选择钢筋规则;

(3)正确设置室内外高差及输入工程信息;

(4)正确定义楼层及统一设置各类构件混凝土强度等级;

(5)正确进行工程计算设置;

(6)按图纸定义绘制轴网。

2.1 新建工程

通过本节的学习,你将能够:

(1)正确选择清单与定额规则,以及相应的清单库和定额库;

(2)正确选择钢筋规则;

(3)区分做法模式。

一、任务说明

根据《1号办公楼施工图(含土建和安装)》,在软件中完成新建工程的各项设置。

二、任务分析

①清单与定额规则及相应的清单库和定额库都是做什么用的?

②清单规则和定额规则如何选择?

③钢筋规则如何选择?

三、任务实施

1)分析图纸

在新建工程前,应先分析图纸中的"结构设计总说明(一)"。"四、本工程设计所遵循的标准、规范和规程"中第6条《混凝土结构施工图平面整体表示方法制图规则和构造详图》16G101—1和16G101—2,软件算量要依照此规定。

2)新建工程

①在分析图纸、了解工程的基本概况之后,启动软件,进入软件"开始"界面,如图 2.1 所示。

图 2.1

②鼠标左键单击界面上的"新建工程",进入新建工程界面,输入各项工程信息。

工程名称:按工程图纸名称输入,保存时会作为默认的文件名。本工程名称输入为"1号办公楼"。

计算规则:如图 2.2 所示。

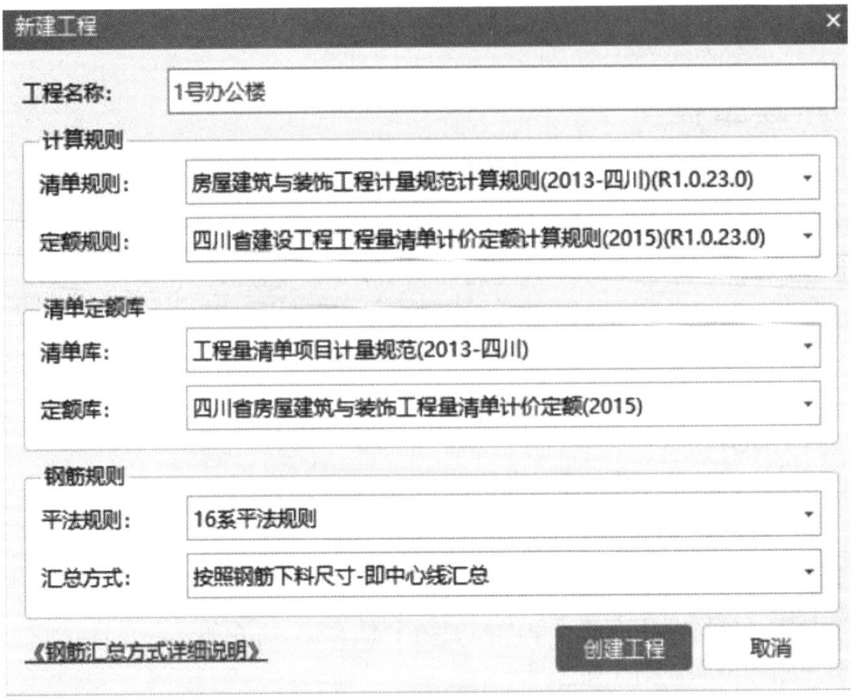

图 2.2

平法规则:选择"16 系平法规则"。

汇总方式:选择"按照钢筋下料尺寸-即中心线汇总"。

单击"创建工程",即完成了工程的新建。

四、任务结果

任务结果如图 2.2 所示。

2.2 计算设置

通过本节的学习,你将能够:
(1)正确进行工程信息输入;
(2)正确进行工程计算设置。

一、任务说明

根据《1 号办公楼施工图(含土建和安装)》,在软件中完成新建工程的各项设置。

二、任务分析

①软件中新建工程的各项设置都有哪些?
②室外地坪标高的设置如何查询?

三、任务实施

创建工程后,进入软件界面,如图 2.3 所示,分别对基本设置、土建设置、钢筋设置进行修改。

图 2.3

1)基本设置

首先对基本设置中的工程信息进行修改,单击"工程信息",出现如图 2.4 所示的界面。

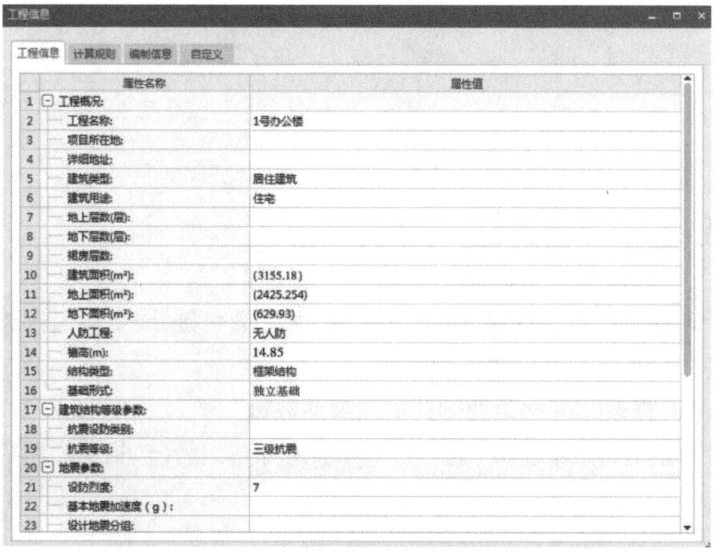

	属性名称	属性值
1	⊟ 工程概况:	
2	工程名称:	1号办公楼
3	项目所在地:	
4	详细地址:	
5	建筑类型:	居住建筑
6	建筑用途:	住宅
7	地上层数(层):	
8	地下层数(层):	
9	裙房层数:	
10	建筑面积(m²):	(3155.18)
11	地上面积(m²):	(2425.254)
12	地下面积(m²):	(629.93)
13	人防工程:	无人防
14	檐高(m):	14.85
15	结构类型:	框架结构
16	基础形式:	独立基础
17	⊟ 建筑结构等级参数:	
18	抗震设防类别:	
19	抗震等级:	三级抗震
20	⊟ 地震参数:	
21	设防烈度:	7
22	基本地震加速度(g):	
23	设计地震分组:	

图 2.4

蓝色字体部分必须填写,黑色字体所示信息只起标识作用,可以不填,不影响计算结果。

由图纸结施-01(1)可知:结构类型为框架结构;抗震设防烈度为 7 度;框架抗震等级为三级。

由图纸建施-09 可知:室外地坪相对 ±0.000 标高为 -0.45 m。

檐高:14.85 m(设计室外地坪到屋面板板顶的高度为 14.4 m + 0.45 m = 14.85 m)。

【注意】

①抗震等级由结构类型、设防烈度、檐高 3 项确定。

②若已知抗震等级,可不必填写结构类型、设防烈度、檐高 3 项。

③抗震等级必须填写,其余部分可以不填,不影响计算结果。

填写信息如图 2.5 所示。

图 2.5

2)土建设置

土建规则在前面“创建工程”时已选择,此处不需要修改。

3)钢筋设置

①“计算设置”修改,如图 2.6 所示。

a. 修改梁计算设置:结施-05 中,设计说明“4. 主次梁交接处,主梁内次梁两侧按右图各附加 3 根箍筋,间距 50 mm,直径同主梁箍筋”。

单击“框架梁”,修改“26. 次梁两侧共增加箍筋数量”为“6”,如图 2.7 所示。

b. 修改板计算设置:在结施-01(2)中,“(7)板内分布钢筋(包括楼梯跑板),除注明者外见表 2.1。”

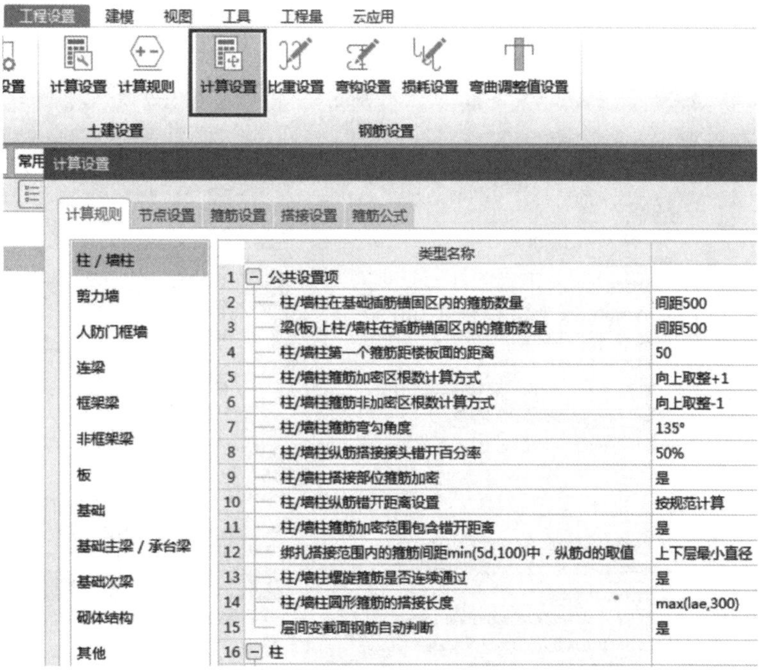

图 2.6

图 2.7

表 2.1 板内分布钢筋

楼板厚度(mm)	<110	120～160
分布钢筋配置	φ6@200	φ8@200

单击“板”,修改“3.分布钢筋配置”为“同一板厚的分布筋相同”,如图 2.8 所示,单击“确定”按钮即可。

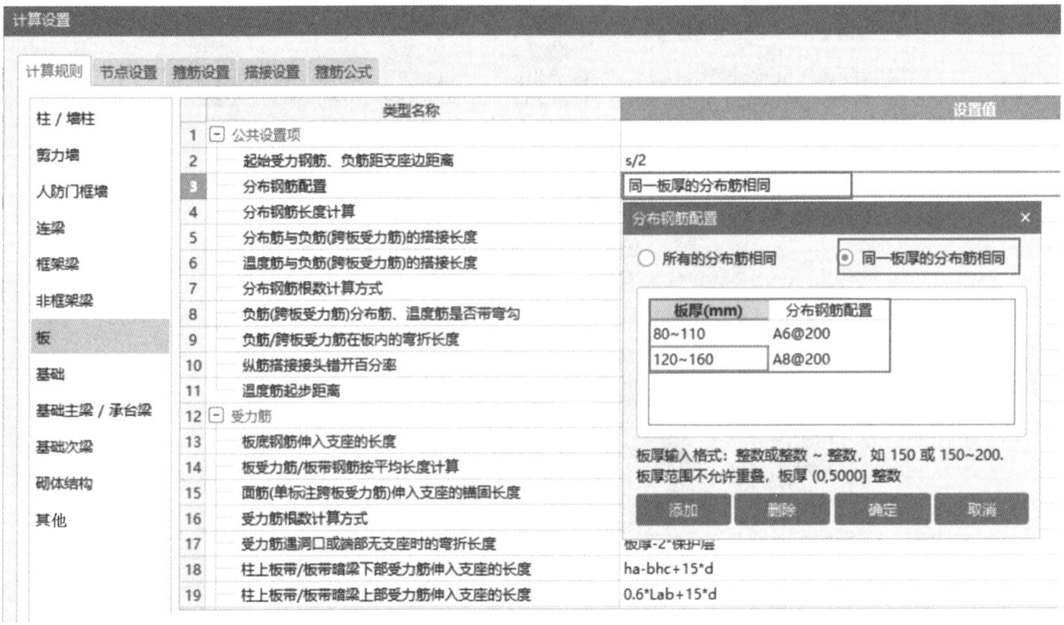

图 2.8

查看各层板结构施工图,“跨板受力筋标注长度位置”为“支座外边线”,“板中间支座负筋标注是否含支座”为“否”,“单边标注支座负筋标注长度位置”为“支座内边线”,修改后如图 2.9 所示。

图 2.9

②“搭接设置”修改。结施-01(1)“八、钢筋混凝土结构构造”中“2.钢筋接头形式及要求”下的“(1)框架梁、框架柱 当受力钢筋直径≥16 mm 时,采用直螺纹机械连接,接头性能等级为一级;当受力钢筋直径<16 mm 时,可采用绑扎搭接”。单击并修改“搭接设置”,如图 2.10 所示。

③比重设置修改。单击比重设置,进入“比重设置”对话框。将直径为 6.5 mm 的钢筋比重复制到直径为 6 mm 的钢筋比重中,如图 2.11 所示。

计算规则 节点设置 箍筋设置 搭接设置 箍筋公式

	钢筋直径范围	连接形式								墙柱垂直筋定尺	其余钢筋定尺
		基础	框架梁	非框架梁	柱	板	墙水平筋	墙垂直筋	其他		
1	HPB235,HPB300										
2	3~10	绑扎	绑扎	绑扎	绑扎	绑扎	绑扎	绑扎	绑扎	12000	12000
3	12~14	绑扎	绑扎	绑扎	绑扎	绑扎	绑扎	绑扎	绑扎	9000	9000
4	16~22	直螺纹连接	直螺纹连接	直螺纹连接	直螺纹连接	直螺纹连接	直螺纹连接	电渣压力焊	电渣压力焊	9000	9000
5	25~32	套管挤压	直螺纹连接	直螺纹连接	直螺纹连接	套管挤压	套管挤压	套管挤压	套管挤压	9000	9000
6	HRB335,HRB335E,HRBF335,HRBF335E										
7	3~10	绑扎	绑扎	绑扎	绑扎	绑扎	绑扎	绑扎	绑扎	12000	12000
8	12~14	绑扎	绑扎	绑扎	绑扎	绑扎	绑扎	绑扎	绑扎	9000	9000
9	16~22	直螺纹连接	直螺纹连接	直螺纹连接	直螺纹连接	直螺纹连接	直螺纹连接	电渣压力焊	电渣压力焊	9000	9000
10	25~50	套管挤压	直螺纹连接	直螺纹连接	直螺纹连接	套管挤压	套管挤压	套管挤压	套管挤压	9000	9000
11	HRB400,HRB400E,HRBF400,HRBF400E,RR...										
12	3~10	绑扎	绑扎	绑扎	绑扎	绑扎	绑扎	绑扎	绑扎	12000	12000
13	12~14	绑扎	绑扎	绑扎	绑扎	绑扎	绑扎	绑扎	绑扎	9000	9000
14	16~22	直螺纹连接	直螺纹连接	直螺纹连接	直螺纹连接	直螺纹连接	直螺纹连接	电渣压力焊	电渣压力焊	9000	9000
15	25~50	套管挤压	直螺纹连接	直螺纹连接	直螺纹连接	套管挤压	套管挤压	套管挤压	套管挤压	9000	9000
16	冷轧带肋钢筋										
17	4~10	绑扎	绑扎	绑扎	绑扎	绑扎	绑扎	绑扎	绑扎	12000	12000
18	10.5~12	绑扎	绑扎	绑扎	绑扎	绑扎	绑扎	绑扎	绑扎	9000	9000
19	冷轧扭钢筋										
20	6.5~10	绑扎	绑扎	绑扎	绑扎	绑扎	绑扎	绑扎	绑扎	12000	12000
21	12~14	绑扎	绑扎	绑扎	绑扎	绑扎	绑扎	绑扎	绑扎	9000	9000

图 2.10

比重设置

普通钢筋 冷轧带肋钢筋 冷轧扭钢筋 预应力钢绞线 预应力钢丝

	直径(mm)	钢筋比重(kg/m)
1	3	0.055
2	4	0.099
3	5	0.154
4	6	0.26
5	6.5	0.26
6	7	0.302
7	8	0.395
8	9	0.499
9	10	0.617
10	12	0.888
11	14	1.21
12	16	1.58

普通钢筋在软件中的表示方法：
A: HPB235 或 HPB300
B: HRB335
BE: HRB335E
BF: HRBF335
BFE: HRBF335E
C: HRB400
CE: HRB400E
CF: HRBF400
CFE: HRBF400E
D: RRB400
E: HRB500
EE: HRB500E
EF: HRBF500
EFE: HRBF500E

图 2.11

【注意】

市面上直径 6 mm 的钢筋较少，一般采用 6.5 mm 的钢筋。

其余不需要修改。

四、任务结果

见以上各图。

2.3 新建楼层

通过本节的学习,你将能够:
(1)定义楼层;
(2)定义各类构件混凝土强度等级设置。

一、任务说明

根据《1 号办公楼施工图(含土建和安装)》,在软件中完成新建工程的楼层设置。

二、任务分析

①软件中新建工程的楼层应如何设置?
②如何对楼层进行添加或删除操作?
③各层对混凝土强度等级、砂浆标号的设置,对哪些操作有影响?
④工程楼层的设置应依据建筑标高还是结构标高?区别是什么?
⑤基础层的标高应如何设置?

三、任务实施

1)分析图纸

层高按照《1 号办公楼施工图(含土建和安装)》结施-05 中“结构层楼面标高表”建立,见表 2.2。

表 2.2 结构层楼面标高表

楼层	层底标高(m)	层高(m)
屋顶	14.4	
4	11.05	3.35
3	7.45	3.6
2	3.85	3.6
1	-0.05	3.9
-1	-3.95	3.9

2)建立楼层

(1)楼层设置

单击“工程设置”→“楼层设置”,进入“楼层设置”界面,如图 2.12 所示。

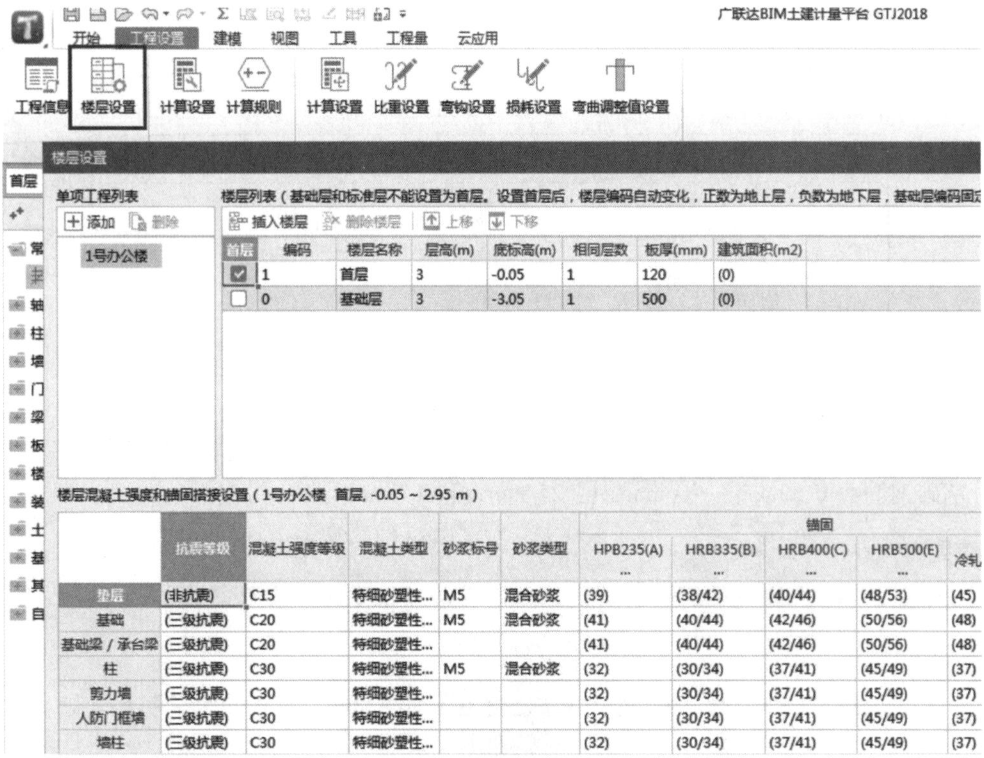

图 2.12

鼠标定位在首层，单击“插入楼层”，则插入地上楼层；鼠标定位在基础层，单击“插入楼层”，则插入地下室。按照楼层表（表 2.2）修改层高。

①软件默认给出首层和基础层。

②首层的结构底标高输入为 -0.05 m，层高输入为 3.9 m，板厚本层最常用的为 120 mm。鼠标左键选择首层所在的行，单击“插入楼层”，添加第 2 层，2 层高输入为 3.6 m，最常用的板厚为 120 mm。

③按照建立 2 层同样的方法，建立 3 层和 4 层，3 层层高为 3.4 m，4 层层高为 3.35 m。

④用鼠标左键选择基础层所在的行，单击“插入楼层”，添加地下一层，地下一层的层高为 3.9 m。

修改层高后，如图 2.13 所示。

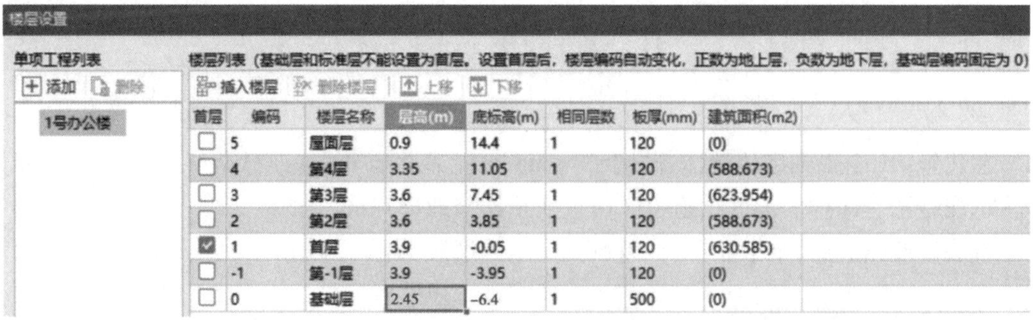

图 2.13

(2)混凝土强度等级及保护层厚度修改

在结施-01(1)“七、主要结构材料”的“2. 混凝土”中,混凝土强度等级见表 2.3。

表 2.3　混凝土强度等级

混凝土所在部位	混凝土强度等级	备注
基础垫层	C15	
独立基础、地梁	C30	
基础层~屋面主体结构:墙、柱、梁、板、楼梯	C30	
其余各结构构件:构造柱、过梁、圈梁等	C25	

在结施-01(1)“八、钢筋混凝土结构构造”,主筋的混凝土保护层厚度信息如下:

基础钢筋:40 mm;梁:20 mm;柱:25 mm;板:15 mm。

【注意】

各部分主筋的混凝土保护层厚度同时应满足不小于钢筋直径的要求。

混凝土强度分别修改后,如图 2.14 所示。

楼层混凝土强度和锚固搭接设置(1号办公楼 第4层, 11.00 ~ 14.40 m)

	抗震等级	混凝土强度等级	混凝土类型	砂浆标号	砂浆类型	HPB23…
垫层	(非抗震)	C15	特细砂塑性...	M5	混合砂浆	(39)
基础	(三级抗震)	C30	特细砂塑性...	M5	混合砂浆	(32)
基础梁 / 承台梁	(三级抗震)	C20	特细砂塑性...			(41)
柱	(三级抗震)	C30	特细砂塑性...	M5	混合砂浆	(32)
剪力墙	(三级抗震)	C30	特细砂塑性...			(32)
人防门框墙	(三级抗震)	C30	特细砂塑性...			(32)
墙柱	(三级抗震)	C30	特细砂塑性...			(32)
墙梁	(三级抗震)	C30	特细砂塑性...			(32)
框架梁	(三级抗震)	C30	特细砂塑性...			(32)
非框架梁	(非抗震)	C30	特细砂塑性...			(30)
现浇板	(非抗震)	C30	特细砂塑性...			(30)
楼梯	(非抗震)	C30	特细砂塑性...			(30)
构造柱	(三级抗震)	C25	特细砂塑性...			(36)
圈梁 / 过梁	(三级抗震)	C25	特细砂塑性...			(36)
砌体墙柱	(非抗震)	C25	特细砂干硬...	M5	混合砂浆	(34)
其他	(非抗震)	C25	特细砂塑性...	M5	混合砂浆	(34)

图 2.14

在建施-01 中提到砌块墙体、砖墙都为 M5 水泥砂浆砌筑,修改砂浆标号为 M5,砂浆类型为水泥砂浆。保护层依据结施-01(1)说明依次修改即可。

首层修改完成后,单击左下角“复制到其他楼层”,如图 2.15 所示。

	抗震等级	混凝土强度等级	混凝土类型	砂浆标号	砂浆类型	HPB235(A)	HRB335(B)	HRB40
垫层	(非抗震)	C15	特细砂塑性...	M5	水泥砂浆	(39)	(38/42)	(40/44)
基础	(三级抗震)	C30	特细砂塑性...	M5	水泥砂浆	(32)	(30/34)	(37/41)
基础梁 / 承台梁	(三级抗震)	C30	特细砂塑性...			(32)	(30/34)	(37/41)
柱	(三级抗震)	C30	特细砂塑性...	M5	水泥砂浆	(32)	(30/34)	(37/41)
剪力墙	(三级抗震)	C30	特细砂塑性...			(32)	(30/34)	(37/41)
人防门框墙	(三级抗震)	C30	特细砂塑性...			(32)	(30/34)	(37/41)
墙柱	(三级抗震)	C30	特细砂塑性...			(32)	(30/34)	(37/41)
墙梁	(三级抗震)	C30	特细砂塑性...			(32)	(30/34)	(37/41)

图 2.15

选择复制到其他楼层,单击“确定”按钮即可,如图 2.16 所示。

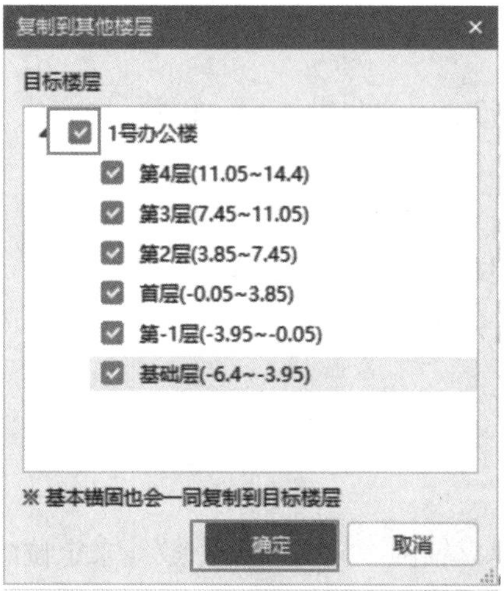

图 2.16

四、任务结果

完成楼层设置,如图 2.17 所示。

首层	编码	楼层名称	层高(m)	底标高(m)	相同层数	板厚(mm)	建筑面积(m2)	备注
☐	5	屋面层	0.9	14.4	1	120	(0)	
☐	4	第4层	3.35	11.05	1	120	(588.673)	
☐	3	第3层	3.6	7.45	1	120	(623.954)	
☐	2	第2层	3.6	3.85	1	120	(588.673)	
☑	1	首层	3.9	-0.05	1	120	(630.585)	
☐	-1	第-1层	3.9	-3.95	1	120	(629.93)	
☐	0	基础层	2.45	-6.4	1	500	(0)	

楼层混凝土强度和锚固搭接设置(工程1 屋面层,14.40 ~ 15.30 m)

	抗震等级	混凝土强度等级	混凝土类型	砂浆标号	砂浆类型	锚固 HPB235(A)	锚固 HRB335(B)	锚固 HRB400(C)	锚固 HRB500(E)	锚固 冷轧带肋	锚固 冷轧扭	搭接 HPB235(A)	搭接 HRB335(B)	搭接 HRB400(C)
垫层	(非抗震)	C15	特细砂塑性...	M5	水泥砂浆	(39)	(38/42)	(40/44)	(48/53)	(45)	(45)	(47)	(46/50)	(48/53)
基础	(三级抗震)	C30	特细砂塑性...	M5	水泥砂浆	(32)	(30/34)	(37/41)	(45/49)	(37)	(35)	(45)	(42/48)	(52/57)
基础梁 / 承台梁	(三级抗震)	C30	特细砂塑性...			(32)	(30/34)	(37/41)	(45/49)	(37)	(35)	(45)	(42/48)	(52/57)
柱	(三级抗震)	C30	特细砂塑性...	M5	水泥砂浆	(32)	(30/34)	(37/41)	(45/49)	(37)	(35)	(45)	(42/48)	(52/57)
剪力墙	(三级抗震)	C30	特细砂塑性...			(32)	(30/34)	(37/41)	(45/49)	(37)	(35)	(38)	(36/41)	(44/49)
人防门框墙	(三级抗震)	C30	特细砂塑性...			(32)	(30/34)	(37/41)	(45/49)	(37)	(35)	(45)	(42/48)	(52/57)
墙柱	(三级抗震)	C30	特细砂塑性...			(32)	(30/34)	(37/41)	(45/49)	(37)	(35)	(45)	(42/48)	(52/57)
墙梁	(三级抗震)	C30	特细砂塑性...			(32)	(30/34)	(37/41)	(45/49)	(37)	(35)	(38)	(36/41)	(44/49)

图 2.17

2.4 建立轴网

通过本节的学习,你将能够:

(1)按图纸定义轴网;

(2)对轴网进行二次编辑。

一、任务说明

根据《1 号办公楼施工图(含土建和安装)》,在软件中完成轴网建立。

二、任务分析

①建施与结施图中,采用什么图的轴网最全面?

②轴网中上、下、左、右开间如何确定?

三、任务实施

1)建立轴网

楼层建立完毕后,需要建立轴网。施工时是用放线来定位建筑物的位置,使用软件做工程时则是用轴网来定位构件的位置。

(1)分析图纸

由建施-3 可知,该工程的轴网是简单的正交轴网,上下开间的轴距相同,左右进深的轴距也都相同。

(2)轴网的定义

①选择导航树中的"轴线"→"轴网",单击鼠标右键,选择"定义"按钮,将软件切换到轴网的定义界面。

②单击"新建"按钮,选择"新建正交轴网",新建"轴网-1"。

③输入"下开间",在"常用值"下面的列表中选择要输入的轴距,双击鼠标即添加到轴距中;或者在添加按钮下的输入框中输入相应的轴网间距,单击"添加"按钮或回车即可。按照图纸从左到右的顺序,"下开间"依次输入 3300,6000,6000,7200,6000,6000,3300。因为上下开间轴距相同,所以上开间可以不输入轴距。

④切换到"左进深"的输入界面,按照图纸从下到上的顺序,依次输入左进深的轴距为 2500,4700,2100,6900。修改轴号分别为Ⓐ,(1/A),Ⓑ,Ⓒ,Ⓓ。因为左右进深的轴距相同,所以右进深可以不输入轴距。

⑤可以看到,右侧的轴网图显示区域已经显示了定义的轴网,轴网定义完成。

2)轴网的绘制

(1)绘制轴网

①轴网定义完毕后,切换到绘图界面。

②弹出“请输入角度”对话框,提示用户输入定义轴网需要旋转的角度。本工程轴网为水平竖直方向的正交轴网,旋转角度按软件默认输入“0”即可,如图 2.18 所示。

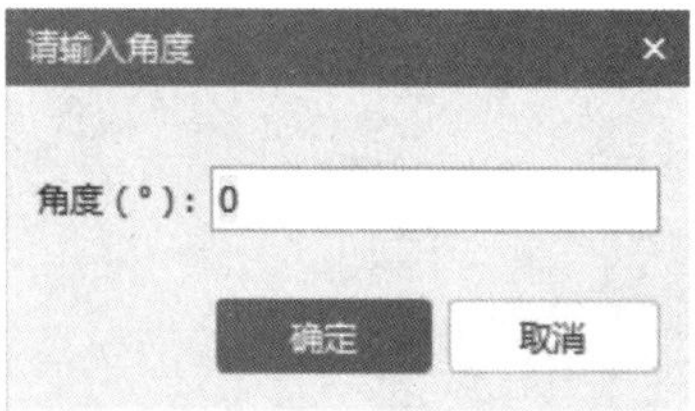

图 2.18

③单击“确定”按钮,绘图区显示轴网,这样就完成了对本工程轴网的定义和绘制。

如果要将右进深、上开间的轴号和轴距显示出来,在绘图区域,用鼠标右键单击“修改轴号位置”,按住鼠标左键拉框选择所有轴线,按右键确定;选择“两端标注”,然后单击“确定”按钮即可,如图 2.19 所示。

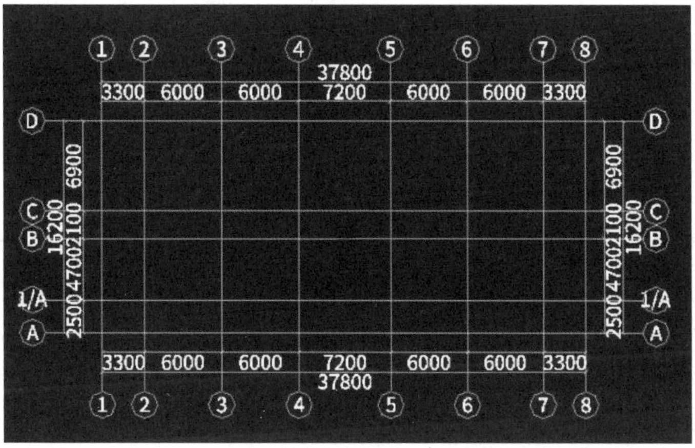

图 2.19

(2)轴网的其他功能

①设置插入点:用于轴网拼接,可以任意设置插入点(不在轴线交点处或在整个轴网外都可以设置)。

②修改轴号和轴距:当检查到已经绘制的轴网有错误时,可以直接修改。

③软件提供了辅助轴线用于构件辅轴定位。辅轴在任意图层都可以直接添加。辅轴主要有两点、平行、点角、圆弧。

四、任务结果

完成轴网,如图 2.20 所示。

五、总结拓展

①新建工程中,主要确定工程名称、计算规则以及做法模式。蓝色字体的参数值影响工程量计算,按照图纸输入,其他信息只起标识作用。

②首层标记在楼层列表中的首层列,可以选择某一层作为首层。勾选后,该层作为首

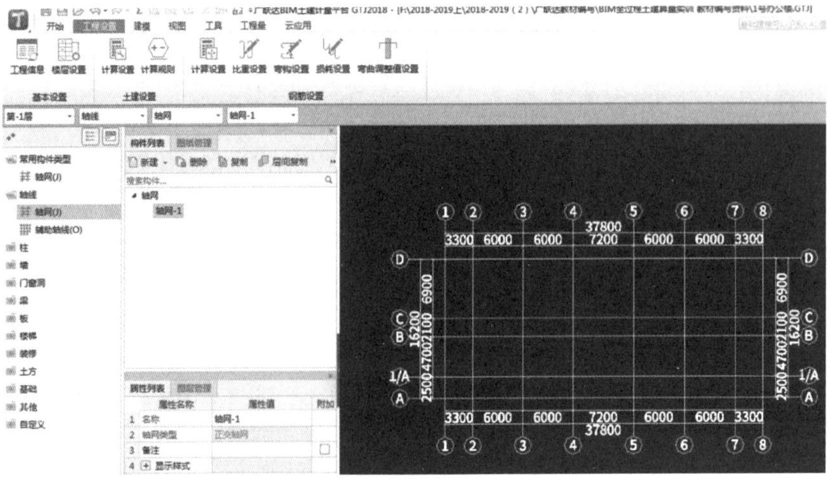

图 2.20

层,相邻楼层的编码自动变化,基础层的编码不变。

③底标高是指各层的结构底标高。软件中只允许修改首层的底标高,其他层标高自动按层高反算。

④相同板厚是软件给出的默认值,可以按工程图纸中最常用的板厚设置;在绘图输入新建板时,会自动默认取这里设置的数值。

⑤可以按照结构设计总说明对应构件选择标号和类型。对修改的标号和类型,软件会以反色显示。在首层输入相应的数值完毕后,可以使用右下角的"复制到其他楼层"命令,把首层的数值复制到参数相同的楼层。各个楼层的标号设置完成后,就完成了对工程楼层的建立,可以进入"绘图输入"进行建模计算。

⑥有关轴网的编辑、辅助轴线的详细操作,请查阅"帮助"菜单中的文字帮助→绘图输入→轴线。

⑦建立轴网时,输入轴距有两种方法:常用的数值可以直接双击;常用值中没有的数据直接添加即可。

⑧当上下开间或者左右进深的轴距不一样时(即错轴),可以使用轴号自动生成功能将轴号排序。

⑨比较常用的建立辅助轴线的功能:二点辅轴(直接选择两个点绘制辅助轴线);平行辅轴(建立平行于任意一条轴线的辅助轴线);圆弧辅轴(可以通过选择 3 个点绘制辅助轴线)。

⑩在任何界面下都可以添加辅轴。轴网绘制完成后,就进入"绘图输入"部分。"绘图输入"部分可以按照后面章节的流程进行。

3 首层工程量计算

通过本章的学习，你将能够：

(1)定义柱、墙、板、梁、门窗、楼梯等构件；

(2)绘制柱、墙、板、梁、门窗、楼梯等图元；

(3)掌握飘窗、过梁在 GTJ2018 软件中的处理方法；

(4)掌握暗柱、连梁在 GTJ2018 软件中的处理方法。

3.1 首层柱工程量计算

通过本节的学习，你将能够：

(1)依据定额和清单确定柱的分类及工程量计算规则；

(2)依据平法、定额和清单确定柱的钢筋的类型及工程量计算规则；

(3)应用造价软件定义各种柱(如矩形柱、圆形柱、参数化柱、异形柱)的属性并套用做法；

(4)能够应用造价软件绘制本层柱图元；

(5)统计并核查本层柱的个数、土建及钢筋工程量。

一、任务说明

①完成首层各种柱的定义、做法套用及图元绘制。

②汇总计算，统计本层柱的土建及钢筋工程量。

二、任务分析

①各种柱在计量时的主要尺寸有哪些？从哪个图中什么位置找到？有多少种柱？

②工程量计算中柱都有哪些分类？都套用什么定额？

③软件如何定义各种柱？各种异形截面端柱如何处理？

④构件属性、做法套用、图元之间有什么关系？

⑤如何统计本层柱的相关清单工程量和定额工程量？

三、任务实施

1)分析图纸

在《1 号办公楼施工图(含土建和安装)》结施-04 的柱表中得到柱的截面信息,本层以矩形框架柱为主,主要信息见表 3.1。

表 3.1 柱表

类型	名称	混凝土强度等级	截面尺寸(mm)	标高	角筋	b 每侧中配筋	h 每侧中配筋	箍筋类型号	箍筋
矩形框架柱	KZ1	C30	500×500	基础顶~+3.85	4Φ22	3Φ18	3Φ18	1(4×4)	Φ8@100
	KZ2	C30	500×500	基础顶~+3.85	4Φ22	3Φ18	3Φ18	1(4×4)	Φ8@100/200
	KZ3	C30	500×500	基础顶~+3.85	4Φ25	3Φ18	3Φ18	1(4×4)	Φ8@100/200
	KZ4	C30	500×500	基础顶~+3.85	4Φ25	3Φ20	3Φ20	1(4×4)	Φ8@100/200
	KZ5	C30	600×500	基础顶~+3.85	4Φ25	4Φ20	3Φ20	1(5×4)	Φ8@100/200
	KZ6	C30	500×600	基础顶~+3.85	4Φ25	3Φ20	4Φ20	1(4×5)	Φ8@100/200

还有一部分剪力墙柱、YBZ 约束边缘构件和 GBZ 构造边缘构件,如图 3.1 所示。

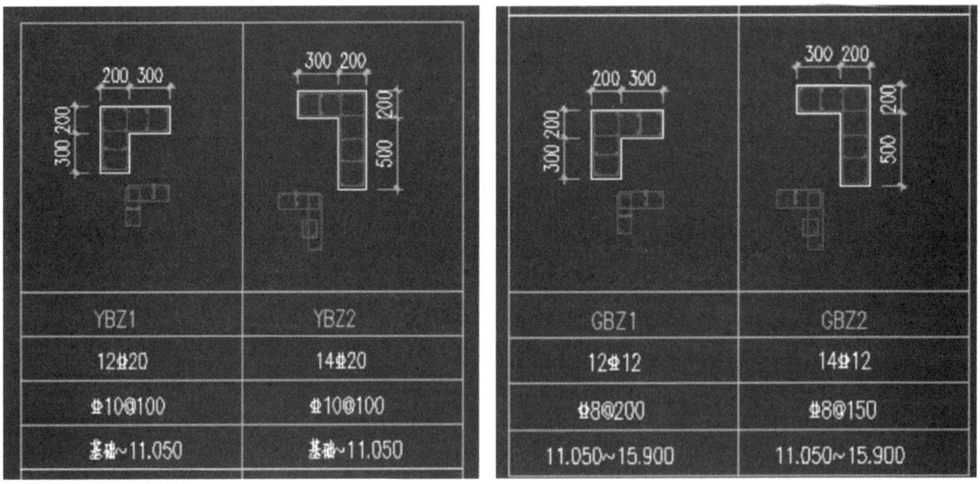

图 3.1

2)现浇混凝土柱基础知识

(1)清单计算规则学习

柱清单计算规则,见表 3.2。

表 3.2　柱清单计算规则

<table>
<tr><th>编码</th><th>项目名称</th><th>单位</th><th>计算规则</th></tr>
<tr><td>010502001</td><td>矩形柱</td><td>m^3</td><td rowspan="3">按设计图示尺寸以体积计算。柱高:
1. 有梁板的柱高,应自柱基上表面(或楼板上表面)至上一层楼板上表面之间的高度计算
2. 无梁板的柱高,应自柱基上表面(或楼板上表面)至柱帽下表面之间的高度计算
3. 框架柱的柱高:应自柱基上表面至柱顶高度计算
4. 构造柱按全高计算,嵌接墙体部分(马牙槎)并入柱身体积
5. 依附柱上的牛腿和升板的柱帽,并入柱身体积计算</td></tr>
<tr><td>010502002</td><td>构造柱</td><td>m^3</td></tr>
<tr><td>010502003</td><td>异形柱</td><td>m^3</td></tr>
<tr><td>010515001</td><td>现浇构件钢筋</td><td>t</td><td>按设计图示钢筋(网)长度(面积)乘单位理论质量计算</td></tr>
</table>

(2)定额计算规则学习

柱定额计算规则见表 3.3。

(3)柱平法知识

柱类型有框架柱、框支柱、芯柱、梁上柱、剪力墙柱等。从形状上可分为圆形柱、矩形柱、异形柱等。柱钢筋的平法表示有两种:一是列表注写方式;二是截面注写方式。

表 3.3　柱定额计算规则

<table>
<tr><th>编码</th><th>项目名称</th><th>单位</th><th>计算规则</th></tr>
<tr><td>AE0081-0089</td><td>柱　商品混凝土</td><td>10 m^3</td><td rowspan="2">混凝土的工程量按施工图示尺寸以“m^3”计算,不扣除钢筋、螺栓、铁件、张拉孔道和面积≤0.05 m^2 的螺栓盒等所占的体积,应扣除劲性骨架的型钢所占体积
1. 柱高的计算规定
①有梁板的柱高,应自柱基上表面(或楼板上表面)至上一层楼板上表面之间的高度计算
②无梁板的柱高,应自柱基上表面(或楼板上表面)至柱帽下表面之间的高度计算
③框架柱的柱高,应自柱基上表面至柱顶高度计算
2. 构造柱(抗震柱)按全高计算,嵌接墙体部分马牙槎并入柱身体积
3. 依附柱上的牛腿和升板的柱帽,并入柱身体积计算</td></tr>
<tr><td>AE0094</td><td>商品混凝土构造柱 C20</td><td>10 m^3</td></tr>
<tr><td>AE0506-0508</td><td>现浇构件钢筋　制作安装</td><td>t</td><td>钢筋(钢丝束、钢绞线)按设计图示长度乘以单位理论质量计算
①项目中已综合考虑钢筋、铁件的制作安装损耗及钢筋的施工搭接用量,伸出构件的锚固钢筋并入钢筋工程量内,除设计(包括规范规定)标明的搭接外,其他施工搭接不计算工程量
②螺栓、铁件按设计图示尺寸以质量计算
③植筋、螺杆以钢筋、螺杆直径按设计施工图要求的锚固长度以“m”计算</td></tr>
</table>

续表

编码	项目名称	单位	计算规则
AS0041-0042	混凝土模板及支架(撑)矩形柱	100 m^2	按混凝土与模板接触面的面积以“m^2”计算
AS0043-0044	混凝土模板及支架(撑)构造柱	100 m^2	
AS0112	混凝土模板及支架(撑)超高增加费 柱 每超过 1 m 增加费	100 m^2	现浇混凝土梁、板、柱、墙、支模高度是按层高≤3.9 m 编制的,层高超过 3.9 m 时,超过部分梁、板、柱、墙均应按完整构件的混凝土模板工程量套用相应梁、板、柱、墙支撑高度超高费定额项目,按梁、板、柱、墙支撑高度超高费每超过 1 m增加模板费项目以层高计算,超高不足 1 m 的按 1 m 计算

①列表注写。在柱表中注写柱编号、柱段起止标高、几何尺寸(含柱截面对轴线的偏心情况)与配筋信息、箍筋信息,如图 3.2 所示。

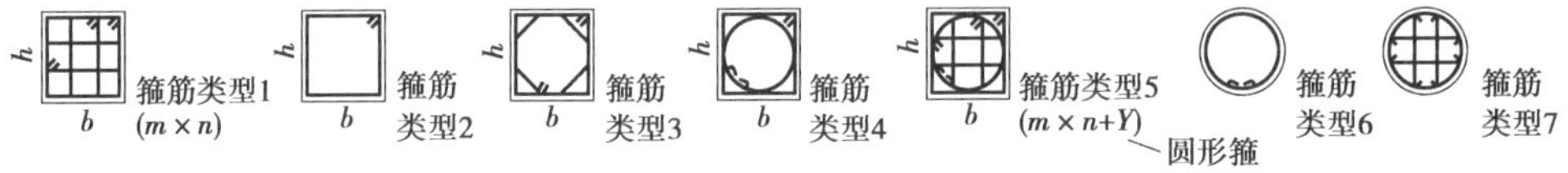

柱表

柱号	标高	b×h (圆柱直径D)	b_1	b_2	h_1	h_2	全部纵筋	角筋	b边一侧中部筋	h边一侧中部筋	箍筋类型号	箍筋	备注
KZ1	-0.030~19.470	750×700	375	375	150	550	24Φ25				1(5×4)	ϕ10@100/200	—
	19.470~37.470	650×600	325	325	150	450		4Φ22	5Φ22	4Φ20	1(4×4)	ϕ10@100/200	
	37.470~59.070	550×500	275	275	150	350		4Φ22	5Φ22	4Φ20	1(4×4)	ϕ8@100/200	
XZ1	-0.030~8.670						8Φ25				按标准构造详图	ϕ10@100	③×Ⓑ轴 KZ1中设置

图 3.2

②截面注写。在同一编号的柱中选择一个截面,以直接注写截面尺寸和柱纵筋及箍筋信息,如图 3.3 所示。

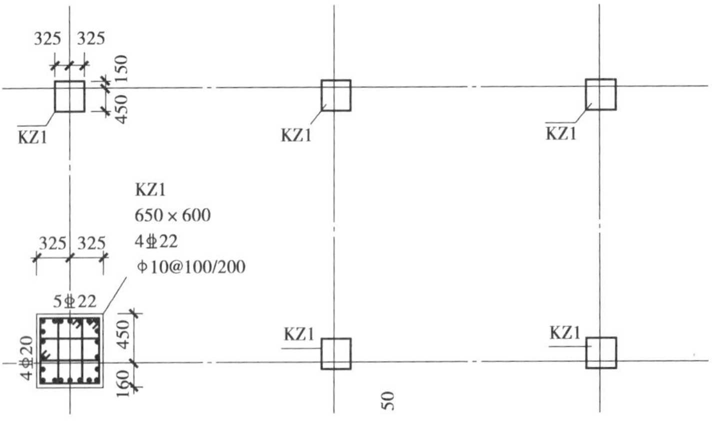

图 3.3

3)柱的属性定义

(1)矩形框架柱 KZ1

①在导航树中单击“柱”→“柱”,在构件列表中单击“新建”→“新建矩形柱”,如图 3.4 所示。

②在属性编辑框中输入相应的属性值,框架柱的属性定义如图 3.5 所示。

图 3.4

图 3.5

【注意】

①名称:根据图纸输入构件的名称 KZ1,该名称在当前楼层的当前构件类型下是唯一的。

②结构类别:类别会根据构件名称中的字母自动生成,如 KZ 生成的是框架柱,也可根据实际情况进行选择,KZ1 为框架柱。

③定额类别:选择为普通柱。

④截面宽度(B 边):KZ1 柱的截面宽度为 500 mm。

⑤截面高度(H 边):KZ1 柱的截面高度为 500 mm。

⑥全部纵筋:表示柱截面内所有的纵筋,如 24 ⌀28;如果纵筋有不同的级别和直径,则使用“+”连接,如 4 ⌀28 + 16 ⌀22。此外 KZ1 的全部纵筋值设置为空,采用角筋、B 边一侧中部筋和 H 边一侧中部筋详细描述。

⑦角筋:只有当全部纵筋属性值为空时才可输入,根据结施-04 的柱表可知 KZ1 的角筋为 4 ⌀22。

⑧B 边一侧中部筋:只有当柱全部纵筋属性值为空时才可输入,KZ1 的 B 边一侧中部筋 3⏀18。

⑨H 边一侧中部筋:只有当柱全部纵筋属性值为空时才可输入,KZ1 的 H 边一侧中部筋 3⏀18。

⑩箍筋:KZ1 的箍筋为⏀8@100(4×4)。

⑪节点区箍筋:KZ1 无节点区箍筋。

⑫箍筋肢数:通过单击当前框中省略号按钮选择肢数类型,KZ1 的箍筋肢数为 4×4 肢箍。

⑬柱类型:可以设置柱子为中柱、角柱、边柱-B、边柱-H。该属性只影响顶层柱的钢筋计算,在首层 KZ1 设置成任意柱类型无影响,但是在顶层,从图纸上可以看出,KZ1 为角柱,需进行正确设置。

⑭材质:不同的计算规则对应不同材质的柱,如现浇混凝土、商品混凝土、预制混凝土、细石混凝土,KZ1 的材质为商品混凝土。

⑮混凝土类型:当前构件的混凝土类型可根据实际情况进行调整。这里的默认取值与楼层设置中的混凝土类型一致。

⑯混凝土强度等级:混凝土的抗压强度采用符号 C 表示,这里默认取值与楼层设置中的混凝土强度等级一致。柱的混凝土强度在本工程中都为 C30。

⑰混凝土外加剂:可选择减水剂、早强剂、防冻剂、缓凝剂或不添加混凝土外加剂。

⑱泵送类型:混凝土泵、汽车泵、非泵送。在此选择混凝土泵。

⑲泵送高度:泵送混凝土高度。

⑳截面面积:软件根据所输入的构件尺寸自动计算出的面积数值。

㉑截面周长:软件根据所输入的构件尺寸自动计算出的周长数值。

㉒顶标高:柱顶的标高,可根据实际情况进行调整。

㉓底标高:柱底的标高,可根据实际情况进行调整。

㉔备注:该属性值仅仅是个标识,对计算不起任何作用。

(2)参数化柱(以首层约束边缘柱 YBZ1 为例)

①新建柱,选择“新建参数化柱”。

②在弹出的“选择参数化图形”对话框中,设置截面类型与具体尺寸,如图 3.6 所示。单击“确认”后显示属性列表。

③参数化柱的属性定义,如图 3.7 所示。

【注意】

①截面形状:可以单击当前框中的省略号按钮,在弹出的“选择参数化图形”对话框中进行再次编辑。

②截面宽度(B 边):柱截面外接矩形的宽度。

③截面高度(H 边):柱截面外接矩形的高度。

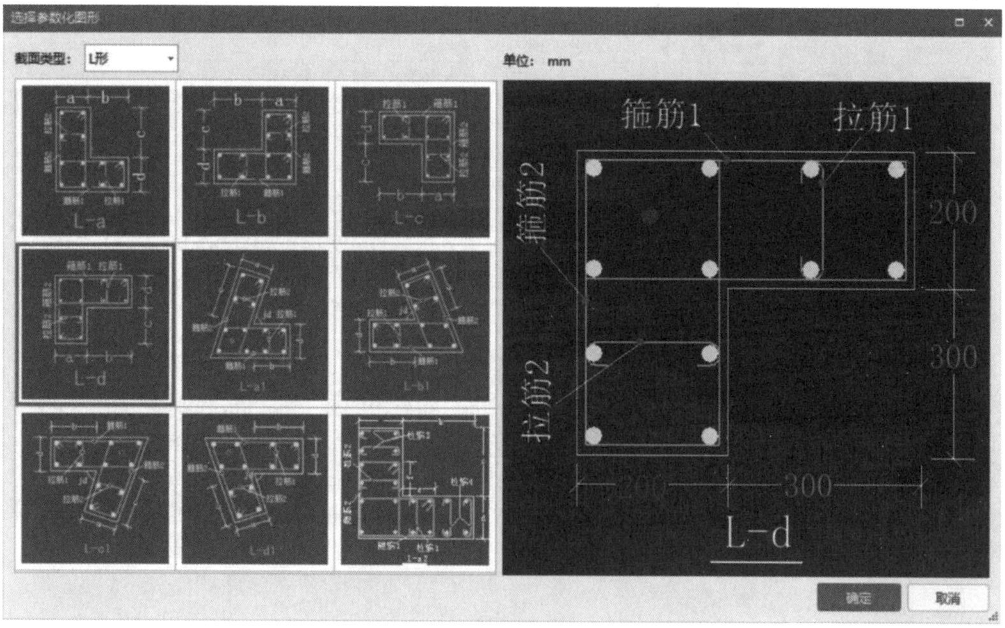

图 3.6

属性列表

	属性名称	属性值
1	名称	YBZ1
2	截面形状	L-d形
3	结构类别	暗柱
4	定额类别	框架薄壁柱
5	截面宽度(B边)(...	500
6	截面高度(H边)(...	500
7	全部纵筋	12⌀20
8	材质	商品混凝土
9	混凝土类型	(特细砂塑性混凝土(坍落...
10	混凝土强度等级	(C30)
11	混凝土外加剂	(无)
12	泵送类型	(混凝土泵)
13	泵送高度(m)	(3.85)
14	截面面积(m²)	0.16
15	截面周长(m)	2
16	顶标高(m)	层顶标高(3.85)
17	底标高(m)	层底标高(-0.05)
18	备注	
19	⊞ 钢筋业务属性	
33	⊞ 土建业务属性	
38	⊞ 显示样式	

图 3.7

(3)异形柱(以 YZB2 为例)

①新建柱，选择“新建异形柱”。

②在弹出的“异形截面编辑器”中绘制线式异形截面，单击“确认”后可编辑属性，如图 3.8 所示。

③异形柱的属性定义，如图 3.9 所示。

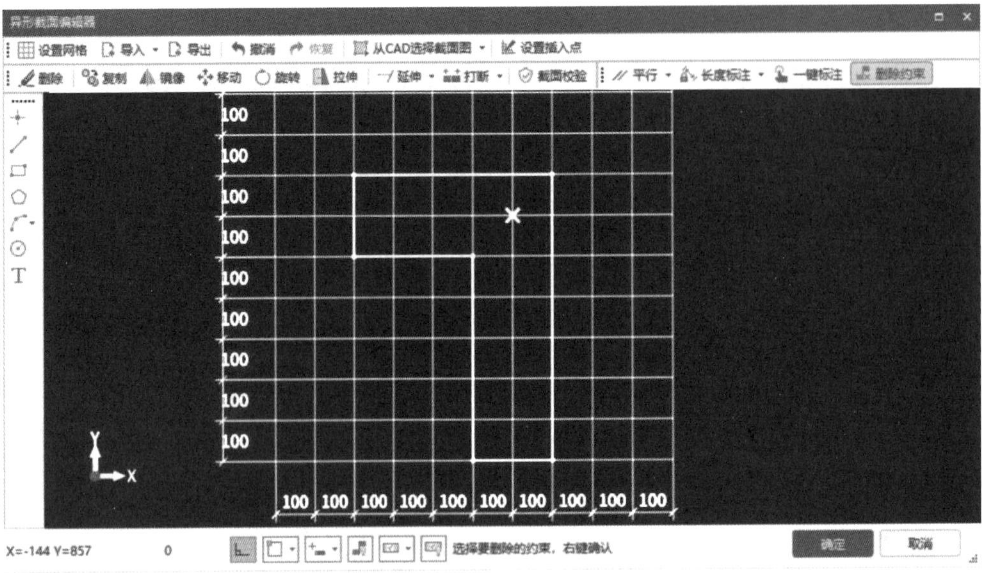

图 3.8

属性列表

	属性名称	属性值	附加
1	名称	YBZ2	
2	截面形状	L-c形	☐
3	结构类别	暗柱	☐
4	定额类别	普通柱	☐
5	截面宽度(B边)(...	500	☐
6	截面高度(H边)(...	700	☐
7	全部纵筋	14⌀20	☐
8	材质	商品混凝土	☐
9	混凝土强度等级	(C30)	☐
10	混凝土外加剂	(无)	
11	泵送类型	(混凝土泵)	
12	泵送高度(m)		
13	截面面积(m²)	0.2	☐
14	截面周长(m)	2.4	☐
15	顶标高(m)	层顶标高	☐
16	底标高(m)	层底标高	☐
17	备注		☐
18	⊞ 钢筋业务属性		
32	⊞ 土建业务属性		
39	⊞ 显示样式		

图 3.9

【注意】

对于 YBZ1 和 YBZ2 的钢筋信息的输入,单击“定义”按钮,进入“截面编辑”对话框,进行纵筋和箍筋的输入,如图 3.10 所示为 YBZ1 的输入。

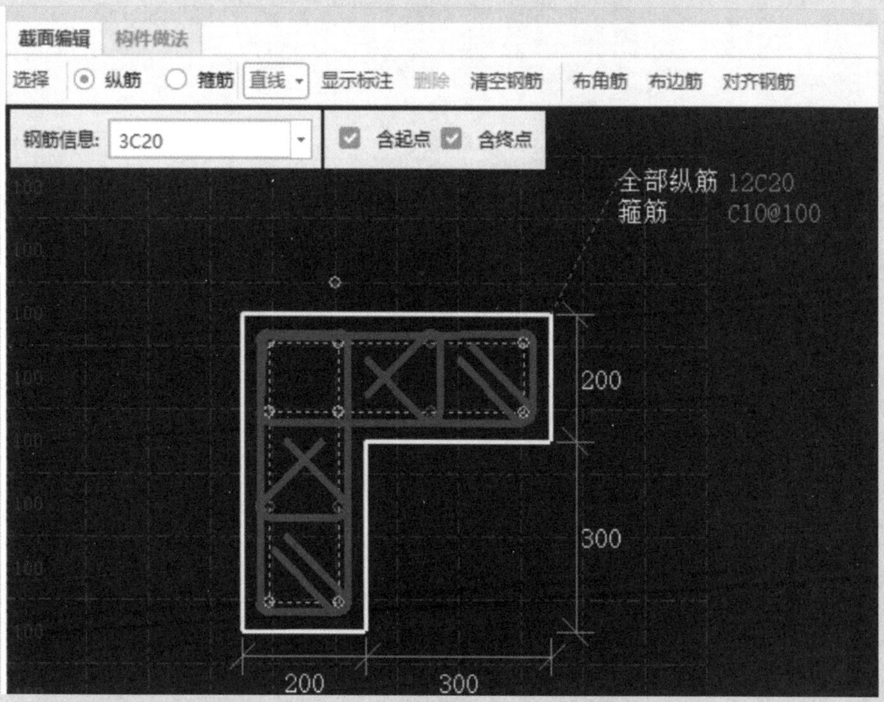

图 3.10

(4)圆形框架柱(拓展)

选择"新建"→"新建圆形柱",方法同矩形框架柱属性定义。本工程无圆形框架柱,属性信息均是假设的。圆形框架柱的属性定义如图 3.11 所示。

【注意】

截面半径:设置圆形柱截面半径,可用"数值/数值"来表示变截面柱,输入格式为"柱顶截面尺寸/柱底截面尺寸"(圆形柱没有截面宽、截面高属性)。

4)做法套用

柱构件定义好后,需要进行套用做法操作。套用做法是指构件按照计算规则计算汇总出做法工程量,方便进行同类项汇总,同时与计价软件数据对接。构件套用做法,可手动添加清单定额、查询清单定额库添加、查询匹配清单定额添加实现。

单击"定义",在弹出的"定义"界面中,单击构件做法,可通过查询清单库的方式,进行添加清单,KZ1 混凝土的清单项目编码为 010502001,KZ1 模板的清单项目编码为 011702002;通过查询定额库可以添加定额,正确选择对应定额项,KZ1 的做法套用如图 3.12 所示。暗柱的做法套用,如图 3.13 所示。

5)柱的画法讲解

柱定义完毕后,切换到绘图界面。

属性列表　图层管理

	属性名称	属性值	附加
1	名称	KZ(圆形)	
2	结构类别	框架柱	☐
3	定额类别	普通柱	☐
4	截面宽度(B边)(...	500	☐
5	截面高度(H边)(...	500	☐
6	全部纵筋		☐
7	角筋	4⌀22	☐
8	B边一侧中部筋	3⌀18	☐
9	H边一侧中部筋	3⌀18	☐
10	箍筋	⌀8@100/200(4*4)	☐
11	节点区箍筋		☐
12	箍筋肢数	4*4	
13	柱类型	边柱-H	☐
14	材质	商品混凝土	☐
15	混凝土类型	(特细砂塑性混凝土(...	☐
16	混凝土强度等级	(C30)	☐
17	混凝土外加剂	(无)	
18	泵送类型	(混凝土泵)	

图 3.11

	编码	类别	名称	项目特征	单位	工程量表达式	表达式说明	单价	综合单价	措施项目
1	− 010502001	项	矩形柱	1. 混凝土种类:商品混凝土 2. 混凝土强度等级:C30	m3	TJ	TJ<体积>			☐
2	AE0083	定	柱 商品混凝土 C30		m3	TJ	TJ<体积>	3990.61		☐
3	− 011702002	项	矩形柱	1. 模板类型:复合模板 2. 模板高度:≤3.9m	m2	MBMJ	MBMJ<模板面积>			☑
4	AS0042	定	矩形柱 复合模板		m2	MBMJ	MBMJ<模板面积>	4263.96		☑

图 3.12

	编码	类别	名称	项目特征	单位	工程量表达式	表达式说明	单价	综合单价	措施项目
1	− 010504001	项	直形墙	1. 混凝土种类:商品混凝土 2. 混凝土强度等级:C30	m3	TJ	TJ<体积>			☐
2	AE0176	定	墙 商品混凝土 C30		m3	TJ	TJ<体积>	3999.27		☐
3	− 011702011	项	直形墙	1. 模板类型:复合模板 2. 模板高度:≤3.9m	m2	MBMJ	MBMJ<模板面积>			☑
4	AS0060	定	直形墙 复合模板		m2	MBMJ	MBMJ<模板面积>	3711.59		☑

图 3.13

(1)点绘制

通过构件列表选择要绘制的构件 KZ1,用鼠标捕捉①轴与Ⓓ轴的交点,直接单击鼠标左键,即可完成柱 KZ1 的绘制,如图 3.14 所示。

(2)偏移绘制

偏移绘制常用于绘制不在轴线交点处的柱,Ⓓ轴上、④~⑤轴间的 TZ1 不能直接用鼠标选择点绘制,需要使用“Shift 键 + 鼠标左键”相对于基准点偏移绘制。

①把鼠标放在Ⓓ轴和④轴的交点处,同时按“Shift”键和鼠标左键,弹出“输入偏移量”对话框。由结施-04 可知,TZ1 的中心相对于Ⓓ轴与④轴交点向右偏移 1650 mm,在对话框中输入 X =“1650”,Y =“100”,表示水平方向偏移量为1650 mm,竖直方向向上偏移 100 mm,如图 3.15 所示。

②单击“确定”按钮, TZ1 就偏移到指定位置了,如图 3.16 所示。

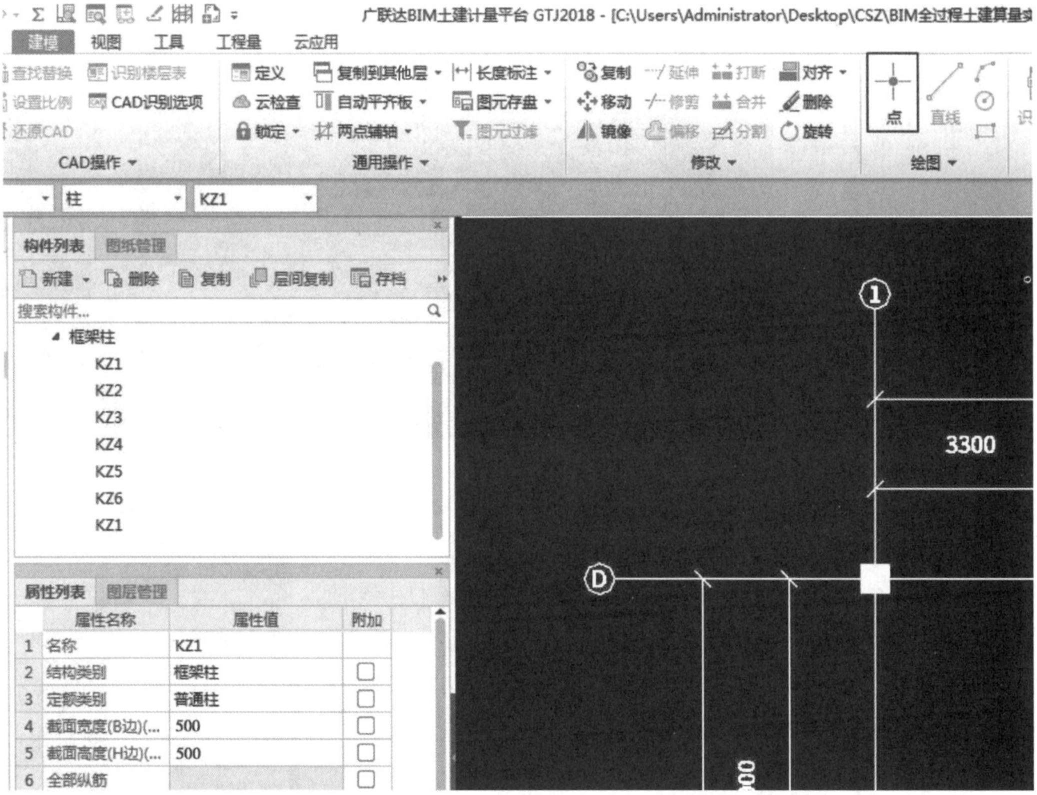

图 3.14

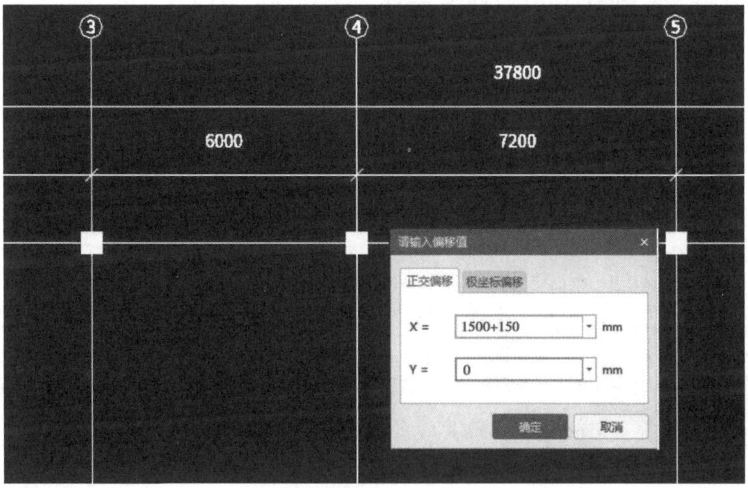

图 3.15

(3)智能布置

当图 3.16 中某区域轴线相交处的柱都相同时,可采用"智能布置"方法来绘制柱。如结施-04 中,②~⑦轴与Ⓓ轴的 6 个交点处都为 KZ3,即可利用此功能快速布置。选择 KZ3,单击"建模"→"柱二次编辑"→"智能布置",选择按"轴线"布置,如图 3.17 所示。

然后在图框中框选要布置柱的范围,单击鼠标右键确定,则软件自动在所有范围内所有轴线相交处布置上 KZ3,如图 3.18 所示。

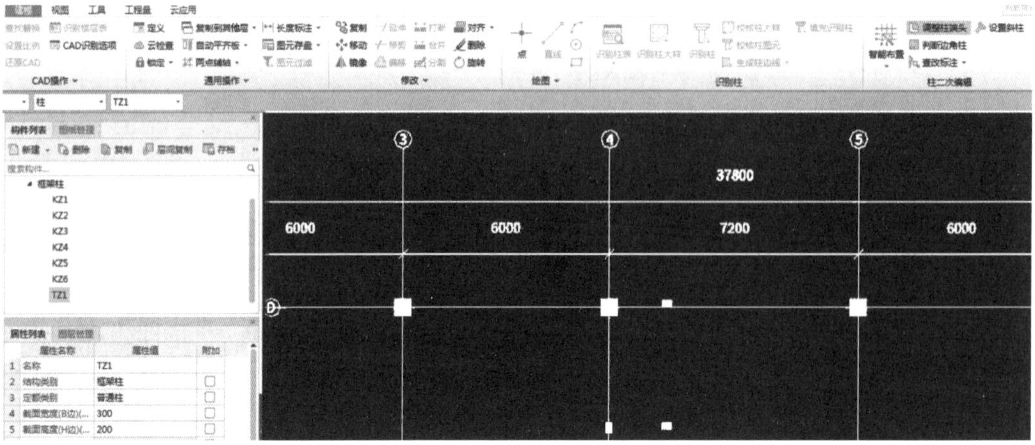

图 3.16

(4)镜像

通过图纸分析可知,①~④轴的柱与⑤~⑧轴的柱是对称的,因此,在绘图时可以使用一种简单的方法:先绘制①~④轴的柱,然后使用“镜像”功能绘制⑤~⑧的轴。操作步骤如下:

①选中①~④轴间的柱,单击建模页签下修改面板中的“镜像”命令,如图 3.19 所示。

②点中显示栏的“中点”,捕捉④~⑤轴的中点,可以看到屏幕上有一个黄色的三角形,选中第二点,单击鼠标右键确定即可,如图 3.20 所示。在状态栏的地方会提示需要进行的下一步操作。

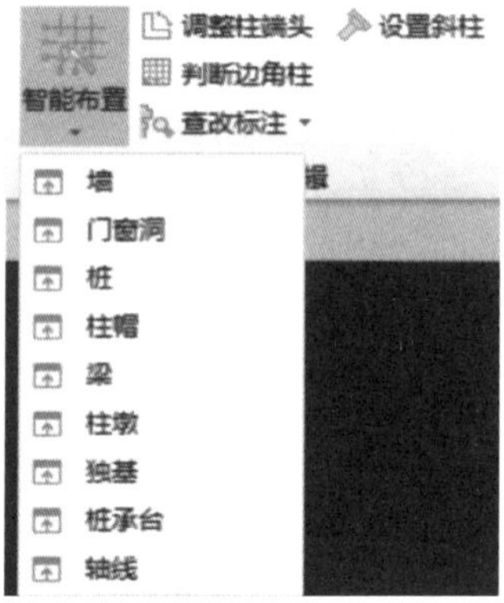

图 3.17

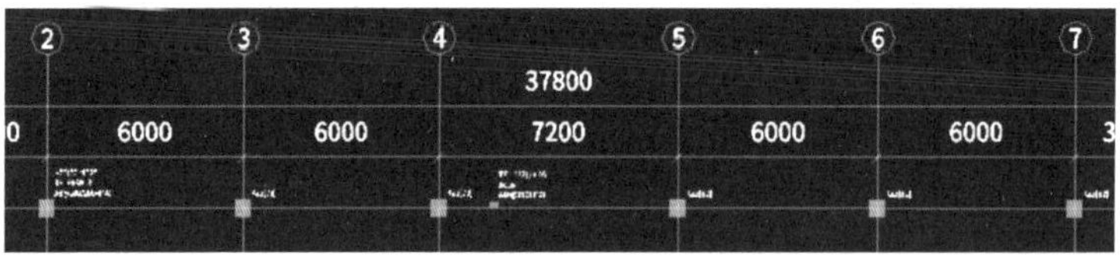

图 3.18

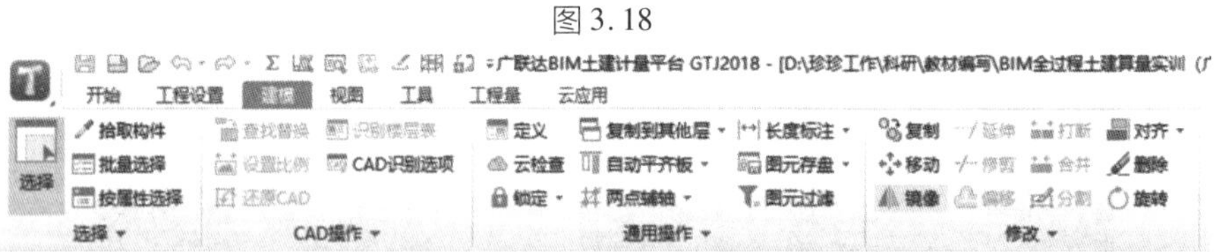

图 3.19

6)闯关练习

老师讲解演示完毕,可登录测评认证平台安排学生练习。学生打开测评认证平台考试端,练习完毕提交工程文件后系统可自动评分。老师可在网页直接查看学生成绩汇总和作答数据统计。平台可帮助老师和学生专注学习本身,实现快速完成评分、成绩汇总和分析。

方式一:老师安排学生到测评认证考试平台闯关模块进行相应的关卡练习,增加练习的趣味性和学生的积极性。

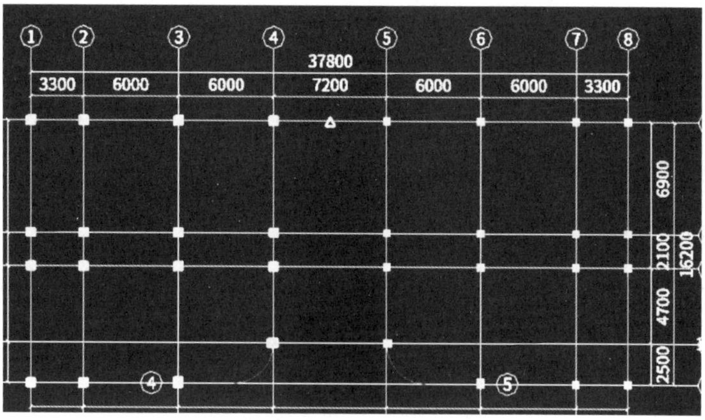

图 3.20

方式二:老师自己安排练习。

(1)老师安排随堂练习

老师登录测评认证平台(http://kaoshi.glodonedu.com/),在考试管理页面,单击“安排考试”按钮,如图 3.21 所示。

图 3.21

步骤一:填写考试基础信息,如图 3.22 所示。

图 3.22

①填写考试名称:首层柱钢筋量计算。

②选择考试的开始时间与结束时间(自动计算考试时长)。

③单击“选择试卷”按钮选择试卷。

选择试题时,可从"我的试卷库"中选择,也可在"共享试卷库"中选择,如图 3.23 所示。

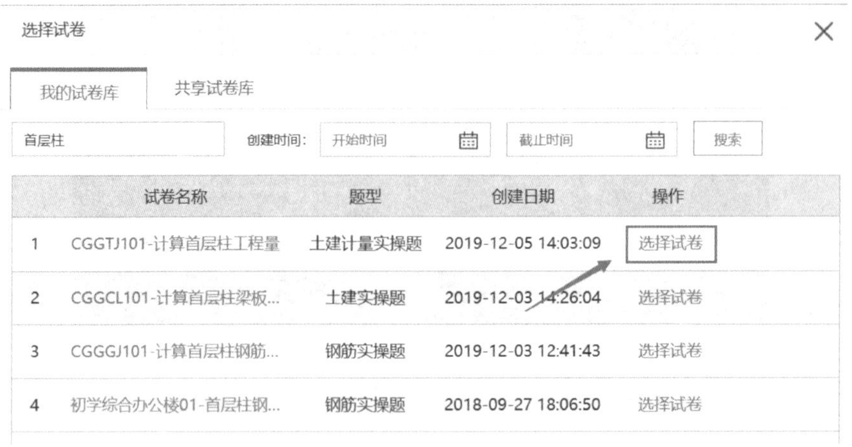

图 3.23

步骤二:考试设置,如图 3.24 所示。

图 3.24

①添加考生信息,从群组选择中选择对应的班级学生。

②设置成绩查看权限:交卷后立即显示考试成绩。

③设置防作弊的级别:0 级。

④设置可进入考试的次数(留空为不限制次数)。

发布成功后,可在"未开始的考试"中查看,如图 3.25 所示。

图 3.25

【小技巧】

建议提前安排好实战任务，设置好考试的时间段，在课堂上直接让学生练习即可；或者直接使用闯关模块安排学生进行练习，与教材内容配套使用。

(2)参加老师安排的任务

步骤一：登录考试平台，从桌面上双击打开广联达测评认证 4.0 考试端。用学生账号登录考试平台，如图 3.26 所示。

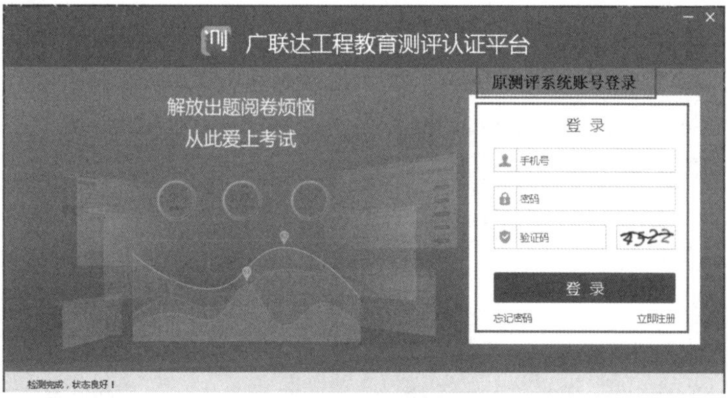

图 3.26

步骤二：参加考试。老师安排的考试位于“待参加考试”页签，找到要参加的考试，单击“进入考试”即可，如图 3.27 所示。

图 3.27

(3)考试过程跟进

考试过程中，单击考试右侧的“成绩分析”按钮，即可进入学生作答监控页面，如图 3.28 所示。

在成绩分析页面，老师可以详细看到每位学生的作答状态：未参加考试、未交卷、作答中、已交卷，如图 3.29 所示。这 4 种状态分别如下：

图 3.28

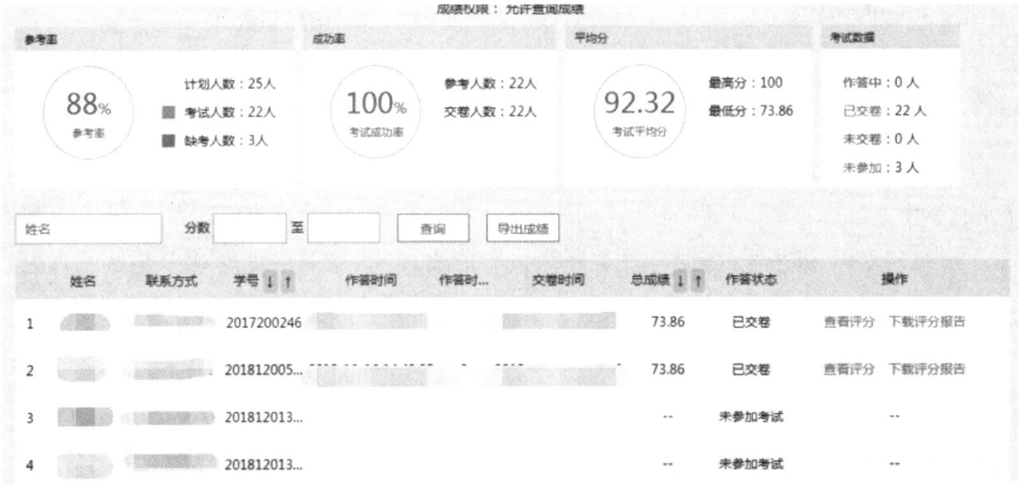

图 3.29

①未参加考试:考试开始后,学生从未进入过考试作答页面。

②未交卷:考试开始后,学生进入过作答页面,没有交卷又退出考试了。

③作答中:当前学生正在作答页面。

④已交卷:学生进入过考试页面,并完成了至少 1 次交卷,当前学生不在作答页面。

(4)查看考试结果(图 3.30)

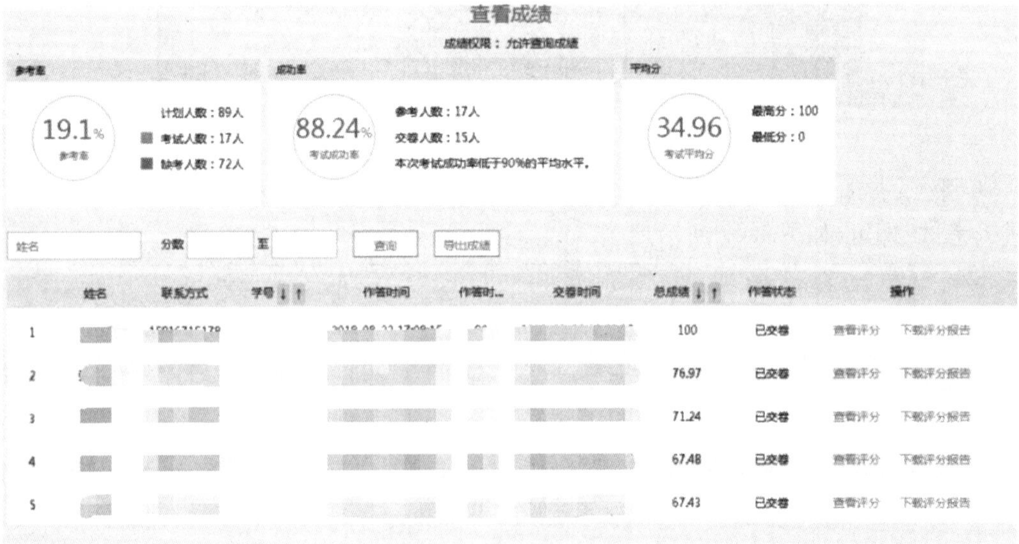

图 3.30

考试结束后,老师可以在成绩分析页面查看考试的数据统计及每位考生的考试结果和成绩分析，如图 3.31 所示。

评分报告

钢筋　土建

序号	构件类型	标准工程量(千克)	工程量(千克)	偏差(%)	基准分	得分	得分分析
1	▼ 柱	8348.578	8348.578	0	92.4731	92.4729	
2	▼ 工程1	8348.578	8348.578	0	92.4731	92.4729	
3	▼ 首层	8348.578	8348.578	0	92.4731	92.4729	
4	ΦC20,1,0,柱	2350.4	2350.4	0	25.8064	25.8064	
5	ΦC18,1,0,柱	1792.896	1792.896	0	25.8064	25.8064	
6	ΦC25,1,0,柱	1687.224	1687.224	0	13.9785	13.9785	
7	ΦC22,1,0,柱	577.76	577.76	0	5.3763	5.3763	
8	ΦC16,1,0,柱	24.984	24.984	0	1.6129	1.6129	
9	ΦC8,1,0,柱	1902.42	1902.42	0	19.3548	19.3548	
10	ΦC10,1,0,柱	12.894	12.894	0	0.5376	0.5376	
11	▼ 暗柱/端柱	1052.82	1052.82	0	7.5269	7.5269	
12	▼ 工程1	1052.82	1052.82	0	7.5269	7.5269	
13	▼ 首层	1052.82	1052.82	0	7.5269	7.5269	
14	ΦC10,1,0,暗柱/端柱	410.88	410.88	0	3.2258	3.2258	
15	ΦC20,1,0,暗柱/端柱	641.94	641.94	0	4.3011	4.3011	

图 3.31

提示：其他章节，老师可参照本“闯关练习”的做法，安排学生在闯关模块进行练习，或在测评认证考试平台布置教学任务。

四、任务结果

单击“工程量”页签下的云检查，云检查无误后进行汇总计算（或者按快捷键“F9”），弹出汇总计算对话框，选择首层下的柱，如图 3.32 所示。

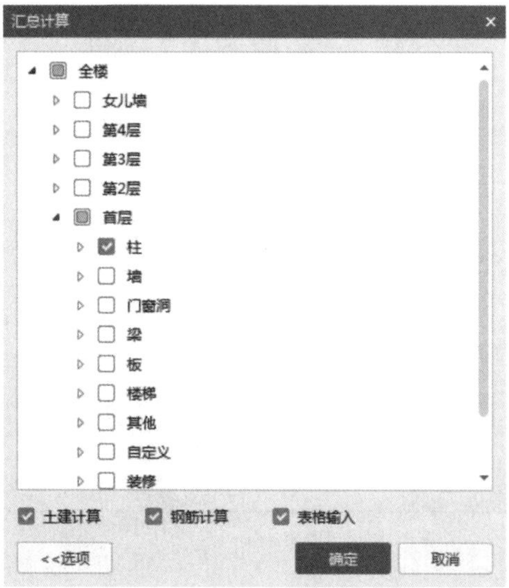

图 3.32

汇总计算后，在“工程量”页签下可以查看 “土建计算”结果，见表 3.4；“钢筋计算”结果，见表 3.5。

表 3.4　首层框架柱清单定额工程量

编码	项目名称	单位	工程量明细	
			绘图输入	表格输入
010502001001	矩形柱 1.混凝土种类:商品混凝土 2.混凝土强度等级:C30	m^3	32.097	
AE0083	柱 商品混凝土 C30	10 m^3	3.2097	
011702002001	矩形柱 1.模板类型:复合模板 2.模板高度:≤3.9 m	m^2	233.664	
AS0042	矩形柱 复合模板	100 m^2	2.33664	

表 3.5　首层柱钢筋工程量

汇总信息	汇总信息钢筋总重(kg)	构件名称	构件数量	HRB400
暗柱/端柱	932.356	YBZ1[1241]	2	422.872
		YBZ2[1239]	2	509.484
		合计		894.676
柱	7276.092	KZ1[1100]	4	883.568
		KZ2[1101]	2	396.354
		KZ2[1108]	4	800.968
		KZ3[1125]	6	1270.158
		KZ4[1109]	12	2800.956
		KZ5[1106]	2	539.184
		KZ6[1102]	2	539.184
		TZ1[2614]	1	45.72
		合计		7276.092

五、总结拓展

1)查改标注

框架柱主要使用"点"绘制,或者用偏移辅助"点"绘制。如果有相对轴线偏心的支柱,则可使用以下"查改标注"的方法进行偏心的设置和修改,操作步骤如下:

①选中图元,单击"建模"→"柱二次编辑"→"查改标注",如图 3.33 所示。

②回车依次修改绿色字体的标注信息,全部修改后用鼠标左键单击屏幕的其他位置即可,右键结束命令,如图 3.34 所示。

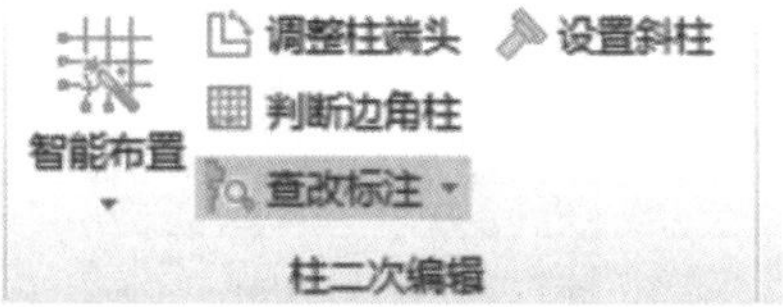

图 3.33

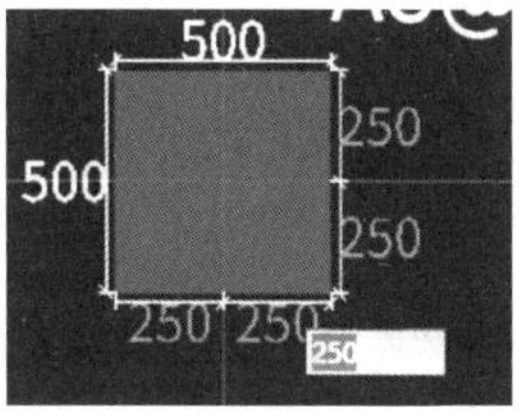

图 3.34

2)修改图元名称

如果需要修改已经绘制的图元名称,也可采用以下两种方法:

①"修改图元名称"功能。如果需把一个构件的名称替换成另一个名称,假如要把 KZ6 修改为 KZ1,可使用"修改图元名称"功能。选中 KZ6,单击鼠标右键选择"修改图元名称",则会弹出"修改图元名称"对话框,如图 3.35 所示。将 KZ6 修改成 KZ1 即可。

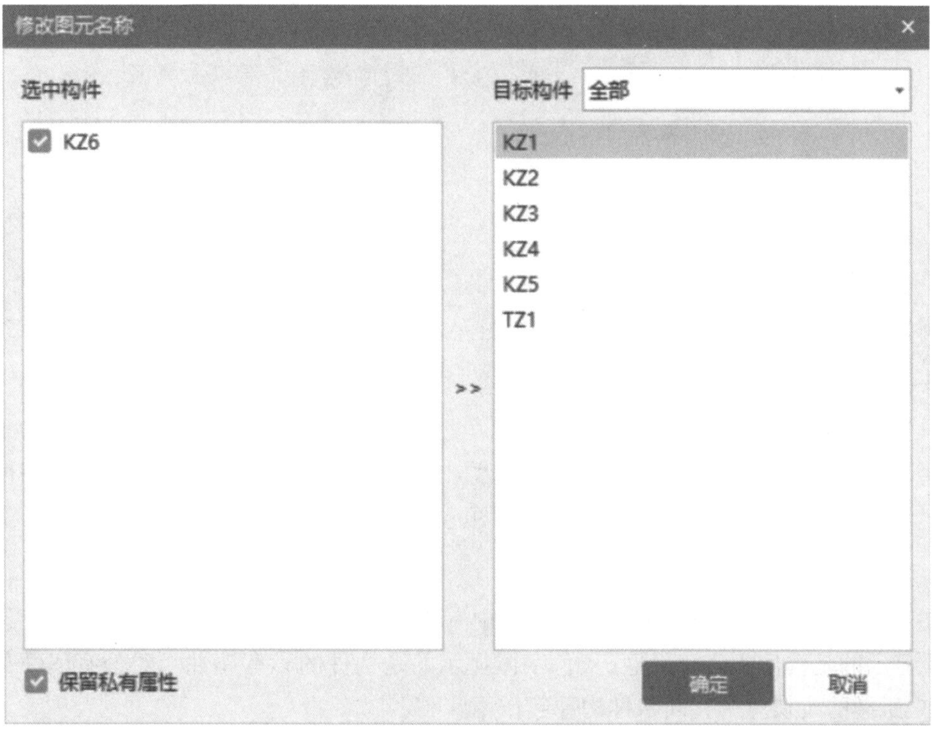

图 3.35

②通过属性列表修改。选中图元,"属性列表"对话框中会显示图元的属性,点开下拉名称列表,选择需要的名称,如图 3.36 所示。

3)"构件图元名称显示"功能

柱构件绘到图上后,如果需要在图上显示图元的名称,可使用"视图"选项卡下的"显示设置"功能,在弹出如图 3.37 所示"显示设置"对话框中,勾选显示的图元或显示名称,方便查看和修改。

图 3.36

图 3.37

例如,显示柱子及其名称,则在柱显示图元及显示名称后面打钩;也可通过按“Z”键将柱图元显示出来,按“Shift + Z”键将柱名称显示出来。

4)柱的属性

在柱的属性中有标高的设置,包括底标高和顶标高。软件默认竖向构件是按照层底标高和层顶标高,可根据实际情况修改构件或图元的标高。

5)构件属性编辑

在对构件进行属性编辑时,属性编辑框中有两种颜色的字体:蓝色字体和灰色字体。蓝色字体显示的是构件的公有属性,灰色字体显示的是构件的私有属性。对公有属性部分进行操作,所做的改动对所有同名称构件起作用。

问题思考

(1)在绘图界面怎样调出柱属性编辑框对图元属性进行修改?

(2)在参数化柱模型中找不到的异形柱如何定义?

(3)在柱定额子目中找不到所需要的子目,该如何定义柱构件做法?

3.2 首层剪力墙工程量计算

通过本节的学习,你将能够:

(1)定义剪力墙的属性;

(2)绘制剪力墙图元;

(3)掌握连梁在软件中的处理方式;

(4)统计本层剪力墙的阶段性工程量。

一、任务说明

①完成首层剪力墙的属性定义、做法套用及图元绘制。

②汇总计算,统计本层剪力墙的工程量。

二、任务分析

①剪力墙在计量时的主要尺寸有哪些?从哪个图中什么位置能够找到?

②剪力墙的暗柱、端柱分别是如何计算钢筋工程量的?

③剪力墙的暗柱、端柱分别是如何套用清单定额的?

④当剪力墙墙中心线与轴线不重合时,该如何处理?

⑤电梯井壁剪力墙的施工措施有什么不同?

三、任务实施

1)分析图纸

(1)分析剪力墙

分析结施-04、结施-01,可以得到首层剪力墙的信息,见表3.6。

表3.6 剪力墙表

序号	类型	名称	混凝土型号	墙厚(mm)	标高	水平筋	竖向筋	拉筋
1	内墙	Q3	C30	200	−0.05 ~ +3.85	⏀12@150	⏀14@150	⏀8@450

(2)分析连梁

连梁是剪力墙的一部分。结施-06中,剪力墙上有LL1(1),尺寸为200 mm×1000 mm,下方有门洞,箍筋为⏀10@100(2),上部纵筋为4⏀22,下部纵筋为4⏀22,侧面纵筋为G⏀12@200。

2)剪力墙清单、定额计算规则学习

(1)清单计算规则学习

剪力墙清单计算规则,见表3.7。

表3.7 剪力墙清单计算规则

编码	项目名称	单位	计算规则
010504001	直形墙	m^3	按设计图示尺寸以体积计算。扣除门窗洞口及单个面积 >0.3 m^2 的孔洞所占体积
011702011	直形墙模板	m^2	按模板与现浇混凝土构件的接触面积计算
011702013	短肢剪力墙、电梯井壁	m^2	按模板与现浇混凝土构件的接触面积计算

(2)定额计算规则

剪力墙定额计算规则,见表3.8。

表3.8 剪力墙定额计算规则

编码	项目名称	单位	计算规则
AE0174-0182	墙 商品混凝土	10 m^3	墙按图示尺寸以"m^3"计算,应扣除门窗洞口 >0.3 m^2 的体积
AS0059-0060	混凝土模板及支架(撑) 直形墙	100 m^2	1. 按混凝土与模板接触面的面积以"m^2"计算 2. 单孔面积≤0.3 m^2 的孔洞不予扣除,洞侧壁模板亦不增加,单孔面积 >0.3 m^2 时应予扣除,洞侧壁模板面积并入墙模板工程量内计算
AS0113	混凝土模板及支架(撑) 超高增加费 墙 每超过1 m增加费	100 m^2	现浇混凝土梁、板、柱、墙、支模高度是按层高≤3.9 m 编制的,层高超过3.9 m 时,超过部分梁、板、柱、墙均应按完整构件的混凝土模板工程量套用相应梁、板、柱、墙支撑高度超高费定额项目,按梁、板、柱、墙支撑高度超高费每超过1 m增加模板费项目以层高计算,超高不足1 m的按1 m计算

3)剪力墙属性定义

(1)新建剪力墙

在导航树中选择"墙"→"剪力墙",在"构件列表"中单击"新建"→"新建内墙",如图3.38所示。

在"属性列表"中对图元属性进行编辑,如图3.39 所示。

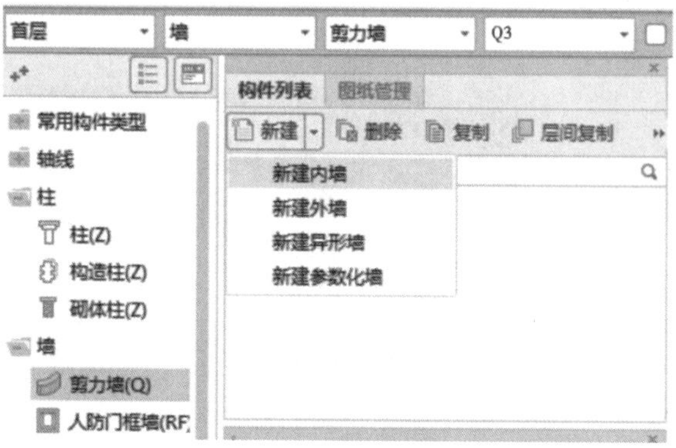

图 3.38

图 3.39

(2)新建连梁

在导航树中选择"梁"→"连梁",在构件列表中单击"新建"→"新建矩形连梁",如图3.40所示。

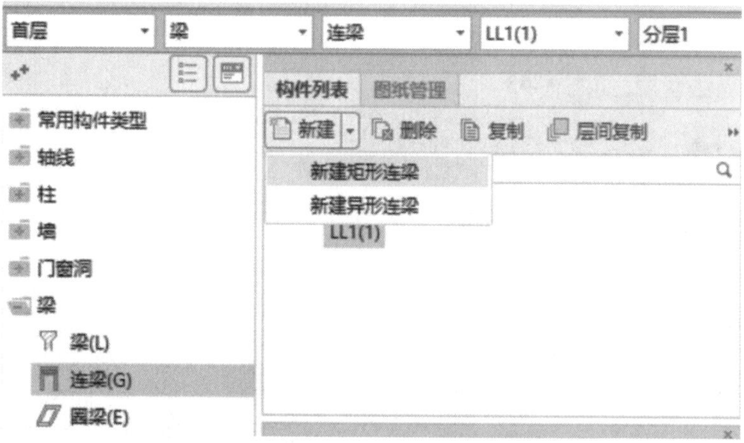

图 3.40

在"属性列表"中对图元属性进行编辑,如图 3.41 所示。

(3)通过复制建立新构件

分析结施-04 分析可知,该案例工程有 Q3(基础 ~ 11.05 m)和 Q4(11.05 ~ 15.90 m)两种类型的剪力墙,厚度都是 200 mm,水平筋分别是Φ 12@ 150 和Φ 10@ 200,竖向筋分别为Φ 14@ 150和Φ 10@ 200,拉筋分别为Φ 8@ 450 和Φ 8@ 600。其区别在于墙体的名称和钢筋信息以及布置位置不一样。在新建好的 Q3 后,选中"Q3",单击鼠标右键选择"复制",或者直接单击"复制"按钮,软件自动建立名为"Q4"的构件,然后对"Q4"进行属性编辑,如图 3.42

所示。

	属性名称	属性值	附加
1	名称	LL-1	
2	截面宽度(mm)	200	☐
3	截面高度(mm)	1000	☐
4	轴线距梁左边...	(100)	☐
5	全部纵筋		☐
6	上部纵筋	4⏀22	☐
7	下部纵筋	4⏀22	☐
8	箍筋	⏀10@100(2)	☐
9	肢数	2	
10	拉筋	(⏀6)	☐
11	侧面纵筋(总配...	G⏀12@200	☐
12	材质	商品混凝土	☐
13	混凝土强度等级	(C30)	☐
14	混凝土外加剂	(无)	
15	泵送类型	(混凝土泵)	
16	泵送高度(m)		
17	截面周长(m)	2.4	☐
18	截面面积(m²)	0.2	☐
19	起点顶标高(m)	层顶标高	☐
20	终点顶标高(m)	层顶标高	☐
21	备注		☐
22	+ 钢筋业务属性		
40	+ 土建业务属性		
45	+ 显示样式		

图 3.41

图 3.42

4)做法套用

①剪力墙做法套用,如图 3.43 所示。

	编码	类别	名称	项目特征	单位	工程量表达式	表达式说明	单价	综合单价	措施项目	专业
1	− 010504001	项	直形墙	1.混凝土种类:商品混凝土 2.混凝土强度等级:C30	m3	JLQTJQD	JLQTJQD<剪力墙体积(清单)>			☐	建筑与装饰工程
2	AE0176	定	墙 商品混凝土 C30		m3	JLQTJ	JLQTJ<剪力墙体积>	3999.27		☐	土
3		定								☐	
4	− 011702011	项	直形墙	1.模板类型:复合模板 2.模板高度:≤3.9m	m2	JLQMBMJQD	JLQMBMJQD<剪力墙模板面积(清单)>			☑	建筑与装饰工程
5	AS0060	定	直形墙 复合模板		m2	JLQMBMJ	JLQMBMJ<剪力墙模板面积>	3711.59		☑	土

图 3.43

②在剪力墙里连梁是归到剪力墙里的,所以连梁做法套用,如图 3.44 所示。

	编码	类别	名称	项目特征	单位	工程量表达式	表达式说明	单价	综合单价	措施项目	专业
1	− 010504001	项	直形墙	1.混凝土种类:商品混凝土 2.混凝土强度等级:C30	m3	JLQTJQD	JLQTJQD<剪力墙体积(清单)>			☐	建筑与装饰工程
2	AE0176	定	墙 商品混凝土 C30		m3	JLQTJ	JLQTJ<剪力墙体积>	3999.27		☐	土
3	− 011702011	项	直形墙	1.模板类型:复合模板 2.模板高度:≤3.9m	m2	JLQMBMJQD	JLQMBMJQD<剪力墙模板面积(清单)>			☑	建筑与装饰工程
4	AS0060	定	直形墙 复合模板		m2	JLQMBMJ	JLQMBMJ<剪力墙模板面积>	3711.59		☑	土

图 3.44

5)画法讲解

(1)剪力墙的画法

剪力墙定义完毕后,切换到绘图界面。

①直线绘制。在导航树中选择"墙"→"剪力墙",通过"构件列表"选择要绘制的构件 Q3,依据结施-04 和结施-05 可知,剪力墙和暗柱都是 200 mm 厚,且内外边线对齐,用鼠标捕捉左下角的 YBZ1,左键单击 Q3 的起点,再左键单击终点即可完成绘制。

②对齐。用直线完成 Q3 的绘制后，检查剪力墙是否与 YBZ1 和 YBZ2 对齐，假如不对齐，可采用“对齐”功能将剪力墙和 YBZ 对齐。选中 Q3，单击“对齐”，左键单击需要对齐的目标线，再左键单击选择图元需要对齐的边线。完成绘制，如图 3.45 所示。

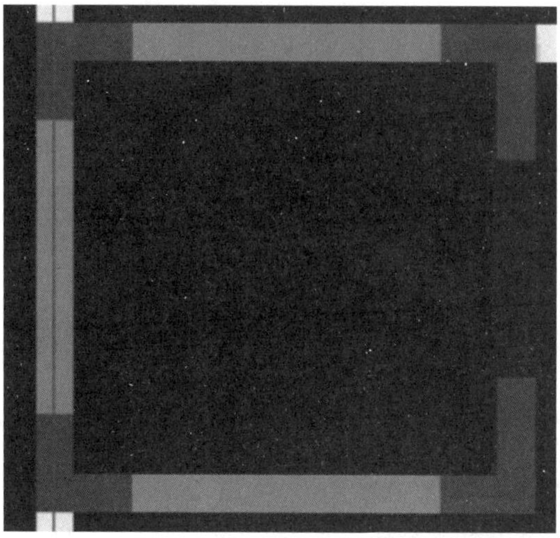

图 3.45

(2)连梁的画法

连梁定义完毕后，切换到绘图界面。采用“直线”绘制的方法绘制。

通过构件列表选择“梁”→“连梁”，单击“建模”→“直线”，依据结施-05 可知，连梁和暗柱都是 200 mm 厚，且内外边线对齐，用鼠标捕捉连梁 LL1(1)的起点，再捕捉终点即可。

四、任务结果

绘制完成后，单击工程量选项卡下的“汇总计算”，进行汇总计算工程量，或者按“F9”进行汇总计算。再选择查看报表，单击“设置报表范围”，选择首层剪力墙、暗柱和连梁，单击“确定”按钮，首层剪力墙清单定额工程量见表 3.9。

表 3.9 首层剪力墙清单定额工程量

编码	项目名称	单位	工程量明细	
			绘图输入	表格输入
010504001001	直形墙 1. 混凝土种类:商品混凝土 2. 混凝土强度等级:C30	m^3	6.474	
AE0176	墙 商品混凝土 C30	10 m^3	0.6474	
011702011002	直形墙 1. 模板类型:复合模板 2. 模板高度:≤3.9 m	m^2	63.9285	
AS0060	直形墙 复合模板	100 m^2	0.639285	

首层剪力墙钢筋工程量见表 3.10。

表 3.10　首层剪力墙钢筋

楼层名称	构件类型	钢筋总重(kg)	HPB300	HRB400					
			6	8	10	12	14	20	22
首层	暗柱/端柱	915.556			414.64			500.916	
	剪力墙	749.091		10.434		388.449	350.208		
	连梁	113.087	1.044		16.577	23.49			71.976
	合计	1777.734	1.044	10.434	431.217	411.939	350.208	500.916	71.976

五、总结拓展

对属性编辑框中的“附加”进行勾选,方便用户对所定义的构件进行查看和区分。

问题思考

(1)剪力墙为什么要区分内、外墙定义?

(2)电梯井壁墙的内侧模板是否存在超高?

(3)电梯井壁墙的内侧模板和外侧模板是否套用同一定额?

3.3 首层梁工程量计算

通过本节的学习,你将能够:

(1)依据定额和清单确定梁的分类和工程量计算规则;

(2)依据平法、定额和清单确定梁的钢筋类型及工程量计算规则;

(3)定义梁的属性,进行正确的做法套用;

(4)绘制梁图元,正确对梁进行二次编辑;

(5)统计梁的工程量。

一、任务说明

①完成首层梁的属性定义、做法套用及图元绘制。

②汇总计算,统计本层梁的钢筋及土建工程量。

二、任务分析

①梁在计量时的主要尺寸有哪些?可以从哪个图中什么位置能找到?有多少种梁?

②梁是如何套用清单定额的?软件中如何处理变截面梁?

③梁的标高如何调整?起点顶标高和终点顶标高不同会有什么结果?

④绘制梁时，如何使用“Shift + 左键”实现精确定位？

⑤各种不同名称的梁如何能快速套用做法？

⑥参照 16G101—1 第 84-97 页，分析框架梁、普通梁、屋框梁、悬臂梁纵筋及箍筋的配筋构造。

⑦按图集构造分别列出各种梁中各种钢筋的计算公式。

三、任务实施

1）分析图纸

①分析结施-06，从左至右、从上至下，本层有框架梁和非框架梁两种。

②框架梁 KL1～KL10b，非框架梁 L1（1），主要信息见表 3.11。

表 3.11 梁表

序号	类型	名称	混凝土强度等级	截面尺寸（mm）	顶标高	备注
1	框架梁	KL1（1）	C30	250×500	层顶标高	钢筋信息参考结施-06
		KL2（2）	C30	300×500	层顶标高	
		KL3（3）	C30	250×500	层顶标高	
		KL4（1）	C30	300×600	层顶标高	
		KL5（3）	C30	300×500	层顶标高	
		KL6（7）	C30	300×500	层顶标高	
		KL7（3）	C30	300×500	层顶标高	
		KL8（1）	C30	300×600	层顶标高	
		KL9（3）	C30	300×600	层顶标高	
		KL10（3）	C30	300×600	层顶标高	
		KL10a（3）	C30	300×600	层顶标高	
		KL10b（1）	C30	300×600	层顶标高	
2	非框架梁	L1（1）	C30	300×550	层顶标高	

2）现浇混凝土梁基础知识学习

（1）清单计算规则学习

梁清单计算规则见表 3.12。

表 3.12 梁清单计算规则

编码	项目名称	单位	计算规则
010503002	矩形梁	m^3	按设计图示尺寸以体积计算。伸入墙内的梁头、梁垫并入梁体积内。梁长： 1. 梁与柱连接时，梁长算至柱侧面 2. 主梁与次梁连接时，次梁长算至主梁侧面

续表

编码	项目名称	单位	计算规则
011702006	矩形梁	m^2	按模板与现浇混凝土构件的接触面积计算
010505001	有梁板	m^3	按设计图示尺寸以体积计算,有梁板(包括主梁、次梁与板)按梁、板体积之和计算
011702014	有梁板	m^2	按模板与现浇混凝土构件的接触面积计算

(2)定额计算规则学习

梁定额计算规则见表3.13。

表3.13 梁定额计算规则

编码	项目名称	单位	计算规则
AE0111-0119	梁 商品混凝土	10 m^3	按设计图示尺寸以体积计算。不扣除构件内钢筋、预埋铁件所占体积,伸入墙内的梁头、梁垫并入梁体积内 1. 梁长:梁与柱连接时,梁长算到柱侧面,伸入墙内的梁头,应计算在梁的长度内 2. 与主梁连接的次梁,长度算到主梁的侧面;现浇梁头处有现浇垫块者,垫块体积并入梁内计算 3. 梁高:梁底至顶面的距离
AS0049-0050	混凝土模板及支架(撑)矩形梁	100 m^2	1. 按模板与混凝土的接触面积以"m^2"计算 2. 柱与梁、柱与墙、梁与梁等连接重叠部分以及伸入墙内的梁头、板头与砖接触部分,均不计算模板面积
AS0110	混凝土模板及支架(撑)超高增加费 梁 每超过1 m增加费	100 m^2	现浇混凝土梁、板、柱、墙、支模高度是按层高≤3.9 m编制的,层高超过3.9 m时,超过部分梁、板、柱、墙均应按完整构件的混凝土模板工程量套用相应梁、板、柱、墙支撑高度超高费定额项目,按梁、板、柱、墙支撑高度超高费每超过1 m增加模板费项目以层高计算,超高不足1 m的按1 m计算
AE0231-0239	板 商品混凝土	10 m^3	1. 按设计图示尺寸以体积计算。不扣除构件内钢筋、预埋铁件及单个面积≤0.3 m^2 的孔洞所占体积 2. 有梁板(包括主、次梁与板)按梁、板体积之和计算,各类板伸入墙内的板头并入有梁板体积内计算
AS0066-0067	混凝土模板及支架(撑)有梁板	100 m^2	1. 按模板与混凝土的接触面积以"m^2"计算 2. 单孔面积≤0.3 m^2 的孔洞不予扣除,洞侧壁模板亦不增加,单孔面积>0.3 m^2 时应予扣除,洞侧壁模板面积并入板模板工程量内计算

续表

编码	项目名称	单位	计算规则
AS0111	混凝土模板及支架(撑)超高增加费板每超过1 m增加费	100 m^2	现浇混凝土梁、板、柱、墙、支模高度是按层高≤3.9 m编制的,层高超过3.9 m时,超过部分梁、板、柱、墙均应按完整构件的混凝土模板工程量套用相应梁、板、柱、墙支撑高度超高费定额项目,按梁、板、柱、墙支撑高度超高费每超过1 m增加模板费项目以层高计算,超高不足1 m的按1 m计算

(3)梁平法知识

梁类型有楼层框架梁、屋面框架梁、框支梁、非框架梁、悬挑梁等。梁平面布置图上采用平面注写方式或截面注写方式表达。

①平面注写:在梁平面布置图上,分别在不同编号的梁中各选一根梁,在其上注写截面尺寸和配筋具体数值的方式来表达梁平法施工图,如图3.46所示。平面注写包括集中标注与原位标注,集中标注表达梁的通用数值,原位标注表达梁的特殊数值。当集中标注中的某项数值不适用于梁的某部位时,则将该项数值原位标注。施工时,原位标注取值优先。

②截面注写:在分标准层绘制的梁平面布置图上,分别在不同编号的梁中各选择一根梁用剖面号引出配筋图,并在其上注写截面尺寸和配筋具体数值的方式来表达梁平法施工图,如图3.47所示。

③框架梁钢筋类型及软件输入格式:以上/下部贯通筋为例,侧面钢筋、箍筋、拉筋为例,见表3.14。

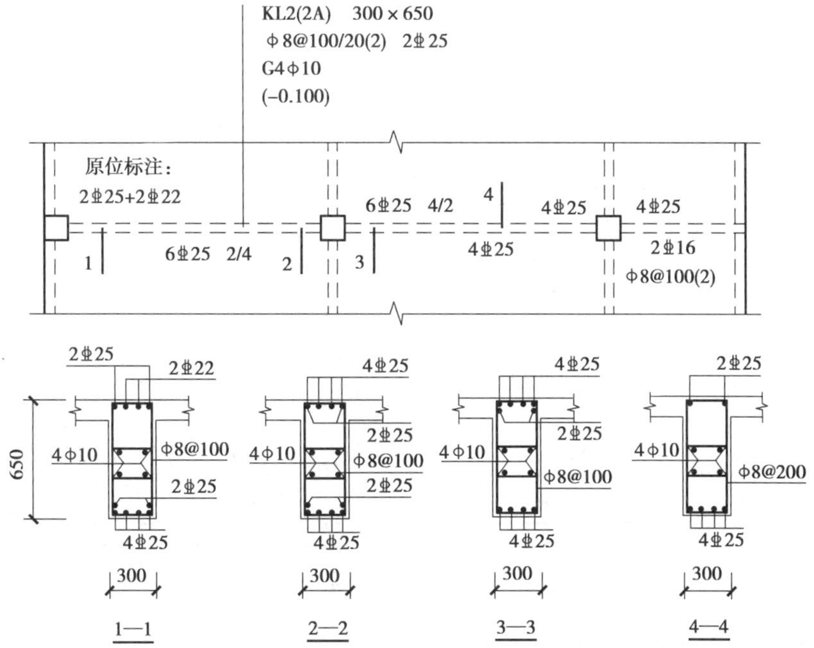

图3.46

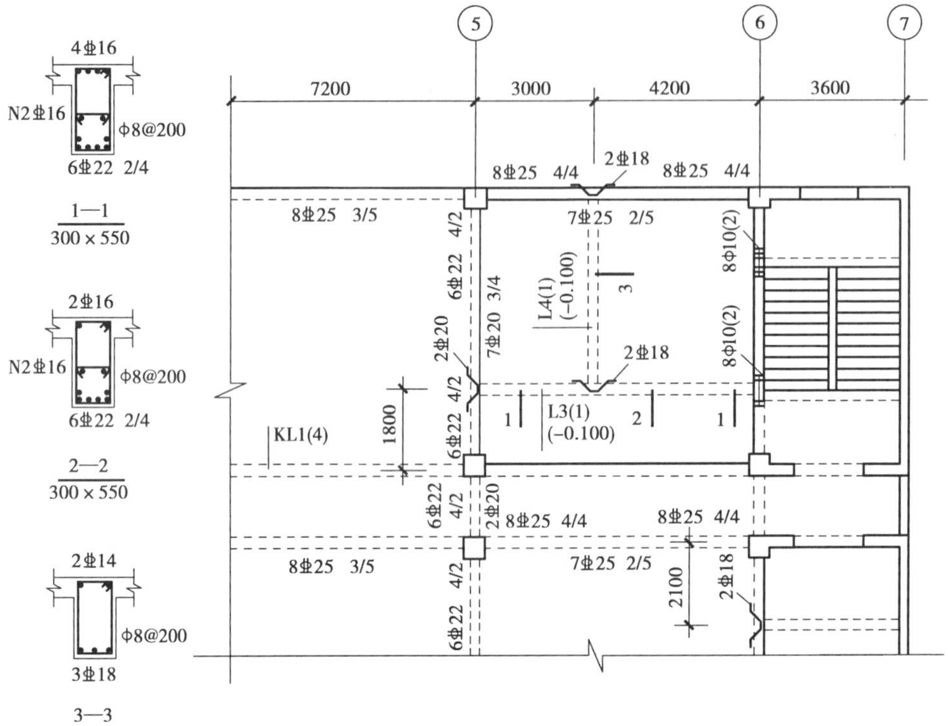

15.870~26.670梁平法施工图(局部)

图 3.47

表 3.14 框架梁钢筋类型及软件输入格式

钢筋类型	输入格式	说 明
上部贯通筋	2⌀22	数量+级别+直径,有不同的钢筋信息用“+”连接,注写时将角部纵筋写在前面
	2⌀25+2⌀22	
	4⌀20 2/2	当存在多排钢筋时,使用“/”将各排钢筋自上而下分开
	2⌀20/2⌀22	
	1-2⌀25	图号-数量+级别+直径,图号为悬挑梁弯起钢筋图号
	2⌀25+(2⌀22)	当有架立筋时,架立筋信息输在加号后面的括号中
下部贯通筋	2⌀22	数量+级别+直径,有不同的钢筋信息用“+”连接
	2⌀25+2⌀22	
	4⌀20 2/2	当存在多排钢筋时,使用“/”将各排钢筋自上而下分开
	2⌀20/2⌀22	
侧面钢筋(总配筋值)	G42⌀16 或 N42⌀16	梁两侧侧面筋的总配筋值
	G⌀16@100 或 N⌀16@100	

续表

钢筋类型	输入格式	说　明
箍筋	20Φ8(4)	数量+级别+直径+肢数,肢数不输入时按肢数属性中的数据计算
	Φ8@100(4)	级别+直径+@+间距+肢数,加密区间距和非加密区间距用"/"分开,加密区间距在前,非加密区间距在后
	Φ8@100/200(4)	
	13Φ8@100/200(4)	此种输入格式主要用于指定梁两端加密箍筋数量的设计方式。"/"前面表示加密区间距,后面表示非加密区间距。当箍筋肢数不同时,需要在间距后面分别输入相应的肢数
	9Φ8@100/12Φ12@150/Φ16@200(4)	此种输入格式表示从梁两端到跨内,按输入的间距、数量依次计算。当箍筋肢数不同时,需要在间距后面分别输入相应的肢数
	10Φ10@100(4)/Φ8@200(2)	此种输入格式主要用于加密区和非加密区箍筋信息不同时的设计方式。"/"前面表示加密区间距,后面表示非加密区间距
	Φ10@100(2)[2500];Φ12@100(2)[2500]	此种输入格式主要用于同一跨梁内不同范围存在不同箍筋信息的设计方式
拉筋	Φ16	级别+直径,不输入间距按照非加密区箍筋间距的2倍计算
	4Φ16	排数+级别+直径,不输入排数按照侧面纵筋的排数计算
	Φ16@100或Φ16@100/200	级别+直径+@+间距,加密区间距和非加密区间距用"/"分开,加密区间距在前,非加密区间距在后
支座负筋	4Φ16或2Φ22+2Φ25	数量+级别+直径,有不同的钢筋信息用"+"连接
	4Φ16　2/2或4Φ14/3Φ18	当存在多排钢筋时,使用"/"将各排钢筋自上而下分开
	4Φ16+2500	数量+级别+直径+长度,长度表示支座筋伸入跨内的长度。此种输入格式主要用于支座筋指定伸入跨内长度的设计方式
	4Φ16　2/2+1500/2000	数量+级别+直径+数量/数量+长度/长度。该输入格式表示:第一排支座筋2Φ16,伸入跨内1500,第二排支座筋2Φ16伸入跨内2000

续表

钢筋类型	输入格式	说明
跨中筋	4Φ16 或 2Φ22 +2Φ25	数量 + 级别 + 直径,有不同的钢筋信息用“ + ”连接
	4Φ16　2/2 或 4Φ14/3Φ18	当存在多排钢筋时,使用“/”将各排钢筋自上而下分开
	4Φ16 +(2Φ18)	当有架立筋时,架立筋信息输在加号后面的括号中
	2-4Φ16	图号 - 数量 + 级别 + 直径,图号为悬挑梁弯起钢筋图号
下部钢筋	4Φ16 或 2Φ22 +2Φ25	数量 + 级别 + 直径,有不同的钢筋信息用“ + ”连接
	4Φ16　2/2 或 6Φ14(-2)/4	当存在多排钢筋时,使用“/”将各排钢筋自上而下分开。当有下部钢筋不全部伸入支座时,将不伸入的数量用(- 数量)的形式表示
次梁加筋	4	数量,表示次梁两侧共增加的箍筋数量,箍筋的信息和长度与梁一致
	4Φ16(2)	数量 + 级别 + 直径 + 肢数,肢数不输入时按照梁的箍筋肢数处理
	4Φ16(2)/3Φ18(4)	数量 + 级别 + 直径 + 肢数/数量 + 级别 + 直径 + 肢数,不同位置的次梁加筋可以使用“/”隔开
吊筋	4Φ16 或 4Φ14/3Φ18	数量 + 级别 + 直径,不同位置的次梁吊筋信息可以使用“/”隔开
加腋钢筋	4Φ16 或 4Φ14 +3Φ18	数量 + 级别 + 直径,有不同的钢筋信息用“ + ”连接
	4Φ16　2/2 或 4Φ14/3Φ18	当存在多排钢筋时,使用“/”将各排钢筋自上而下分开
	4Φ16	数量 + 级别 + 直径;数量 + 级别 + 直径,左右端加腋钢筋信息不同时用“;”隔开。没有分号隔开时,表示左右端配筋相同

3)梁的属性定义

(1)框架梁

在导航树中单击“梁”→“梁”,在“构件列表”中单击“新建”→“新建矩形梁”,新建矩形梁 KL6(7)。根据 KL6(7)在结施-06 中的标注信息,在“属性列表”中输入相应的属性值,如图 3.48 所示。

属性列表

	属性名称	属性值	附加
1	名称	KL6(7)	
2	结构类别	楼层框架梁	☐
3	跨数量	7	☐
4	截面宽度(mm)	300	☐
5	截面高度(mm)	500	☐
6	轴线距梁左边...	(150)	☐
7	箍筋	Φ10@100/200(2)	☐
8	胶数	2	
9	上部通长筋	2Φ25	☐
10	下部通长筋		☐
11	侧面构造或受...	G2Φ12	☐
12	拉筋	(Φ6)	☐
13	定额类别	单梁	☐
14	材质	商品混凝土	☐
15	混凝土强度等级	(C30)	☐
16	混凝土外加剂	(无)	
17	泵送类型	(混凝土泵)	
18	泵送高度(m)		
19	截面周长(m)	1.6	☐
20	截面面积(m²)	0.15	☐
21	起点顶标高(m)	层顶标高	☐
22	终点顶标高(m)	层顶标高	☐
23	备注		☐
24	⊕ 钢筋业务属性		
34	⊕ 土建业务属性		
41	⊕ 显示样式		

图 3.48

【注意】

①名称:根据图纸输入构件的名称 KL6(7),该名称在当前楼层的当前构件类型下唯一。

②结构类别:结构类别会根据构件名称中的字母自动生成,也可根据实际情况进行选择,梁的结构类别下拉框选项中有 7 类,按照实际情况,此处选择“楼层框架梁”,如图 3.49 所示。

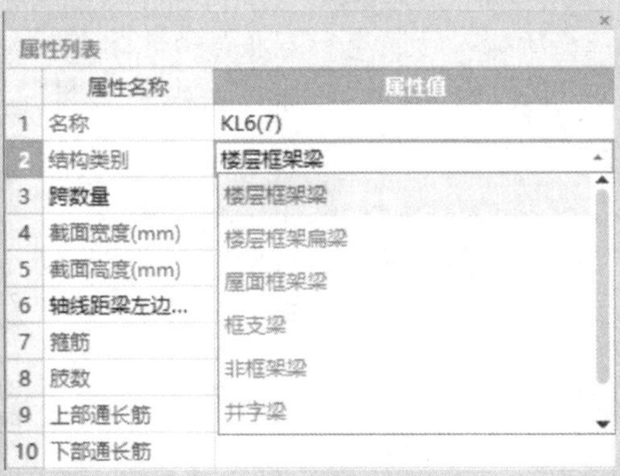

图 3.49

③跨数量:梁的跨数量,直接输入。没有输入时,提取梁跨后会自动读取。

④截面宽度(mm):梁的宽度,KL6(7)的梁宽为300,在此输入300。

⑤截面高度(mm):输入梁截面高度,KL6(7)的梁高为500,在此输入500。

⑥轴线距梁左边线距离(mm):按默认即可。

⑦箍筋:KL6(7)的箍筋信息为Φ10@100/200(2)。

⑧肢数:通过单击省略号按钮选择肢数类型,KL6(7)为2肢箍。

⑨上部通长筋:根据图纸集中标注,KL6(7)的上部通长筋为2Φ25。

⑩下部通长筋:根据图纸集中标注,KL6(7)无下部通长筋。

⑪侧面构造或受扭筋(总配筋值):格式(G或N)数量+级别+直径,其中G表示构造钢筋,N表示抗扭构造筋,根据图纸集中标注,KL6(7)有构造钢筋2根+三级钢+12的直径(G2Φ12)。

⑫拉筋:当有侧面纵筋时,软件按"计算设置"中的设置自动计算拉筋信息。当前构件需要特殊处理时,可根据实际情况输入。

⑬定额类别:按默认设置

⑭材质:有自拌混凝土、商品混凝土和预制混凝土3种类型,根据工程实际情况选择,该工程选用"商品混凝土"。

⑮混凝土类型:当前构件的混凝土类型,可根据实际情况进行调整。这里的默认取值与楼层设置里的混凝土类型一致。

⑯混凝土强度等级:混凝土的抗压强度。默认取值与楼层设置里的混凝土强度等级一致,根据图纸,框架梁的混凝土强度等级为C30。

⑰混凝土外加剂:可选择减水剂、早强剂、防冻剂、缓凝剂或不添加混凝土外加剂,该工程无混凝土外加剂。

⑱泵送类型:混凝土泵、汽车泵、非泵送。该工程选择混凝土泵。

⑲泵送高度:泵送混凝土高度,根据工程实际情况输入。

⑳截面周长:软件根据所输入的宽度和高度自动计算出的数值。

㉑截面面积:软件根据所输入的宽度和高度自动计算出的数值。

㉒起点顶标高:在绘制梁的过程中,鼠标起点处梁的顶面标高,该KL6(7)的起点顶标高为层顶标高。

㉓终点顶标高:在绘制梁的过程中,鼠标终点处梁的顶面标高,该KL6(7)的起点顶标高为层顶标高。

㉔备注:该属性值仅仅是个标识,对计算不会起任何作用。

㉕钢筋业务属性:如图3.50所示。

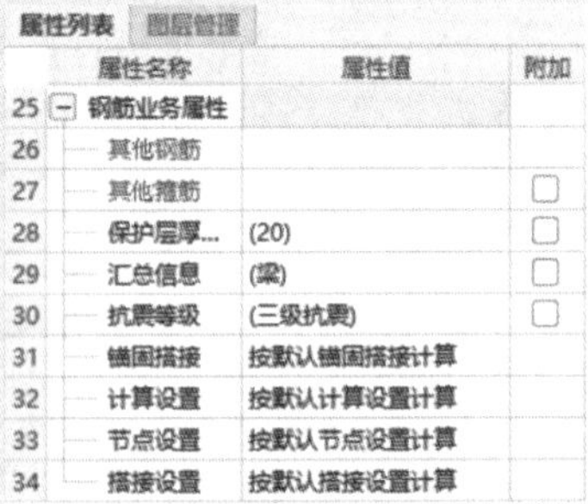

图3.50

㉖其他钢筋:除了当前构件中已经输入的钢筋外,还有需要计算的钢筋,则可通过其他钢筋来输入。

㉗其他箍筋:除了当前构件中已经输入的箍筋外,还有需要计算的箍筋,则可通过其他箍筋来输入。

㉘保护层厚度:软件自动读取楼层设置中框架梁的保护层厚度为 20 mm,如果当前构件需要特殊处理,则可根据实际情况进行输入。

㉙汇总信息:默认为构件的类别名称。报表预览时部分报表可以以该信息进行钢筋的分类汇总。

㉚抗震等级:用户可调整构件抗震等级,默认取值与楼层设置里的抗震等级一致,该工程抗震等级为三级抗震。

㉛锚固搭接:软件会自动读取楼层设置中的数据,当前构件需要特殊处理时,可单独进行调整,修改后只对当前构件起作用。

㉜计算设置:对钢筋计算规则进行修改,当前构件会自动读取工程设置中的计算设置信息,如果当前构件的计算方法需要特殊处理,则可以针对当前构件进行设置。

㉝节点设置:对于钢筋的节点构造进行修改,当前构件的节点会自动读取节点设置中的节点,如果当前构件需要特殊处理时,可单独进行调整,修改后只对当前构件起作用。

㉞搭接设置:软件自动读取楼层设置中搭接设置的具体数值,当前构件如果有特殊要求,则可根据具体情况修改,修改后只对当前构件起作用。

(2)非框架梁

非框架梁的属性定义同上面的框架梁。对于非框架梁,在定义时需要在属性的“结构类别”中选择相应的类别,如“非框架梁”,其他属性与框架梁的输入方式一致,如图3.51所示。

属性列表

	属性名称	属性值	附加
1	名称	L1(1)	
2	结构类别	非框架梁	☐
3	跨数量	1	☐
4	截面宽度(mm)	300	☐
5	截面高度(mm)	550	☐
6	轴线距梁左边...	(150)	☐
7	箍筋	Φ8@200(2)	☐
8	肢数	2	
9	上部通长筋	2Φ22	☐
10	下部通长筋		☐
11	侧面构造或受...	G2Φ12	☐
12	拉筋	(Φ6)	☐
13	定额类别	单梁	☐
14	材质	现浇混凝土	☐
15	混凝土强度等级	(C30)	☐
16	混凝土外加剂	(无)	
17	泵送类型	(混凝土泵)	
18	泵送高度(m)		
19	截面周长(m)	1.7	☐
20	截面面积(m²)	0.165	☐
21	起点顶标高(m)	层顶标高	☐
22	终点顶标高(m)	层顶标高	☐
23	备注		☐
24	+ 钢筋业务属性		
34	+ 土建业务属性		
41	+ 显示样式		

图3.51

4)梁的做法套用

梁构件定义好后,需要进行做法套用操作,打开“定义”界面,选择“构件做法”,单击“添加清单”,添加混凝土有梁板清单项 010505001 和有梁板模板清单项 011702014;在有梁板混凝土下添加定额 AE0233,在有梁板模板下添加定额 AS0067 单击项目特征,根据工程实际情况将项目特征补充完整。

框架梁 KL6 的做法套用如图 3.52 所示。

	编码	类别	名称	项目特征	单位	工程量表达式	表达式说明	单价	综合单价	措施项目
1	− 010505001	项	有梁板	1.混凝土种类:商品混凝土 2.混凝土强度等级:C30	m3	TJ	TJ<体积>			☐
2	AE0233	定	板 商品混凝土 C30		m3	TJ	TJ<体积>	4000.41		☐
3	− 011702014	项	有梁板	1.模板类型:复合模板 2.模板高度:≤3.9m	m2	MBMJ	MBMJ<模板面积>			☑
4	AS0067	定	有梁板 复合模板		m2	MBMJ	MBMJ<模板面积>	3930.78		☑

图 3.52

非框架梁 L1 的做法套用如图 3.53 所示。

	编码	类别	名称	项目特征	单位	工程量表达式	表达式说明	单价	综合单价	措施项目
1	− 010505001	项	有梁板	1.混凝土种类:商品混凝土 2.混凝土强度等级:C30	m3	TJ	TJ<体积>			☐
2	AE0233	定	板 商品混凝土 C30		m3	TJ	TJ<体积>	4000.41		☐
3	− 011702014	项	有梁板	1.模板类型:复合模板 2.模板高度:≤3.9m	m2	MBMJ	MBMJ<模板面积>			☑
4	AS0067	定	有梁板 复合模板		m2	MBMJ	MBMJ<模板面积>	3930.78		☑

图 3.53

5)梁画法讲解

梁在绘制时,要先主梁后次梁。通常,画梁时按先上后下、先左后右的方向来绘制,以保证所有的梁都能够绘制完全。

(1)直线绘制

梁为线状构件,直线形的梁采用“直线”绘制比较简单,如 KL6。在绘图界面,单击“直线”命令,单击梁的起点①轴与Ⓓ轴的交点,单击梁的终点⑧轴与Ⓓ轴的交点即可,如图3.54所示。1 号办公楼中 KL2 ~ KL10b、非框架梁 L1 都可采用直线绘制。

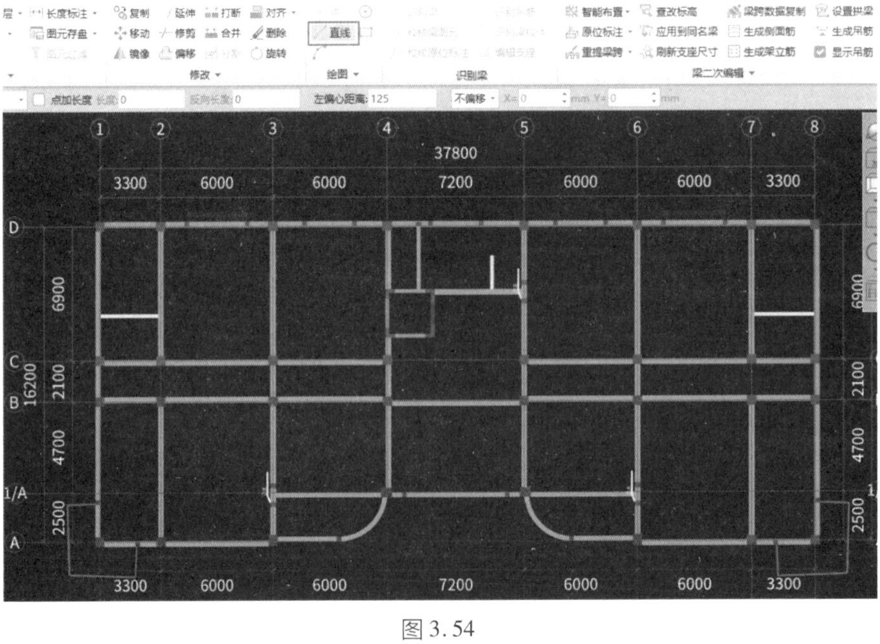

图 3.54

(2)弧形绘制

在绘制③～④轴与Ⓐ～1/A轴间的KL1(1)时,先从③轴与Ⓐ轴交点出发,绘制一段3500 mm的直线,切换成“起点圆心终点弧”模式,如图3.55所示,捕捉圆心,再捕捉终点,完成KL1弧形段的绘制。

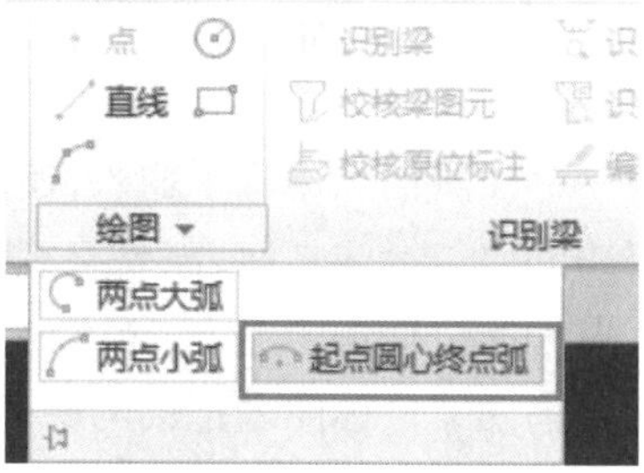

图3.55

弧形段也可采用两点小弧的方法进行绘制,如果能准确确定弧上3个点,还可采用三点画弧的方式绘制。

(3)梁柱对齐

在绘制KL6时,对于Ⓓ轴上①～⑧轴间的KL6,其中心线不在轴线上,但由于KL6与两端框架柱一侧平齐,因此,除了采用“Shift＋左键”的方法偏移绘制之外,还可使用“对齐”命令。

图3.56

①在轴线上绘制KL6(7),绘制完成后,选择“建模”页签下“修改”面板中的“对齐”命令,如图3.56所示。

②根据提示,先选择柱上侧的边线,再选择梁上侧的边线,对齐成功后如图3.57所示。

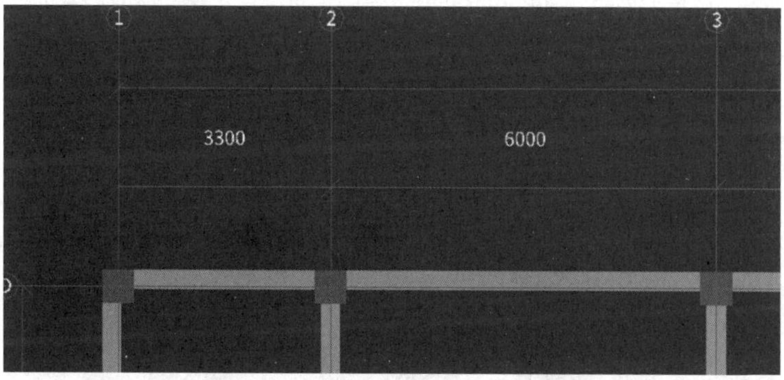

图3.57

(4)偏移绘制

对于有些梁,如果端点不在轴线的交点或其他捕捉点上,可采用偏移绘制也就是采用“Shift＋左键”的方法捕捉轴线交点以外的点来绘制。

例如,绘制L1,两个端点分别为:Ⓓ轴与④轴交点偏移X＝2300＋200,Y＝－3250－150。Ⓓ轴与⑤轴交点偏移X＝0,Y＝－3250－150。

将鼠标放在Ⓓ轴和④轴的交点处,同时按下“Shift”键和鼠标左键,在弹出的“输入偏移值”对话框中输入相应的数值,单击“确定”按钮,这样就选定了第一个端点。采用同样的方法,确定第二个端点来绘制 L1。

(5)镜像绘制梁图元

①~④轴上布置的 KL7~KL9 与⑤~⑧轴上的 KL7~KL9 是对称的,因此,可采用“镜像”绘制此图元。点选镜像图元,单击鼠标右键选择“镜像”,单击对称点一,再单击对称点二,在弹出的对话框中选择“否”即可。

6)梁的二次编辑

梁绘制完毕后,只是对梁集中标注的信息进行了输入,还需输入原位标注的信息。由于梁是以柱和墙为支座的,提取梁跨和原位标注之前,需要绘制好所有的支座。图中梁显示为粉色时,表示还没有进行梁跨提取和原位标注的输入,也不能正确地对梁钢筋进行计算。

对于有原位标注的梁,可通过输入原位标注来把梁的颜色变为绿色;对于没有原位标注的梁,可通过提取梁跨来把梁的颜色变为绿色,如图 3.58 所示。

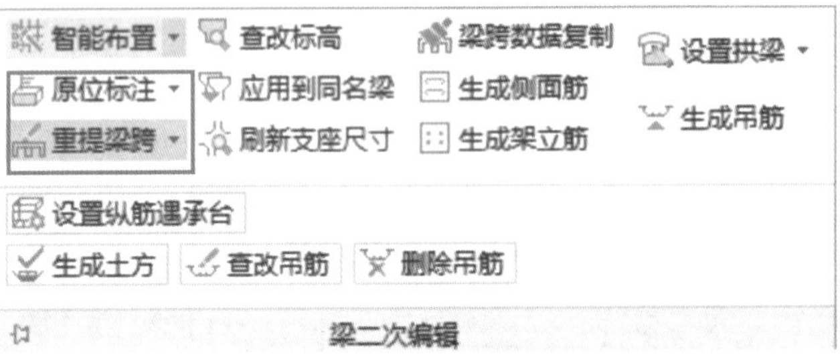

图 3.58

软件中用粉色和绿色对梁进行区别,目的是提醒哪些梁已经进行了原位标注的输入,便于检查,防止出现忘记输入原位标注,影响计算结果的情况。

(1)原位标注

梁的原位标注主要有支座钢筋、跨中筋、下部钢筋、架立钢筋和次梁筋,另外,变截面也需要在原位标注中输入。下面以Ⓑ轴的 KL4 为例,介绍梁的原位标注信息输入。

①在“梁二次编辑”面板中选择“原位标注”。

②选择要输入原位标注的 KL4,绘图区显示原位标注的输入框,下方显示平法表格。

③对应输入钢筋信息,有两种方式:

一是在绘图区域显示的原位标注输入框中输入,比较直观,如图 3.59 所示。

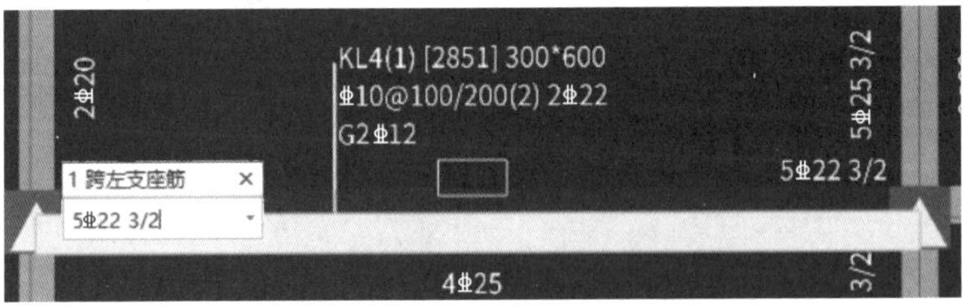

图 3.59

二是在“梁平法表格”中输入,如图 3.60 所示。

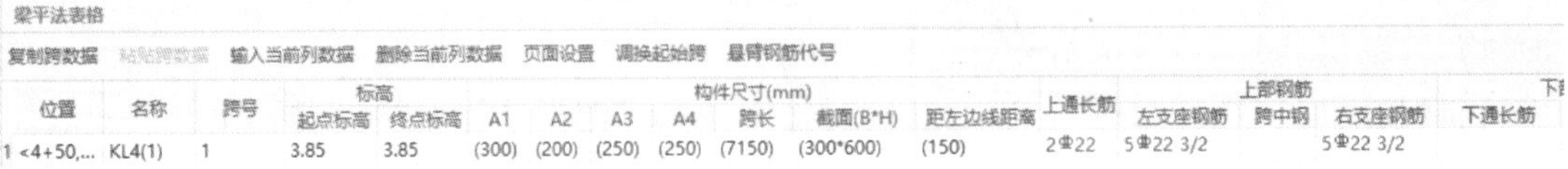

位置	名称	跨号	标高		构件尺寸(mm)							上通长筋	上部钢筋			下部钢筋
			起点标高	终点标高	A1	A2	A3	A4	跨长	截面(B*H)	距左边线距离		左支座钢筋	跨中钢	右支座钢筋	下通长筋
1 <4+50,...	KL4(1)	1	3.85	3.85	(300)	(200)	(250)	(250)	(7150)	(300*600)	(150)	2⏀22	5⏀22 3/2		5⏀22 3/2	

图 3.60

绘图区域输入：按照图纸标注中 KL4 的原位标注信息输入；“1 跨左支座筋”输入“5 ⏀22 3/2”，按“Enter”键确定；跳到“1 跨跨中筋”，此处没有原位标注信息，不用输入，可以直接按“Enter”键跳到下一个输入框，或者用鼠标选择下一个需要输入的位置。例如，选择“1 跨右支座筋”输入框，输入“5 ⏀22 3/2”；按“Enter”键跳到“下部钢筋”，输入“4 ⏀25”。

【注意】

输入后按“Enter”键跳转的方式，软件默认的跳转顺序是左支座筋、跨中筋、右支座筋、下部钢筋，然后下一跨的左支座筋、跨中筋、右支座筋、下部钢筋。如果想要自己确定输入的顺序，可用鼠标选择需要输入的位置，每次输入之后，需要按“Enter”键或单击其他方框确定。

(2)重提梁跨

当遇到以下问题时，可使用“重提梁跨”功能：

①原位标注计算梁的钢筋需要重提梁跨，软件在提取了梁跨后才能识别梁的跨数、梁支座并进行计算。

②由于图纸变更或编辑梁支座信息，导致梁支座减少或增加，影响了梁跨数量，使用“重提梁跨”可以重新提取梁跨信息。

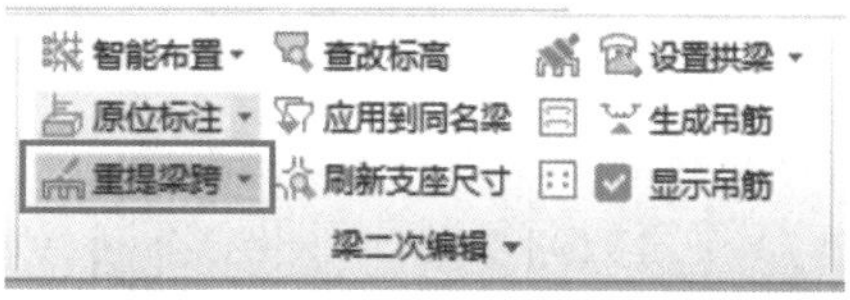

图 3.61

重提梁跨的操作步骤如下：

第一步：在“梁二次编辑”面板中选择“重提梁跨”，如图 3.61 所示。

第二步：在绘图区域选择梁图元，在出现如图 3.62 所示的提示信息，单击“确定”按钮即可。

(3)设置支座

如果存在梁跨数与集中标注中不符的情况，则可使用此功能进行支座的设置工作。操作步骤如下：

第一步：在“梁二次编辑”面板中选择“设置支座”，如图 3.63 所示。

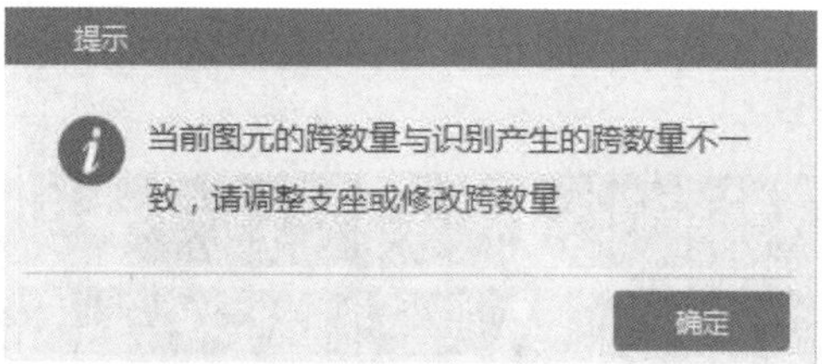

图 3.62

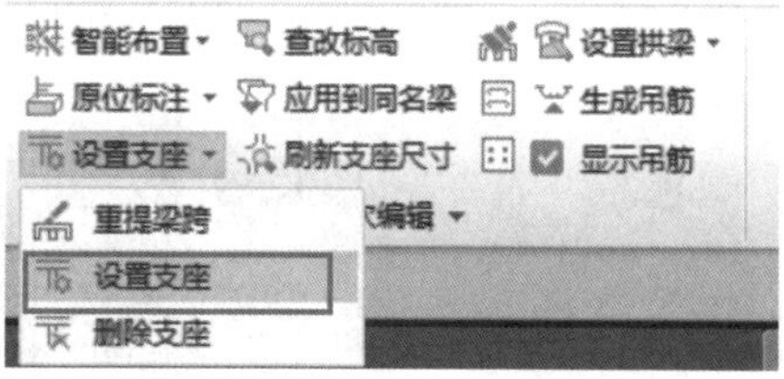

图 3.63

第二步：用鼠标左键选择需要设置支座的梁，如 KL3，如图 3.64 所示。

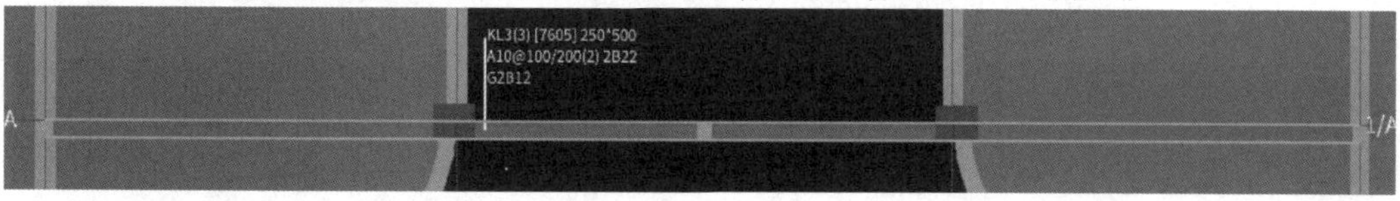

图 3.64

第三步:用鼠标左键选择或框选作为支座的图元,单击鼠标右键确定,如图 3.65 所示。

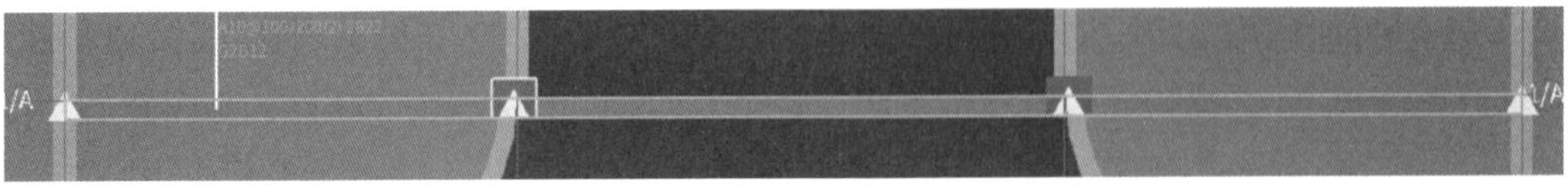

图 3.65

第四步:当支座设置错误时,还可采用“删除支座”的功能进行删除,如图 3.66 所示。

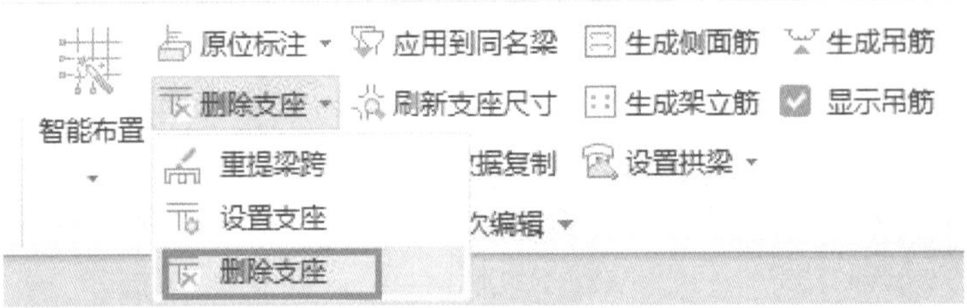

图 3.66

(4)梁标注的快速复制功能

分析结施-06,可以发现图中有很多同名的梁(如 KL1,KL2,KL5,KL7,KL8,KL9 等),都在多个地方存在。这时,不需要对每道梁都进行原位标注,直接使用软件提供的几个复制功能,即可快速对梁进行原位标注。

①梁跨数据复制。工程中不同名称的梁,梁跨的原位标注信息相同,或同一道梁不同跨的原位标注信息相同,通过该功能可以将当前选中的梁跨数据复制到目标梁跨上。复制内容主要是钢筋信息。例如 KL3,其③~④轴的原位标注与⑤~⑥轴完全一致,这时可使用梁跨数据复制功能,将③~④轴跨的原位标注复制到⑤~⑥轴中。

第一步:在“梁二次编辑”面板中选择“梁跨数据复制”,如图 3.67 所示。

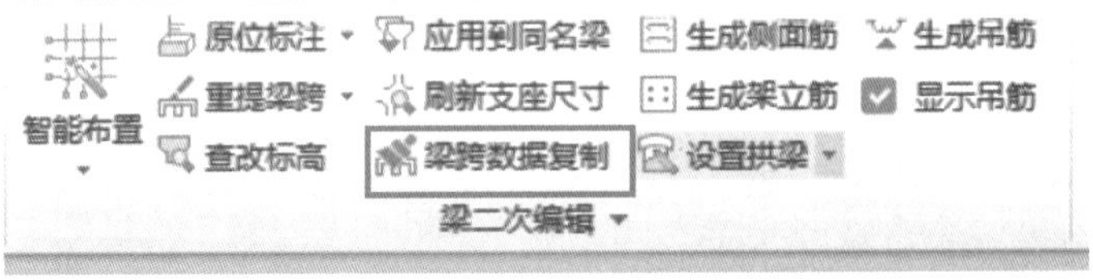

图 3.67

第二步:在绘图区域选择需要复制的梁跨,单击鼠标右键结束选择,需要复制的梁跨选中后显示为红色,如图 3.68 所示。

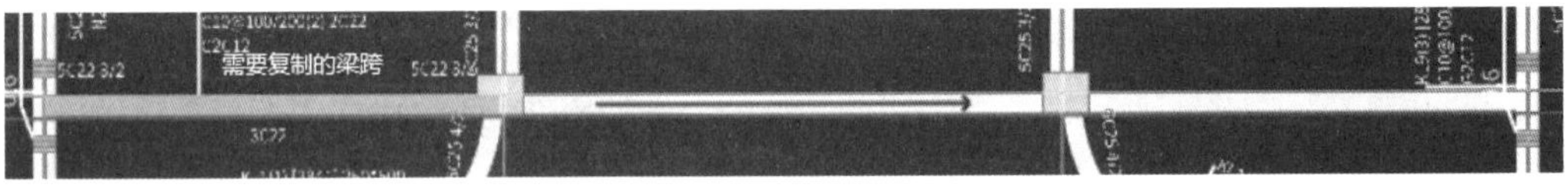

图 3.68

第三步:在绘图区域选择目标梁跨,选中的梁跨显示为黄色,单击鼠标右键完成操作,如图3.69所示。

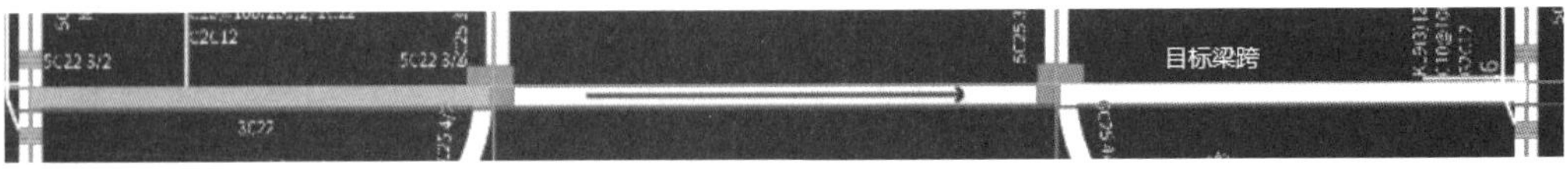

图 3.69

②应用到同名梁。当遇到以下问题时，可使用“应用到同名梁”功能。

如果图纸中存在多个同名称的梁，且原位标注信息完全一致，就可采用“应用到同名梁”功能来快速地实现原位标注信息的输入。如结施-06 中有 4 道 KL5，只需对一道 KL5 进行原位标注，运用“应用到同名梁”功能，实现快速标注。

第一步：在“梁二次编辑”面板中选择“应用到同名梁”，如图 3.70 所示。

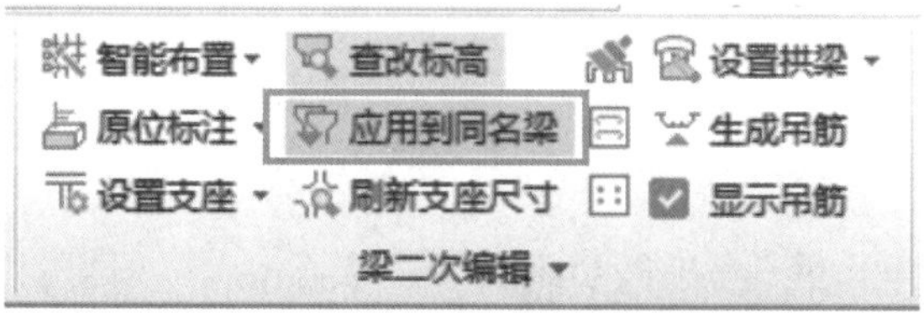

图 3.70

第二步：选择应用方法，软件提供了 3 种选择，根据实际情况选用即可。包括同名称未提取跨梁、同名称已提取跨梁、所有同名称梁。单击“查看应用规则”，可查看应用同名梁的规则。

同名称未提取跨梁：未识别的梁为浅红色，这些梁没有识别跨长和支座等信息。

同名称已提取跨梁：已识别的梁为绿色，这些梁已经识别了跨长和支座信息，但是原位标注信息没有输入。

所有同名称梁：不考虑梁是否已经识别。

【注意】

未提取梁跨的梁，图元不能捕捉。

第三步：用鼠标左键在绘图区域选择梁图元，单击右键确定，完成操作，则软件弹出应用成功的提示，在此可看到有几道梁应用成功。

(5)梁的吊筋和次梁加筋

在做实际工程时，吊筋和次梁加筋的布置方式一般都是在结构设计总说明中集中说明的，此时需要批量布置吊筋和次梁加筋。

《1 号办公楼施工图(含土建和安装)》在“结构设计总说明”中的钢筋混凝土梁第三条表示：在主次梁相交处，均在次梁两侧各设 3 组箍筋，且注明了箍筋肢数、直径同梁箍筋，间距为50 mm，所以需设置次梁加筋，在结施-05 ~ 08 的说明中也对次梁加筋进行了说明。

【说明】

①在“梁二次编辑”面板中单击“生成吊筋”，如图 3.71 所示。

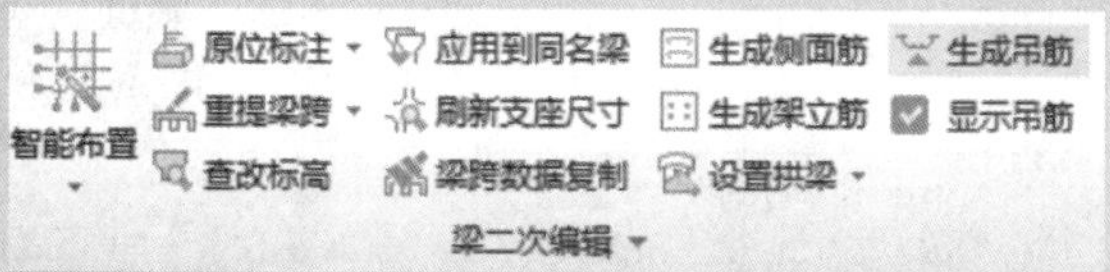

图 3.71

②在弹出的“生成吊筋”对话框中，根据图纸输入次梁加筋的钢筋信息，如图 3.72 所示。假如有吊筋，也可在此输入生成。

图 3.72

③设置完成后,单击“确定”按钮,然后在图中选择要生成次梁加筋的主梁和次梁,单击右键确定,即可完成吊筋的生成。

【注意】

必须进行提取梁跨后,才能使用此功能自动生成;运用此功能同样可以整楼生成。

(6)配置梁侧面钢筋(拓展)

如果图纸原位标注中标注了侧面钢筋的信息,或是结构设计总说明中标明了整个工程的侧面钢筋配筋,那么,除了在原位标注中进行输入外,还可使用“生成侧面钢筋”的功能来批量配置梁侧面钢筋。

①在“梁二次编辑”中选择“生成侧面筋”。

②在弹出的“生成侧面筋”对话框中,梁高或是梁腹板高定义好侧面钢筋,如图 3.73 所示,可利用插入行添加侧面钢筋信息,高和宽的数值要求连续。

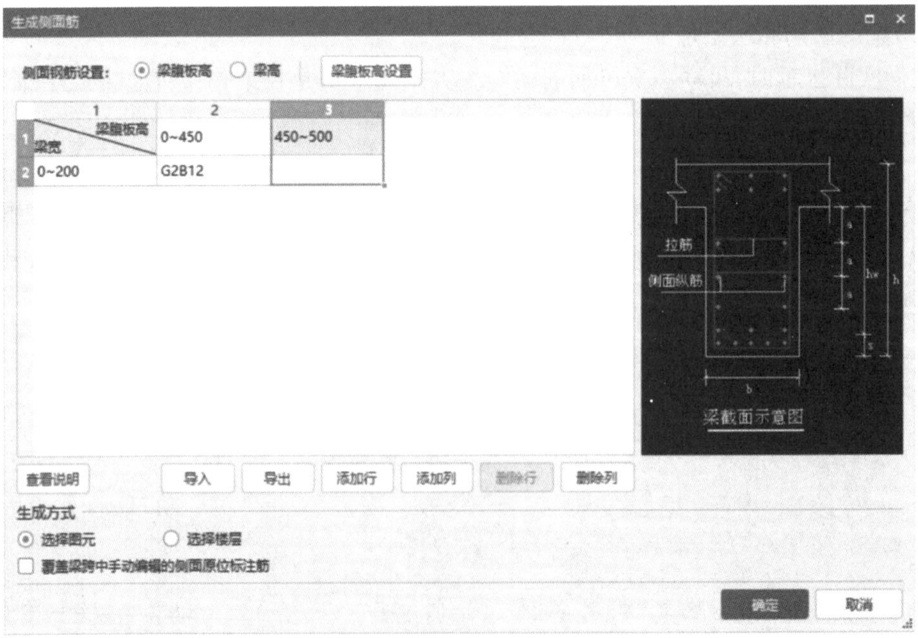

图 3.73

其中“梁腹板高设置”可以修改相应下部纵筋排数对应的“梁底至梁下部纵筋合力点距离 s”。

根据规范和平法，梁腹板高度 H_w 应取有效高度，需要算至下部钢筋合力点。下部钢筋只有一排时，合力点为下部钢筋的中心点，则 $H_w = H_b$ − 板厚 − 保护层 − 下部钢筋半径，s = 保护层 + D/2；当下部钢筋为两排时，s 一般取 60；当不需要考虑合力点时，则 s 输入 0，表示腹板高度 H_w = 梁高 − 板厚。用户可根据实际情况进行修改，如图 3.74 所示。

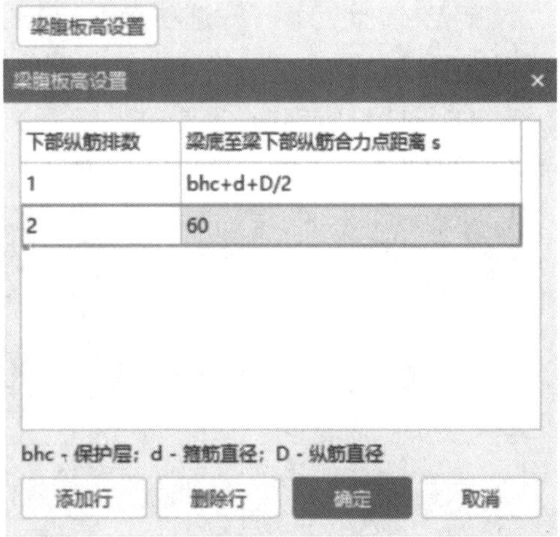

图 3.74

③软件生成方式支持“选择图元”和“选择图元”。“选择图元”在楼层中选择需要生成侧面钢筋的梁，单击右键确定。“选择楼层”则在右侧选择需要生成侧面筋的楼层，该楼层中所有的梁均生成侧面筋，如图 3.75 所示。

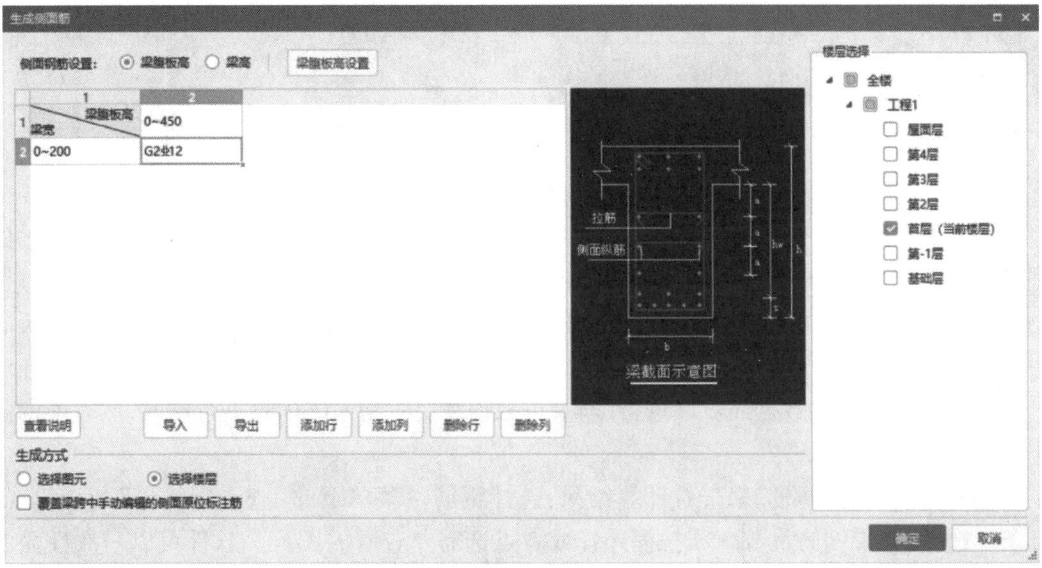

图 3.75

【说明】

生成的侧面钢筋支持显示钢筋三维。

利用此功能默认是输入原位标注侧面钢筋，遇支座断开，若要修改做法，进入“计算设置”中的“框架梁”，可选择其他做法。

四、任务结果

1）查看钢筋工程量计算结果

前面部分没有涉及构件图元钢筋计算结果的查看，主要是因为竖向构件在上下层没有绘制完全时,无法正确计算搭接和锚固,对于梁这类水平构件,本层相关图元绘制完毕,就可以正确地计算筋量,并可以查看计算结果。

首先,选择"工程量"选项卡下的"汇总计算",选择要计算的层进行钢量的计算,然后就可以选择已经计算过的构件进行计算结果的查看。

①通过"编辑钢筋"查看每根钢筋的详细信息:选择"钢筋计算结果"面板下的"编辑钢筋",下面还是以 KL4 为例进行说明。

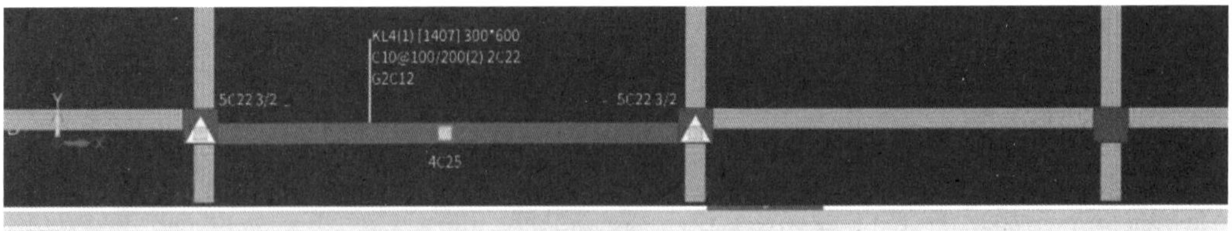

编辑钢筋

单构件钢筋总重(kg): 292.196

	筋号	直径(mm)	级别	图号	图形	计算公式	公式描述	弯曲调整	长度	根数	搭接	损耗(%)	单重(kg)	总重(kg)
1	1跨.上通长筋1	22	Φ	64	330 7660 330	500-20+15*d+6700+500-20+15*d	支座宽…	101	8219	2	0	0	24.493	48.986
2	1跨.左支座筋1	22	Φ	18	330 2713	500-20+15*d+6700/3	支座宽-保护层+弯折+搭接	50	2993	1	0	0	8.919	8.919
3	1跨.左支座筋2	22	Φ	18	330 2155	500-20+15*d+6700/4	支座宽-保护层+弯折+搭接	50	2435	2	0	0	7.256	14.512
4	1跨.右支座筋1	22	Φ	18	330 2713	6700/3+500-20+15*d	搭接+支座宽-保护层+弯折	50	2993	1	0	0	8.919	8.919
5	1跨.右支座筋2	22	Φ	18	330 2155	6700/4+500-20+15*d	搭接+支座宽-保护层+弯折	50	2435	2	0	0	7.256	14.512
6	1跨.侧面构造筋1	12	Φ	1	7060	15*d+6700+15*d	锚固+净长+锚固	(0)	7060	2	0	0	6.269	12.538

图 3.76

钢筋显示顺序为按跨逐个显示,如图 3.76 所示的第一的计算结果中,"筋号"说明对应到具体钢筋;"图号"是软件对每一种钢筋形状的编号。"计算公式"和"公式描述"是对每根钢筋的计算过程进行的描述,方便查量和对量;"搭接"是指单根钢筋超过定尺长度之后所需要的接长度和接头个数。

"编辑钢筋"中的数据还可以进行编辑,可根据需要对钢筋的信息进行修改,然后锁定该构件。

②通过"查看钢筋量"来查看计算结果:选择钢筋量菜单下的"查看钢筋量",或者在工具条中选择"查看钢筋量"命令,拉框选择或者点选需要查看的图元。软件可以一次性显示多个图元的计算结果,如图 3.77 所示。

导出到Excel

钢筋总重(kg):292.196

	楼层名称	构件名称	钢筋总重(kg)	HPB300		HRB400				
				6	合计	10	12	22	25	合计
1	首层	KL4(1)[1407]	292.196	2.034	2.034	50.028	12.538	95.848	131.748	290.162
2		合计:	292.196	2.034	2.034	50.028	12.538	95.848	131.748	290.162

图 3.77

图中显示构件的钢筋量,可按不同的钢筋类别和直径列出,并可对选择的多个图元的钢筋量进行合计。

首层所有梁的钢筋工程量统计可单击"查看报表",见表3.15(见报表中《楼层构件统计校对表》)。

2)查看土建工程梁计算结果

①参照KL1属性的定义方法,将剩余框架梁按图纸要求定义。

②用直线、三点画弧、对齐、镜像等方法将KL1～KL10b,以及非框架梁L1按图纸要求绘制。绘制完成后,如图3.78所示。

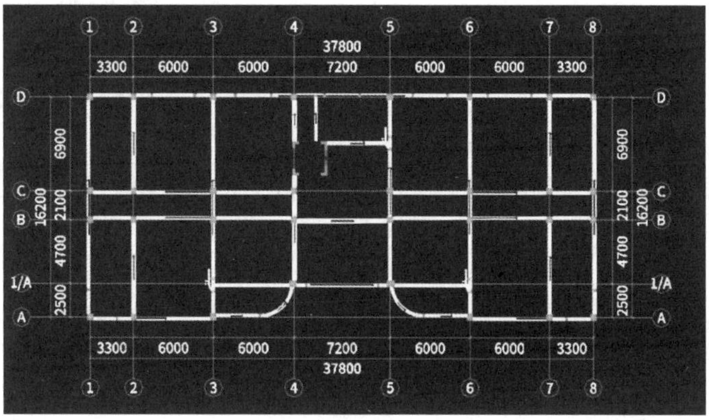

图3.78

③汇总计算,统计本层梁的工程量,见表3.16。

表3.15 梁

楼层名称:首层(绘图输入)					
构件类型	构件类型钢筋总重(kg)	构件名称	构件数量	单个构件钢筋重(kg)	构件钢筋总重(kg)
梁	12394.946	KL6(7)[1402]	1	1644.668	1644.668
		KL5(3)[1403]	2	657.726	1315.452
		KL5(3)[1405]	2	617.356	1234.712
		KL4(1)[1407]	1	292.196	292.196
		KL7(3)[1408]	2	665.989	1331.978
		KL8(1)[1409]	2	381.921	763.842
		KL8(1)[1416]	2	368.221	736.442
		KL9(3)[1412]	2	830.254	1660.508
		KL10(3)[1413]	1	652.814	652.814
		KL10b(1)[1418]	1	133.94	133.94
		KL10a(3)[1419]	1	350.995	350.995
		L1(1)[1422]	1	131.183	131.183
		KL3(3)[1424]	1	637.709	637.709
		KL2(2)[1425]	1	363.252	363.252
		KL2(2)[1426]	1	326.347	326.347
		KL1(1)[1428]	2	347.996	695.992
		TL1(1)[2611]	3	35.373	106.119
		TL1(1)[2618]	1	16.797	16.797

表 3.16　首层梁清单定额工程量

编码	项目名称	单位	工程量明细	
			绘图输入	表格输入
010505001001	有梁板 1. 混凝土种类:商品混凝土 2. 混凝土强度等级:C30	m^3	40.0994	
AE0233	板 商品混凝土 C30	10 m^3	4.00994	
011702014001	有梁板 1. 模板类型:复合模板 2. 模板高度:≤3.9 m	m^2	344.4931	
AS0067	有梁板 复合模板	100 m^2	3.444931	

五、总结拓展

①梁的原位标注和平法表格的区别:选择“原位标注”时,可以在绘图区梁图元的位置输入原位标注的钢筋信息,也可以在下方显示的表格中输入原位标注的信息;选择“梁平法表格”时只显示下方的表格,不显示绘图区的输入框。

②捕捉点的设置:绘图时,无论是利用点画、直线还是其他的绘制方式,都需要捕捉绘图区域的点,以确定点的位置和线的端点。该软件提供了多种类型点的捕捉,用户可以在状态栏设置捕捉,绘图时可以在“捕捉工具栏”中直接选择要捕捉的点类型,方便绘制图元时选取点,如图 3.79 所示。

③设置悬挑梁的弯起钢筋:当工程中存在悬挑梁并且需要计算弯起钢筋时,在软件中可以快速地进行设置及计算。首先,进入“计算设置”→“节点设置”→“框架梁”,在第 29 项设置悬挑梁钢筋图号,软件默认是 2 号图号,可以单击按钮选择其他图号(软件提供了 6 种图号供选择),节点示意图中的数值可进行修改。

图 3.79

计算设置的修改范围是全部悬挑梁,如果修改单根悬挑梁,应选中单根梁,在平法表格“悬臂钢筋代号”中修改。

④如果梁在图纸上有两种截面尺寸,软件是不能定义同名称构件的,因此需重新加下脚标来定义。

问题思考

(1)梁属于线性构件,可否使用矩形绘制? 如果可以,哪些情况适合用矩形绘制?

(2)智能布置梁后,若位置与图纸位置不一样,怎样调整?

(3)如何绘制弧形梁?

3.4 首层板工程量计算

通过本节的学习,你将能够:

(1)依据定额和清单分析现浇板的工程量计算规则;

(2)分析图纸,进行正确的识图,读取板的土建及钢筋信息;

(3)定义现浇板、板受力筋、板负筋及分布筋的属性;

(4)绘制首层现浇板、板受力筋、板负筋及分布筋;

(5)统计板的土建及钢筋工程量。

一、任务说明

①完成首层板的属性定义、做法套用及图元绘制。

②汇总计算,统计本层板的土建及钢筋工程量。

二、任务分析

①首层板在计量时的主要尺寸有哪些?从哪个图中什么位置能够找到?有多少种板?

②板的钢筋类别有哪些,如何进行定义和绘制?

③板是如何套用清单定额的?

④板的绘制方法有哪几种?

⑤各种不同名称的板如何能快速套用做法?

三、任务实施

1)分析图纸

根据结施-10 来定义和绘制板及板的钢筋。

进行板的图纸分析,注意以下几个要点:

①本页图纸说明、厚度说明、配筋说明。

②板的标高。

③板的分类,相同的板的位置。

④板的特殊形状。

⑤受力筋、板负筋的类型,跨板受力筋的位置和钢筋布置。

分析结施-09~12,可以从中得到板的相关信息,包括地下室至4层的楼板,主要信息见表3.17。

表 3.17 板表

序号	类型	名称	混凝土强度等级	板厚 h(mm)	板顶标高	备注
1	普通楼板	LB-120	C30	120	层顶标高	
		LB-130	C30	130	层顶标高	
		LB-140	C30	140	层顶标高	
		LB-160	C30	160	层顶标高	
2	飘窗板	飘窗板 100	C30	100	0.6	
3	平台板	平台板 100	C30	100	层顶标高-0.1	

根据结施-10,详细查看首层板及板配筋信息。

在软件中,完整的板构件由现浇板、板筋(包含受力筋及负筋)组成,因此,板构件的钢筋计算包括以下两个部分:板定义中的钢筋和绘制的板筋(包括受力筋和负筋)。

2)现浇板定额、清单计算规则学习

(1)清单计算规则学习

板清单计算规则见表 3.18。

表 3.18 板清单计算规则

编码	项目名称	单位	计算规则
010505001	有梁板	m^3	按设计图示尺寸以体积计算,有梁板(包括主梁、次梁与板)按梁、板体积之和计算
011702014	有梁板 模板	m^2	按模板与现浇混凝土构件的接触面积计算

(2)定额计算规则学习

板定额计算规则见表 3.19。

表 3.19 板定额计算规则

编码	项目名称	单位	计算规则
AE0231-0239	板 商品混凝土	10 m^3	1. 按设计图示尺寸以体积计算。不扣除构件内钢筋、预埋铁件及单个面积≤0.3 m^2的孔洞所占体积 2. 有梁板(包括主梁、次梁与板)按梁、板体积之和计算,各类板伸入墙内的板头并入有梁板体积内计算
AS0066-0067	混凝土模板及支架(撑) 有梁板	100 m^2	1. 按模板与混凝土接触面积以“m^2”计算 2. 现浇混凝土梁、板、柱、墙、支模高度是按层高≤3.9 m编制的,层高超过 3.9 m 时,超过部分梁、板、柱、墙均应按完整构件的混凝土模板工程量套用相应梁、板、柱、墙支撑高度超高费定额项目,按梁、板、柱、墙支撑高度超高费每超过 1 m 增加模板费项目以层高计算,超高不足 1 m 的按 1 m 计算
AS0111	混凝土模板及支架(撑) 超高增加费 板 每超过 1 m 增加模板费	100 m^2	

3)板的属性定义和做法套用

(1)板的属性定义

在导航树中选择"板"→"现浇板",在构件列表中选择"新建"→"新建现浇板"。下面以Ⓒ~Ⓓ轴、②~③轴所围的LB-160为例,新建现浇板LB-160。根据LB-160在图纸中的尺寸标注,在属性列表中输入相应的属性值,如图3.80所示。

属性列表 图层管理

	属性名称	属性值	附加
1	名称	LB-160	
2	厚度(mm)	160	☐
3	类别	有梁板	☐
4	是否是楼板	是	☐
5	材质	商品混凝土	☐
6	混凝土类型	(特细砂塑性混凝...	☐
7	混凝土强度等级	(C30)	☐
8	混凝土外加剂	(无)	
9	泵送类型	(混凝土泵)	
10	泵送高度(m)		
11	顶标高(m)	层顶标高	☐
12	备注		☐
13	⊕ 钢筋业务属性		
24	⊕ 土建业务属性		
30	⊕ 显示样式		

图3.80

【说明】

①名称:根据图纸输入构件的名称,该名称在当前楼层的当前构件类型下唯一。

②厚度:现浇板的厚度,单位mm。

③类别:选项为有梁板、无梁板、平板、拱板等。

④是否是楼板:主要与计算超高模板、超高体积起点判断有关,若是,则表示构件可以向下找到该构件作为超高计算的判断依据,若否,则超高计算判断与该板无关。

⑤材质:不同地区计算规则对应的材质有所不同。

其中钢筋业务属性,如图3.81所示。

13	⊖ 钢筋业务属性		
14	其他钢筋		
15	保护层厚...	(15)	☐
16	汇总信息	(现浇板)	☐
17	马凳筋参...		
18	马凳筋信息		☐
19	线形马凳...	平行横向受力筋	☐
20	拉筋	ф8@1000*1000	☐
21	马凳筋数...	向上取整+1	☐
22	拉筋数量...	向上取整+1	☐
23	归类名称	(160mm现浇板)	☐

图3.81

【说明】

①保护层厚度:软件自动读取楼层设置中的保护层厚度,如果当前构件需要特殊处理,则可根据实际情况进行输入。

②马凳筋参数图:可编辑马凳筋类型,参见“帮助文档”中《GTJ2018 钢筋输入格式详解》“五、板”的“01 现浇板”。

③马凳筋信息:参见《GTJ2018 钢筋输入格式详解》中“五、板”的“01 现浇板”。

④线形马凳筋方向:对Ⅱ型、Ⅲ型马凳筋起作用,设置马凳筋的布置方向。

⑤拉筋:板厚方向布置拉筋时,输入拉筋信息,输入格式:级别 + 直径 + 间距 × 间距或者数量 + 级别 + 直径。

⑥马凳筋数量计算方式:设置马凳筋根数的计算方式,默认取“计算设置”中设置的计算方式。

⑦拉筋数量计算方式:设置拉筋根数的计算方式,默认取“计算设置”中设置的计算方式。

其中土建业务属性如图 3.82 所示。

24	− 土建业务属性		
25	计算设置	按默认计算设置	
26	计算规则	按默认计算规则	
27	支模高度	按默认计算设置	☐
28	超高底面标高	按默认计算设置	☐
29	坡度(°)	0	☐

图 3.82

【说明】

①计算设置:用户可自行设置构件土建计算信息,软件将按设置的计算方法计算。

②计算规则:软件内置全国各地清单及定额计算规则,同时用户可自行设置构件土建计算规则,软件将按设置的计算规则计算。

(2)板的做法套用

板构件定义好后,需要进行做法套用操作。打开“定义”界面,选择“构件做法”,单击“添加清单”,添加混凝土有梁板清单项 010505001 和有梁板模板清单项 011702014;在有梁板混凝土下添加定额 AE0233,在有梁板模板下添加定额 AS0067。单击“项目特征”,根据工程实际情况将项目特征补充完整。

LB-160 的做法套用如图 3.83 所示。

	编码	类别	名称	项目特征	单位	工程量表达式	表达式说明	单价	综合单价	措施项目
1	− 010505001	项	有梁板	1. 混凝土种类:商品混凝土 2. 混凝土强度等级:C30	m3	TJ	TJ<体积>			☐
2	AE0233	定	板 商品混凝土 C30		m3	TJ	TJ<体积>	4000.41		☐
3	− 011702014	项	有梁板	1. 模板类型:复合模板 2. 模板高度:≤3.9m	m2	MBMJ	MBMJ<模板面积>			☑
4	AS0067	定	有梁板 复合模板		m2	MBMJ	MBMJ<模板面积>	3930.78		☑

图 3.83

4)板画法讲解

(1)点画绘制板

仍以 LB-160 为例,定义好楼板属性后,单击“点”命令,在 LB-160 区域单击鼠标左键,即可布置 LB-160,如图 3.84 所示。

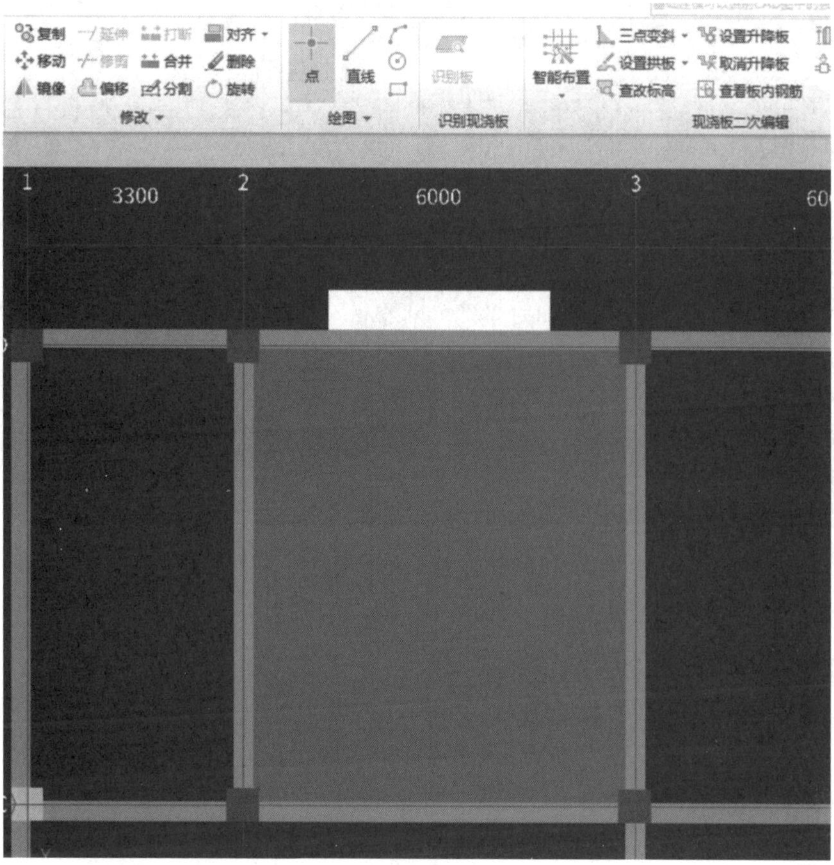

图 3.84

(2)直线绘制板

仍以 LB-160 为例,定义好 160 mm 厚楼板 LB-160 后,单击“直线”命令,用鼠标左键单击 LB-160 边界区域的交点,围成一个封闭区域,即可布置 LB-160,如图 3.85 所示。

(3)矩形绘制

如果图中没有围成封闭区域的位置,可采用“矩形”画法来绘制板。单击“矩形”命令,选择板图元的一个顶点,再选择对角的顶点,即可绘制一块矩形板。

(4)自动生成板

当板下的梁、墙绘制完毕,且图中板类别较少时,可使用自动生成板,软件会自动根据图中梁和墙围成的封闭区域来生成整层的板。自动生成完毕之后,需要检查图纸,将与图中板信息不符的修改过来,对图中没有板的地方进行删除。

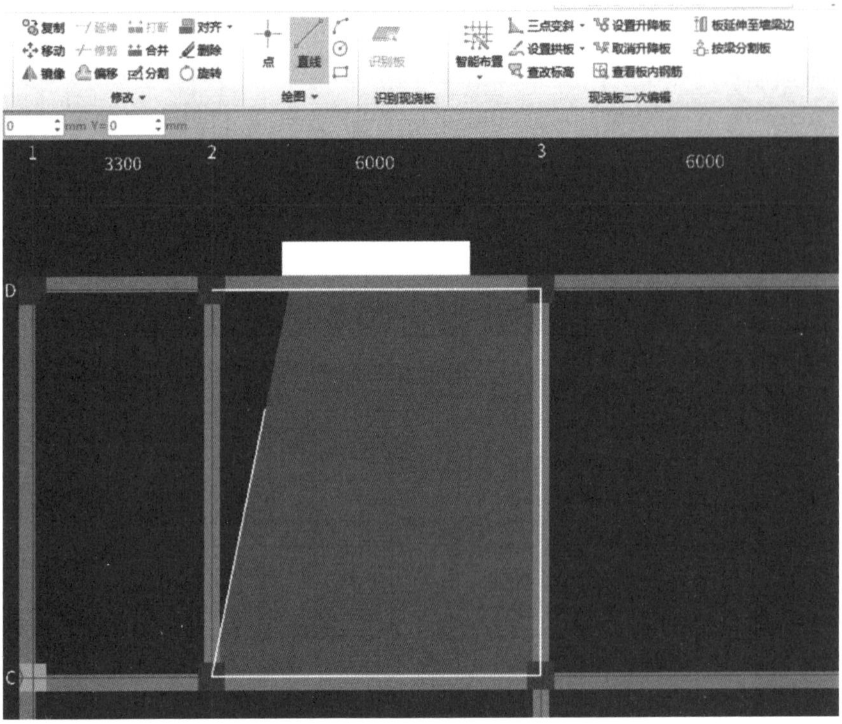

图 3.85

5)板受力筋的属性定义和绘制

(1)板受力筋的属性定义

在导航树中选择"板"→"板受力筋",在构件列表中选择"新建"→"新建板受力筋",以Ⓒ~Ⓓ轴、②~③轴上的板受力筋 SLJ-⍦10@150 为例,新建板受力筋 SLJ-⍦10@150,根据 SLJ-⍦10@150 在图纸中的布置信息,在"属性编辑框"中输入相应的属性值,如图 3.86 所示。

【说明】

①名称:结施图中没有定义受力筋的名称,用户可根据实际情况输入较容易辨认的名称,这里按钢筋信息输入"SLT-⍦10@150"。

②类别:在软件中可以选择底筋、面筋、中间层筋和温度筋,根据图纸信息进行正确选择,在此为底筋,也可以不选择,在后面绘制受力筋时可重新设置钢筋类别。

③钢筋信息:按照图中钢筋信息输入"⍦10@150"。

④左弯折和右弯折:按照实际情况输入受力筋的端部弯折长度。软件默认为"0",表示按照计算设置中默认的"板厚-2 倍保护层厚度"来计算弯折长度。此处关系钢筋计算结果,如果图纸中没有页数说明,不需要修改。

⑤钢筋锚固和搭接:取楼层设置中设定的垂直,可根据实际图纸情况进行修改。

(2)板受力筋的绘制

在导航树中选择"板受力筋",单击"建模",在"板受力筋二次编辑"中单击"布置受力筋",如图 3.87 所示。

	属性名称	属性值	附加
1	名称	SLJ-Φ10@150	
2	类别	底筋	☐
3	钢筋信息	Φ10@150	☐
4	左弯折(mm)	(0)	☐
5	右弯折(mm)	(0)	☐
6	备注		☐
7	⊟ 钢筋业务属性		
8	钢筋锚固	(35)	
9	钢筋搭接	(42)	
10	归类名称	(SLJ-Φ10@150)	☐
11	汇总信息	(板受力筋)	☐
12	计算设置	按默认计算设置计算	
13	节点设置	按默认节点设置计算	
14	搭接设置	按默认搭接设置计算	
15	长度调整(...		☐
16	⊞ 显示样式		

图 3.86

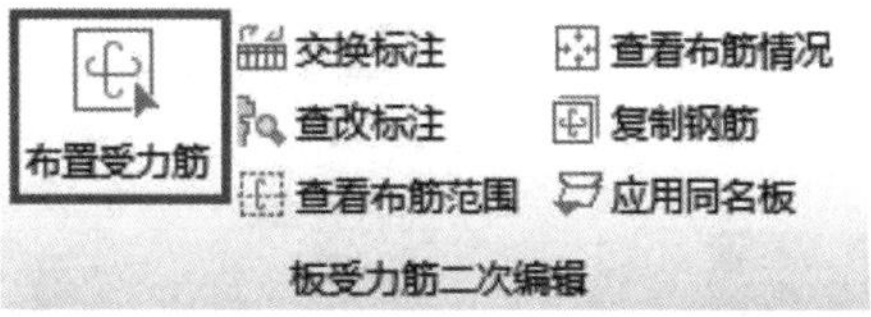

图 3.87

布置板的受力筋,按照布置范围有“单板”“多板”“自定义”和“按受力范围”布置;按照钢筋方向有“XY 方向”“水平”和“垂直”布置,还有“两点”“平行边”“弧线边布置放射筋”以及“圆心布置放射筋”,如图 3.88 所示。

图 3.88

以Ⓒ~Ⓓ轴与②~③轴的 LB-160 受力筋布置为例。

①选择布置范围为“单板”,布置方向为“双向布置”,选择板 LB-160,弹出如图 3.89 所示的对话框。

【说明】

①双向布置:适用于某种钢筋类别在两个方向上布置的信息相同的情况。

②双网双向布置:适用于底筋与面筋在 X 和 Y 两个方向上钢筋信息全部相同的情况。

③XY 向布置:适用于底筋的 X、Y 方向信息不同,面筋的 X、Y 方向信息不同的情况。

④选择参照轴网:可以选择以哪个轴网的水平和竖直方向为基准进行布置,不勾选时,以绘图区域水平方向为 X 方向,竖直方向为 Y 方向。

②由于 LB-160 的板受力筋只有底筋,而且在两个方向上的布置信息是相同的,因此选

图 3.89

择“双向布置”,在“钢筋信息”中选择相应的受力筋名称 SLJ-Φ10@150,单击“确定”按钮,即可布置单板的受力筋,如图 3.90 所示。

再以Ⓒ~Ⓓ轴与⑤~⑥轴的 LB-160 的受力筋布置为例,该位置的 LB-160 只有底筋,板受力筋 X、Y 方向的底筋布置类型不相同,则可采用“XY 向布置”,如图 3.91 所示。

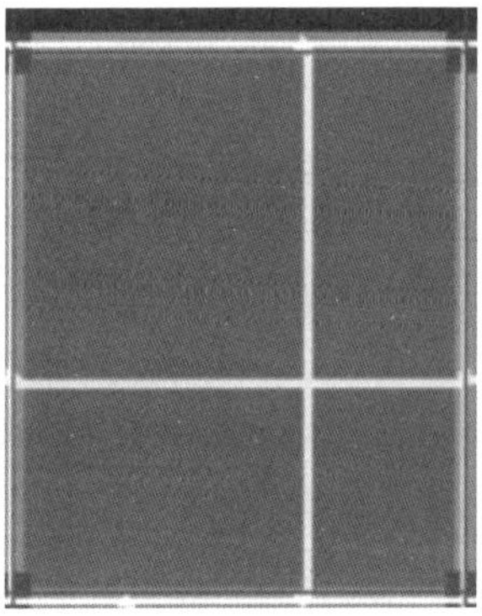

图 3.90

图 3.91

Ⓒ~Ⓓ轴与⑤~⑥轴的 LB-160 板受力筋布置图(详见结施-10),如图 3.92 所示;受力筋布置完成后如图 3.93 所示。

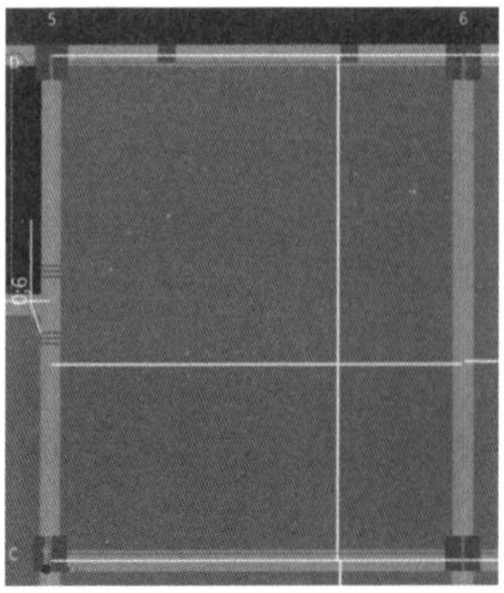

图 3.92

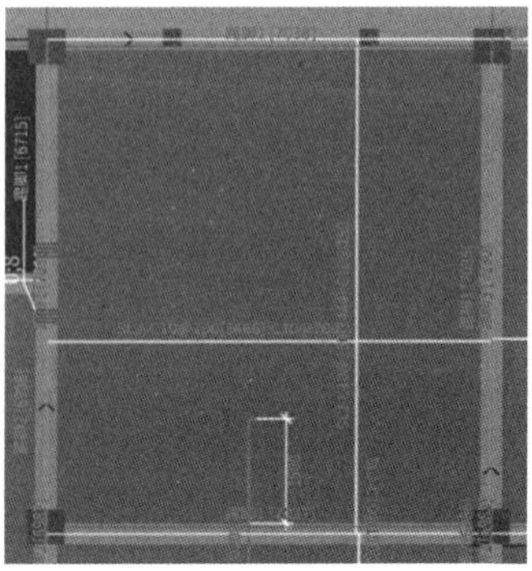

图 3.93

(3)应用同名称板

LB-160 的钢筋信息,除了Ⓒ~Ⓓ轴与⑤~⑥轴的 LB-160 上的板受力筋配筋不同外,其余的都是相同的,下面使用“应用同名称板”来布置其他同名称板的钢筋。

①选择“建模”→“板受力筋二次编辑”→“应用同名板”命令,如图 3.94 所示。

②选择已经布置上钢筋的Ⓒ~Ⓓ轴与②~③轴的 LB-160 图元,单击鼠标右键确定,则其他同名称的板都布置上了相同的钢筋信息。同时,Ⓒ~Ⓓ轴与⑤~⑥轴的 LB-160 也会布置同样的板受力筋,将其对应图纸进行正确修改即可。

对于其他板的钢筋,可采用相应的布置方式进行布置。

6)跨板受力筋的定义与绘制

下面以结施-10 中的Ⓑ~Ⓒ轴、②~③轴的楼板的跨板受力筋⏀12@200 为例,介绍跨板受力筋的定义和绘制。

(1)跨板受力筋的属性定义

在导航树中选择“受力筋”,在受力筋的“构件列表”中,单击“新建”→“新建跨板受力筋”,如图 3.95 所示。

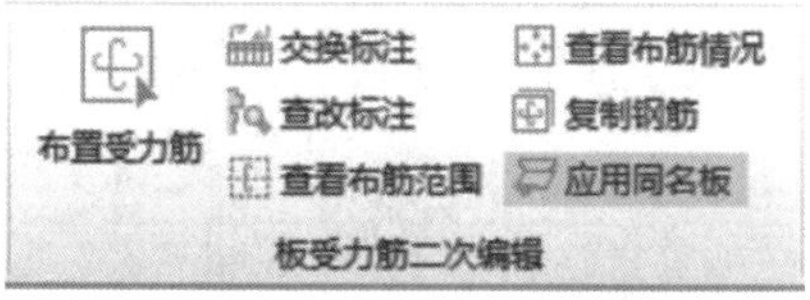

图 3.94

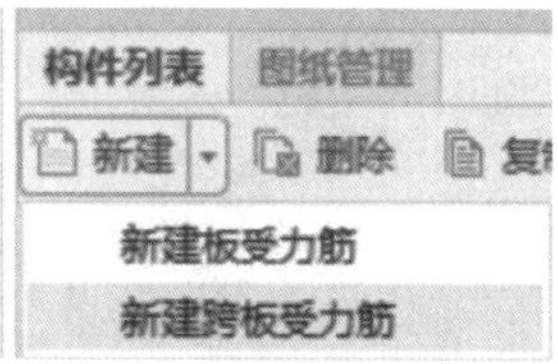

图 3.95

软件将弹出如图 3.96 所示的新建跨板受力筋界面。

属性列表 图层管理

	属性名称	属性值	附加
1	名称	KBSLJ-⏀10@200	
2	类别	面筋	☐
3	钢筋信息	⏀10@200	☐
4	左标注(mm)	800	☐
5	右标注(mm)	800	☐
6	马凳筋排数	1/1	☐
7	标注长度位置	(支座外边线)	☐
8	左弯折(mm)	(0)	☐
9	右弯折(mm)	(0)	☐
10	分布钢筋	(Φ8@200)	☐
11	备注		☐

图 3.96

左标注和右标注:左右两边伸出支座的长度,根据图纸中的标注进行输入。

马凳筋排数:根据实际情况输入。

标注长度位置:可选择支座中心线、支座内边线和支座外边线,如图 3.97 所示。根据图纸中标注的实际情况进行选择。此工程选择“支座外边线”。

分布钢筋:结施-01(2)中说明,板厚小于 110 mm 时,分布钢筋的直径、间距为Φ6@200;板厚 120~160 mm 时,分布钢筋的直径、间距为Φ8@200。因此,此处输入Φ8@200。

也可以在计算设置中对相应的项进行输入,这样就不用针对每一个钢筋构件进行输入了。具体参考“2.2 计算设置”中钢筋设置的部分内容。

(2)跨板受力筋的绘制

对于该位置的跨板受力筋,可采用“单板”和“垂直”布置的方式来绘制。选择“单板”,再选择“垂直”,单击Ⓑ~Ⓒ轴、②~③轴的楼板,即可布置垂直方向的跨板受力筋。其他位置的跨板受力筋采用同样的方式布置。

跨板受力筋绘制完成后,需选中绘制好的跨板受力筋,查看其布置范围,如果布置范围与图纸不符,则需要移动其编辑点至正确的位置,如图 3.98 所示。

图 3.97

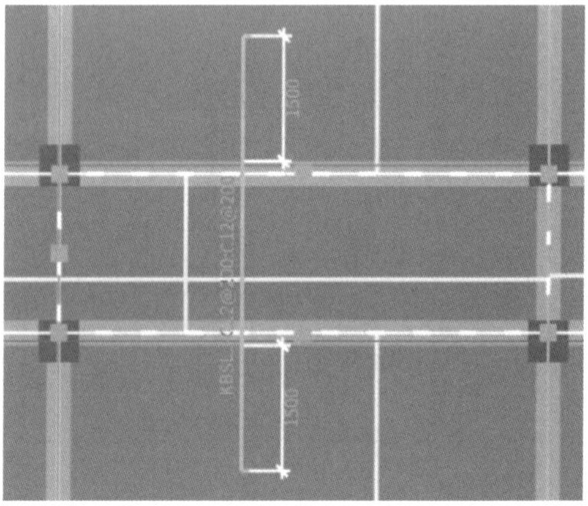

图 3.98

7)负筋的属性定义与绘制

下面以结施-10 中 8 号负筋为例,介绍负筋的属性定义和绘制,如图 3.99 所示。

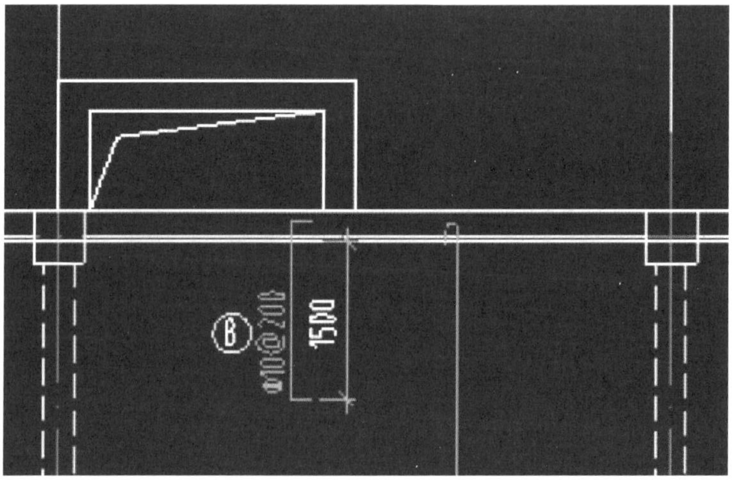

图 3.99

(1)负筋的属性定义

进入“板”→“板负筋”,在“构建列表”中单击“新建”→“新建板负筋”。在“属性列表”

中定义板负筋的属性,8 号负筋的属性如图 3.100所示。

左标注和右标注:8 号负筋只有一侧标注,左标注输入“1500”,右标注输入“0”。

单边标注位置:根据图中实际情况,选择“支座内边线”。

对②~③轴 LB-160 在②轴上的 10 号负筋⌀12@200 的属性定义,如图 3.101 所示。

属性列表 图层管理

	属性名称	属性值	附加
1	名称	FJ-⌀10@200	
2	钢筋信息	⌀10@200	☐
3	左标注(mm)	1500	☐
4	右标注(mm)	0	☐
5	马凳筋排数	1/1	☐
6	单边标注位置	(支座内边线)	☐
7	左弯折(mm)	(0)	☐
8	右弯折(mm)	(0)	☐
9	分布钢筋	(⌀8@200)	☐
10	备注		☐
11	+ 钢筋业务属性		
19	+ 显示样式		

图 3.100

属性列表 图层管理

	属性名称	属性值	附加
1	名称	FJ-⌀12@200	
2	钢筋信息	⌀12@200	☐
3	左标注(mm)	1500	☐
4	右标注(mm)	1500	☐
5	马凳筋排数	1/1	☐
6	非单边标注含...	(是)	☐
7	左弯折(mm)	(0)	☐
8	右弯折(mm)	(0)	☐
9	分布钢筋	(⌀8@200)	☐
10	备注		☐
11	+ 钢筋业务属性		
19	+ 显示样式		

图 3.101

对于左右均有标注的负筋,有“非单边标注含支座宽”的属性,指左右标注的尺寸是否含支座宽度,这里根据实际图纸情况选择“否”,其他内容与 8 号负筋输入方式一致。按照同样的方式定义其他的负筋。

(2)负筋的绘制

负筋定义完毕后,回到绘图区域,对②~③轴、Ⓒ~Ⓓ轴的 LB-160 进行负筋的布置。

①对于上侧 8 号负筋,单击“板负筋二次编辑”面板上的“布置负筋”,选项栏则会出现布置方式,有按梁布置、按圈梁布置、按连梁布置、按墙布置、按板边布置及画线布置,如图 3.102所示。

图 3.102

先选择“按墙布置”,再选择墙,按提示栏的提示单击墙,鼠标移动到墙图元上,则墙图元显示一道蓝线,并且显示出负筋的预览图,下侧确定方向,即可布置成功。

②对于②轴上的 10 号负筋,选择“按梁布置”,再选择梁段,鼠标移动到梁图元上,则梁图元显示一道蓝线,并且显示出负筋的预览图,确定方向,即可布置成功。

本工程中的负筋都可按墙或者按梁布置,也可选择画线布置。

四、任务结果

1)板构件的任务结果

①根据上述普通楼板 LB-160 的属性定义方法,将本层剩下的楼板定义好属性。

②用点画、直线、矩形等方法将①轴与⑧轴间的板绘制好,绘制完成后如图 3.103 所示。

③汇总计算,统计本层板的工程量,见表 3.20。

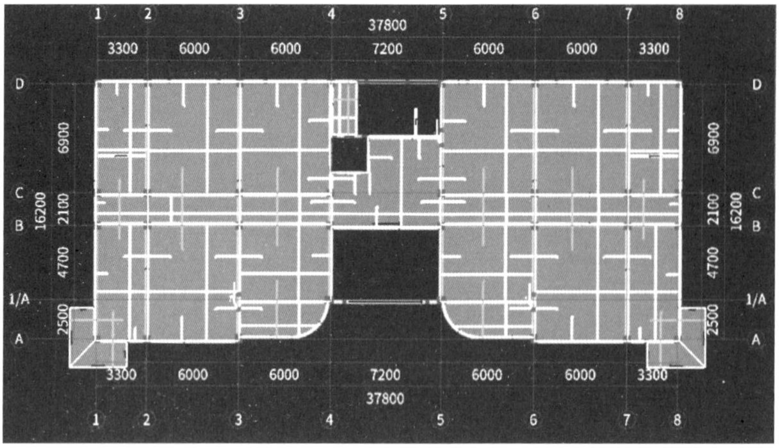

图 3.103

表 3.20　板清单定额量

编码	项目名称	单位	工程量明细	
			绘图输入	表格输入
010505001001	有梁板 1. 混凝土种类:商品混凝土 2. 混凝土强度等级:C30	m^3	71.3651	
AE0233	板 商品混凝土 C30	10 m^3	71.3651	
011702014001	有梁板 1. 模板类型:复合模板 2. 模板高度:≤3.9 m	m^2	776.9059	
AS0067	有梁板 复合模板	100 m^2	7.769059	

2) 首层板钢筋量汇总表

查看首层板钢筋量见表 3.21。

表 3.21　首层板钢筋工程量

钢筋总重(kg):7268.184

楼层名称	构件名称	钢筋总重(kg)	HPB300		HRB400			
			8	合计	8	10	12	合计
首层	板负筋(含跨板负筋)	5347.653	198.205	198.205	68.827	3927.686	1152.935	5149.448
	板受力筋	1920.531	335.726	335.726	91.556	419.103	1074.146	1584.805
	合计:	7268.184	533.931	533.931	160.383	4346.789	2227.081	6734.253

五、总结拓展

①当板顶标高与层顶标高不一致时，在绘制板后可以通过单独调整这块板的属性来调整标高。

②④轴与⑤轴之间，左边与右边的板可以通过镜像绘制，绘制方法与柱镜像绘制方法相同。

③板属于面式构件，绘制方法和其他面式构件相似。

④在绘制跨板受力筋或负筋时，若左右标注和图纸标注正好相反，进行调整时可以使用“交换标注”功能。

问题思考

(1)用点画法绘制板需要注意哪些事项？对绘制区域有什么要求？

(2)当板为有梁板时，板与梁相交时的扣减原则是什么？

3.5 首层砌体结构工程量计算

通过本节的学习，你将能够：

(1)依据定额和清单分析砌体墙的工程量计算规则；

(2)运用点加长度绘制墙图元；

(3)统计本层砌体墙的阶段性工程量；

(4)正确计算砌体加筋工程量。

一、任务说明

①完成首层砌体墙的属性定义、做法套用及图元绘制。

②汇总计算，统计本层砌体墙的工程量。

二、任务分析

①首层砌体墙在计量时的主要尺寸有哪些？从哪个图中什么位置找到？有多少种类的墙？

②砌体墙不在轴线上如何使用点加长度绘制？

③砌体墙中清单计算的厚度与定额计算的厚度不一致时该如何处理？墙的清单项目特征描述是如何影响定额匹配的？

④虚墙的作用是什么？如何绘制？

三、任务实施

1)分析图纸

分析建施-01、建施-04、建施-09、结施-01(2)可以得到砌体墙的信息,见表3.22。

表3.22 砌体墙表

序号	类型	砌筑砂浆	材质	墙厚(mm)	标高	备注
1	外墙	M5 混合砂浆	加气混凝土砌块	250	-0.05 ~ +3.85	梁下墙
2	内墙	M5 混合砂浆	加气混凝土砌块	200	-0.05 ~ +3.85	梁下墙

2)砌块墙清单、定额计算规则学习

(1)清单计算规则

砌块墙清单计算规则,见表3.23。

表3.23 砌块墙清单计算规则

编码	项目名称	单位	计算规则
010402001	砌块墙	m^3	按设计图示尺寸以体积计算

(2)定额计算规则

砖墙定额计算规则,见表3.24。

表3.24 砖墙定额计算规则

编码	项目名称	单位	计算规则
AD0155-0156	加气混凝土砌块墙 混合砂浆	m^3	按设计图示尺寸以体积计算

3)砌块墙属性定义

新建砌块墙的方法参见新建剪力墙的方法,这里只是简单地介绍新建砌块墙需要注意的事项。

内/外墙标志:外墙和内墙要区别定义,除了对自身工程量有影响外,还影响其他构件的智能布置。这里可以根据工程实际需要对标高进行定义,如图3.104和图3.105所示。本工程是按照软件默认的高度进行设置的,软件会根据定额的计算规则对砌块墙和混凝土相交的地方进行自动处理。

4)做法套用

砌块墙做法套用,如图3.106所示。

5)画法讲解

(1)直线

直线画法跟构件画法类似的,可参照构件绘制进行操作。

属性列表

	属性名称	属性值	附加
1	名称	200厚内墙	
2	厚度(mm)	200	☐
3	轴线距左墙皮...	(100)	☐
4	砌体通长筋		☐
5	横向短筋		☐
6	材质	加气砼砌块墙	☐
7	砂浆类型	混合砂浆	☐
8	砂浆标号	(M5)	☐
9	内/外墙标志	内墙	☑
10	类别	砌体墙	☐
11	起点顶标高(m)	层顶标高	☐
12	终点顶标高(m)	层顶标高	☐
13	起点底标高(m)	层底标高	☐
14	终点底标高(m)	层底标高	☐
15	备注		☐
16	+ 钢筋业务属性		
22	+ 土建业务属性		
27	+ 显示样式		

图 3.104

属性列表

	属性名称	属性值	附加
1	名称	250厚外墙	
2	厚度(mm)	250	☐
3	轴线距左墙皮...	(125)	☐
4	砌体通长筋		☐
5	横向短筋		☐
6	材质	加气砼砌块墙	☐
7	砂浆类型	混合砂浆	☐
8	砂浆标号	(M5)	☐
9	内/外墙标志	外墙	☑
10	类别	砌体墙	☐
11	起点顶标高(m)	层顶标高	☐
12	终点顶标高(m)	层顶标高	☐
13	起点底标高(m)	层底标高	☐
14	终点底标高(m)	层底标高	☐
15	备注		☐
16	+ 钢筋业务属性		
22	+ 土建业务属性		
27	+ 显示样式		

图 3.105

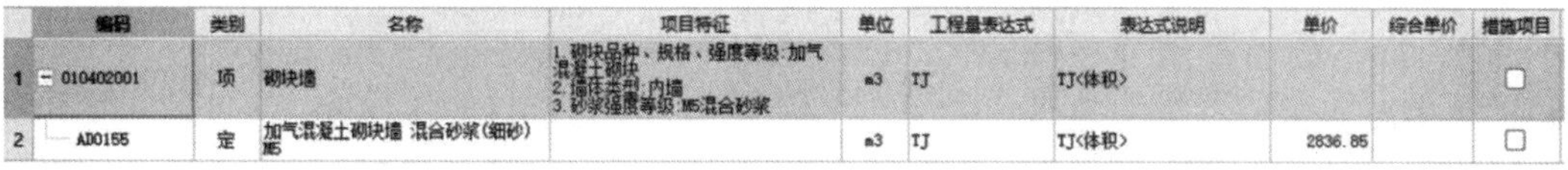

	编码	类别	名称	项目特征	单位	工程量表达式	表达式说明	单价	综合单价	措施项目
1	010402001	项	砌块墙	1. 砌块品种、规格、强度等级：加气混凝土砌块 2. 墙体类型：内墙 3. 砂浆强度等级：M5混合砂浆	m3	TJ	TJ<体积>			☐
2	AD0155	定	加气混凝土砌块墙 混合砂浆(细砂) M5		m3	TJ	TJ<体积>	2836.85		☐

图 3.106

(2)点加长度

在③轴与Ⓐ轴相交处到②轴与Ⓐ轴相交处的墙体，向左延伸了 1400 mm(中心线距离)，墙体总长度为 6000 mm + 1400 mm，单击"直线"，选择"点加长度"，在绘图区域单击起点即③轴与Ⓐ轴相交处，再向左找到②轴与Ⓐ轴的相交点，即可实现该段墙体延伸部分的绘制。使用"对齐"命令，将墙体与柱对齐即可，如图 3.107 所示。

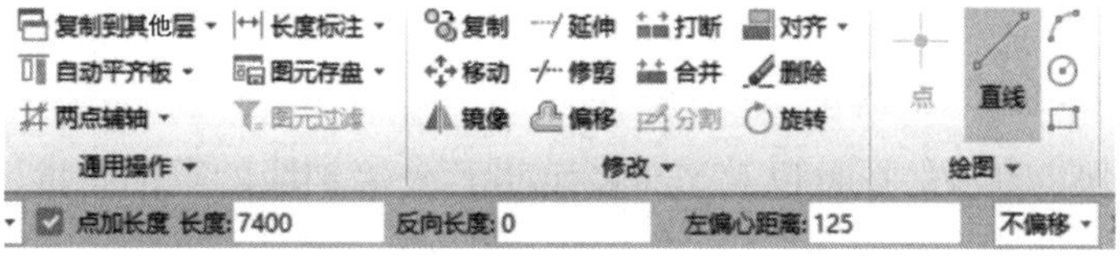

图 3.107

(3)偏移绘制

用"Shift + 左键"可绘制偏移位置的墙体。在直线绘制墙体状态下，按住"Shift"键的同时单击②轴和Ⓐ轴的相交点，弹出"输入偏移量"对话框，在"X = "的地方输入" - 1400"，单击"确定"按钮，然后向着Ⓐ轴的方向绘制墙体。

按照"直线"画法，将其他相似位置的砌体墙绘制好。

四、任务结果

汇总计算，统计本层填充墙的工程量，见表 3.25。

表 3.25 首层填充墙清单定额工程量

编码	项目名称	单位	工程量明细	
			绘图输入	表格输入
010402001001	砌块墙 1. 砌块品种、规格、强度等级:200 mm 厚加气混凝土砌块 2. 墙体类型:内墙 3. 砂浆强度等级:M5 混合砂浆	m^3	81.8073	
AD0155	加气混凝土砌块墙 混合砂浆(细砂) M5	10 m^3	8.1807	
010402001002	砌块墙 1. 砌块品种、规格、强度等级:250 mm 厚加气混凝土砌块 2. 墙体类型:外墙 3. 砂浆强度等级:M5 混合砂浆	m^3	52.6572	
AD0155	加气混凝土砌块墙 混合砂浆(细砂) M5	10 m^3	5.2657	

【说明】

填充墙的工程量统计需在门窗洞口绘制完进行。

五、总结拓展

1) 软件对内外墙定义的规定

该软件为方便内外墙的区分以及平整场地进行外墙轴线的智能布置,需要人为进行内外墙的设置。

2) 砌体加筋的定义和绘制(在完成门窗洞口、圈梁、构造柱等后进行操作)

(1) 分析图纸

分析结施-01(2),可见 7. 填充墙中"(3) 填充墙与柱、抗震墙及构造柱连接处应设拉结筋,做法见图 8",以及"(7) 墙体加筋为 2 Φ6@600,遇到圈梁、框架梁起步为 200 mm,遇到构造柱锚固为 200 mm,遇到门窗洞口退一个保护层(60 mm),加弯折(60 mm),遇到过梁梁头也是退一个保护层(60 mm),加弯折(60 mm)"。

(2) 砌体加筋的定义

下面以④轴和Ⓑ轴交点处 L 形砌体墙位置的加筋为例,介绍砌体加筋的定义和绘制。

①在导航树中,选择"墙"→"砌体加筋",在"构件列表"中单击"新建"→"新建砌体加筋"。

②根据砌体加筋所在的位置选择参数图形,软件中有 L 形、T 形、十字形和一字形供选

择,各自适用于相应形状的砌体相交形式。例如,对于④轴和Ⓑ轴交点处 L 形砌体墙位置的加筋,选择 L 形的砌体加筋定义和绘制。

a. 选择参数化图形:选择“L-1 形”。砌体加筋参数图的选择主要看钢筋的形式,只要选择的钢筋形式与施工图中完全一致即可。

b. 参数输入:Ls1 和 Ls2 指两个方向的加筋伸入砌体墙内的长度,输入“1000”;b1 指竖向砌体墙的厚度,输入“200”;b2 指横向砌体墙的厚度,输入“200”,如图 3. 108 所示。单击“确定”按钮,回到属性输入界面。

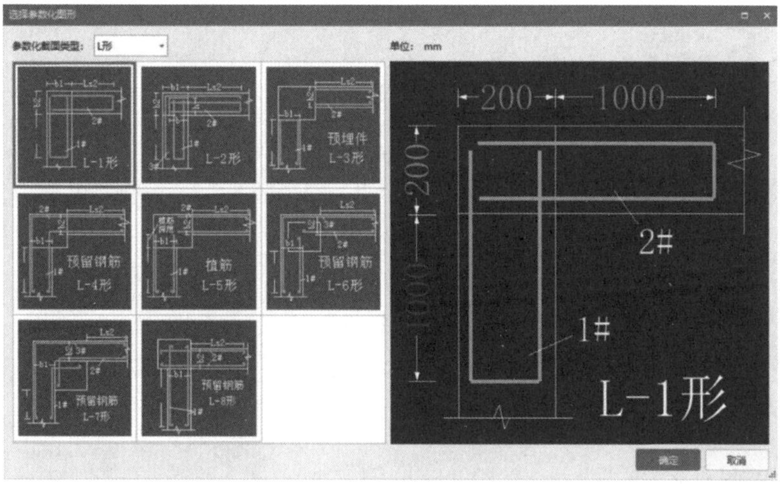

图 3. 108

c. 根据需要输入名称,按照总说明,每侧钢筋信息为 2 ф 6@ 600,1#加筋、2#加筋分别输入“2 ф 6@ 600”,如图 3. 109 所示。

d. 结合结施-01(2)中“7. 填充墙”中的墙体加筋的说明,遇到构造柱锚固为 200,因此加筋伸入构造柱的锚固长度需要在计算设置中设定。因为本工程所有砌体加筋的形式和锚固长度一致,所以可以在“工程设置”选项卡中选择“钢筋设置”→“计算设置”,针对整个工程的砌体加筋进行设置,如图 3.110所示。

砌体加筋的钢筋信息和锚固长度设置完毕后,定义构件完成。按照同样的方法可定义其他位置的砌体加筋。

属性列表　图层管理

	属性名称	属性值
1	名称	LJ-2
2	砌体加筋形式	L-1形
3	1#加筋	2Φ6@600
4	2#加筋	2Φ6@600
5	其他加筋	
6	备注	
7	⊟ 钢筋业务属性	
8	其他钢筋	
9	计算设置	按默认计算设置计算
10	汇总信息	(砌体拉结筋)
11	⊞ 显示样式	

图 3. 109

(3)砌体加筋的绘制

绘图区域中,在④轴和Ⓑ轴交点处绘制砌体加筋,单击“点”,选择“旋转点”,单击所在位置,再单击垂直向下的点确定方向,绘制完成,如图 3. 111 所示。

当所绘制的砌体加筋与墙体不对齐时,可采用“对齐”功能将其对应到所在位置。

其他位置加筋的绘制,可根据实际情况选择“点”画法或者“旋转点”画法,也可以使用

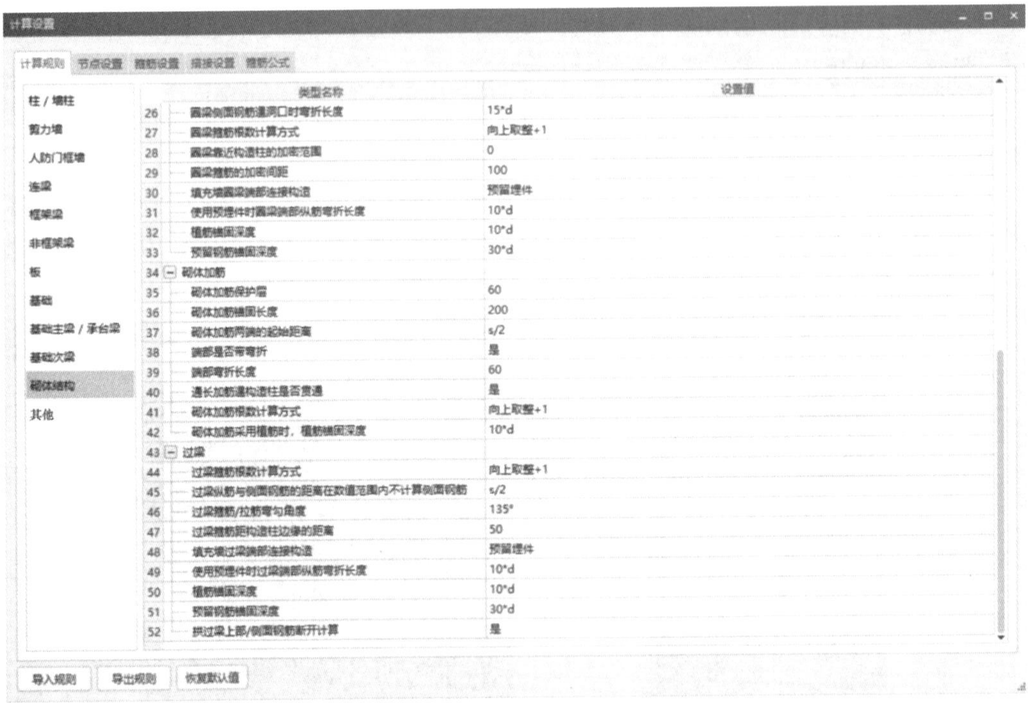

图 3.110

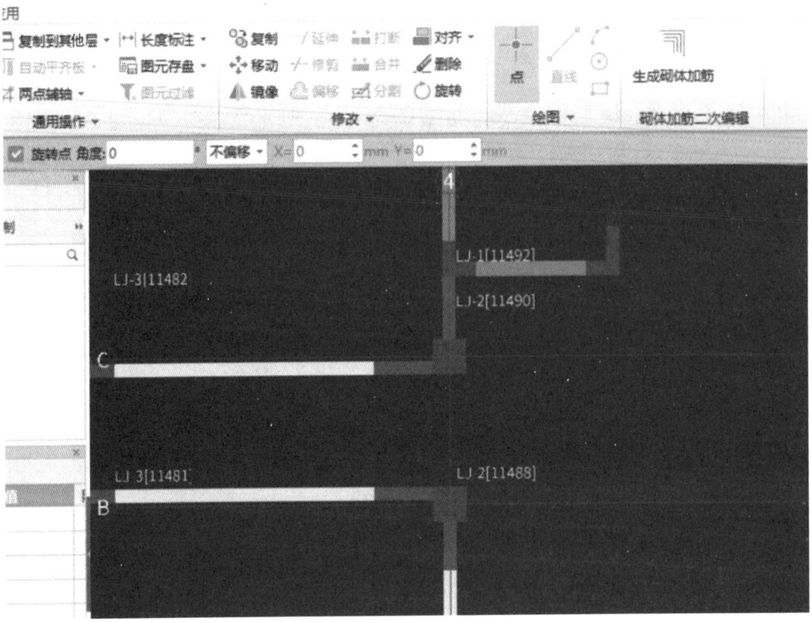

图 3.111

“智能布置”。

砌体加筋的绘制流程如下:新建→选择参数图→输入截面参数→输入钢筋信息→计算设置(本工程一次性设置完毕就不用再设)→绘制。

问题思考

(1)思考"Shift + 左键"的方法还可以应用在哪些构件的绘制中?

(2)框架间墙的长度怎样计算?

(3)在定义墙构件属性时为什么要区分内、外墙的标志?

3.6 门窗、洞口、壁龛及附属构件工程量计算

通过本节的学习,你将能够:

(1)正确计算门窗、洞口、壁龛的工程量;

(2)正确计算过梁、圈梁及构造柱的工程量。

3.6.1 门窗、洞口、壁龛的工程量计算

通过本小节的学习,你将能够:

(1)定义门窗洞口;

(2)绘制门窗图元;

(3)统计本层门窗的工程量。

一、任务说明

①完成首层门窗、洞口的属性定义、做法套用及图元绘制。

②使用精确和智能布置绘制门窗。

③汇总计算,统计本层门窗的工程量。

二、任务分析

①首层门窗的尺寸种类有多少?影响门窗位置的离地高度如何设置?门窗在墙中是如何定位的?

②门窗的清单与定额如何匹配?

③不精确布置门窗有可能影响哪些项目的工程量?

三、任务实施

1)分析图纸

分析建施-01、建施-03、建施-09 至建施-10,可以得到门窗的信息,见表 3.26。

2)门窗清单、定额计算规则学习

(1)清单计算规则学习

门窗清单计算规则,见表 3.27。

表 3.26 门窗表

编号	名称	规格(洞口尺寸)(mm)		数量(樘)						备注
		宽	高	地下1层	1层	2层	3层	4层	总计	
FM甲1021	甲级防火门	1000	2100	2					2	甲级防火门
FM乙1121	乙级防火门	1100	2100	1	1				2	乙级防火门
M5021	旋转玻璃门	5000	2100		1				1	甲方确定
M1021	木质夹板门	1000	2100	18	20	20	20	20	98	甲方确定
C0924	塑钢窗	900	2400		4	4	4	4	16	详见立面
C1524	塑钢窗	1500	2400		2	2	2	2	8	详见立面
C1624	塑钢窗	1600	2400	2	2	2	2	2	10	详见立面
C1824	塑钢窗	1800	2400		2	2	2	2	8	详见立面
C2424	塑钢窗	2400	2400		2	2	2	2	8	详见立面
PC1	飘窗(塑钢窗)	见平面	2400		2	2	2	2	8	详见立面
C5027	塑钢窗	5000	2700			1	1	1	3	详见立面
MQ1	装饰幕墙	6927	14400							详见立面
MQ2	装饰幕墙	7200	14400							详见立面

表 3.27 门窗清单计算规则

编码	项目名称	单位	计算规则
010801001	木质门	m^2	1. 以樘计量,按设计图示数量计算 2. 以 m^2 计量,按设计图示洞口尺寸以面积计算
010805002	旋转门	m^2	
010802003	钢质防火门	m^2	
010807001	金属(塑钢、断桥)窗	m^2	

(2)定额计算规则学习

门窗定额计算规则,见表 3.28。

表 3.28 门窗定额计算规则

编码	项目名称	单位	计算规则
AH0003-0004	胶合板门带框	100 m^2	1. 以樘计量,按设计图示数量计算 2. 以 m^2 计量,按设计图示洞口尺寸以面积计算
AH0108	全玻旋转门	樘	
AH0062	钢质防火门	100 m^2	
AH0142-0144	塑钢窗	100 m^2	

3)门窗的属性定义

(1)门的属性定义

在导航树中单击“门窗洞”→“门”。在“构件列表”中选择“新建”→“新建矩形门”,在属性编辑框中输入相应的属性值。

①洞口宽度、洞口高度:从门窗表中可以直接得到属性值。

②框厚:输入门实际的框厚尺寸,对墙面块料面积的计算有影响,本工程输入“60”。

③立樘距离:门框中心线与墙中心间的距离,默认为“0”。如果门框中心线在墙中心线左边,该值为负,否则为正。

④框左右扣尺寸、框上下扣尺寸:如果计算规则要求门窗按框外围面积计算,输入框扣尺寸。

M1021,M5021 和 FM乙1121 的属性值,如图 3.112—图 3.114 所示。

(2)窗的属性定义

在导航树中选择“门窗洞”→“窗”,在“构件列表”中选择“新建”→“新建矩形窗”,新建“矩形窗 C0924”。

属性列表

	属性名称	属性值	附加
1	名称	M1021	
2	洞口宽度(mm)	1000	
3	洞口高度(mm)	2100	
4	离地高度(mm)	0	
5	框厚(mm)	60	
6	立樘距离(mm)	0	
7	洞口面积(m²)	2.1	
8	框外围面积(m²)	(2.1)	
9	框上下扣尺寸(...	0	
10	框左右扣尺寸(...	0	
11	是否随墙变斜	否	
12	备注	甲级防火门	
13	⊞ 钢筋业务属性		
18	⊞ 土建业务属性		
20	⊞ 显示样式		

图 3.112

属性列表 图层管理

	属性名称	属性值
1	名称	M5021
2	洞口宽度(mm)	5000
3	洞口高度(mm)	2100
4	离地高度(mm)	0
5	框厚(mm)	60
6	立樘距离(mm)	0
7	洞口面积(m²)	10.5
8	框外围面积(m²)	(10.5)
9	框上下扣尺寸(...	0
10	框左右扣尺寸(...	0
11	是否随墙变斜	否
12	备注	
13	⊞ 钢筋业务属性	
18	⊞ 土建业务属性	
20	⊞ 显示样式	

图 3.113

属性列表 图层管理

	属性名称	属性值
1	名称	FM乙1121
2	洞口宽度(mm)	1100
3	洞口高度(mm)	2100
4	离地高度(mm)	0
5	框厚(mm)	60
6	立樘距离(mm)	0
7	洞口面积(m²)	2.31
8	框外围面积(m²)	(2.31)
9	框上下扣尺寸(...	0
10	框左右扣尺寸(...	0
11	是否随墙变斜	否
12	备注	
13	⊞ 钢筋业务属性	
18	⊞ 土建业务属性	
20	⊞ 显示样式	

图 3.114

【注意】

窗离地高度 = 50 mm + 600 mm = 650 mm(相对结构标高 −0.050 mm 而言),如图 3.115 所示。

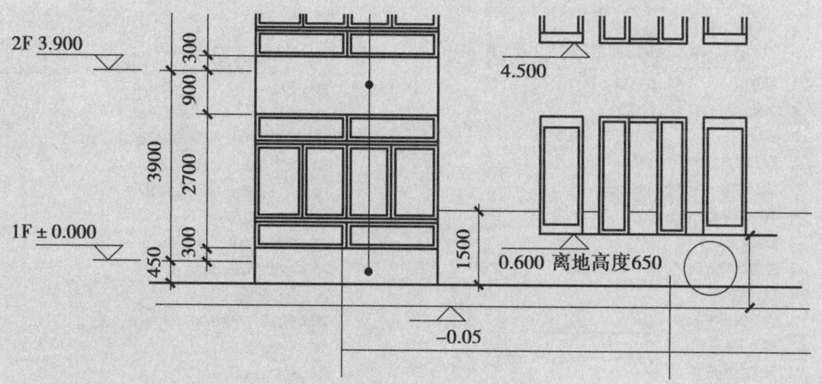

图 3.115

(3)窗的做法套用

窗的做法套用,如图 3.116 所示。

图 3.116

其他窗可通过“复制”定义,修改名称和洞口宽度,如图 3.117—图 3.120 所示。

属性列表

	属性名称	属性值	附加
1	名称	C1824	
2	类别	普通窗	☐
3	顶标高(m)	层底标高+3.05	☐
4	洞口宽度(mm)	1800	☐
5	洞口高度(mm)	2400	☐
6	离地高度(mm)	650	☐
7	框厚(mm)	60	☐
8	立樘距离(mm)	0	☐
9	洞口面积(m²)	4.32	☐
10	框外围面积(m²)	(4.32)	☐
11	框上下扣尺寸(...	0	☐
12	框左右扣尺寸(...	0	☐
13	是否随墙变斜	是	☐
14	备注		☐
15	⊞ 钢筋业务属性		
20	⊞ 土建业务属性		
22	⊞ 显示样式		

图 3.117

属性列表

	属性名称	属性值	附加
1	名称	C1624	
2	类别	普通窗	☐
3	顶标高(m)	层底标高+3.05	☐
4	洞口宽度(mm)	1600	☐
5	洞口高度(mm)	2400	☐
6	离地高度(mm)	650	☐
7	框厚(mm)	60	☐
8	立樘距离(mm)	0	☐
9	洞口面积(m²)	3.84	☐
10	框外围面积(m²)	(3.84)	☐
11	框上下扣尺寸(...	0	☐
12	框左右扣尺寸(...	0	☐
13	是否随墙变斜	是	☐
14	备注		☐
15	⊞ 钢筋业务属性		
20	⊞ 土建业务属性		
22	⊞ 显示样式		

图 3.118

属性列表

	属性名称	属性值	附加
1	名称	C1524	
2	类别	普通窗	☐
3	顶标高(m)	层底标高+3.05	☐
4	洞口宽度(mm)	1500	☐
5	洞口高度(mm)	2400	☐
6	离地高度(mm)	650	☐
7	框厚(mm)	60	☐
8	立樘距离(mm)	0	☐
9	洞口面积(m²)	3.6	☐
10	框外围面积(m²)	(3.6)	☐
11	框上下扣尺寸(...	0	☐
12	框左右扣尺寸(...	0	☐
13	是否随墙变斜	是	☐
14	备注		☐
15	⊞ 钢筋业务属性		
20	⊞ 土建业务属性		
22	⊞ 显示样式		

图 3.119

属性列表

	属性名称	属性值	附加
1	名称	C2424	
2	类别	普通窗	☐
3	顶标高(m)	层底标高+3.05	☐
4	洞口宽度(mm)	2400	☐
5	洞口高度(mm)	2400	☐
6	离地高度(mm)	650	☐
7	框厚(mm)	60	☐
8	立樘距离(mm)	0	☐
9	洞口面积(m²)	5.76	☐
10	框外围面积(m²)	(5.76)	☐
11	框上下扣尺寸(...	0	☐
12	框左右扣尺寸(...	0	☐
13	是否随墙变斜	是	☐
14	备注	详见立面	☐
15	⊞ 钢筋业务属性		
20	⊞ 土建业务属性		
22	⊞ 显示样式		

图 3.120

4）门窗做法套用

M1021 做法套用如图 3.121 所示，M5021 做法套用如图 3.122 所示，FM乙1121 做法套用信息如图 3.123 所示，C0924 做法套用如图 3.124 所示，其他几个窗做法套用同 C0924。

添加清单　添加定额　删除　查询　项目特征　fx 换算　做法刷　做法查询　提取做法　当前构件自动套做法

	编码	类别	名称	项目特征	单位	工程量表达式	表达式说明	单价	综合单价	措施项目
1	− 010801004	项	木质防火门	1.门代号及洞口尺寸:FM甲1021 2.门框或扇外围尺寸: 1000*2100 3.门框、扇材质: 甲级木质防火门	m2	DKMJ	DKMJ<洞口面积>			☐
2	13-140	定	安装木质防火门		m2洞口面积	DKMJ	DKMJ<洞口面积>	537.23		☐

图 3.121

添加清单　添加定额　删除　查询　项目特征　fx 换算　做法刷　做法查询　提取做法　当前构件自动套做法

	编码	类别	名称	项目特征	单位	工程量表达式	表达式说明	单价	综合单价	措施项目	专业	自动套
1	− 010805002	项	旋转门	[项目特征] 1.门代号及洞口尺寸:M5021 2.门框或扇外围尺寸:5000*2100mm 3.门框、扇材质:全玻璃转门	m2	DKMJ	DKMJ<洞口面积>			☐	建筑工程	☐
2	LD0069	定	全玻转门安装 直径2m不锈钢柱 玻璃12mm		樘	SL	SL<数量>	44449.82		☐	装饰	☐

图 3.122

	编码	类别	名称	项目特征	单位	工程量表达式	表达式说明	单价	综合单价	措施项目	专业
1	− 010802003002	项	钢质防火门 FM乙1121	[项目特征] 1.门代号及洞口尺寸:FM乙1121 2.门框或扇外围尺寸:1100*2100mm 3.门框、扇材质:乙级钢质防火门	m2	DKMJ	DKMJ<洞口面积>			☐	建筑工程
2	AH0035	定	钢质防火门安装		m2	DKMJ	DKMJ<洞口面积>	49473.05		☐	建筑
3	AH0106	定	成品门窗塞缝		m	DKSMCD	DKSMCD<洞口三面长度>	251.65		☐	建筑

图 3.123

	编码	类别	名称	项目特征	单位	工程量表达式	表达式说明	单价	综合单价	措施项目	专业	自动套
1	− 010807001	项	金属(塑钢、断桥)窗	[项目特征] 1.窗代号及洞口尺寸:C0924 2.门框或扇外围尺寸:900*2400mm 3.门框、扇材质:塑钢	m2	DKMJ	DKMJ<洞口面积>			☐	建筑工程	☐
2	AH0093	定	塑钢成品窗安装 外平开		m2	DKMJ	DKMJ<洞口面积>	27793.11		☐	建筑	☐
3	AH0106	定	成品门窗塞缝		m	DKZC	DKZC<洞口周长>	251.65		☐	建筑	☐

图 3.124

5）门窗洞口的画法讲解

门窗洞构件属于墙的附属构件，也就是说，门窗洞构件必须绘制在墙上。

门窗最常用的是“点”绘制。对于计算来说，一段墙扣减门窗洞口面积，只要门窗绘制在墙上即可，一般对位置要求不用很精确，因此直接采用点绘制即可。在点绘制时，软件默认开启动态输入的数值框，可直接输入一边距墙端头的距离，或通过“Tab”键切换输入框。

门窗的绘制还经常使用“精确布置”的方法，当门窗紧邻柱等构件布置时，考虑其上过梁与旁边的柱、墙扣减关系，需要对这些门窗精确定位。如一层平面图中的 M1 都是贴着柱边布置的。

（1）绘制门

①智能布置：墙段中点，如图 3.125 所示。

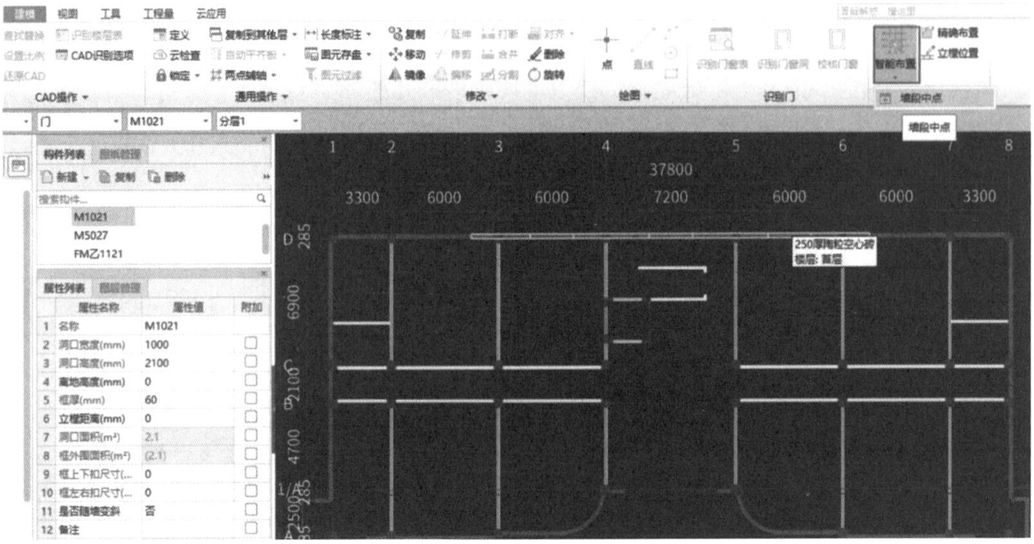

图 3.125

②精确布置:用鼠标左键选择参考点,在输入框中输入偏移值“600”,如图 3.126 所示。

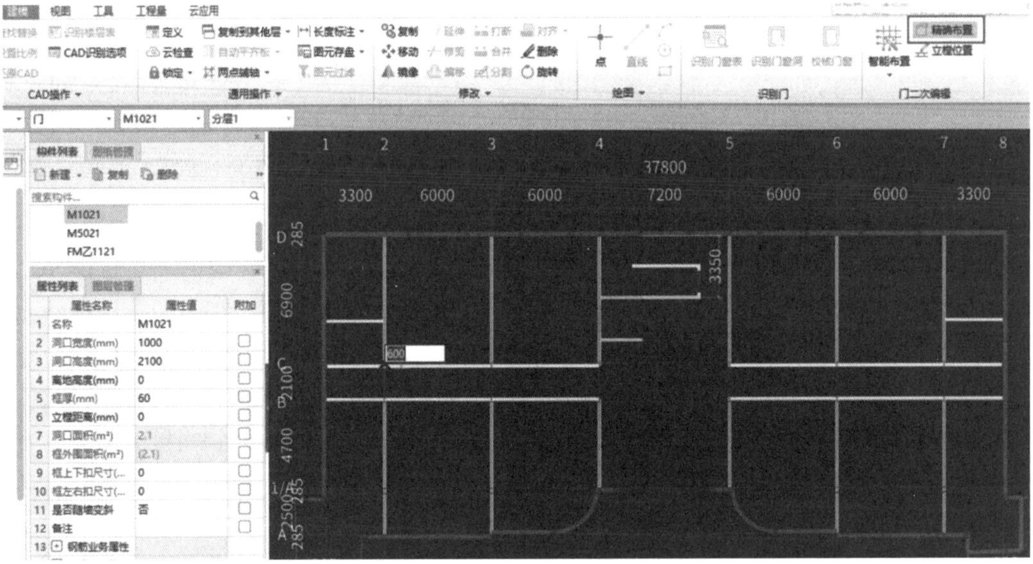

图 3.126

③点绘制:“Tab”键交换左右输入框,如图 3.127 所示。

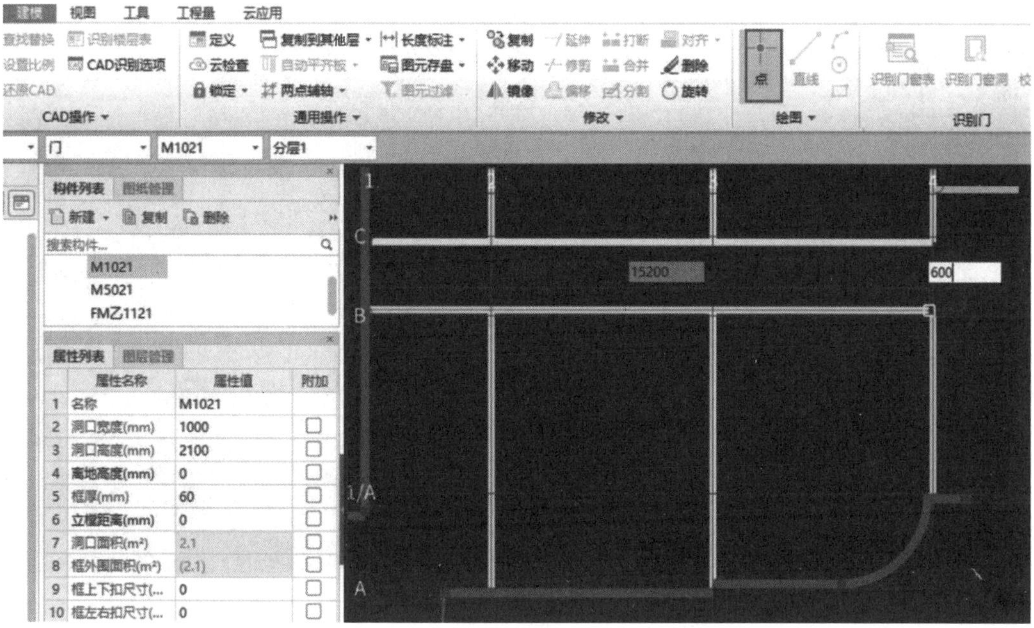

图 3.127

④复制粘贴:如图 3.128 所示。

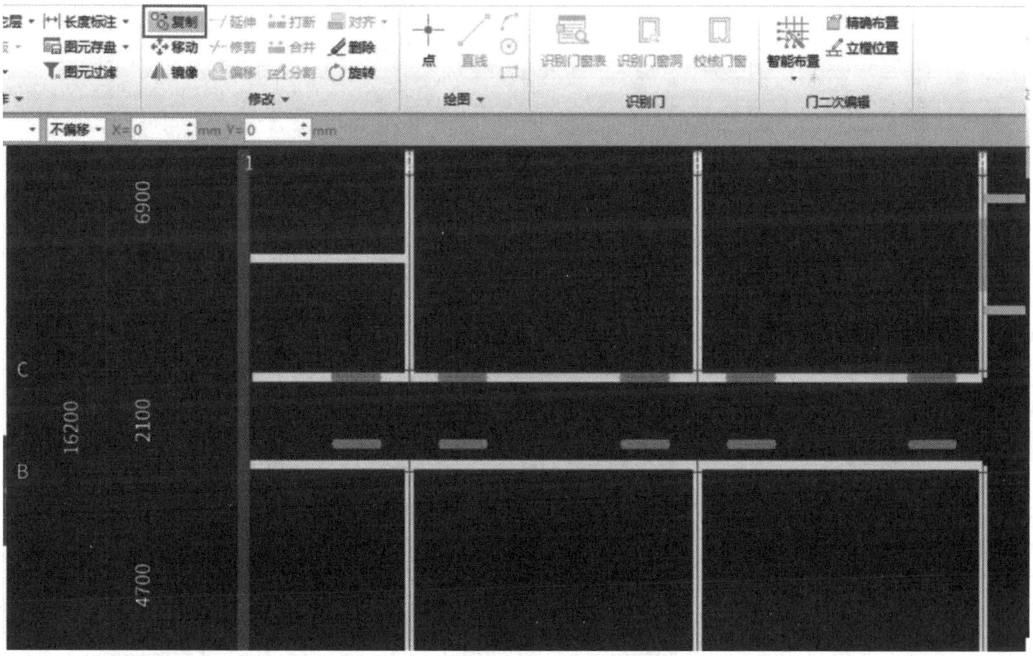

图 3.128

⑤镜像:如图 3.129 所示。

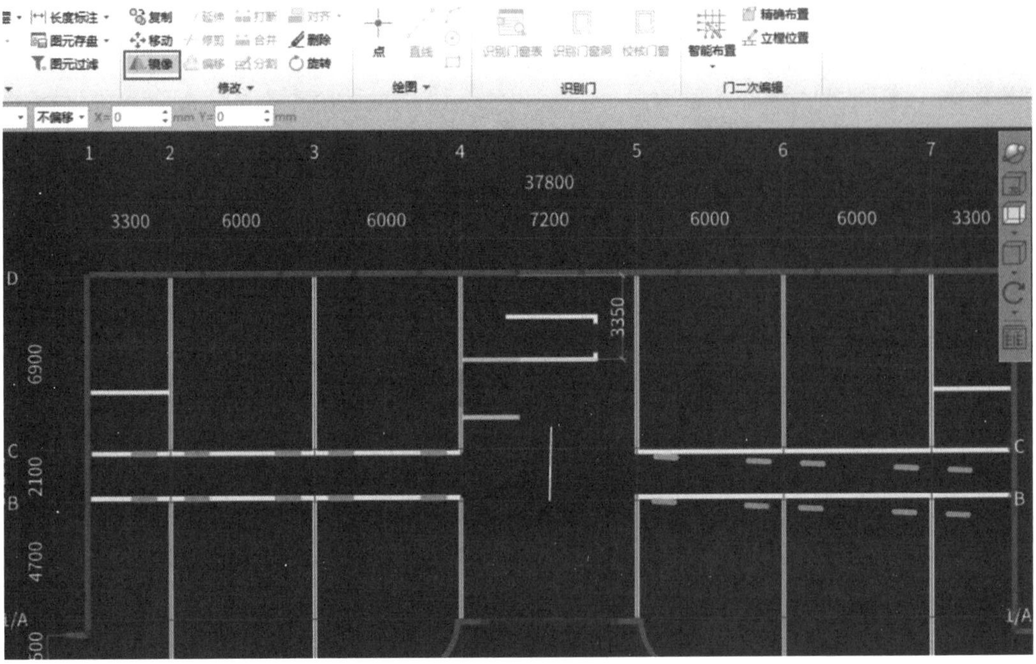

图 3.129

(2)绘制窗

①点绘制,如图 3.130 所示。

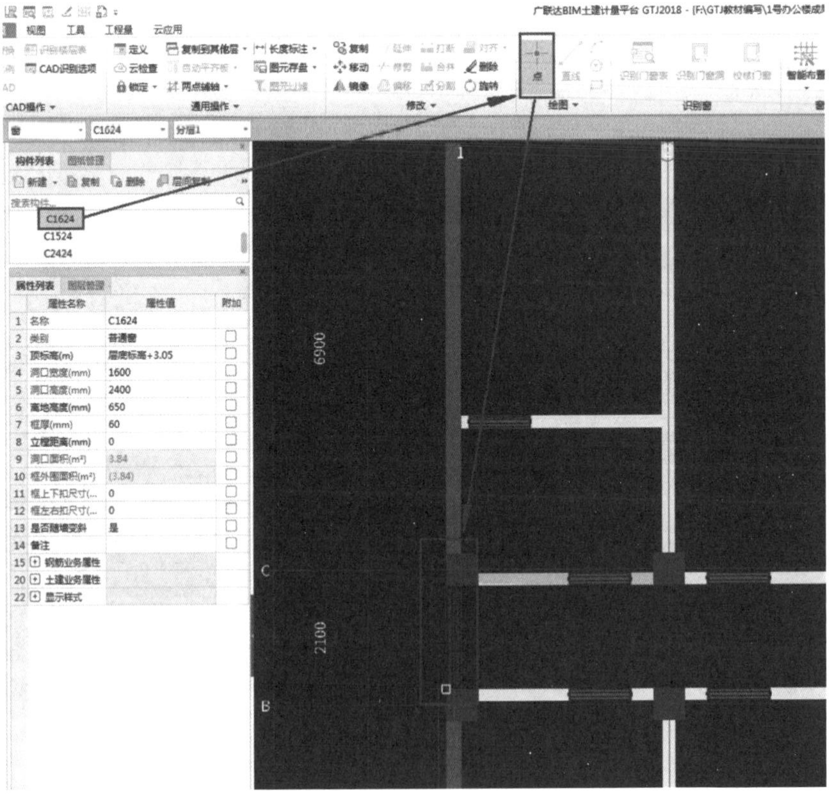

图 3.130

②精确布置:以Ⓐ、②~③轴线的 C0924 为例,用鼠标左键单击Ⓐ轴和②轴交点,输入"850",然后按"Enter"键即可。其他操作方法类似,如图 3.131 所示。

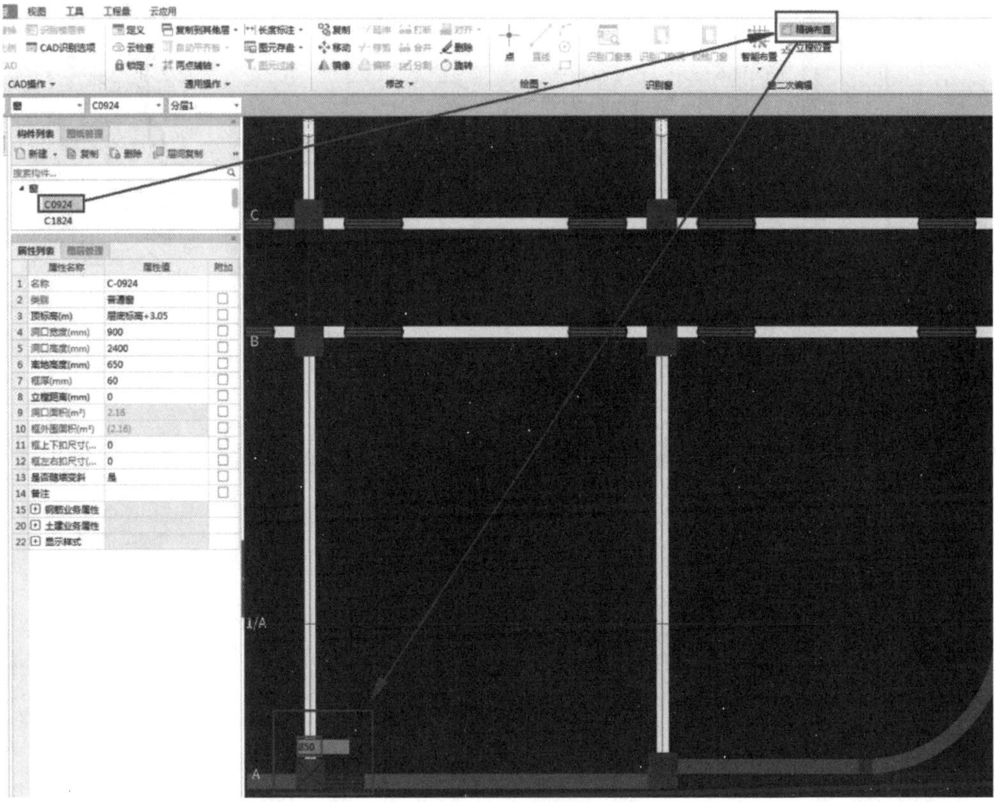

图 3.131

③长度标注:检查布置的位置是否正确,如图 3.132 所示。

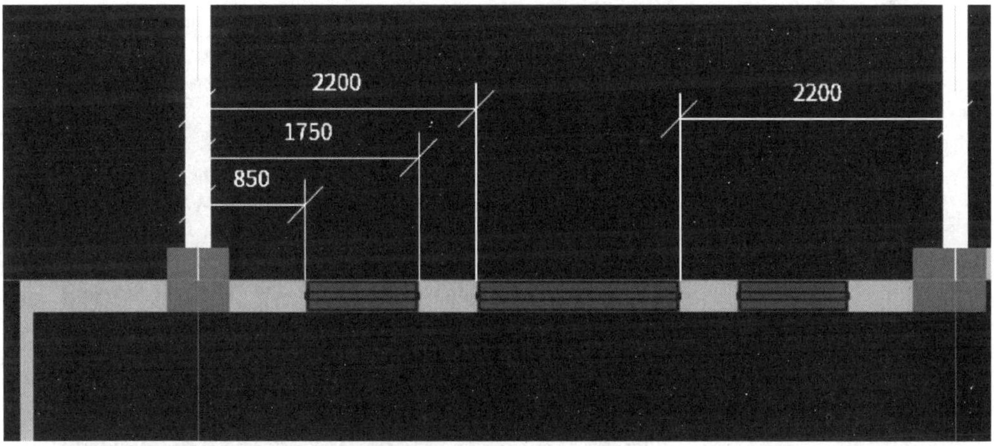

图 3.132

④镜像:可利用"镜像"命令,快速完成建模。

6)阳台处转角窗的属性定义和绘制

①图纸建施-12,转角窗。顶标高:3.00,底标高:0.300,如图 3.133 所示。

②属性定义如图 3.134 所示。

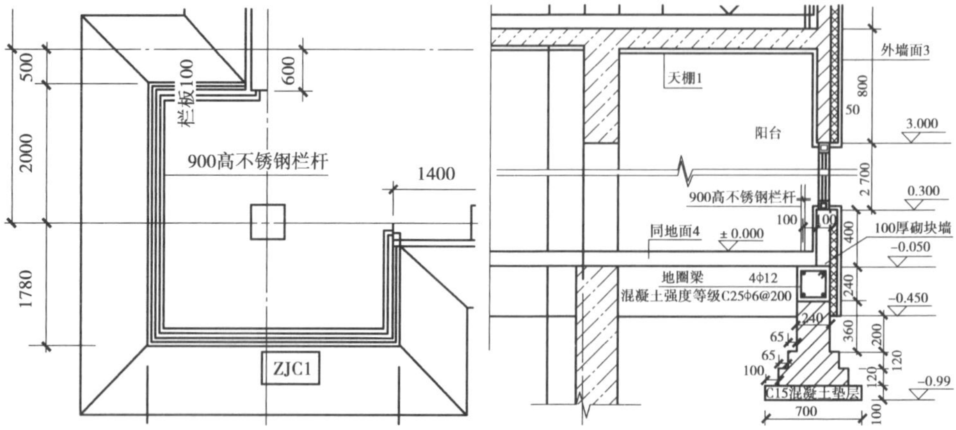

图 3.133

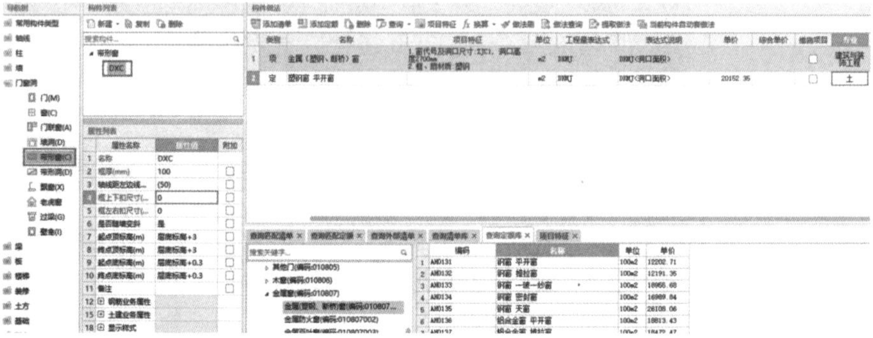

图 3.134

③转角窗绘制。选择“智能布置”:“墙”——拉框选择墙,如图 3.135 所示。

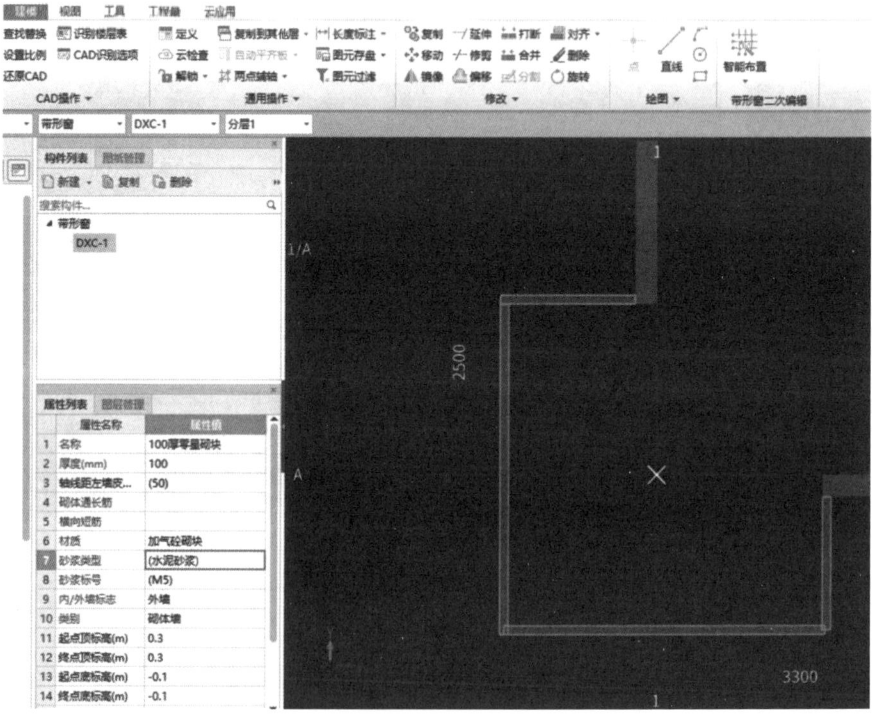

图 3.135

7)飘窗的属性定义和绘制

①识图,建施-04 和建施-12,如图 3.136 所示。飘窗钢筋信息见结施-10 中 1—1 详图,如图 3.137 所示。

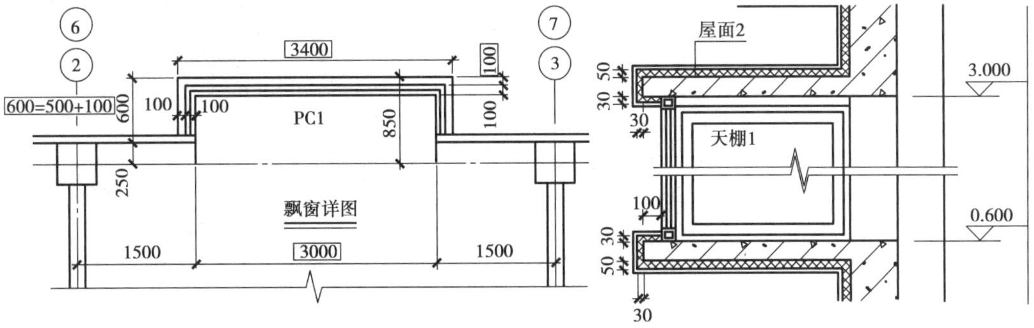

图 3.136

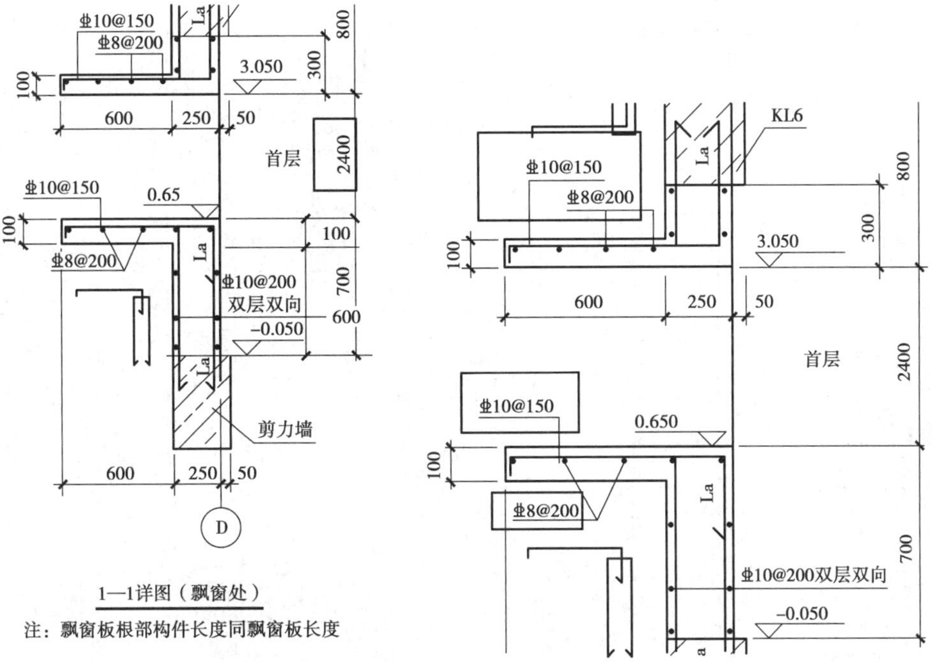

图 3.137

②定义飘窗,如图 3.138 所示。

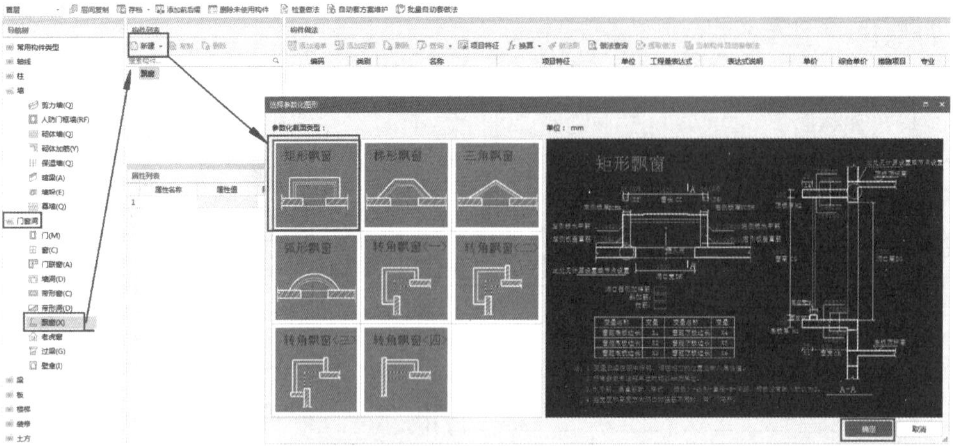

图 3.138

修改相关属性值如图 3.139 所示。

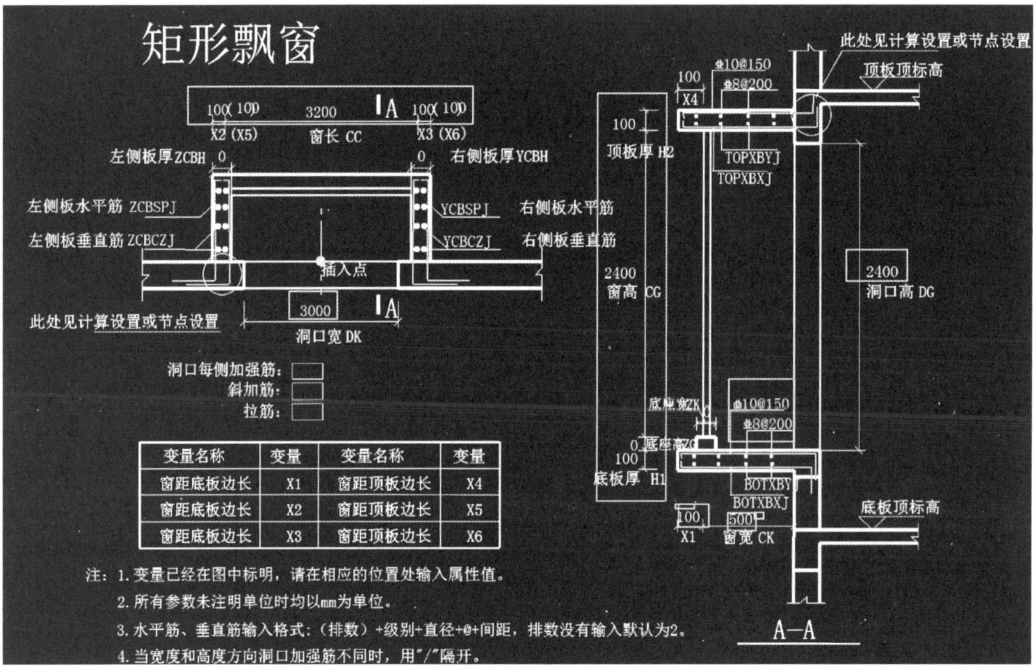

图 3.139

③做法套用如图 3.140 所示。

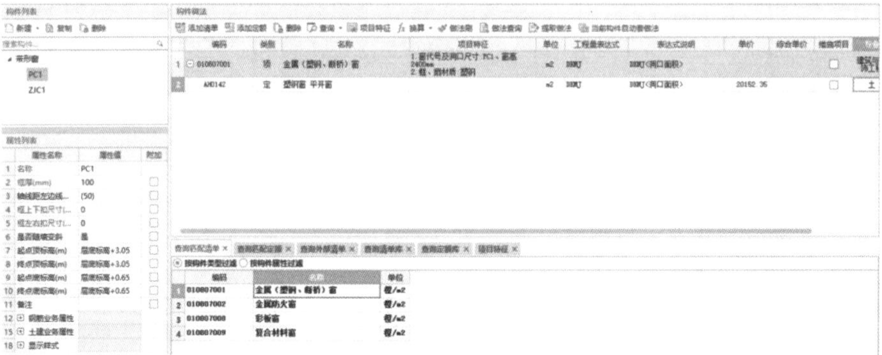

图 3.140

④绘制。采用精确布置方法,如图 3.141 所示。

图 3.141 右侧部分操作方法相同,也可使用“镜像”命令完成绘制。

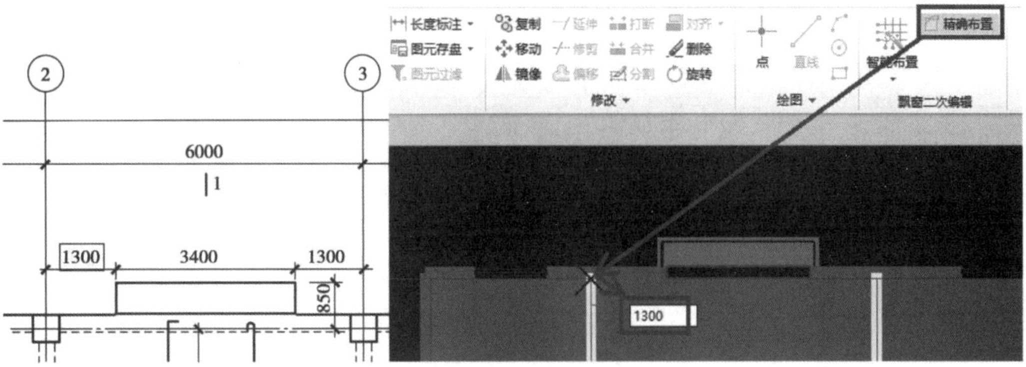

图 3.141

四、任务结果

汇总计算,统计本层门窗的工程量,见表 3.29。

表 3.29 门窗工程量

编码	项目名称	单位	工程量明细	
			绘图输入	表格输入
010801001001	木质门 1. 门代号及洞口尺寸:M1021,1000 mm×2100 mm 2. 门框、扇材质:木质夹板门	m^2	46.2	
AH0004	胶合板门带框 无亮	100 m^2	0.462	
010802003001	钢质防火门 1. 门代号及洞口尺寸:FM 乙 1121,1100 mm×2100 mm 2. 门框、扇材质:乙级钢质防火门	m^2	2.31	
AH0062	钢质防火门	100 m^2	0.0231	
010805002001	旋转门 1. 门代号及洞口尺寸:M5021,5000 mm×2100 mm 2. 门框、扇材质:全玻璃转门	樘	1	
AH0108	全玻旋转门 直径 2000 mm 不锈钢柱 玻璃 12	樘	1	
010807001001	金属(塑钢、断桥)窗 1. 窗代号及洞口尺寸:C0924,900 mm×2400 mm 2. 框、扇材质:塑钢	m^2	8.64	

续表

编码	项目名称	单位	工程量明细	
			绘图输入	表格输入
AH0142	塑钢窗 平开窗	100 m^2	0.0864	
010807001002	金属(塑钢、断桥)窗 1. 窗代号及洞口尺寸:C1824,1800 mm × 2400 mm 2. 框、扇材质:塑钢	m^2	17.28	
AH0142	塑钢窗 平开窗	100 m^2	0.1728	
010807001003	金属(塑钢、断桥)窗 1. 窗代号及洞口尺寸:C1624,1600 mm × 2400 mm 2. 框、扇材质:塑钢	m^2	7.68	
AH0142	塑钢窗 平开窗	100 m^2	0.0768	
010807001004	金属(塑钢、断桥)窗 1. 窗代号及洞口尺寸:C1524,1500 mm × 2400 mm 2. 框、扇材质:塑钢	m^2	7.2	
AH0142	塑钢窗 平开窗	100 m^2	0.072	
010807001005	金属(塑钢、断桥)窗 1. 窗代号及洞口尺寸:C2424,2400 mm × 2400 mm 2. 框、扇材质:塑钢	m^2	17.28	
AH0142	塑钢窗 平开窗	100 m^2	0.1728	

问题思考

在什么情况下需要对门、窗进行精确定位?

3.6.2 过梁、圈梁、构造柱的工程量计算

通过本小节的学习,你将能够:

(1)依据定额和清单分析过梁、圈梁、构造柱的工程量计算规则;

(2)定义过梁、圈梁、构造柱;

(3)绘制过梁、圈梁、构造柱;

(4)统计本层过梁、圈梁、构造柱的工程量。

一、任务说明

①完成首层过梁、圈梁、构造柱的属性定义、做法套用、图元绘制。

②汇总计算，统计首层过梁、圈梁、构造柱的工程量。

二、任务分析

①首层过梁、圈梁、构造柱的尺寸种类分别有多少？分别从哪个图中什么位置找到？

②过梁中入墙长度如何计算？

③如何快速使用智能布置和自动生成过梁、构造柱？

三、任务实施

1)分析图纸

(1)圈梁

结施-01(2)中，所有外墙窗下标高处增加钢筋混凝土现浇带，截面尺寸为墙厚×180 mm。

(2)过梁

结施-01(2)中，过梁及尺寸配筋表，如图3.142所示。

过梁尺寸及配筋表

门窗洞口宽度	≤1200		>1200 且≤2400		>2400 且≤4000		>4000 且≤5000	
断面 $b \times h$	$b \times 120$		$b \times 180$		$b \times 300$		$b \times 400$	
配筋 / 墙厚	①	②	①	②	①	②	①	②
$b \leq 90$	2Φ10	2Ф14	2Ф12	2Ф16	2Ф14	2Ф18	2Ф16	2Ф20
$90 < b < 240$	2Φ10	3Ф12	2Ф12	3Ф14	2Ф14	3Ф16	2Ф16	3Ф20
$b \geq 240$	2Φ10	4Ф12	2Ф12	4Ф14	2Ф14	4Ф16	2Ф16	4Ф20

图3.142

(3)构造柱

结施-01(2)找出构造柱的尺寸信息及布置位置，如图3.143所示。

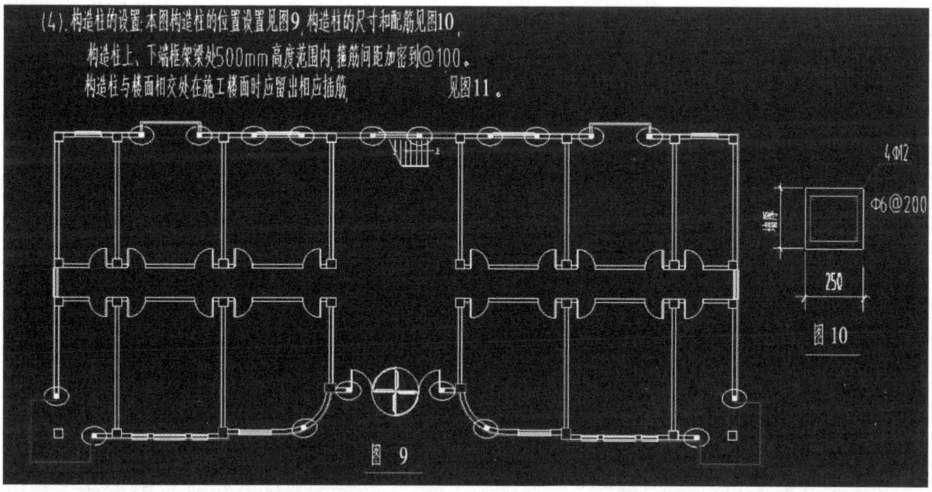

图3.143

2)清单、定额计算规则学习

(1)清单计算规则

过梁、圈梁、构造柱清单计算规则,见表 3.30。

表 3.30 过梁、圈梁、构造柱清单计算规则

编码	项目名称	单位	计算规则
010503005	过梁	m^3	按设计图示尺寸以体积计算。伸入墙内的梁头、梁垫并入梁体积内
011702009	过梁 模板	m^2	按模板与现浇混凝土构件的接触面积计算
010503004	圈梁	m^3	按设计图示尺寸以体积计算。伸入墙内的梁头、梁垫并入梁体积内
011702008	圈梁 模板	m^2	按模板与现浇混凝土构件的接触面积计算
010502002	构造柱	m^3	按设计图示尺寸以体积计算。柱高:构造柱按全高计算,嵌接墙体部分(马牙槎)并入柱身体积
011702003	构造柱 模板	m^2	按模板与现浇混凝土构件的接触面积计算
010507005	压顶	m^3	1. 以 m 计量,按设计图示的中心线延长米计算 2. 以 m^3 计量,按设计图示尺寸以体积计算
011702025	其他现浇构件 模板	m^2	按模板与现浇混凝土构件的接触面积计算

(2)定额计算规则学习

过梁、圈梁、构造柱定额计算规则,见表 3.31。

表 3.31 过梁、圈梁、构造柱定额计算规则

编码	项目名称	单位	计算规则
AE0111-0119	梁 商品混凝土	10 m^3	按设计图示尺寸以体积计算
AS0055-0056	混凝土模板及支架(撑) 过梁	100 m^2	按混凝土与模板接触面的面积以“m^2”计算
AS0053-0054	混凝土模板及支架(撑) 圈梁	100 m^2	按混凝土与模板接触面的面积以“m^2”计算
AE0094	商品混凝土构造柱	10 m^3	构造柱(抗震柱)按全高计算,嵌接墙体部分马牙槎并入柱身体积
AS0043-0044	混凝土模板及支架(撑) 构造柱	100 m^2	构造柱外露面均应按图示外露部分计算模板面积。构造柱与墙接触面不计算模板面积。带马牙槎构造柱的宽度按马牙槎处的宽度计算
AE0340-0346	零星项目 商品混凝土	10 m^3	按图示尺寸以“m^3”计算
AS0094-0095	混凝土模板及支架(撑) 零星构件	100 m^2	按混凝土与模板接触面的面积以“m^2”计算

3) 属性定义及做法套用

①圈梁属性定义及做法套用,如图 3.144 所示。

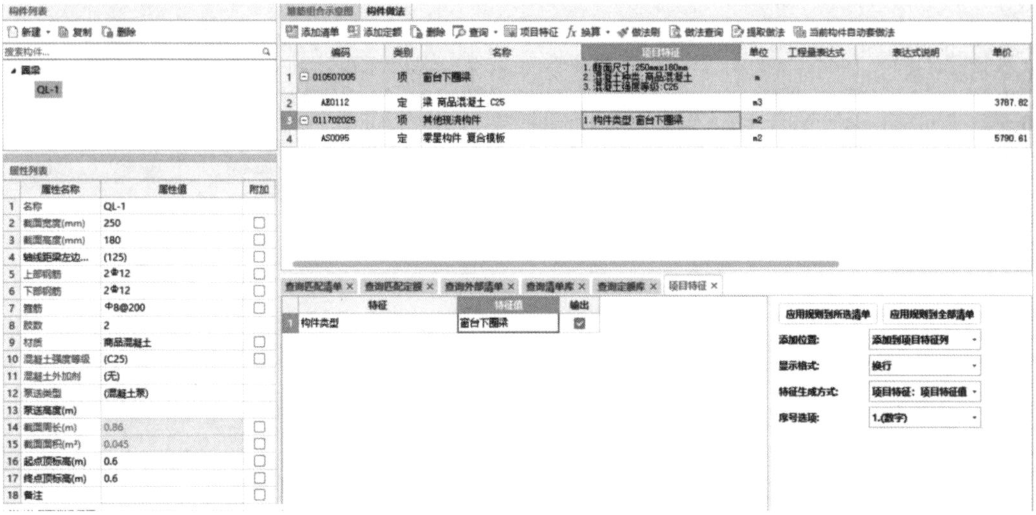

图 3.144

②过梁属性定义及做法套用。分析首层外墙厚为 250 mm,内墙为 200 mm。分析建施-01 门窗表可知,门宽度有 5000,1100 mm 和 1000 mm,窗宽度有 900,1500,1600,1800,2400 mm,则可依据门窗宽度新建过梁信息,如图 3.145—图 3.148 所示。

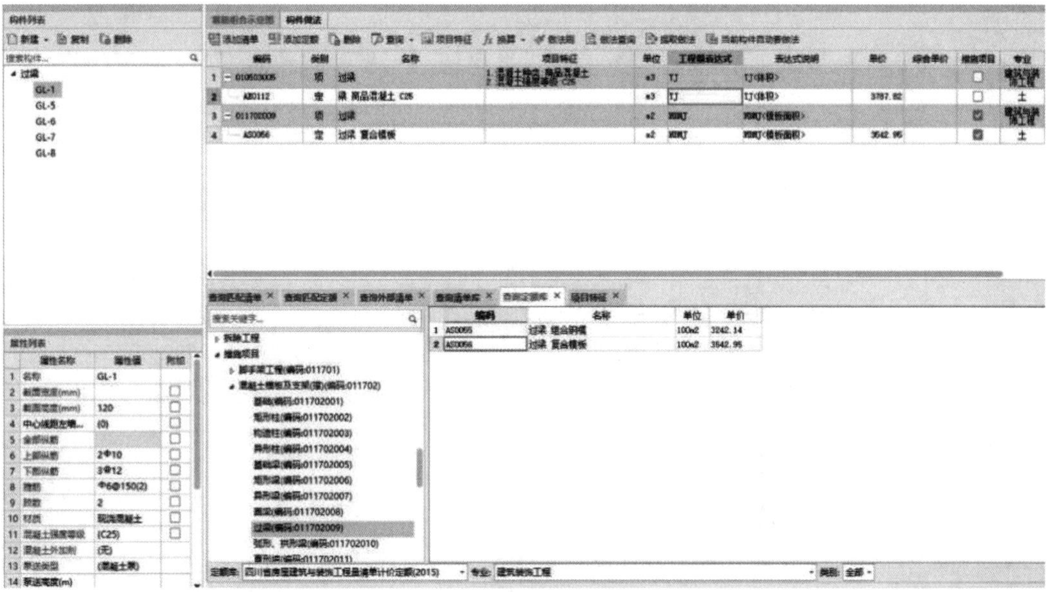

图 3.145

图 3.146

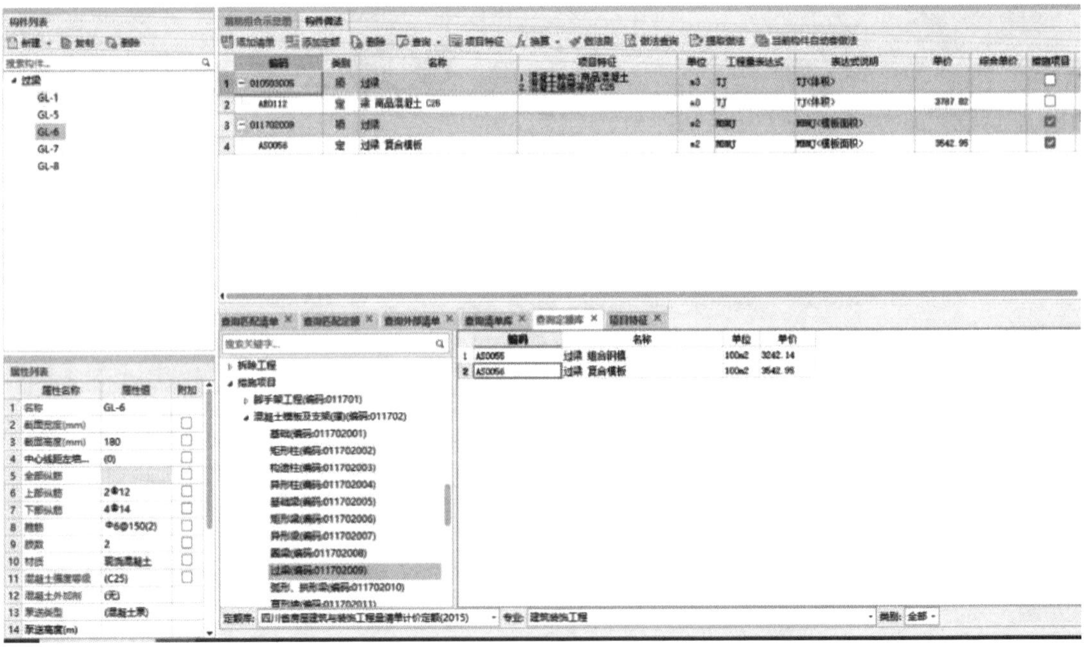

图 3.147

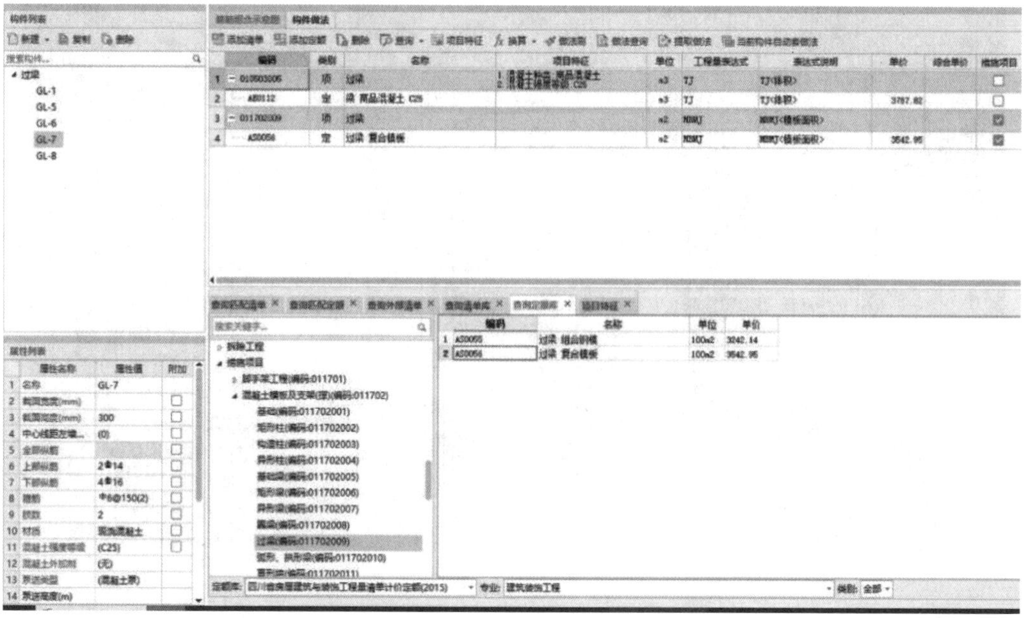

图 3.148

③构造柱属性定义及做法套用,如图 3.149 所示。

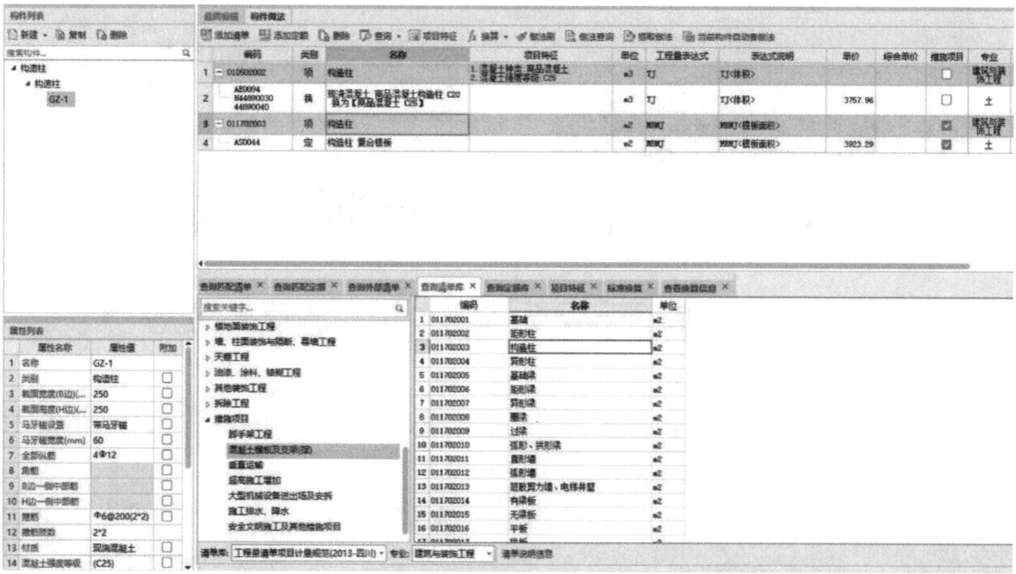

图 3.149

4)绘制构件

(1)圈梁绘制

智能布置功能,选中外墙有窗需要布置的部分,如图 3.150 所示。

(2)过梁绘制

绘制过梁,GL-1 用智能布置功能,按“门窗洞口宽度”布置,如图 3.151 和图 3.152 所示。单击“确定”按钮即可完成 GL-1 的布置。其他几根过梁操作方法同 GL-1。

GL-6:“智能布置”按门窗洞口宽度布置,如图 3.153 所示。

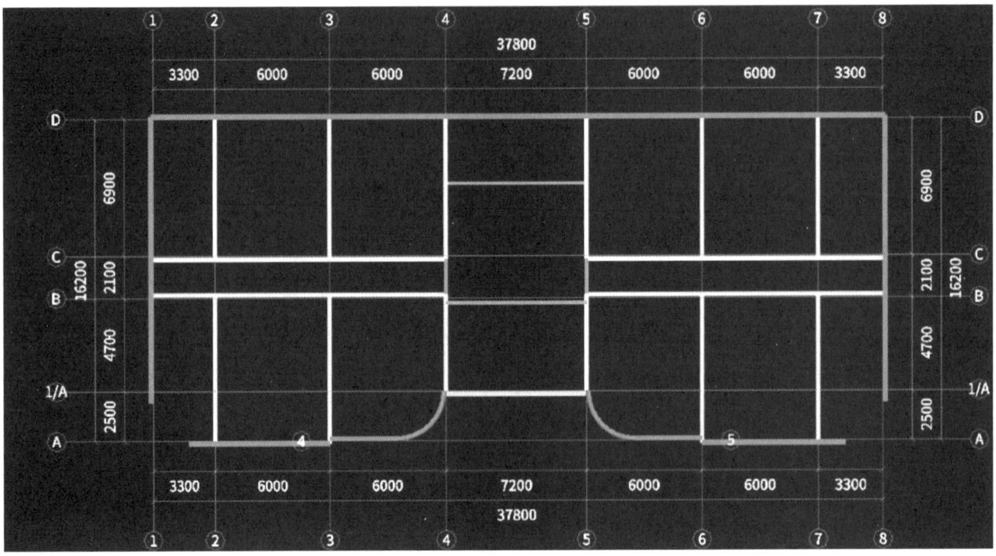

图 3.150

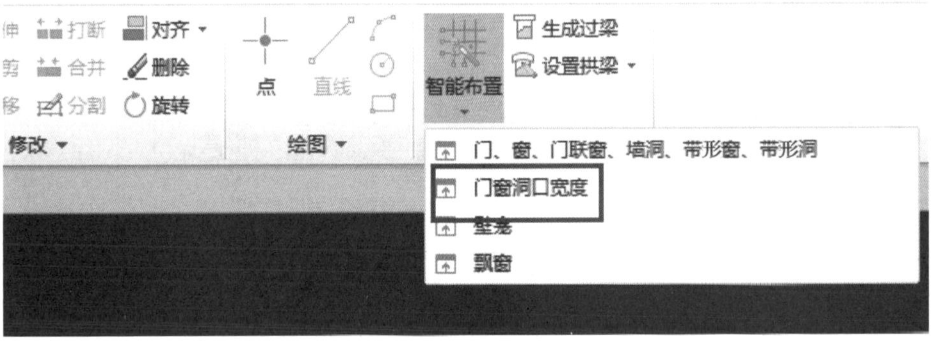

图 3.151

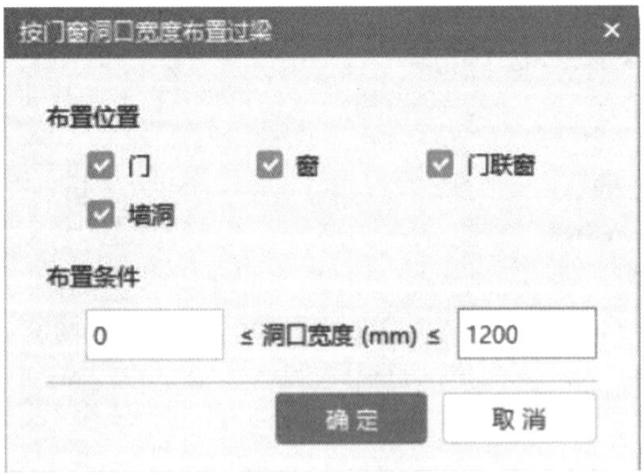

图 3.152

图 3.153

GL-7:"智能布置"按门窗洞口宽度布置,如图 3.154 所示。

GL-8:用点功能绘制,如图 3.155 所示。

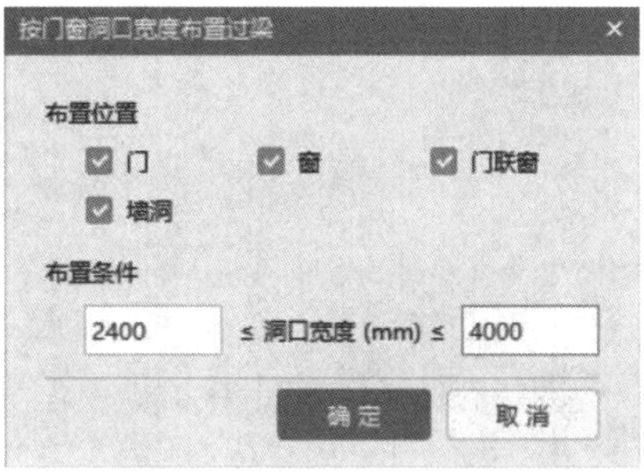

图 3.154

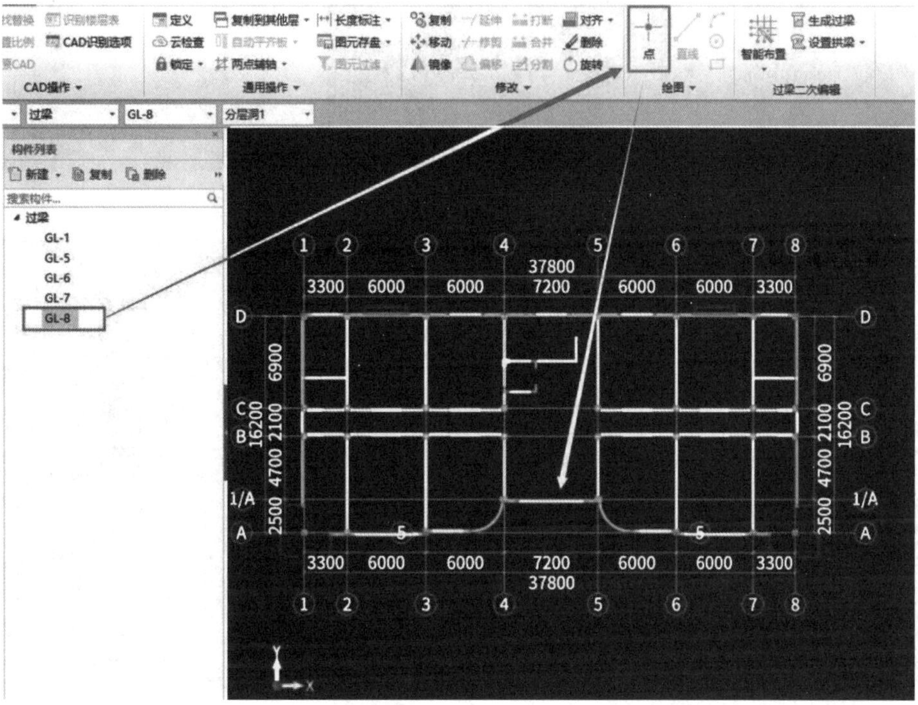

图 3.155

(3)构造柱绘制

按照结施-01(2)图 9 所示位置绘制上去即可。某绘制方法同柱,可选择窗的端点,按“Shift”键,弹出“请输入偏移值”对话框,输入偏移值,如图 3.156 所示。

单击“确定”按钮,完成后如图 3.157 所示。

四、任务结果

汇总计算,统计本层过梁、圈梁、构造柱清单定额工程量,见表 3.32。

五、总结拓展

圈梁的属性定义

在导航树中单击“梁”→“圈梁”,在构件列表中单击“新建”→“新建圈梁”,在属性编辑框中输入相应的属性值,绘制完圈梁后,需手动修改圈梁标高。

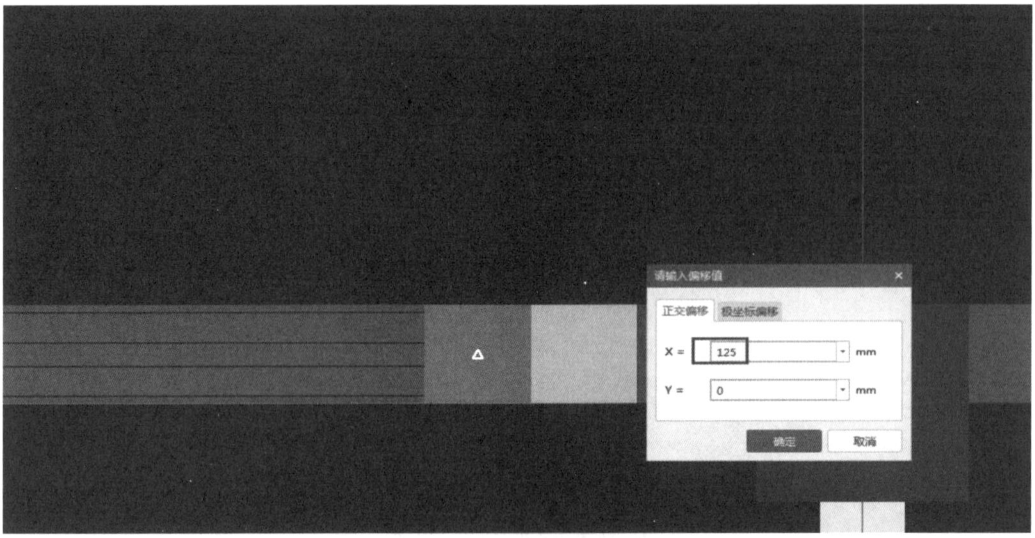

图 3.156

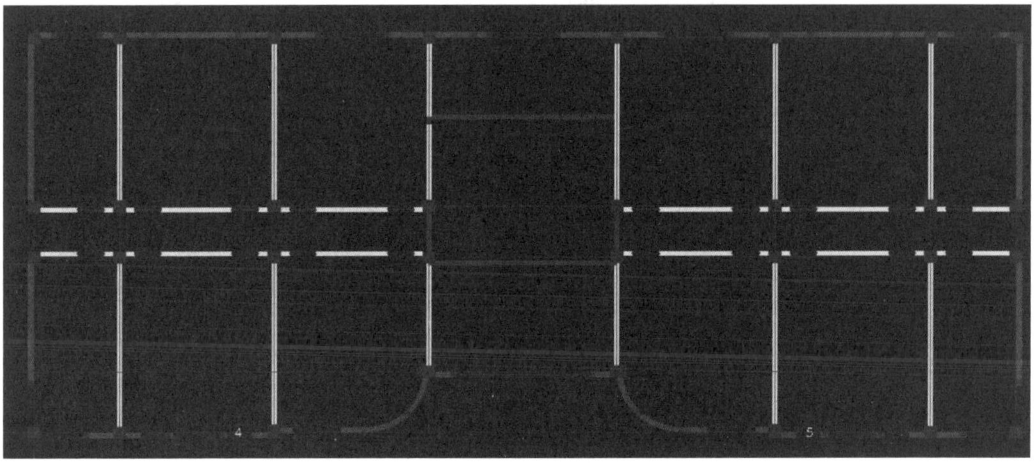

图 3.157

表 3.32　过梁、圈梁、构造柱清单定额工程量

编码	项目名称	单位	工程量
010502002001	构造柱 1. 混凝土种类:商品混凝土 2. 混凝土强度等级:C25	m^3	4.4335
010510003001	过梁 1. 混凝土种类:商品混凝土 2. 混凝土强度等级:C25	m^3	2.54
010507005001	窗台下圈梁 1. 断面尺寸:250 mm × 180 mm 2. 混凝土种类: 自拌混凝土 3. 混凝土强度等级:C25	m^3	1.089

续表

编码	项目名称	单位	工程量
011702003001	构造柱	m^2	44.957
011702009001	过梁	m^2	33.8418
011702025001	其他现浇构件	m^2	9.612

问题思考

(1)简述构造柱的设置位置。

(2)为什么外墙窗顶没有设置圈梁?

(3)自动生成构造柱符合实际要求吗?如果不符合,则需要做哪些调整?

3.7 楼梯工程量计算

通过本节的学习,你将能够:

正确计算楼梯的土建及钢筋工程量。

3.7.1 楼梯的定义和绘制

通过本小节的学习,你将能够:

(1)分析整体楼梯包含的内容;

(2)定义参数化楼梯;

(3)绘制参数化楼梯;

(4)统计各层楼梯的土建工程量。

一、任务说明

①使用参数化楼梯来完成楼梯的属性定义及做法套用。

②汇总计算,统计楼梯的工程量。

二、任务分析

①楼梯由哪些构件组成?每一构件对应哪些工作内容?做法如何套用?

②如何正确地编辑楼梯各构件的工程量表达式?

三、任务实施

1)分析图纸

分析建施-13、结施-13 及各层平面图可知,本工程有一部楼梯,即位于④~⑤轴与Ⓒ~Ⓓ轴的为一号楼梯。楼梯从负一层开始到第三层。

依据定额计算规则,可知楼梯按照水平投影面积计算混凝土和模板面积;通过分析图纸可知,TZ1 工程量不包含在整体楼梯中,需单独计算。

从建施-13 剖面图可知,楼梯栏杆为 1.05 m 高铁栏杆带木扶手;由平面图可知,阳台栏杆为 0.9 m 高的不锈钢栏杆。

2)清单、定额计算规则学习

(1)清单计算规则

楼梯清单计算规则,见表 3.33。

表 3.33　楼梯清单计算规则

编码	项目名称	单位	计算规则
010506001	直形楼梯	m^2	按实际图示尺寸以水平投影面积计算。不扣除宽度<500 mm 的楼梯井,伸入墙内部分不计算
011702024	楼梯	m^2	按楼梯(包括休息平台、平台梁、斜梁和楼层板的连接梁)的水平投影面积计算,不扣除宽度≤500 mm 的楼梯井所占面积,楼梯踏步、踏步板、平台梁等侧面模板不另计算,伸入墙内部分亦不增加

(2)定额计算规则

楼梯定额计算规则,见表 3.34。

表 3.34　楼梯定额计算规则

编码	项目名称	单位	计算规则
AE0294-0297	直形楼梯 商品混凝土	10 m^2	整体楼梯(包括休息平台、平台梁、斜梁和楼层板的连接梁)分层按水平投影面积计算,不扣除宽度<500 mm 的楼梯井,伸入墙内部分项目已包括不另计算。整体楼梯与现浇楼层板无楼梯梁连接时,以楼层的最后一个踏步外边缘加 300 mm 为界
AS0088-0089	混凝土模板及支架(撑)直形楼梯	10 m^2	现浇钢筋混凝土楼梯,以图示露明尺寸的水平投影面积计算,不扣除<500 mm 楼梯井所占面积。楼梯的踏步、踏步板平台梁等侧面模板,不另计算

3)楼梯属性定义

楼梯可按照水平投影面积布置,也可绘制参数化楼梯,本工程按照参数化布置是为了方便计算楼梯底面抹灰等装修工程的工程量。

(1)新建楼梯

本工程楼梯为直形双跑楼梯,以工程纸楼梯为例进行讲解。在导航树中选择“楼梯”→“楼梯”→“参数化楼梯”,在弹出的如图 3.158 所示的“选择参数化图形”对话框中,选择“标准双跑 1”,单击“确定”按钮,按照结施-13 中的数据更改右侧绿色的字体,编辑完参数后单击“确定”按钮即可。

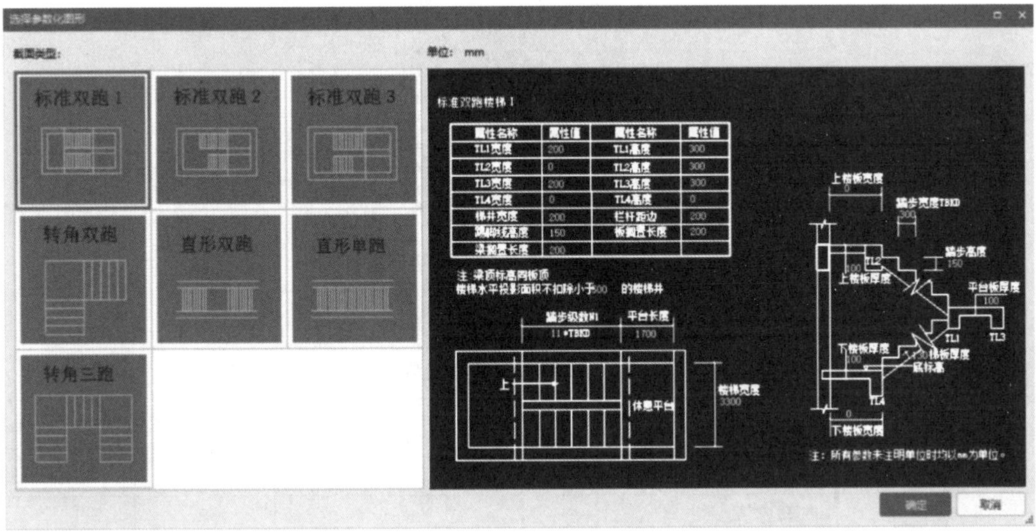

图 3.158

(2)定义属性

结合结施-13,对 1 号楼梯进行属性定义,如图 3.159所示。

属性列表			
	属性名称	属性值	附加
1	名称	LT-1	
2	建筑面积计算...	不计算	□
3	图元形状	直形	□
4	混凝土强度等级	C30	□
5	备注		□
6	⊟ 钢筋业务属性		
7	其它钢筋		
8	汇总信息	(楼梯)	□
9	⊟ 土建业务属性		
10	计算规则	按默认计算规则	
11	⊞ 显示样式		

图 3.159

4)做法套用

1 号楼梯的做法套用,如图 3.160 所示。

5)楼梯画法讲解

首层楼梯绘制。楼梯可用点画绘制,点画绘制时需要注意楼梯的位置。绘制的楼梯图元如图 3.161 所示。

四、任务结果

汇总计算,统计楼梯的工程量,见表 3.35。

	编码	类别	名称	项目特征	单位	工程量表达式	表达式说明	单价	综合单价	措施项目	专业
1	⊟ 010506001	项	直形楼梯	1.混凝土种类:商品混凝土 2.混凝土强度等级:C30	m2	TYMJ	TYMJ<投影面积>			□	建筑与装饰工程
2	AE0296	定	现浇混凝土 直形楼梯 C30 商品混凝土		m2	TYMJ	TYMJ<投影面积>	1086.39		□	土
3	⊟ 011702024	项	楼梯	1.类型:双跑楼梯	m2	DBMJ+CMMJ+TBLMMJ	DBMJ<底部面积>+CMMJ<侧面面积>+TBLMMJ<踏步立面面积>			☑	建筑与装饰工程
4	AS0089	定	直形楼梯 复合模板		m2投影面积			1138.16		☑	土

图 3.160

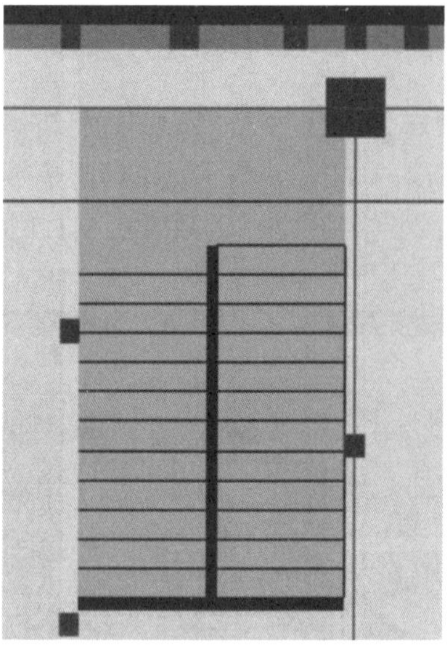

图 3.161

表 3.35　首层楼梯的工程量

编码	项目名称	单位	工程量明细	
			绘图输入	表格输入
010506001001	直形楼梯 1. 混凝土种类:商品混凝土 2. 混凝土强度等级:C30	m^2	17.3824	
AE0296	现浇混凝土 直形楼梯 C30 商品混凝土	$10\ m^2$	1.7382	
011702024001	楼梯	m^2	17.3824	
AS0089	直形楼梯 复合模板	$10\ m^2$ 投影面积	1.7382	

五、知识拓展

组合楼梯的绘制

组合楼梯就是楼梯使用单个构件绘制后的楼梯,每个单构件都要单独定义、单独绘制,绘制方法如下:

(1)组合楼梯构件的属性定义

①直形梯段属性定义:单击“新建直形梯段”,按照结施-13 的信息输入相应数据,如图 3.162 所示。

②休息平台的属性定义:单击“新建现浇板”,按照结施-13 的信息输入相应数据,如图 3.163 所示。

属性列表

	属性名称	属性值	附加
1	名称	AT-1	
2	梯板厚度(mm)	130	☐
3	踏步高度(mm)	150	☐
4	踏步总高(mm)	1950	☐
5	建筑面积计算...	不计算	☐
6	材质	商品混凝土	☐
7	混凝土强度等级	(C30)	☐
8	混凝土外加剂	(无)	
9	泵送类型	(混凝土泵)	
10	泵送高度(m)		
11	底标高(m)	层底标高	☐
12	备注		☐
13	+ 钢筋业务属性		
16	+ 土建业务属性		
19	+ 显示样式		

图 3.162

属性列表

	属性名称	属性值	附加
1	名称	PTB1	
2	厚度(mm)	100	☐
3	类别	有梁板	☐
4	是否是楼板	是	☐
5	材质	现浇混凝土	☐
6	混凝土强度等级	(C30)	☐
7	混凝土外加剂	(无)	
8	泵送类型	(混凝土泵)	
9	泵送高度(m)		
10	顶标高(m)	层底标高+1.95	☐
11	备注		☐
12	+ 钢筋业务属性		
23	+ 土建业务属性		
29	+ 显示样式		

图 3.163

③梯梁的属性定义：单击"新建矩形梁"，按照结施-13 的信息输入相应数据，如图 3.164 所示。

属性列表

	属性名称	属性值	附加
1	名称	TL1(1)	
2	结构类别	非框架梁	☐
3	跨数量	1	☐
4	截面宽度(mm)	200	☐
5	截面高度(mm)	400	☐
6	轴线距梁左边...	(100)	☐
7	箍筋	⌀8@200(2)	☐
8	肢数	2	
9	上部通长筋	2⌀14	☐
10	下部通长筋	3⌀16	☐
11	侧面构造或受...		☐
12	拉筋		☐
13	定额类别	单梁	☐
14	材质	商品混凝土	☐
15	混凝土强度等级	(C30)	☐
16	混凝土外加剂	(无)	
17	泵送类型	(混凝土泵)	
18	泵送高度(m)		
19	截面周长(m)	1.2	☐
20	截面面积(m²)	0.08	☐
21	起点顶标高(m)	层底标高+1.95	☐
22	终点顶标高(m)	层底标高+1.95	☐
23	备注		☐
24	+ 钢筋业务属性		
34	+ 土建业务属性		

图 3.164

(2)做法套用

做法套用与上述楼梯做法套用相同。

(3)直形梯段画法

直形梯段可以直线绘制也可以矩形绘制,绘制后单击“设置踏步起始边”即可。休息平台也一样,绘制方法同现浇板。绘制后如图 3.165 所示。

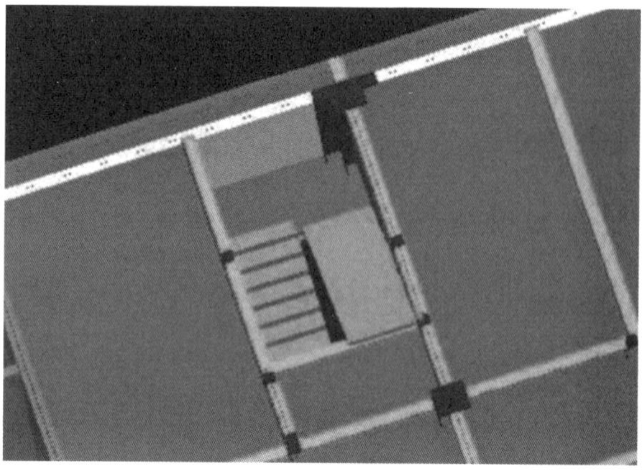

图 3.165

(4)梯梁的绘制

梯梁的绘制参考梁的部分内容。

(5)休息平台的绘制

休息平台的绘制参考板部分,休息平台上的钢筋参考板钢筋部分。

问题思考

整体楼梯的工程量中是否包含 TZ?

3.7.2 表格输入法计算楼梯梯板钢筋工程量

通过本小节的学习,你将能够:

正确运用表格输入法计算钢筋工程量。

一、任务说明

在表格输入中运用参数输入法完成所有层楼梯的钢筋工程量计算。

二、任务分析

以首层 1 号楼梯为例,参考结施-13 及建施-13,读取梯板的相关信息,如梯板厚度、钢筋信息及楼梯具体位置。

三、任务实施

①如图 3.166 所示,切换到“工程量”选项卡,单击“表格输入”。

②在“表格输入”界面单击“构件”,添加构件“AT1”,根据图纸信息,输入 AT1 的相关属性信息,如图 3.167 所示。

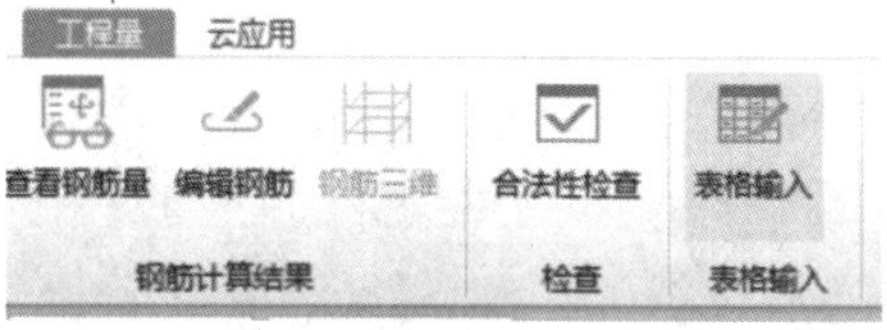

图 3.166

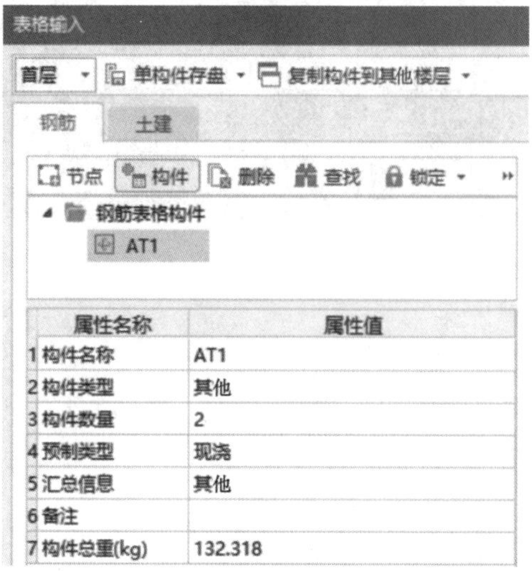

图 3.167

③新建构件后,单击“参数输入”,在弹出的“图集列表”中,选择相应的楼梯类型,如图 3.168 所示。这里以 AT 型楼梯为例。

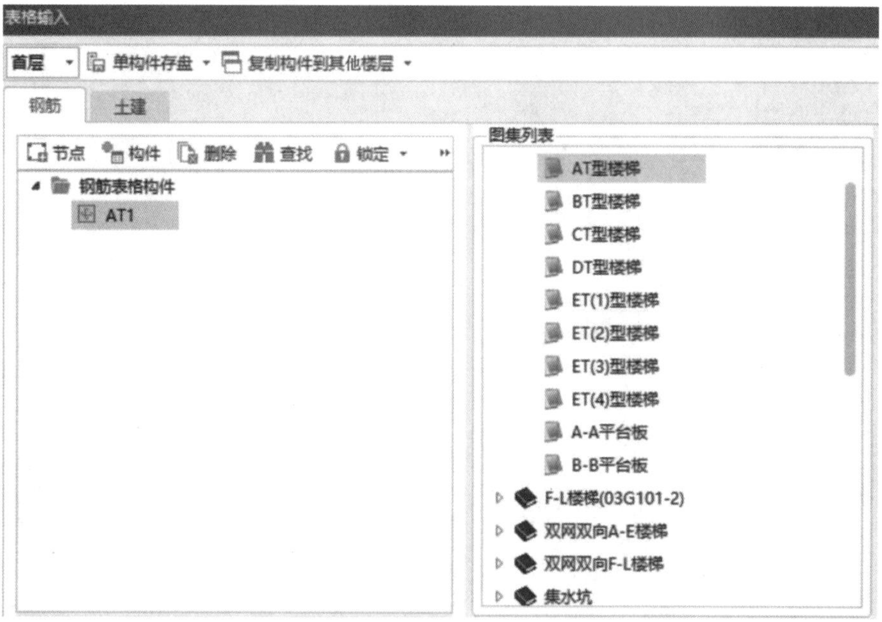

图 3.168

④在楼梯的参数图中,以首层一号楼梯为例,参考结施-13 及建施-13,按照图纸标注输入各个位置的钢筋信息和截面信息,如图 3.169 所示。输入完毕后,选择“计算保存”。

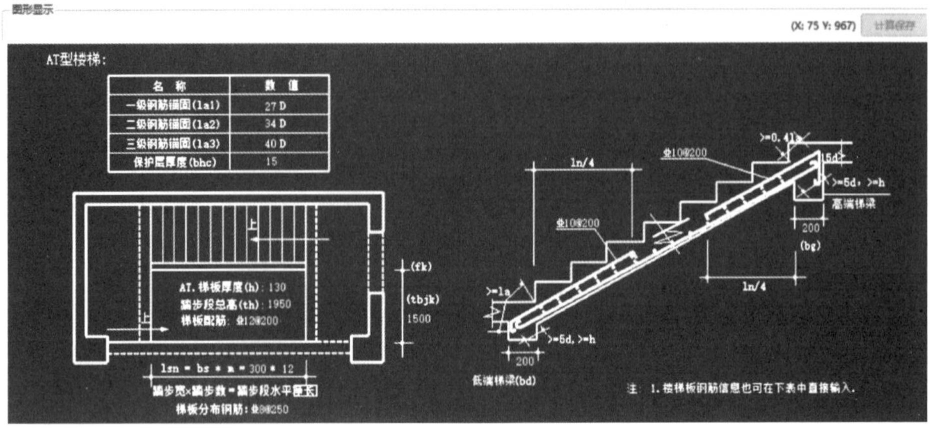

图 3.169

四、任务结果

查看报表预览中的构件汇总信息明细表。同学们可通过云对比对比钢筋工程量,并查找差异原因。任务结果参考第 10 章表 10.1 输入。

问题思考

参数化楼梯中的钢筋是否包括梯梁中的钢筋?

4 第二、三层工程量计算

通过本章的学习，你将能够：

(1)掌握层间复制图元的方法；

(2)掌握修改构件图元的方法。

4.1 二层工程量计算

通过本节的学习，你将能够：

掌握层间复制图元的两种方法。

一、任务说明

①使用层间复制方法完成二层柱、梁、板、墙体、门窗的做法套用及图元绘制。

②查找首层与二层的不同部分，将不同部分进行修正。

③汇总计算，统计二层柱、梁、板、墙体、门窗的工程量。

二、任务分析

①对比二层与首层的柱、梁、板、墙体、门窗都有哪些不同？分别从名称、尺寸、位置、做法4个方面进行对比。

②从其他楼层复制构件图元与复制选定图元到其他楼层有什么不同？

三、任务实施

1)分析图纸

(1)分析框架柱

分析结施-04，二层框架柱和首层框架柱相比，截面尺寸、混凝土强度等级没有差别，不同的是钢筋信息全部发生变化。

(2)分析梁

分析结施-06和结施-07，二层的梁和一层的梁相比截面尺寸、混凝土强度等级没有差别，唯一不同的是Ⓑ/④~⑤轴处KL4发生了变化。

(3)分析板

分析结施-10和结施-11，二层的板和一层的板相比，④~⑤/Ⓐ~Ⓑ轴增加了130 mm的板,⑤~⑥/Ⓒ~Ⓓ轴区域底部的 X 方向钢筋有变化。④/Ⓐ~Ⓑ轴范围负筋有变化。

(4)分析墙

分析建施-04、建施-05,二层砌体与一层砌体基本相同。

(5)分析门窗

分析建施-04、建施-05,二层门窗与一层门窗基本相同。二层在④~⑤轴为 C5027。

2)画法讲解

从其他楼层复制图元。在二层,单击"从其他层复制",源楼层选择"首层",图元选择"柱、墙、门窗洞、梁、板、楼梯",目标楼层选择"第 2 层",单击"确定"按钮,弹出"图元复制成功"提示框,如图 4.1—图 4.3 所示。

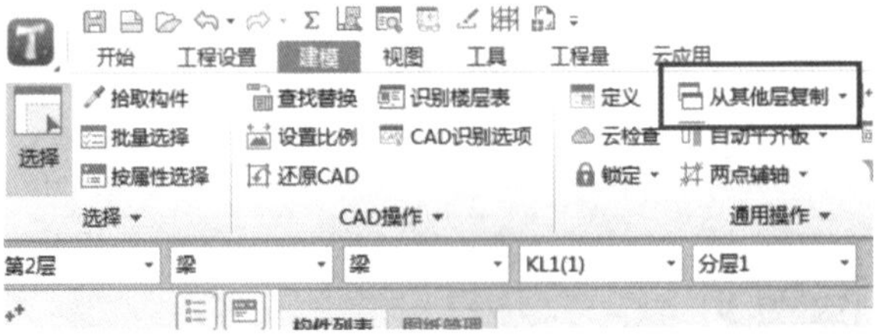

图 4.1

图 4.2

图 4.3

3)修改构件

为避免漏掉一些构件,复制后的构件可按照画图的顺序修改。

二层构件的修改方法如下：

①分别修改柱的钢筋信息，如图 4.4—图 4.9 所示。

属性列表

	属性名称	属性值	附加
1	名称	KZ1	
2	结构类别	框架柱	☐
3	定额类别	普通柱	☐
4	截面宽度(B边)(...	500	☐
5	截面高度(H边)(...	500	☐
6	全部纵筋		☐
7	角筋	4Φ22	☐
8	B边一侧中部筋	3Φ16	☐
9	H边一侧中部筋	3Φ16	☐
10	箍筋	Φ8@100(4*4)	☐
11	节点区箍筋		☐
12	箍筋肢数	4*4	
13	柱类型	(中柱)	☐
14	材质	现浇混凝土	☐
15	混凝土强度等级	(C30)	☐
16	混凝土外加剂	(无)	
17	泵送类型	(混凝土泵)	
18	泵送高度(m)		
19	截面面积(m²)	0.25	☐
20	截面周长(m)	2	☐
21	顶标高(m)	层顶标高	☐
22	底标高(m)	层底标高	☐
23	备注		☐
24	⊞ 钢筋业务属性		
42	⊞ 土建业务属性		
48	⊞ 显示样式		

图 4.4

属性列表

	属性名称	属性值	附加
1	名称	KZ2	
2	结构类别	框架柱	☐
3	定额类别	普通柱	☐
4	截面宽度(B边)(...	500	☐
5	截面高度(H边)(...	500	☐
6	全部纵筋		☐
7	角筋	4Φ22	☐
8	B边一侧中部筋	3Φ16	☐
9	H边一侧中部筋	3Φ16	☐
10	箍筋	Φ8@100/200(4*4)	☐
11	节点区箍筋		☐
12	箍筋肢数	4*4	
13	柱类型	(中柱)	☐
14	材质	现浇混凝土	☐
15	混凝土强度等级	(C30)	☐
16	混凝土外加剂	(无)	
17	泵送类型	(混凝土泵)	
18	泵送高度(m)		
19	截面面积(m²)	0.25	☐
20	截面周长(m)	2	☐
21	顶标高(m)	层顶标高	☐
22	底标高(m)	层底标高	☐
23	备注		☐
24	⊞ 钢筋业务属性		
42	⊞ 土建业务属性		
48	⊞ 显示样式		

图 4.5

属性列表

	属性名称	属性值	附加
1	名称	KZ3	
2	结构类别	框架柱	☐
3	定额类别	普通柱	☐
4	截面宽度(B边)(...	500	☐
5	截面高度(H边)(...	500	☐
6	全部纵筋		☐
7	角筋	4Φ22	☐
8	B边一侧中部筋	3Φ18	☐
9	H边一侧中部筋	3Φ18	☐
10	箍筋	Φ8@100/200(4*4)	☐
11	节点区箍筋		☐
12	箍筋肢数	4*4	
13	柱类型	(中柱)	☐
14	材质	现浇混凝土	☐
15	混凝土强度等级	(C30)	☐
16	混凝土外加剂	(无)	
17	泵送类型	(混凝土泵)	
18	泵送高度(m)		
19	截面面积(m²)	0.25	☐
20	截面周长(m)	2	☐
21	顶标高(m)	层顶标高	☐
22	底标高(m)	层底标高	☐
23	备注		☐
24	⊞ 钢筋业务属性		
42	⊞ 土建业务属性		
48	⊞ 显示样式		

图 4.6

属性列表

	属性名称	属性值	附加
1	名称	KZ4	
2	结构类别	框架柱	☐
3	定额类别	普通柱	☐
4	截面宽度(B边)(...	500	☐
5	截面高度(H边)(...	500	☐
6	全部纵筋		☐
7	角筋	4Φ25	☐
8	B边一侧中部筋	3Φ18	☐
9	H边一侧中部筋	3Φ18	☐
10	箍筋	Φ8@100/200(4*4)	☐
11	节点区箍筋		☐
12	箍筋肢数	4*4	
13	柱类型	(中柱)	☐
14	材质	现浇混凝土	☐
15	混凝土强度等级	(C30)	☐
16	混凝土外加剂	(无)	
17	泵送类型	(混凝土泵)	
18	泵送高度(m)		
19	截面面积(m²)	0.25	☐
20	截面周长(m)	2	☐
21	顶标高(m)	层顶标高	☐
22	底标高(m)	层底标高	☐
23	备注		☐
24	⊞ 钢筋业务属性		
42	⊞ 土建业务属性		
48	⊞ 显示样式		

图 4.7

属性列表

	属性名称	属性值	附加
1	名称	KZ5	
2	结构类别	框架柱	☐
3	定额类别	普通柱	☐
4	截面宽度(B边)(...	600	☐
5	截面高度(H边)(...	500	☐
6	全部纵筋		☐
7	角筋	4⌀25	☐
8	B边一侧中部筋	4⌀18	☐
9	H边一侧中部筋	3⌀18	☐
10	箍筋	⌀8@100/200(5*4)	☐
11	节点区箍筋		☐
12	箍筋肢数	5*4	
13	柱类型	(中柱)	☐
14	材质	现浇混凝土	☐
15	混凝土强度等级	(C30)	☐
16	混凝土外加剂	(无)	
17	泵送类型	(混凝土泵)	
18	泵送高度(m)		
19	截面面积(m²)	0.3	☐
20	截面周长(m)	2.2	☐
21	顶标高(m)	层顶标高	☐
22	底标高(m)	层底标高	☐
23	备注		☐
24	⊞ 钢筋业务属性		
42	⊞ 土建业务属性		
48	⊞ 显示样式		

图 4.8

属性列表

	属性名称	属性值	附加
1	名称	KZ6	
2	结构类别	框架柱	☐
3	定额类别	普通柱	☐
4	截面宽度(B边)(...	500	☐
5	截面高度(H边)(...	600	☐
6	全部纵筋		☐
7	角筋	4⌀25	☐
8	B边一侧中部筋	3⌀18	☐
9	H边一侧中部筋	4⌀18	☐
10	箍筋	⌀8@100/200(4*5)	☐
11	节点区箍筋		☐
12	箍筋肢数	4*5	
13	柱类型	(中柱)	☐
14	材质	现浇混凝土	☐
15	混凝土强度等级	(C30)	☐
16	混凝土外加剂	(无)	
17	泵送类型	(混凝土泵)	
18	泵送高度(m)		
19	截面面积(m²)	0.3	☐
20	截面周长(m)	2.2	☐
21	顶标高(m)	层顶标高	☐
22	底标高(m)	层底标高	☐
23	备注		☐
24	⊞ 钢筋业务属性		
42	⊞ 土建业务属性		
48	⊞ 显示样式		

图 4.9

②修改梁的信息。单击“原位标注”,选中 KL4,按图分别修改左右支座钢筋和跨中钢筋,如图 4.10 和图 4.11 所示。

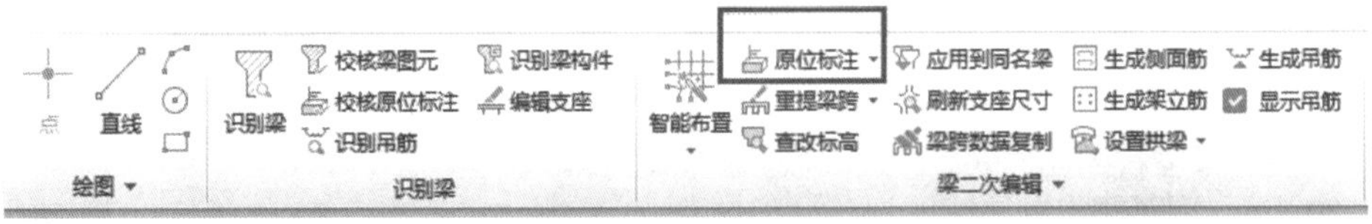

图 4.10

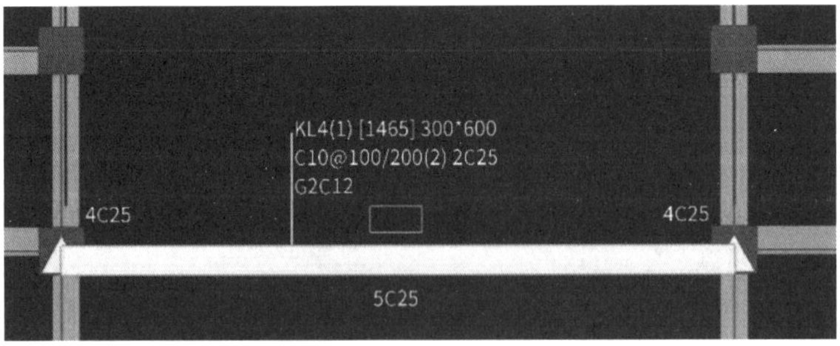

图 4.11

③修改板的信息。

第一步:“点”绘制④~⑤/Ⓐ~Ⓑ轴区域 130 mm 板。

第二步:绘制板受力筋,选择“单板”→“XY 向布置”,如图 4.12 所示。

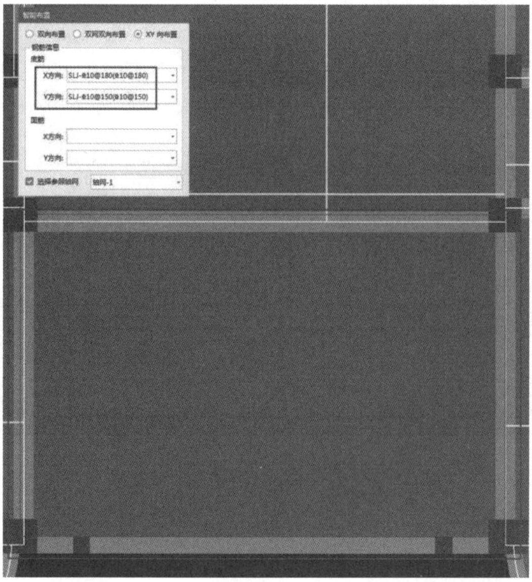

图 4.12

第三步:修改负筋信息,选中④/Ⓐ~Ⓑ轴负筋,修改右标注长度为 1200 mm,按“Enter”键完成,如图 4.13 所示。

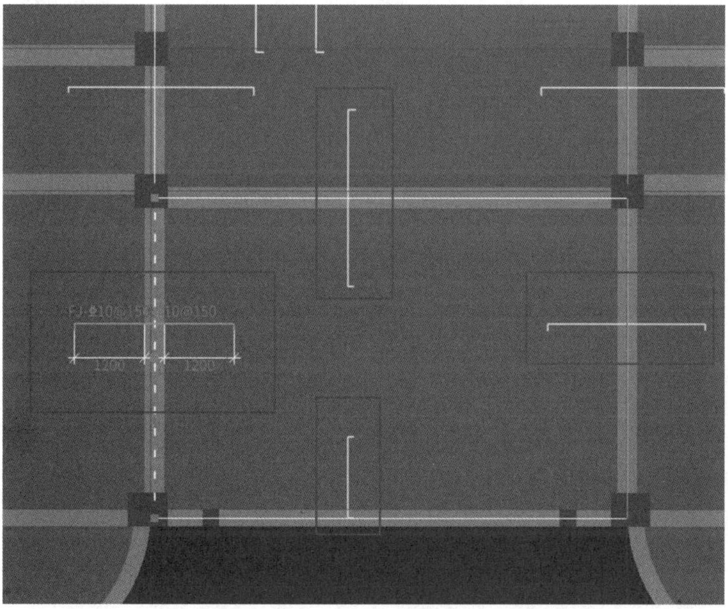

图 4.13

其他几个位置的修改方法相同,此处不再赘述。

④修改门窗信息。选中 M5021 并删除,C5027 用“点”绘制在相同位置即可,如图 4.14 所示。

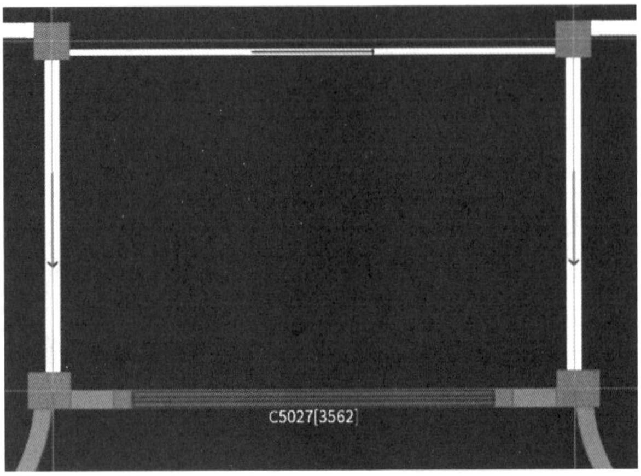

图 4.14

四、任务结果

汇总计算,统计二层清单定额工程量,见表 4.1。

表 4.1 二层工程量清单量

编码	项目名称	单位	工程量
010402001001	砌块墙 [项目特征] 1. 砖品种、规格、强度等级:250 mm 厚加气混凝土砌块 2. 墙体类型:外墙 3. 砂浆强度等级、配合比:M5 水泥砂浆砌筑	m^3	45.0726
010402001002	砌块墙 [项目特征] 1. 砖品种、规格、强度等级:200 mm 厚加气混凝土砌块 2. 墙体类型:内墙 3. 砂浆强度等级、配合比:M5 水泥砂浆砌筑	m^3	70.9528
010502001001	矩形柱 [项目特征] 1. 混凝土种类:商品混凝土 2. 混凝土强度等级:C30	m^3	29.93
010502002001	构造柱 [项目特征] 1. 混凝土种类:商品混凝土 2. 混凝土强度等级:C25	m^3	4.0478
010505007001	挑檐 [项目特征] 1. 混凝土种类:商品混凝土 2. 混凝土强度等级:C30	m^3	7.0258

续表

编码	项目名称	单位	工程量
010504001001	直形墙 [项目特征] 1. 混凝土种类:商品混凝土 2. 混凝土强度等级:C30	m^3	4.32
010505001001	有梁板 [项目特征] 1. 混凝土种类:商品混凝土 2. 混凝土强度等级:C30	m^3	114.9402
010506001001	直形楼梯 [项目特征] 1. 混凝土种类:商品混凝土 2. 混凝土强度等级:C30	m^2	17.3824
010507005001	扶手、压顶 [项目特征] 1. 混凝土种类:商品混凝土 2. 混凝土强度等级:C25	m	13.76
010510003001	过梁 [项目特征] 1. 混凝土种类:商品混凝土 2. 混凝土强度等级:C25	m^3	2.0218
010801001001	木质门 [项目特征] 1. 门代号及洞口尺寸:M1021 2. 门框或扇外围尺寸:1000 mm×2100 mm 3. 门框、扇材质:木质复合门	m^2	46.2
010807001001	金属(塑钢、断桥)窗 [项目特征] 1. 窗代号及洞口尺寸:C5027 2. 门框或扇外围尺寸:5000 mm×2700 mm 3. 门框、扇材质:塑钢	m^2	13.5
010807001001	金属(塑钢、断桥)窗 [项目特征] 1. 窗代号及洞口尺寸:C1524 2. 门框或扇外围尺寸:1500 mm×2400 mm 3. 门框、扇材质:塑钢	m^2	7.2

续表

编码	项目名称	单位	工程量
010807001002	金属(塑钢、断桥)窗 [项目特征] 1. 窗代号及洞口尺寸:C2424 2. 门框或扇外围尺寸:2400 mm×2400 mm 3. 门框、扇材质:塑钢	m^2	17.28
010807001003	金属(塑钢、断桥)窗 [项目特征] 1. 窗代号及洞口尺寸:C1624 2. 门框或扇外围尺寸:1600 mm×2400 mm 3. 门框、扇材质:塑钢	m^2	7.68
010807001004	金属(塑钢、断桥)窗 [项目特征] 1. 窗代号及洞口尺寸:C092 2. 门框或扇外围尺寸:900 mm×2400 mm 3. 门框、扇材质:塑钢	m^2	8.64
010807001005	金属(塑钢、断桥)窗 [项目特征] 1. 窗代号及洞口尺寸:C1824 2. 门框或扇外围尺寸:1800 mm×2400 mm 3. 门框、扇材质:塑钢	m^2	17.28
040601016001	金属扶梯、栏杆(走廊栏杆) [项目特征] 1. 材质:玻璃栏杆 2. 规格:900 mm 高 3. $D=60$ cm 铜管扶手	m	7.1
040601016002	金属扶梯、栏杆(护窗栏杆) [项目特征] 1. 材质:玻璃栏杆 2. 规格:900 mm 高 3. $D=60$ cm 不锈钢扶手	m	20.0128
040601016003	金属扶梯、栏杆(楼梯间栏杆) [项目特征] 1. 材质:玻璃栏杆 2. 规格:900 mm 高 3. 木扶手	m	8.3207
011702002001	矩形柱 模板高度:3.9 m 以内	m^2	240.1757

续表

编码	项目名称	单位	工程量
011702003001	构造柱 模板高度:3.9 m 以内	m^2	40.5866
011702009001	过梁	m^2	29.3946
011702011001	直形墙 模板高度:3.9 m 以内	m^2	23.04
011702014001	有梁板 模板高度:3.9 m 以内	m^2	811.4284
011702024001	楼梯	m^2	17.3824
011702025001	其他现浇构件	m^2	15.662

五、总结拓展

两种层间复制方法的区别

从其他楼层复制构件图元:将其他楼层的构件图元复制到目标层,只能选择构件来控制复制范围。

复制选定图元到其他楼层:将选中的图元复制到目标层,可通过选择图元来控制复制范围。

问题思考

"建模"页签下的层间复制功能与"构件列表"中的层间复制功能有何区别?

4.2 三层工程量计算

通过本节的学习,你将能够:
掌握层间复制图元的两种方法。

一、任务说明

①使用层间复制方法完成三层柱、梁、板、墙体、门窗的做法套用及图元绘制。

②查找三层与首层、二层的不同部分,将不同部分进行修正。

③汇总计算,统计三层柱、梁、板、墙体、门窗的工程量。

二、任务分析

①对比三层与首层、二层的柱、梁、板、墙体、门窗都有哪些不同？分别从名称、尺寸、位置、做法 4 个方面进行对比。

②从其他楼层复制构件图元与复制选定图元到其他楼层有什么不同?

三、任务实施

1)分析图纸

(1)分析框架柱

分析结施-04,三层框架柱和二层框架柱相比,截面尺寸、混凝土强度等级没有差别,钢筋信息也一样,只是标高不一样。

(2)分析梁

分析结施-06,三层梁和首层梁信息一样。

(3)分析板

分析结施-10,三层板和首层板信息一样。

(4)分析墙

分析建施-05,三层砌体与二层的基本相同。

(5)分析门窗

分析建施-05,三层门窗与二层的基本相同。

2)画法讲解

(1)从其他楼层复制图元

在三层中,选择“从其他层复制图元”,源楼层选择“第 2 层”,图元选择“柱、墙、门窗洞、楼梯”,目标楼层选择“第 3 层”,单击“确定”按钮,弹出“图元复制成功”提示框,如图 4.15 所示。

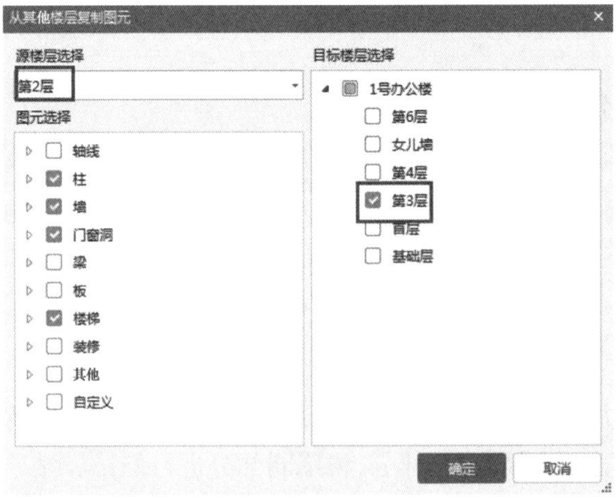

图 4.15

(2)继续从其他楼层复制图元

在三层中,选择"从其他层复制图元",源楼层选择"首层",图元选择"梁、板",目标楼层选择"第3层",单击"确定"按钮,弹出"图元复制成功"提示框,如图4.16所示。

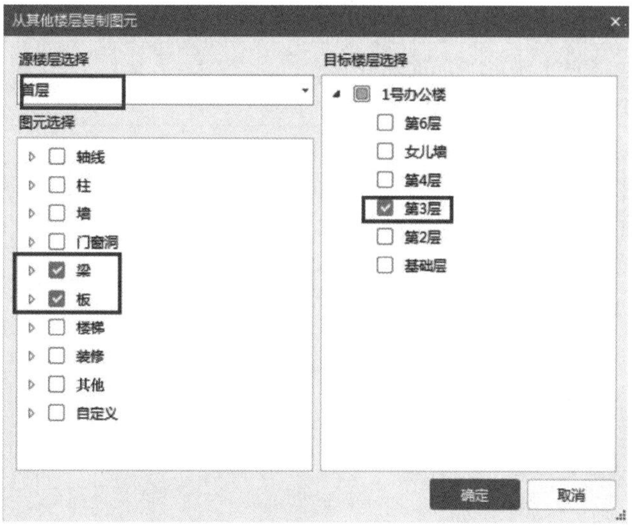

图4.16

通过上述两步即可完成三层图元的全部绘制。

四、任务结果

汇总计算,统计三层清单定额工程量,见表4.2。

表4.2　三层清单定额工程量

编码	项目名称	单位	工程量
010402001001	砌块墙 [项目特征] 1. 砖品种、规格、强度等级:250 mm 厚加气混凝土砌块 2. 墙体类型:外墙 3. 砂浆强度等级、配合比:M5 水泥砂浆砌筑	m^3	44.7095
010402001002	砌块墙 [项目特征] 1. 砖品种、规格、强度等级:200 mm 厚加气混凝土砌块 2. 墙体类型:内墙 3. 砂浆强度等级、配合比:M5 水泥砂浆砌筑	m^3	70.9528
010502001001	矩形柱 [项目特征] 1. 混凝土种类:商品混凝土 2. 混凝土强度等级:C30	m^3	29.52

续表

编码	项目名称	单位	工程量
010502002001	构造柱 [项目特征] 1. 混凝土种类:商品混凝土 2. 混凝土强度等级:C25	m^3	4.0478
010505007001	挑檐 [项目特征] 1. 混凝土种类:商品混凝土 2. 混凝土强度等级:C30	m^3	7.0258
010504001001	直形墙 [项目特征] 1. 混凝土种类:商品混凝土 2. 混凝土强度等级:C30	m^3	4.32
010505001001	有梁板 [项目特征] 1. 混凝土种类:商品混凝土 2. 混凝土强度等级:C30	m^3	114.9402
010506001001	直形楼梯 [项目特征] 1. 混凝土种类:商品混凝土 2. 混凝土强度等级:C30	m^2	17.3824
010507005001	扶手、压顶 [项目特征] 1. 混凝土种类:商品混凝土 2. 混凝土强度等级:C25	m	13.76
010510003001	过梁 [项目特征] 1. 混凝土种类:商品混凝土 2. 混凝土强度等级:C25	m^3	1.6297
010801001001	木质门 [项目特征] 1. 门代号及洞口尺寸:M1021 2. 门框或扇外围尺寸:1000 mm×2100 mm 3. 门框、扇材质:木质复合门	m^2	46.2
010807001001	金属(塑钢、断桥)窗 [项目特征] 1. 窗代号及洞口尺寸:C1524 2. 门框或扇外围尺寸:1500 mm×2400 mm 3. 门框、扇材质:塑钢	m^2	7.2

续表

编码	项目名称	单位	工程量
010807001002	金属(塑钢、断桥)窗 [项目特征] 1. 窗代号及洞口尺寸:C2424 2. 门框或扇外围尺寸:2400 mm×2400 mm 3. 门框、扇材质:塑钢	m^2	17.28
010807001003	金属(塑钢、断桥)窗 [项目特征] 1. 窗代号及洞口尺寸:C1624 2. 门框或扇外围尺寸:1600 mm×2400 mm 3. 门框、扇材质:塑钢	m^2	7.68
010807001004	金属(塑钢、断桥)窗 [项目特征] 1. 窗代号及洞口尺寸:C0924 2. 门框或扇外围尺寸:900 mm×2400 mm 3. 门框、扇材质:塑钢	m^2	8.64
010807001005	金属(塑钢、断桥)窗 [项目特征] 1. 窗代号及洞口尺寸:C1824 2. 门框或扇外围尺寸:1800 mm×2400 mm 3. 门框、扇材质:塑钢	m^2	17.28
010807001006	金属(塑钢、断桥)窗 [项目特征] 1. 窗代号及洞口尺寸:C5027 2. 门框或扇外围尺寸:5000 mm×2700 mm 3. 门框、扇材质:塑钢	m^2	13.5
040601016002	金属扶梯、栏杆(护窗栏杆) [项目特征] 1. 材质:玻璃栏杆 2. 规格:900 mm 高 3. D=60 cm 不锈钢扶手	m	20.0128
040601016003	金属扶梯、栏杆(楼梯间栏杆) [项目特征] 1. 材质:玻璃栏杆 2. 规格:900 mm 高 3. 木扶手	m	8.3207
011702002001	矩形柱 模板高度:3.9 m 以内	m^2	239.712

续表

编码	项目名称	单位	工程量
011702003001	构造柱 模板高度:3.9 m 以内	m^2	40.5916
011702009001	过梁	m^2	26.258
011702011001	直形墙 模板高度:3.9 m 以内	m^2	23.04
011702014001	有梁板 模板高度:3.9 m 以内	m^2	783.8362
011702024001	楼梯	m^2	17.3824
011702025001	其他现浇构件	m^2	15.662

五、总结拓展

图元存盘及图元提取的使用方法和层间复制功能都能满足快速完成绘图的要求。请自行对比使用方法。

问题思考

分析在进行图元存盘及图元提取操作时,选择基准点有哪些用途?

5 四层、机房层工程量计算

通过本章的学习，你将能够：

(1)掌握批量选择构件图元的方法；

(2)批量删除的方法；

(3)掌握女儿墙、压顶、屋面的属性定义和绘制方法；

(4)统计四层、机房层构件图元的工程量。

5.1 四层工程量计算

通过本节的学习，你将能够：

(1)巩固层间复制的方法；

(2)调整四层构件属性及图元绘制；

(3)掌握屋面框架梁的属性定义和绘制。

一、任务说明

①使用层间复制方法完成四层柱、墙体、门窗的做法套用及图元绘制。

②查找四层与三层的不同部分，将不同部分进行修正。

③四层梁和板与其他层信息不一致，需重新定义和绘制。

④汇总计算，统计四层柱、梁、板、墙体、门窗的工程量。

二、任务分析

①对比四层与三层的柱、墙体、门窗都有哪些不同，分别从名称、尺寸、位置、做法 4 个方面进行对比。

②从其他楼层复制构件图元与复制选定图元到其他楼层有什么不同？

三、任务实施

1)分析图纸

(1)分析框架柱

分析结施-04,四层和三层的框架柱信息是一样的。

(2)分析框架梁

分析结施-08,四层框架梁为屋面框架梁。

(3)分析板

分析结施-12,④~⑤轴、Ⓒ~Ⓓ轴的板构件和板钢筋信息与其他层不同。

(4)分析墙

分析建施-06、建施-07,四层砌体与三层砌体基本相同。

(5)分析门窗

分析建施-06、建施-07,四层门窗与三层门窗基本相同。

2)画法讲解

(1)从其他楼层复制图元

在四层,选择"从其他楼层复制图元",源楼层选择"第 3 层",图元选择"柱、墙、门窗洞",目标楼层选择"第 4 层",单击"确定"按钮,如图 5.1 所示。

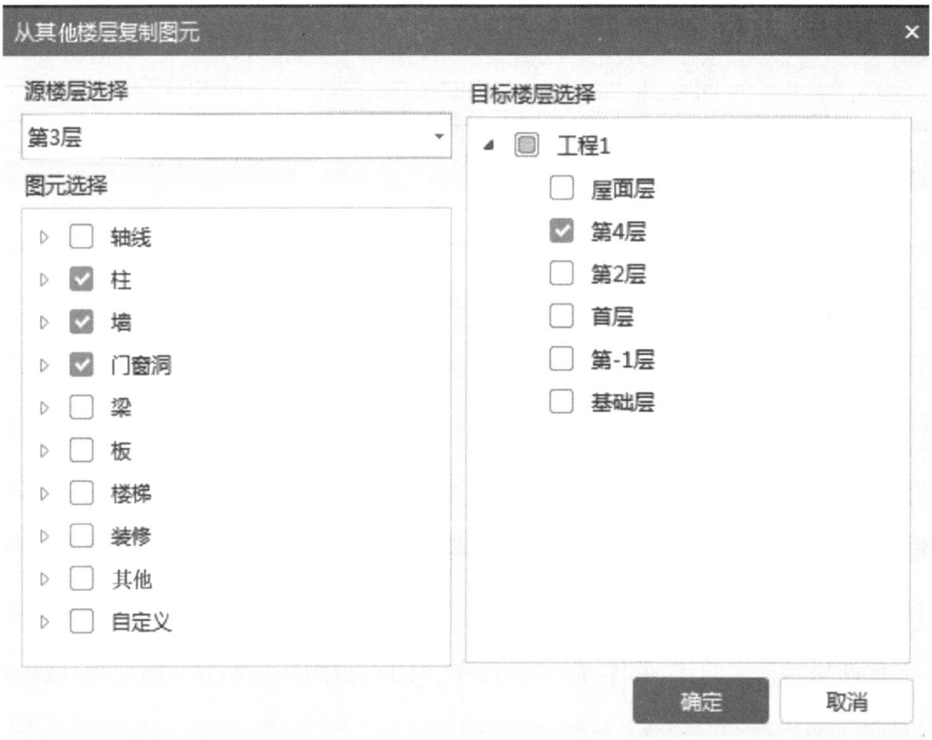

图 5.1

将三层柱复制到四层,其中 GBZ1 和 GBZ2 信息修改如图 5.2 和图 5.3 所示。

(2)四层梁的属性定义

四层梁为屋面框架梁,其属性定义如图 5.4—图 5.15 所示。

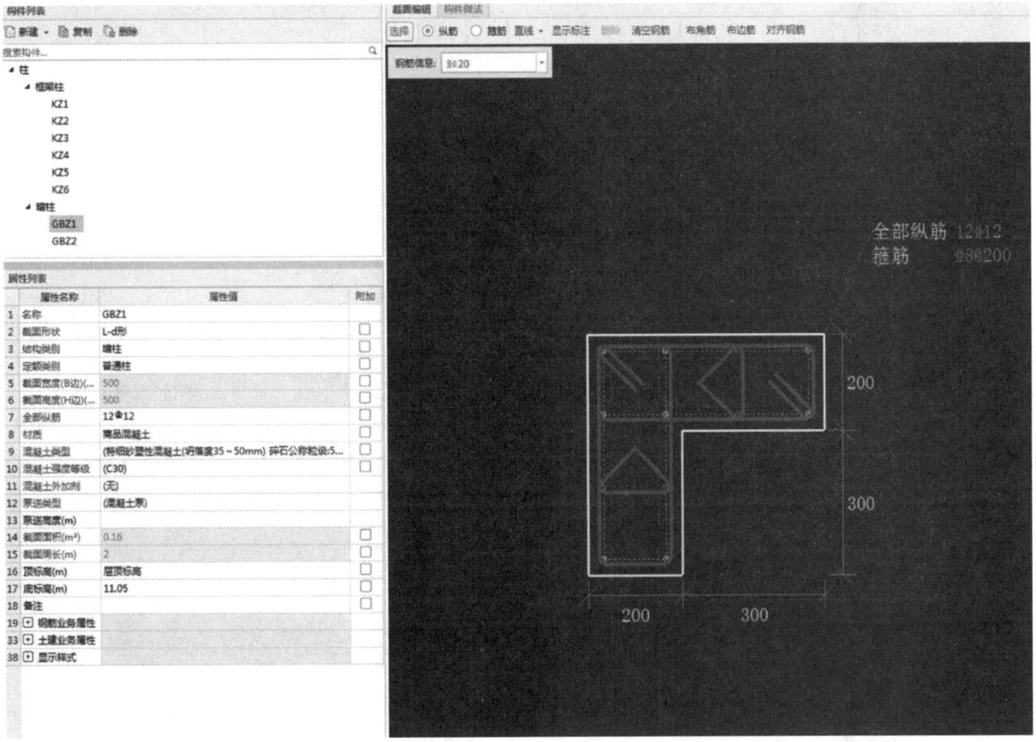

图 5.2

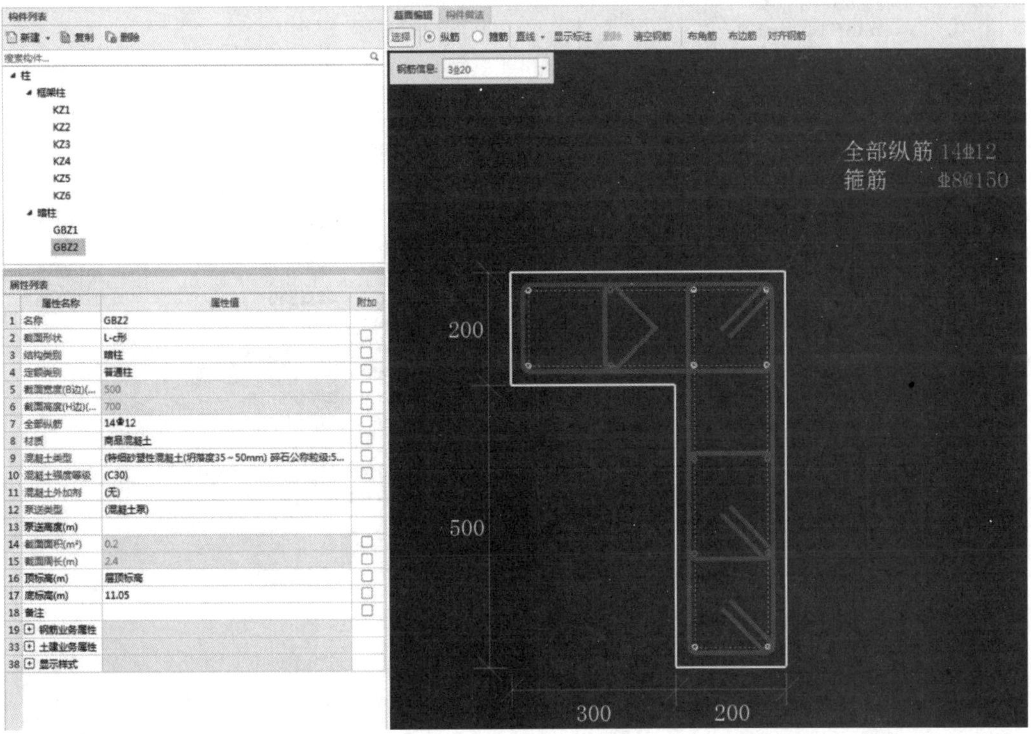

图 5.3

属性列表

	属性名称	属性值	附加
1	名称	WKL1(1)	
2	结构类别	屋面框架梁	☐
3	跨数量	1	☐
4	截面宽度(mm)	250	☐
5	截面高度(mm)	600	☐
6	轴线距梁左边...	(125)	☐
7	箍筋	Φ10@100/200(2)	☐
8	肢数	2	
9	上部通长筋	2Φ25	☐
10	下部通长筋		☐
11	侧面构造或受...	N2Φ16	☐
12	拉筋	(ϕ6)	☐
13	定额类别	单梁	☐
14	材质	商品混凝土	☐
15	混凝土强度等级	(C30)	☐
16	混凝土外加剂	(无)	
17	泵送类型	(混凝土泵)	
18	泵送高度(m)		
19	截面周长(m)	1.7	☐
20	截面面积(m²)	0.15	☐
21	起点顶标高(m)	层顶标高	☐
22	终点顶标高(m)	层顶标高	☐
23	备注		☐
24	+ 钢筋业务属性		
34	+ 土建业务属性		
42	+ 显示样式		

图 5.4

属性列表

	属性名称	属性值	附加
1	名称	WKL2(2)	
2	结构类别	屋面框架梁	☐
3	跨数量	2	☐
4	截面宽度(mm)	300	☐
5	截面高度(mm)	600	☐
6	轴线距梁左边...	(150)	☐
7	箍筋	Φ10@100/200(2)	☐
8	肢数	2	
9	上部通长筋	2Φ25	☐
10	下部通长筋		☐
11	侧面构造或受...	G2Φ12	☐
12	拉筋	(ϕ6)	☐
13	定额类别	单梁	☐
14	材质	商品混凝土	☐
15	混凝土强度等级	(C30)	☐
16	混凝土外加剂	(无)	
17	泵送类型	(混凝土泵)	
18	泵送高度(m)		
19	截面周长(m)	1.8	☐
20	截面面积(m²)	0.18	☐
21	起点顶标高(m)	层顶标高	☐
22	终点顶标高(m)	层顶标高	☐
23	备注		☐
24	+ 钢筋业务属性		
34	+ 土建业务属性		
42	+ 显示样式		

图 5.5

属性列表

	属性名称	属性值	附加
1	名称	WKL3(3)	
2	结构类别	屋面框架梁	☐
3	跨数量	3	☐
4	截面宽度(mm)	250	☐
5	截面高度(mm)	500	☐
6	轴线距梁左边...	(125)	☐
7	箍筋	Φ10@100/200(2)	☐
8	肢数	2	
9	上部通长筋	2Φ22	☐
10	下部通长筋		☐
11	侧面构造或受...	G2Φ12	☐
12	拉筋	(ϕ6)	☐
13	定额类别	单梁	☐
14	材质	商品混凝土	☐
15	混凝土强度等级	(C30)	☐
16	混凝土外加剂	(无)	
17	泵送类型	(混凝土泵)	
18	泵送高度(m)		
19	截面周长(m)	1.5	☐
20	截面面积(m²)	0.125	☐
21	起点顶标高(m)	层顶标高	☐
22	终点顶标高(m)	层顶标高	☐
23	备注		☐
24	+ 钢筋业务属性		
34	+ 土建业务属性		
42	+ 显示样式		

图 5.6

属性列表

	属性名称	属性值	附加
1	名称	WKL4(1)	
2	结构类别	屋面框架梁	☐
3	跨数量	1	☐
4	截面宽度(mm)	300	☐
5	截面高度(mm)	600	☐
6	轴线距梁左边...	(150)	☐
7	箍筋	Φ10@100/200(2)	☐
8	肢数	2	
9	上部通长筋	2Φ25	☐
10	下部通长筋		☐
11	侧面构造或受...	G2Φ12	☐
12	拉筋	(ϕ6)	☐
13	定额类别	单梁	☐
14	材质	商品混凝土	☐
15	混凝土强度等级	(C30)	☐
16	混凝土外加剂	(无)	
17	泵送类型	(混凝土泵)	
18	泵送高度(m)		
19	截面周长(m)	1.8	☐
20	截面面积(m²)	0.18	☐
21	起点顶标高(m)	层顶标高	☐
22	终点顶标高(m)	层顶标高	☐
23	备注		☐
24	+ 钢筋业务属性		
34	+ 土建业务属性		
42	+ 显示样式		

图 5.7

属性列表

	属性名称	属性值	附加
1	名称	WKL5(3)	
2	结构类别	屋面框架梁	☐
3	跨数量	3	☐
4	截面宽度(mm)	300	☐
5	截面高度(mm)	500	☐
6	轴线距梁左边...	(150)	☐
7	箍筋	Φ10@100/200(2)	☐
8	肢数	2	
9	上部通长筋	2Φ25	☐
10	下部通长筋		☐
11	侧面构造或受...	G2Φ12	☐
12	拉筋	(Φ6)	☐
13	定额类别	单梁	☐
14	材质	商品混凝土	☐
15	混凝土强度等级	(C30)	☐
16	混凝土外加剂	(无)	
17	泵送类型	(混凝土泵)	
18	泵送高度(m)		
19	截面周长(m)	1.6	☐
20	截面面积(m^2)	0.15	☐
21	起点顶标高(m)	层顶标高	☐
22	终点顶标高(m)	层顶标高	☐
23	备注		☐
24	⊞ 钢筋业务属性		
34	⊞ 土建业务属性		
42	⊞ 显示样式		

图 5.8

属性列表

	属性名称	属性值	附加
1	名称	WKL6(7)	
2	结构类别	屋面框架梁	☐
3	跨数量	7	☐
4	截面宽度(mm)	300	☐
5	截面高度(mm)	600	☐
6	轴线距梁左边...	(150)	☐
7	箍筋	Φ10@100/200(2)	☐
8	肢数	2	
9	上部通长筋	2Φ25	☐
10	下部通长筋		☐
11	侧面构造或受...	G2Φ12	☐
12	拉筋	(Φ6)	☐
13	定额类别	单梁	☐
14	材质	商品混凝土	☐
15	混凝土强度等级	(C30)	☐
16	混凝土外加剂	(无)	
17	泵送类型	(混凝土泵)	
18	泵送高度(m)		
19	截面周长(m)	1.8	☐
20	截面面积(m^2)	0.18	☐
21	起点顶标高(m)	层顶标高	☐
22	终点顶标高(m)	层顶标高	☐
23	备注		☐
24	⊞ 钢筋业务属性		
34	⊞ 土建业务属性		
42	⊞ 显示样式		

图 5.9

属性列表

	属性名称	属性值	附加
1	名称	WKL7(3)	
2	结构类别	屋面框架梁	☐
3	跨数量	3	☐
4	截面宽度(mm)	300	☐
5	截面高度(mm)	600	☐
6	轴线距梁左边...	(150)	☐
7	箍筋	Φ10@100/200(2)	☐
8	肢数	2	
9	上部通长筋	2Φ25	☐
10	下部通长筋		☐
11	侧面构造或受...	G2Φ12	☐
12	拉筋	(Φ6)	☐
13	定额类别	单梁	☐
14	材质	商品混凝土	☐
15	混凝土强度等级	(C30)	☐
16	混凝土外加剂	(无)	
17	泵送类型	(混凝土泵)	
18	泵送高度(m)		
19	截面周长(m)	1.8	☐
20	截面面积(m^2)	0.18	☐
21	起点顶标高(m)	层顶标高	☐
22	终点顶标高(m)	层顶标高	☐
23	备注		☐
24	⊞ 钢筋业务属性		
34	⊞ 土建业务属性		
42	⊞ 显示样式		

图 5.10

属性列表

	属性名称	属性值	附加
1	名称	WKL8(1)	
2	结构类别	屋面框架梁	☐
3	跨数量	1	☐
4	截面宽度(mm)	300	☐
5	截面高度(mm)	600	☐
6	轴线距梁左边...	(150)	☐
7	箍筋	Φ10@100/200(2)	☐
8	肢数	2	
9	上部通长筋	2Φ25	☐
10	下部通长筋		☐
11	侧面构造或受...	G2Φ12	☐
12	拉筋	(Φ6)	☐
13	定额类别	单梁	☐
14	材质	商品混凝土	☐
15	混凝土强度等级	(C30)	☐
16	混凝土外加剂	(无)	
17	泵送类型	(混凝土泵)	
18	泵送高度(m)		
19	截面周长(m)	1.8	☐
20	截面面积(m^2)	0.18	☐
21	起点顶标高(m)	层顶标高	☐
22	终点顶标高(m)	层顶标高	☐
23	备注		☐
24	⊞ 钢筋业务属性		
34	⊞ 土建业务属性		
42	⊞ 显示样式		

图 5.11

属性列表

	属性名称	属性值	附加
1	名称	WKL9(3)	
2	结构类别	屋面框架梁	☐
3	跨数量	3	☐
4	截面宽度(mm)	300	☐
5	截面高度(mm)	600	☐
6	轴线距梁左边...	(150)	☐
7	箍筋	Φ10@100/200(2)	☐
8	肢数	2	
9	上部通长筋	2Φ25	☐
10	下部通长筋		☐
11	侧面构造或受...	G2Φ12	☐
12	拉筋	(Φ6)	☐
13	定额类别	单梁	☐
14	材质	商品混凝土	☐
15	混凝土强度等级	(C30)	☐
16	混凝土外加剂	(无)	
17	泵送类型	(混凝土泵)	
18	泵送高度(m)		
19	截面周长(m)	1.8	☐
20	截面面积(m^2)	0.18	☐
21	起点顶标高(m)	层顶标高	☐
22	终点顶标高(m)	层顶标高	☐
23	备注		☐
24	⊞ 钢筋业务属性		
34	⊞ 土建业务属性		
42	⊞ 显示样式		

图 5.12

属性列表

	属性名称	属性值	附加
1	名称	WKL10(3)	
2	结构类别	屋面框架梁	☐
3	跨数量	3	☐
4	截面宽度(mm)	300	☐
5	截面高度(mm)	600	☐
6	轴线距梁左边...	(150)	☐
7	箍筋	Φ10@100/200(2)	☐
8	肢数	2	
9	上部通长筋	2Φ25	☐
10	下部通长筋		☐
11	侧面构造或受...	G2Φ12	☐
12	拉筋	(Φ6)	☐
13	定额类别	单梁	☐
14	材质	商品混凝土	☐
15	混凝土强度等级	(C30)	☐
16	混凝土外加剂	(无)	
17	泵送类型	(混凝土泵)	
18	泵送高度(m)		
19	截面周长(m)	1.8	☐
20	截面面积(m^2)	0.18	☐
21	起点顶标高(m)	层顶标高	☐
22	终点顶标高(m)	层顶标高	☐
23	备注		☐
24	⊞ 钢筋业务属性		
34	⊞ 土建业务属性		
42	⊞ 显示样式		

图 5.13

属性列表

	属性名称	属性值	附加
1	名称	KL10a(3)	
2	结构类别	楼层框架梁	☐
3	跨数量	3	☐
4	截面宽度(mm)	300	☐
5	截面高度(mm)	600	☐
6	轴线距梁左边...	(150)	☐
7	箍筋	Φ10@100/200(2)	☐
8	肢数	2	
9	上部通长筋	2Φ25	☐
10	下部通长筋		☐
11	侧面构造或受...	G2Φ12	☐
12	拉筋	(Φ6)	☐
13	定额类别	单梁	☐
14	材质	商品混凝土	☐
15	混凝土强度等级	(C30)	☐
16	混凝土外加剂	(无)	
17	泵送类型	(混凝土泵)	
18	泵送高度(m)		
19	截面周长(m)	1.8	☐
20	截面面积(m^2)	0.18	☐
21	起点顶标高(m)	层顶标高	☐
22	终点顶标高(m)	层顶标高	☐
23	备注		☐
24	⊞ 钢筋业务属性		
34	⊞ 土建业务属性		
42	⊞ 显示样式		

图 5.14

属性列表

	属性名称	属性值	附加
1	名称	KL10b(1)	
2	结构类别	楼层框架梁	☐
3	跨数量	1	☐
4	截面宽度(mm)	300	☐
5	截面高度(mm)	600	☐
6	轴线距梁左边...	(150)	☐
7	箍筋	Φ10@100/200(2)	☐
8	肢数	2	
9	上部通长筋	2Φ25	☐
10	下部通长筋	2Φ25	☐
11	侧面构造或受...	G2Φ12	☐
12	拉筋	(Φ6)	☐
13	定额类别	单梁	☐
14	材质	商品混凝土	☐
15	混凝土强度等级	(C30)	☐
16	混凝土外加剂	(无)	
17	泵送类型	(混凝土泵)	
18	泵送高度(m)		
19	截面周长(m)	1.8	☐
20	截面面积(m^2)	0.18	☐
21	起点顶标高(m)	层顶标高	☐
22	终点顶标高(m)	层顶标高	☐
23	备注		☐
24	⊞ 钢筋业务属性		
34	⊞ 土建业务属性		
42	⊞ 显示样式		

图 5.15

四层梁的绘制方法同首层梁。板和板钢筋的绘制方法同首层。用层间复制的方法，把第 3 层的墙、门窗洞口复制到第 4 层。

所有构件要添加清单和定额。方法同首层。

柱的修改:顶层柱要"判断边角柱",使用"判断边角柱"的功能,如图5.16所示。

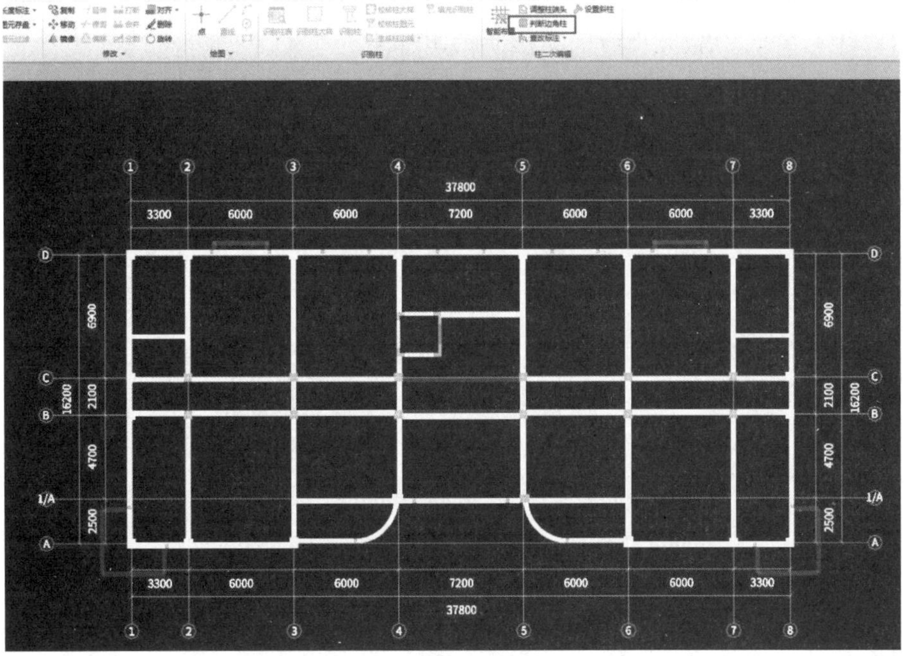

图5.16

四、总结拓展

下面简单介绍几种在绘图界面查看工程量的方式。

①单击"查看工程量",选中要查看的构件图元,弹出"查看构件图元工程量"对话框,可以查看做法工程量、清单工程量和定额工程量。

②按"F3"键批量选择构件图元,然后单击"查看工程量",可以查看做法工程量、清单工程量和定额工程量。

③单击"查看计算式",选择单一图元,弹出"查看构件图元工程量计算式",可以查看此图元的详细计算式,还可利用"查看三维扣减图"查看详细工程量计算式。

问题思考

如何使用"判断边角柱"的命令?

5.2　女儿墙、压顶、屋面的工程量计算

通过本节的学习,你将能够:

(1)确定女儿墙高度、厚度,确定屋面防水的上卷高度;

(2)矩形绘制和点绘制屋面图元;
(3)图元的拉伸;
(4)统计本层女儿墙、女儿墙压顶、屋面的工程量。

一、任务说明

①完成女儿墙、屋面的工程量计算。
②汇总计算,统计屋面的工程量。

二、任务分析

①从哪张图中能够找到屋面做法?都与哪些清单、定额有关?
②从哪张图中能够找到女儿墙的尺寸?

三、任务实施

1)分析图纸

(1)分析女儿墙及压顶

分析建施-12、建施-08,女儿墙的构造参见建施-08 节点 1,女儿墙墙厚 240 mm(以建施-08 平面图为准)。女儿墙墙身为砖墙,压顶材质为混凝土,宽 300 mm,高 60 mm。

(2)分析屋面

根据图纸修订说明,可知本层的屋面做法为屋面 1,防水的上卷高度设计未指明,按照定额默认高度为 300 mm。

2)清单、定额计算规则学习

(1)清单计算规则学习

女儿墙、屋面清单计算规则,见表 5.1。

表 5.1 女儿墙、屋面清单计算规则

编码	项目名称	单位	计算规则
010401003	实心砖墙	m^3	按设计图示尺寸以体积计算
010507005	扶手、压顶	m^3	1. 以 m 计量,按设计图示的中心线延长米计算 2. 以 m^3 计量,按设计图示尺寸以体积计算
010902002	屋面涂膜防水	m^2	按设计图示尺寸以面积计算 1. 斜屋顶(不包括平屋顶找坡)按斜面积计算,平屋顶按水平投影面积计算 2. 不扣除房上烟囱、风帽底座、风道、屋面小气窗和斜沟所占面积 3. 屋面的女儿墙、伸缩缝和天窗等处的弯起部分,并入屋面工程量内
011204003	块料墙面	m^2	按镶贴表面积计算
011406001	抹灰面油漆	m^2	按设计图示尺寸以面积计算

续表

编码	项目名称	单位	计算规则
011001003	保温隔热 墙面	m^2	按设计图示尺寸以面积计算 扣除门窗洞口以及面积大于 0.3 m^2 梁、孔洞所占面积；门窗洞口侧壁以及与墙相连的柱，并入保温墙体工程量内

(2)定额计算规则

女儿墙、屋面定额计算规则，见表 5.2。

表 5.2 女儿墙、屋面定额计算规则

编码	项目名称	单位	计算规则
AD0014	砖砌体 女儿墙 240 mm	m^3	从屋面板上表面算至女儿墙墙顶面（如有压顶时算至压顶下表面）
AE0343	零星构件（压顶）现浇商品混凝土	m^3	按设计图示体积计算
AS0095	现浇混凝土模板 零星构件（压顶）模板	m^2	现浇混凝土及钢筋混凝土模板工程量，按混凝土与模板接触面的面积以“m^2”计算
AJ0044	屋面涂膜防水 单组分聚氨酯 涂膜厚 1.5 mm	m^2	屋面卷材、涂膜防水，按设计图示尺寸以面积计算。斜屋顶（不包括平屋顶找坡）按斜面积计算，平屋顶按水平投影面积计算；不扣除房上烟囱、风帽底座、风道、屋面小气窗和斜沟所占面积；屋面女儿墙、山墙、天窗、变形缝、天沟等处的弯起部分应按图示尺寸（如图纸无规定时，女儿墙和缝弯起高度可按 300 mm、天窗可按 500 mm）计算，并入屋面工程量内
AL0067	楼地面找平层 水泥砂浆（中砂）厚度 20 mm 在填充材料上 1∶3	m^2	楼地面面层、找平层按墙与墙间的净面积计算，应扣除凸出地面的构筑物、设备基础、室内铁道、单个面积 >0.3 m^2 的落地沟槽、放物柜、炉灶、柱和不做面层的地沟盖板等所占的面积。不扣除垛、间壁墙（厚 120 mm 以内的砌体）、烟囱及单个面积≤0.3 m^2 孔洞、柱所占面积，但门洞圈开口部分亦不增加
AK0017	保温隔热屋面 现浇水泥珍珠岩	m^3	1. 保温、隔热体的厚度，按保温隔热材料净厚（不包括打底及胶结材料的厚度）计算 2. 屋面、天棚保温、隔热楼地面工程量按设计图示尺寸以“m^3”或“m^2”计算
AE0094	构造柱 商品混凝土	m^3	构造柱（抗震柱）应包括“马牙槎”的体积在内，以“m^3”计算
AS0044	构造柱 现浇混凝土模板	m^2	构造柱外露面均应按图示外露部分计算模板面积。构造柱与墙接触面不计算模板面积。带马牙槎构造柱的宽度按马牙槎处的宽度计算

续表

编码	项目名称	单位	计算规则
AM0303	块料墙面 外墙面砖 黏结剂粘贴周长≤500 mm 缝宽≤10 mm	m^2	镶贴块料面层按设计图示尺寸以镶贴表面积计算,扣除门窗洞口及单个面积>0.3 m^2的孔洞所占的面积
AK0044	外墙外保温层(板材)贴聚苯板(30 mm)	m^2	外墙外保温(板材),外墙内、外保温(浆料)项目工程量按设计图示尺寸以展开外围面积计算。其余项目工程量按设计图示尺寸以"m^3"计算。扣除门窗洞口所占面积;门窗洞口侧壁及凸出墙面的砖垛需做保温时,并入保温墙体工程量内
AP0307	外墙抹灰面 真石漆	m^2	抹灰面油漆、涂料、满刮腻子(除另有规定和说明外)按设计图示尺寸以喷、刷面积计算

3)属性定义

(1)女儿墙的属性定义

女儿墙的属性定义同墙,在新建墙体时,名称命名为"女儿墙",其属性定义如图 5.17 所示。

图 5.17

(2)屋面的属性定义

在导航树中选择"其他"→"屋面",在"构件列表"中选择"新建"→"新建屋面",在属性编辑框中输入相应的属性值,如图 5.18 和图 5.19 所示。

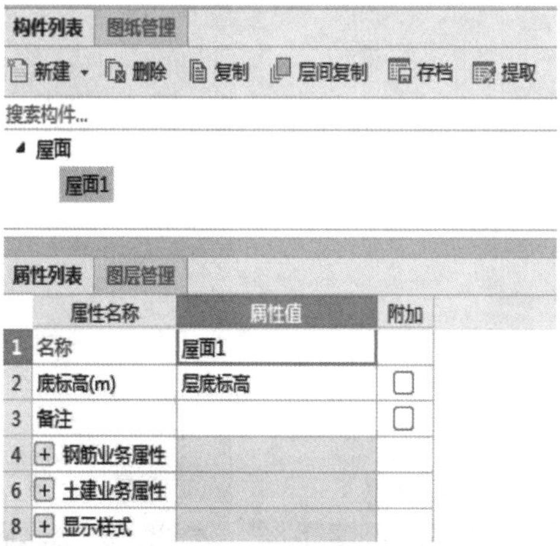

	属性名称	属性值	附加
1	名称	屋面1	
2	底标高(m)	层底标高	☐
3	备注		☐
4	+ 钢筋业务属性		
6	+ 土建业务属性		
8	+ 显示样式		

图 5.18

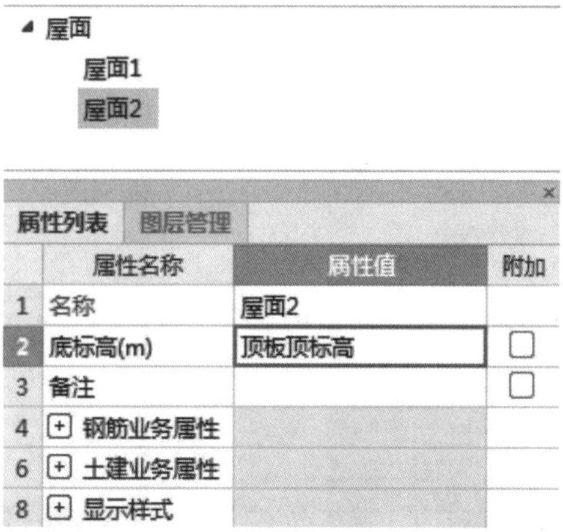

	属性名称	属性值	附加
1	名称	屋面2	
2	底标高(m)	顶板顶标高	☐
3	备注		☐
4	+ 钢筋业务属性		
6	+ 土建业务属性		
8	+ 显示样式		

图 5.19

(3)女儿墙压顶的属性定义

为方便钢筋信息输入,用圈梁代替压顶。在导航树中选择"圈梁",在"构件列表"中选择"新建"→"新建圈梁",修改名称为"压顶",其属性定义如图 5.20 所示。修改相应钢筋信息,如图 5.21 所示。

	属性名称	属性值	附加
1	名称	压顶	
2	截面宽度(mm)	300	☐
3	截面高度(mm)	60	☐
4	轴线距梁左边线...	(150)	☐
5	上部钢筋	3Φ6	☐
6	下部钢筋		☐
7	箍筋		☐
8	肢数	2	
9	材质	商品混凝土	☐
10	混凝土强度等级	(C25)	☐
11	混凝土外加剂	(无)	
12	泵送类型	(混凝土泵)	
13	泵送高度(m)		
14	截面周长(m)	0.72	☐
15	截面面积(m²)	0.018	☐
16	起点顶标高(m)	层顶标高	☐
17	终点顶标高(m)	层顶标高	☐
18	备注		☐
19	+ 钢筋业务属性		
33	+ 土建业务属性		
41	+ 显示样式		

图 5.20

图 5.21

4)做法套用

①女儿墙的做法套用,如图 5.22 所示。

	类别	名称	项目特征	单位	工程量表达式	表达式说明	单价	综合单价	措施项目	专业
1	项	实心砖墙	1.砖品种、规格、强度等级:240厚标准砖 2.墙体类型:女儿墙 3.砂浆强度等级、配合比:水泥砂浆M5.0	m3	TJ	TJ<体积>			☐	建筑与装饰工程
2	定	实心砖墙 水泥砂浆(细砂) M5		m3	TJ	TJ<体积>	4016.51		☐	土

图 5.22

②女儿墙的压顶做法套用,如图 5.23 所示。

	类别	名称	项目特征	单位	工程量表达式	表达式说明	单价	综合单价	措施项目	专业	自动套
1	项	扶手、压顶	1.断面尺寸:300mm×60mm 2.混凝土种类:商品混凝土 3.混凝土强度等级:C25	m3	TJ	TJ<体积>			☐	建筑与装饰工程	☐
2	定	现浇混凝土 零星项目(中砂) C25		m3	TJ	TJ<体积>	3806.68		☐	土	☐
3	项	其他现浇构件	1.构件类型:女儿墙压顶	m2	MBMJ	MBMJ<模板面积>			☑	建筑与装饰工程	☐
4	定	零星构件 复合模板		m2	MBMJ	MBMJ<模板面积>	5790.61		☑	土	☐

图 5.23

5)画法讲解

(1)直线绘制女儿墙

采用直线绘制女儿墙,因为是居中于轴线绘制的,所以女儿墙图元绘制完成后要对其进行偏移、延伸,把第四层的梁复制到本层,作为对齐的参照线,使女儿墙各段墙体封闭,然后删除梁。绘制好的图元如图 5.24 所示。

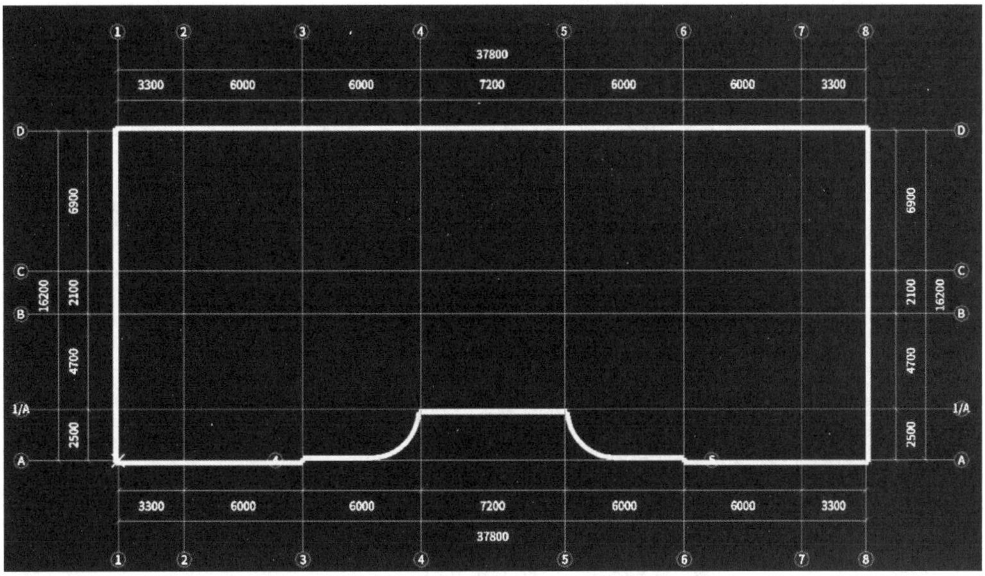

图 5.24

将楼层切换到第四层，选中电梯井周边的剪力墙和暗柱复制到屋面层。修改剪力墙顶标高，如图 5.25 所示。

属性列表　图层管理

	属性名称	属性值	附加
1	名称	Q-4	
2	厚度(mm)	200	☐
3	轴线距左墙皮...	(100)	☐
4	水平分布钢筋	(2)⌀10@200	☐
5	垂直分布钢筋	(2)⌀10@200	☐
6	拉筋	⌀8@600*600	☐
7	材质	商品混凝土	☐
8	混凝土类型	(特细砂塑性混...	☐
9	混凝土强度等级	(C30)	☐
10	混凝土外加剂	(无)	
11	泵送类型	(混凝土泵)	
12	泵送高度(m)		
13	内/外墙标志	外墙	☑
14	类别	混凝土墙	☐
15	起点顶标高(m)	15.9	☐
16	终点顶标高(m)	15.9	☐
17	起点底标高(m)	层底标高	☐
18	终点底标高(m)	层底标高	☐
19	备注		☐

图 5.25

新建剪力墙，修改名称为“屋面上人孔”，其属性值如图 5.26 所示。

采用直线功能绘制屋面上人孔，如图 5.27 所示。

(2)绘制女儿墙压顶

用“智能布置”功能，选择“墙中心线”，批量选中所有女儿墙，单击鼠标右键即可完成女儿墙压顶的绘制，如图 5.28 所示。

属性列表	图层管理		
	属性名称	属性值	附加
1	名称	屋面上人孔	
2	厚度(mm)	80	☐
3	轴线距左墙皮...	(40)	☐
4	水平分布钢筋	(1)⏀6@200	☐
5	垂直分布钢筋	(1)⏀8@200	☐
6	拉筋		☐
7	材质	商品混凝土	☐
8	混凝土类型	(特细砂塑性混凝土(坍...	☐
9	混凝土强度等级	(C30)	☐
10	混凝土外加剂	(无)	
11	泵送类型	(混凝土泵)	
12	泵送高度(m)		
13	内/外墙标志	外墙	☑
14	类别	混凝土墙	☐
15	起点顶标高(m)	层底标高+0.6	☐
16	终点顶标高(m)	层底标高+0.6	☐
17	起点底标高(m)	层底标高	☐
18	终点底标高(m)	层底标高	☐

图 5.26

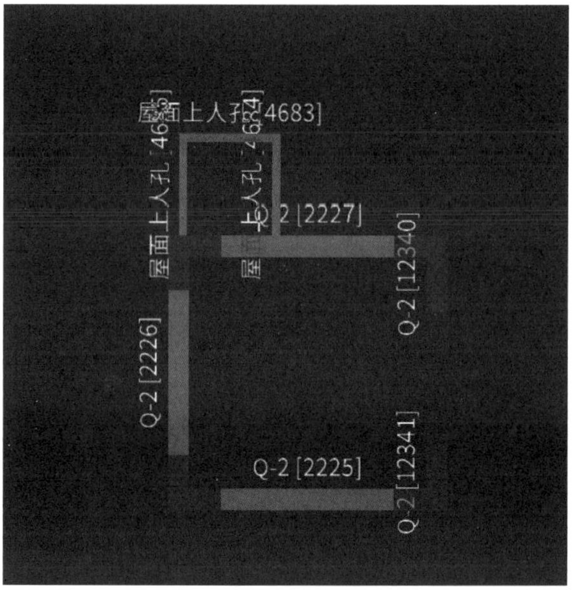

图 5.27

(3)绘制屋面

采用"点"功能绘制屋面,如图 5.29 所示。

选中屋面,单击鼠标右键选择"设置防水卷边",输入"300",单击"确定"按钮,如图 5.30 所示。

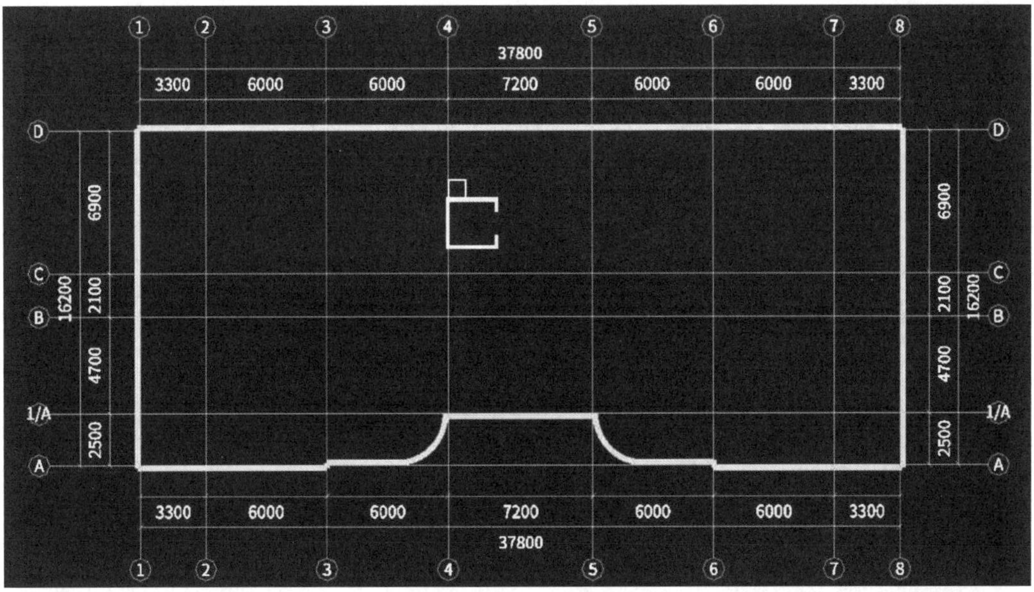
1
2
3
4
5
6
7
8
37800
3300
6000
6000
7200
6000
6000
3300
D
C
B
1/A
A
6900
2100
4700
2500
16200

图 5.28

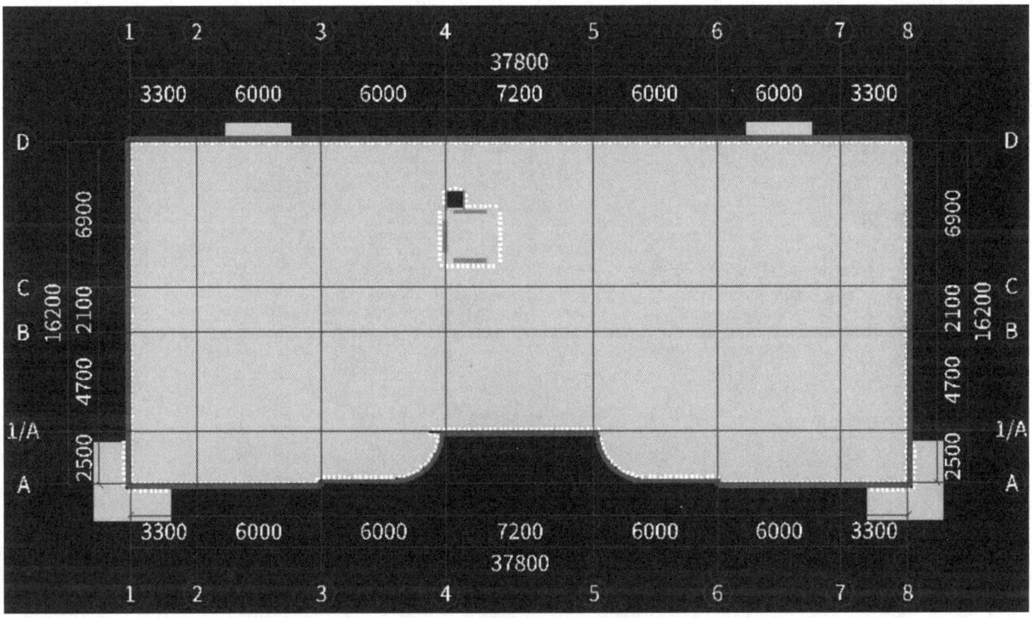
1
2
3
4
5
6
7
8
37800
3300
6000
6000
7200
6000
6000
3300
D
C
B
1/A
A
6900
2100
4700
2500
16200

图 5.29

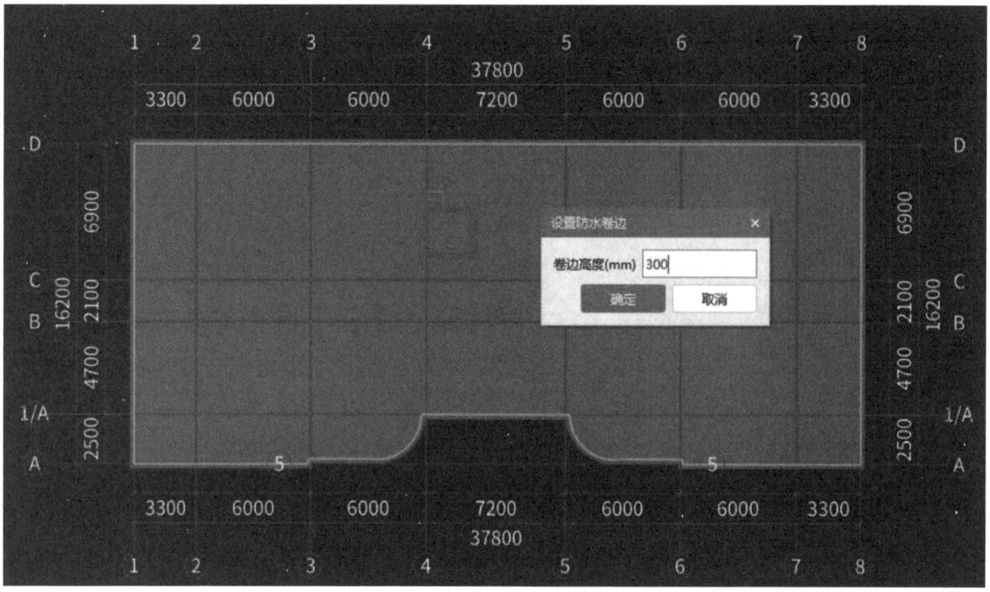

图 5.30

四、总结拓展

女儿墙位置外边线同其他楼层外墙外边线,在绘制女儿墙时,可先参照柱的外边线进行绘制,然后删除柱即可。

问题思考

构造柱的绘制可参考哪些方法?

6 地下一层工程量计算

通过本章的学习,你将能够:
(1)分析地下层要计算哪些构件;
(2)各构件需要计算哪些工程量;
(3)地下层构件与其他层构件属性定义与绘制的区别;
(4)计算并统计地下一层工程量。

6.1 地下一层柱的工程量计算

通过本节的学习,你将能够:
(1)分析本层归类到剪力墙的构件;
(2)统计本层柱的工程量。

一、任务说明

①完成地下一层柱的构件属性定义、做法套用及绘制。
②汇总计算,统计地下一层柱的工程量。

二、任务分析

①地下一层都有哪些需要计算的构件工程量?
②地下一层有哪些柱构件不需要绘制?

三、任务实施

1)图纸分析

①分析结施-04,可以从柱表中得到地下一层和首层柱信息相同。本层包括矩形框架柱及暗柱。

②YBZ1 和 YBZ2 包含在剪力墙里面,算量时属于剪力墙内部构件,因此 YBZ1 和 YBZ2 的混凝土量与模板工程量归到剪力墙中。

2)属性定义与绘制

从首层复制柱到地下一层,如图 6.1 所示。

图 6.1

3)做法套用

地下一层框架柱的做法参考一层框架柱的做法。

地下一层柱 YBZ1 和 YBZ2 的做法,可将一层柱的做法利用“做法刷”进行复制,如图6.2所示。

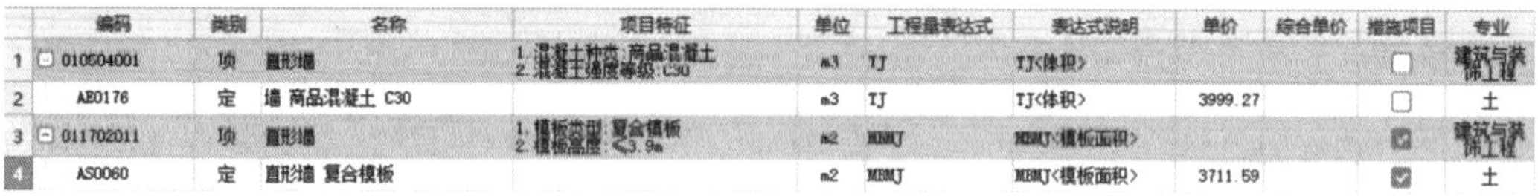

	编码	类别	名称	项目特征	单位	工程量表达式	表达式说明	单价	综合单价	措施项目	专业
1	010504001	项	直形墙	1.混凝土种类:商品混凝土 2.混凝土强度等级:C30	m3	TJ	TJ<体积>			☐	建筑与装饰工程
2	AE0176	定	墙 商品混凝土 C30		m3	TJ	TJ<体积>	3999.27		☐	土
3	011702011	项	直形墙	1.模板类型:复合模板 2.模板高度:≤3.9m	m2	MBMJ	MBMJ<模板面积>			☑	建筑与装饰工程
4	AS0060	定	直形墙 复合模板		m2	MBMJ	MBMJ<模板面积>	3711.59		☑	土

图 6.2

四、任务结果

汇总计算,统计地下一层柱的清单定额工程量,见表 6.1。

表 6.1 地下一层柱的清单定额工程量

编码	项目名称	单位	工程量
010502001001	矩形柱 [项目特征] 1. 混凝土种类:商品混凝土 2. 混凝土强度等级:C30	m^3	31.9754
AE0083	柱 商品混凝土 C30	10 m^3	3.20
011702002001	矩形柱	m^2	152.8143
AS0042	矩形柱 复合模板	100 m^2	1.528143

五、总结拓展

在新建异形柱时,绘制异形柱需一次围成封闭区域。围成封闭区域后不能在该网格上绘制任何图形。

问题思考

图元存盘及图元提取如何使用?它们有什么优点?

6.2 地下一层剪力墙的工程量计算

通过本节学习,你将能够:
分析本层归类到剪力墙的构件。

一、任务说明

①完成地下一层剪力墙的属性定义及做法套用。
②绘制剪力墙图元。
③汇总计算,统计地下一层剪力墙的工程量。

二、任务分析

①地下一层剪力墙和首层有什么不同?
②地下一层中有哪些剪力墙构件不需要绘制?

三、任务实施

1)图纸分析

①分析结施-02,可以得到地下一层的剪力墙信息。
②分析结施-05,可得到连梁信息,连梁是剪力墙的一部分。
③分析结施-02,剪力墙顶部有暗梁。

2)清单、定额计算规则学习

(1)清单计算规则

混凝土墙清单计算规则,见表6.2。

表 6.2　混凝土墙清单计算规则

编码	项目名称	单位	计算规则
010504001	直形墙	m^3	按设计图示尺寸以体积计算,扣除门窗洞口及单个面积 >0.3 m^2 的孔洞所占体积,墙垛及凸出墙面部分并入墙体体积计算内
010504002	弧形墙		
010504004	挡土墙		

(2)定额计算规则

混凝土墙定额计算规则,见表 6.3。

表 6.3　混凝土墙定额计算规则

编码	项目名称	单位	计算规则
AE0176	混凝土墙	m^3	墙按图示尺寸以"m^3"计算,应扣除门窗洞口 >0.3 m^2 的体积。墙垛及凸出部分、三角八字、附墙柱(框架柱除外)并入墙体积内计算,执行墙项目;外墙长度按外墙中心线长度计算,内墙长度按内墙净长线计算

3)属性定义

(1)剪力墙的属性定义

①分析结施-02 可知,Q1 的相关信息如图 6.3—图 6.5 所示。

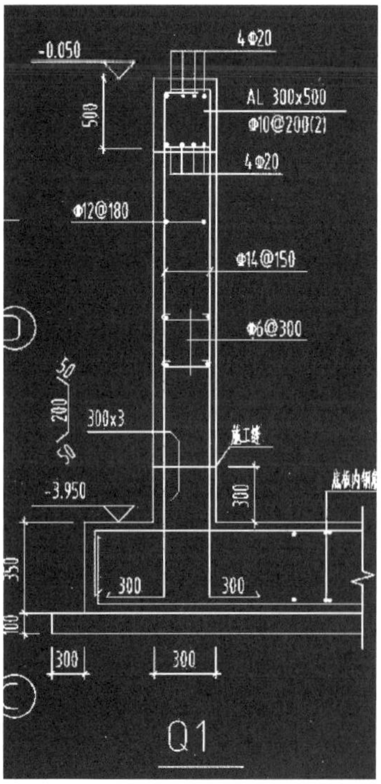

图 6.3

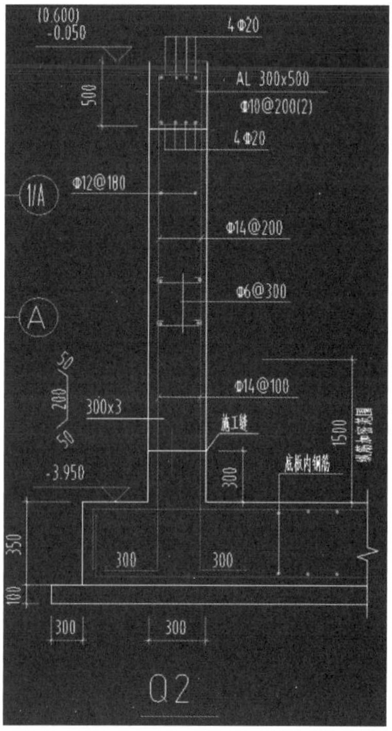

图 6.4

5.凡地下室外墙、水池池壁均在迎水面的砼保护层内，增加为Φ4@150的单层双向钢筋网片，其钢筋网片保护层厚度为25mm，详图4。墙板中拉筋间距宜为板筋间距的倍数。

图6.5

②新建外墙。在导航树中选择“墙”→“剪力墙”，在“构件列表”中单击“新建”→“新建外墙”，进入墙的属性定义界面，如图6.6—图6.8所示。

属性列表

	属性名称	属性值	附加
1	名称	Q1（弧形）	
2	厚度(mm)	300	☐
3	轴线距左墙皮...	(150)	☐
4	水平分布钢筋	(2)Φ12@180	☐
5	垂直分布钢筋	(2)Φ14@150	☐
6	拉筋	Φ6@300*300	☐
7	材质	商品混凝土	☐
8	混凝土强度等级	(C30)	☐
9	混凝土外加剂	(无)	
10	泵送类型	(混凝土泵)	
11	泵送高度(m)		
12	内/外墙标志	(外墙)	☑
13	类别	混凝土墙	☐
14	起点顶标高(m)	层顶标高	☐
15	终点顶标高(m)	层顶标高	☐
16	起点底标高(m)	基础顶标高	☐
17	终点底标高(m)	基础顶标高	☐
18	备注		☐
19	⊕ 钢筋业务属性		
32	⊕ 土建业务属性		
40	⊕ 显示样式		

图6.6

属性列表

	属性名称	属性值	附加
1	名称	Q1	
2	厚度(mm)	300	☐
3	轴线距左墙皮...	(150)	☐
4	水平分布钢筋	(2)Φ12@180	☐
5	垂直分布钢筋	(2)Φ14@150	☐
6	拉筋	Φ6@300*300	☐
7	材质	商品混凝土	☐
8	混凝土强度等级	(C30)	☐
9	混凝土外加剂	(无)	
10	泵送类型	(混凝土泵)	
11	泵送高度(m)		
12	内/外墙标志	(外墙)	☑
13	类别	混凝土墙	☐
14	起点顶标高(m)	层顶标高	☐
15	终点顶标高(m)	层顶标高	☐
16	起点底标高(m)	基础顶标高	☐
17	终点底标高(m)	基础顶标高	☐
18	备注		☐
19	⊕ 钢筋业务属性		
32	⊕ 土建业务属性		
40	⊕ 显示样式		

图6.7

属性列表

	属性名称	属性值	附加
1	名称	Q2	
2	厚度(mm)	300	☐
3	轴线距左墙皮...	(150)	☐
4	水平分布钢筋	(2)Φ12@180	☐
5	垂直分布钢筋	(2)Φ14@200	☐
6	拉筋	Φ6@300*300	☐
7	材质	商品混凝土	☐
8	混凝土强度等级	(C30)	☐
9	混凝土外加剂	(无)	
10	泵送类型	(混凝土泵)	
11	泵送高度(m)		
12	内/外墙标志	(外墙)	☑
13	类别	混凝土墙	☐
14	起点顶标高(m)	0.6	☐
15	终点顶标高(m)	0.6	☐
16	起点底标高(m)	基础顶标高	☐
17	终点底标高(m)	基础顶标高	☐
18	备注		☐
19	⊕ 钢筋业务属性		
32	⊕ 土建业务属性		
40	⊕ 显示样式		

图6.8

(2)连梁的属性定义

连梁在结施-05中，其属性信息如图6.9和图6.10所示。

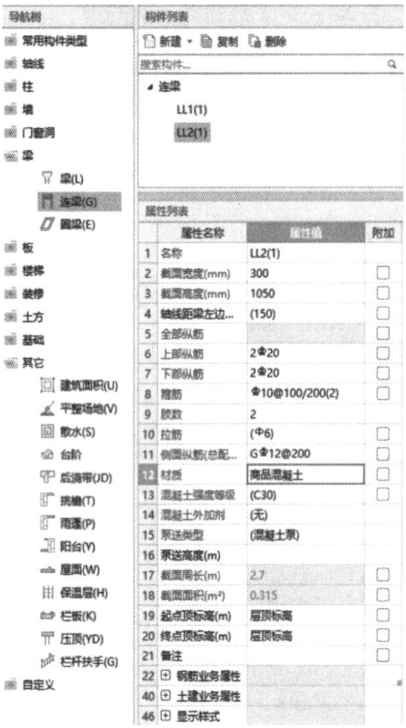

图 6.9

属性列表

	属性名称	属性值	附加
1	名称	LL1(1)	
2	截面宽度(mm)	200	☐
3	截面高度(mm)	1000	☐
4	轴线距梁左边...	(100)	☐
5	全部纵筋		☐
6	上部纵筋	4Φ22	☐
7	下部纵筋	4Φ22	☐
8	箍筋	Φ10@100(2)	☐
9	胶数	2	
10	拉筋	(Φ6)	☐
11	侧面纵筋(总配...	GΦ12@200	☐
12	材质	商品混凝土	☐
13	混凝土强度等级	(C30)	☐
14	混凝土外加剂	(无)	
15	泵送类型	(混凝土泵)	
16	泵送高度(m)		
17	截面周长(m)	2.4	☐
18	截面面积(m²)	0.2	☐
19	起点顶标高(m)	层顶标高	☐
20	终点顶标高(m)	层顶标高	☐
21	备注		☐
22	⊞ 钢筋业务属性		
40	⊞ 土建业务属性		
46	⊞ 显示样式		

图 6.10

(3)暗梁的属性定义

暗梁信息在结施-02 图纸中,属性定义如图 6.11 所示。

◢ 暗梁

◢ 暗梁

AL-300*500

属性列表

	属性名称	属性值	附加
1	名称	AL-300*500	
2	类别	暗梁	☐
3	截面宽度(mm)	300	☐
4	截面高度(mm)	500	☐
5	轴线距梁左边...	(150)	☐
6	上部钢筋	4Φ20	☐
7	下部钢筋	4Φ20	☐
8	箍筋	Φ10@100(2)	☐
9	侧面纵筋(总配...		☐
10	胶数	2	
11	拉筋		☐
12	材质	商品混凝土	☐
13	混凝土强度等级	(C30)	☐
14	混凝土外加剂	(无)	
15	泵送类型	(混凝土泵)	
16	泵送高度(m)		
17	终点为顶层暗梁	否	
18	起点为顶层暗梁	否	
19	起点顶标高(m)	层顶标高	☐
20	终点顶标高(m)	层顶标高	☐
21	备注		☐
22	⊞ 钢筋业务属性		
31	⊞ 土建业务属性		
38	⊞ 显示样式		

图 6.11

4)做法套用

外墙做法套用如图 6.12—图 6.14 所示。

搜索构件...

剪力墙
- Q1 [外墙]
- Q2 [外墙]
- Q3 [内墙]

	类别	名称	项目特征	单位	工程量表达式	表达式说明	单价	综合单价	措施项目	专业
1	项	直形墙	1.混凝土种类:商品混凝土 2.混凝土强度等级:C30	m3	JLQTJQD	JLQTJQD<剪力墙体积(清单)>			☐	建筑与装饰工程
2	定	墙 商品混凝土 C30		m3	JLQTJ	JLQTJ<剪力墙体积>	3999.27		☐	土
3	项	直形墙		m2	JLQMBMJQD	JLQMBMJQD<剪力墙模板面积(清单)>			☑	建筑与装饰工程
4	定	直形墙 复合模板		m2	JLQMBMJ	JLQMBMJ<剪力墙模板面积>	3711.59		☑	土

图 6.12

剪力墙
- Q1 [外墙]
- Q2 [外墙]
- Q3 [内墙]

属性列表

属性名称 属性值 附加

1	010504001	项	直形墙	1.混凝土种类:商品混凝土 2.混凝土强度等级:C30	m3	JLQTJQD	JLQTJQD<剪力墙体积(清单)>			☐	建筑与装饰工程
2	AE0176	定	墙 商品混凝土 C30		m3	JLQTJ	JLQTJ<剪力墙体积>	3999.27		☐	土
3	011702011	项	直形墙		m2	JLQMBMJQD	JLQMBMJQD<剪力墙模板面积(清单)>			☑	建筑与装饰工程
4	AS0060	定	直形墙 复合模板		m2	JLQMBMJ	JLQMBMJ<剪力墙模板面积>	3711.59		☑	土

图 6.13

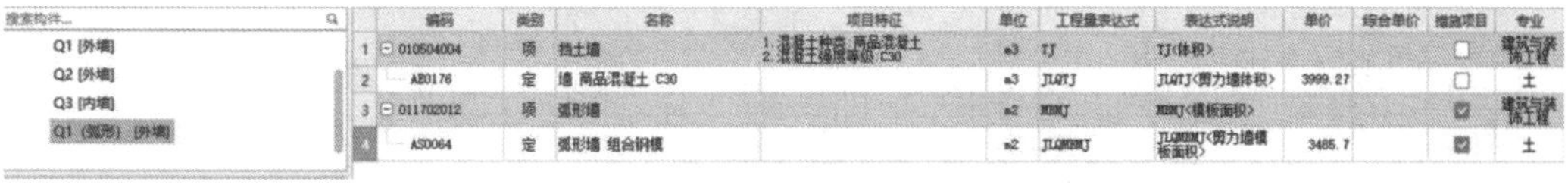

搜索构件...

- Q1 [外墙]
- Q2 [外墙]
- Q3 [内墙]
- Q1 (弧形) [外墙]

	编码	类别	名称	项目特征	单位	工程量表达式	表达式说明	单价	综合单价	措施项目	专业
1	010504004	项	挡土墙	1.混凝土种类:商品混凝土 2.混凝土强度等级:C30	m3	TJ	TJ<体积>			☐	建筑与装饰工程
2	AE0176	定	墙 商品混凝土 C30		m3	JLQTJ	JLQTJ<剪力墙体积>	3999.27		☐	土
3	011702012	项	弧形墙		m2	MBMJ	MBMJ<模板面积>			☑	建筑与装饰工程
4	AS0064	定	弧形墙 组合钢模		m2	JLQMBMJ	JLQMBMJ<剪力墙模板面积>	3485.7		☑	土

图 6.14

5)画法讲解

①用直线功能绘制即可,操作方法同首层。

②偏移,方法同首层。完成后如图 6.15 所示。

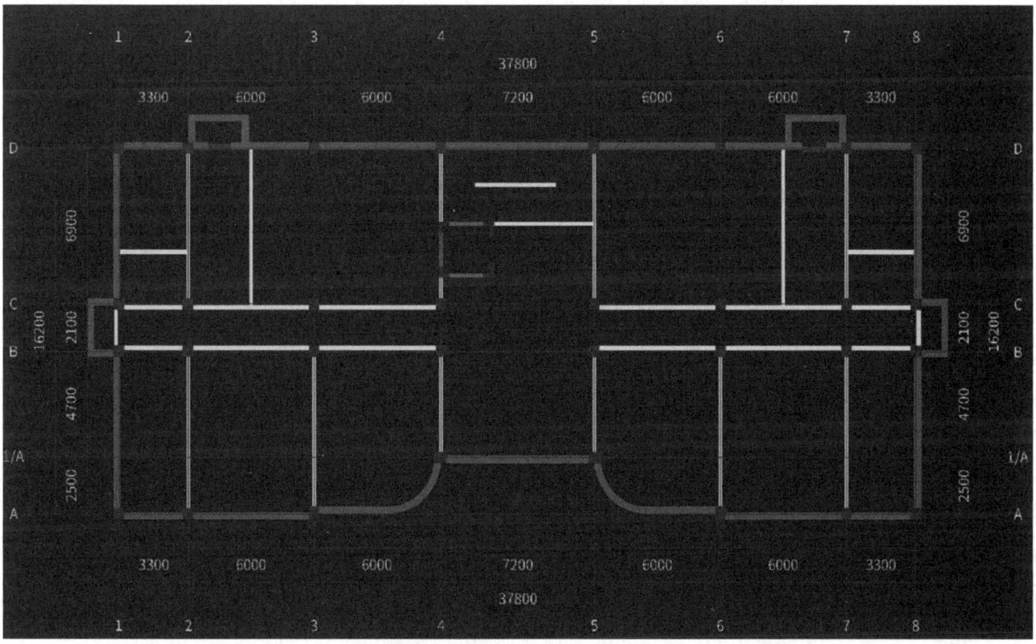

图 6.15

在相应位置用直线功能绘制即可,完成后如图 6.16 所示。

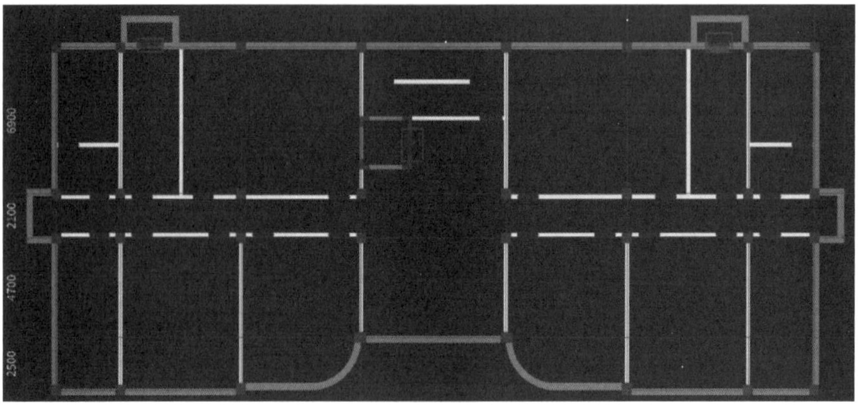

图 6.16

四、任务结果

汇总计算,统计本层剪力墙的工程量,见表 6.4。

表 6.4　地下一层剪力墙清单定额工程量

编码	项目名称	单位	工程量
010504001001	直形墙 C30 [项目特征] 1. 混凝土种类:商品混凝土 2. 混凝土强度等级:C30	m^3	9.332
AE0176	墙 商品混凝土 C30	10 m^3	0.9332
010504004001	挡土墙 [项目特征] 1. 混凝土种类:商品混凝土 2. 混凝土强度等级:C30	m^3	153.1856
AE0176	墙 商品混凝土 C30	10 m^3	15.3186
010504004001	挡土墙 [项目特征] 1. 混凝土种类:商品混凝土 2. 混凝土强度等级:C30	m^3	153.1856
AE0176	墙 商品混凝土 C30	10 m^3	15.3186
011702011001	直形墙	m^2	879.2676
AS0060	混凝土模板及支架(撑) 直形墙 复合模板	100 m^2	8.792676
011702012001	弧形墙	m^2	53.3333
AS0064	混凝土模板及支架(撑) 弧形墙 组合钢模	100 m^2	0.533333
011702013001	短肢剪力墙、电梯井壁	m^2	89.8285
AE0176	墙 商品混凝土 C30	100 m^2	0.898285

五、总结拓展

地下一层剪力墙的中心线和轴线位置不重合，如果每段墙体都来用“修改轴线距边的距离”比较麻烦。而图纸中显示剪力墙的外边线和柱的外边线平齐，因此，可先在轴线上绘制剪力墙，然后使用“单对齐”功能将墙的外边线和柱的外边线对齐即可。

问题思考

结合软件，分析剪力墙钢筋的锚固方式是怎样的。

6.3 地下一层梁、板、砌体墙的工程量计算

通过本节的学习，你将能够：

统计地下一层梁、板及砌体墙的工程量。

一、任务说明

①完成地下一层梁、板及砌体墙的属性定义、做法套用及绘制。

②汇总计算，统计地下一层梁、板及填充墙的工程量。

二、任务分析

地下一层梁、板及砌体墙和首层有什么不同？

三、任务实施

①分析结施-05 和结施-06，可知地下一层梁和首层梁基本相同，在Ⓑ轴④～⑤轴处原位标注信息不同。

②分析结施-09 可得到板的信息。

③分析建施-03 可得到砌体墙的信息。

地下一层梁、板及砌体墙的属性定义与做法套用等同首层梁、板及砌体墙的操作方法。

四、任务结果

汇总计算，统计地下一层梁、板及砌体墙清单定额工程量，见表 6.5。

表 6.5　地下一层梁、板及砌体墙清单定额工程量

编码	项目名称	单位	工程量
010402001001	砌块墙 ［项目特征］ 1. 砖品种、规格、强度等级:200 mm 厚加气混凝土砌块 2. 墙体类型:内墙 3. 砂浆强度等级、配合比:M5 水泥砂浆砌筑	m^3	85.5993
AD0157	加气混凝土砌块墙 干混砂浆	10 m^3	8.55993
010505001002	有梁板 ［项目特征］ 1. 混凝土种类:商品混凝土 2. 混凝土强度等级:C30P6	m^3	97.7949
AE0233	板 商品混凝土 C30	10 m^3	9.75751
011702014002	有梁板	m^2	680.3908
AS0067	混凝土模板及支架(撑) 有梁板 复合模板	100 m^2	6.803908

五、总结拓展

结合清单定额规范,套取相应的定额子目时注意超高部分量的提取。

问题思考

如何计算框架间墙的长度?

6.4 地下一层门窗洞口、圈梁(过梁)、构造柱的工程量计算

通过本节的学习,你将能够:

统计地下一层门窗洞口、圈梁(过梁)、构造柱的工程量。

一、任务说明

完成地下一层门窗洞口、圈梁(过梁)、构造柱的构件定义、做法套用及绘制。

二、任务分析

①地下一层门窗洞口、圈梁(过梁)、构造柱和首层有什么不同?

②地下一层中有哪些剪力墙构件不需要绘制?

三、任务实施

1)图纸分析

分析结施-03,可得到地下一层门窗洞口信息。

2)门窗洞口属性的定义及做法套用

门窗洞口的属性定义及做法套用同首层。

四、任务结果

汇总计算,统计本层门窗洞口、圈梁(过梁)的清单定额工程量,见表6.6。

表6.6 地下一层门窗洞口、圈梁(过梁)的清单定额工程量

编码	项目名称	单位	工程量
010510003001	过梁 [项目特征] 1. 混凝土种类:商品混凝土 2. 混凝土强度等级:C25	m^3	0.8114
AE0112	梁 商品混凝土 C25	10 m^3	0.08114
010801001001	木质门 [项目特征] 1. 门代号及洞口尺寸:M1021 2. 门框或扇外围尺寸:1000 mm×2100 mm 3. 门框、扇材质:木质复合门	m^2	39.9
AH0004	胶合板门带框 无亮	100 m^2	0.399
010802003001	钢质防火门 [项目特征] 1. 门代号及洞口尺寸:FM 甲 1121 2. 门框或扇外围尺寸:1100 mm×2100 mm 3. 门框、扇材质:乙级钢质防火门	m^2	2.31
AH0062	钢质防火门	100 m^2	0.0231
010802003002	钢质防火门 [项目特征] 1. 门代号及洞口尺寸:FM 甲 1021 2. 门框或扇外围尺寸:1000 mm×2100 mm 3. 门框、扇材质:甲级钢质防火门	m^2	2.1
AH0062	钢质防火门	100 m^2	0.021
010807001003	金属(塑钢、断桥)窗 [项目特征] 1. 窗代号及洞口尺寸:C1624 2. 门框或扇外围尺寸:1600 mm×2400 mm 3. 门框、扇材质:塑钢	m^2	7.68

续表

编码	项目名称	单位	工程量
AH0142	塑钢窗 平开窗	100 m^2	0.0768
011702009001	过梁	m^2	12.9364
AS0056	混凝土模板及支架(撑) 过梁 复合模板	100 m^2	0.129364

问题思考

门窗洞口与墙体间的相互扣减关系是怎样的?

7 基础层工程量计算

通过本章的学习,你将能够:

(1)分析基础层需要计算的内容;

(2)定义独立基础、止水板、垫层、土方等构件;

(3)统计基础层工程量。

7.1 独立基础、垫层、止水板的定义与绘制

通过本节的学习,你将能够:

(1)依据定额、清单分析独立基础、止水板、垫层的计算规则,确定计算内容;

(2)定义独立基础、止水板、垫层;

(3)绘制独立基础、止水板、垫层;

(4)统计独立基础、止水板、垫层工程量。

一、任务说明

①完成独立基础、止水板、垫层的构件定义、做法套用及绘制。

②汇总计算,统计独立基础、止水板、垫层的工程量。

二、任务分析

①基础层都有哪些需要计算的构件工程量?

②独立基础、止水板、垫层如何定义和绘制?

三、任务实施

1)分析图纸

①由结施-03 可知,本工程为独立基础,混凝土强度等级为 C30,独立基础顶标高为止水板顶标高(-3.95 m)。

②由结施-03 可知,本工程基础垫层为 100 mm 厚的混凝土,顶标高为基础底标高,出边距离为 100 mm。

③由结施-03 可知,基础部分止水板的厚度为 350 mm,止水板采用筏板基础进行处理。

2)清单、定额计算规则学习

(1)清单计算规则学习

独立基础、垫层、止水板清单计算规则,见表 7.1。

表 7.1 独立基础、垫层、止水板清单计算规则

编码	项目名称	单位	计算规则
010501003	独立基础	m^3	按设计图示尺寸以体积计算。不扣除构件内钢筋、预埋铁件和伸入承台基础的桩头所占体积
010501004	满堂基础		
010501001	垫层		

(2)定额计算规则学习

独立基础、垫层、止水板定额计算规则,见表 7.2。

表 7.2 独立基础、垫层、止水板定额计算规则

编码	项目名称	单位	计算规则
AE0030	基础 商品混凝土 C30	m^3	混凝土的工程量按施工图示尺寸以“m^3”计算,不扣除钢筋、螺栓、铁件、张拉孔道和面积≤0.05 m^2的螺栓盒等所占的体积
AS0028	混凝土模板及支架(撑) 独立基础 复合模板	m^2	按模板与混凝土的接触面积以“m^2”计算
AE0016	垫层 商品混凝土 C15	m^3	混凝土的工程量按施工图示尺寸以“m^3”计算,不扣除钢筋、螺栓、铁件、张拉孔道和面积≤0.05 m^2的螺栓盒等所占的体积
AS0026	混凝土模板及支架(撑) 基础垫层 复合模板	m^2	按模板与混凝土的接触面积以“m^2”计算
AE0030	基础 商品混凝土 C30	m^3	混凝土的工程量按施工图示尺寸以“m^3”计算,不扣除钢筋、螺栓、铁件、张拉孔道和面积≤0.05 m^2的螺栓盒等所占的体积
AS0032	混凝土模板及支架(撑) 满堂基础 复合模板	m^2	按模板与混凝土的接触面积以“m^2”计算

3)构件属性定义

(1)独立基础属性定义

下面以 JC-1 为例,介绍独立基础属性定义。单击导航树中“基础”→“独立基础”,选择“新建”→“新建独立基础”,单击鼠标右键,选择“新建矩形独立基础单元”,如图 7.1 所示。其属性定义如图 7.2 所示。

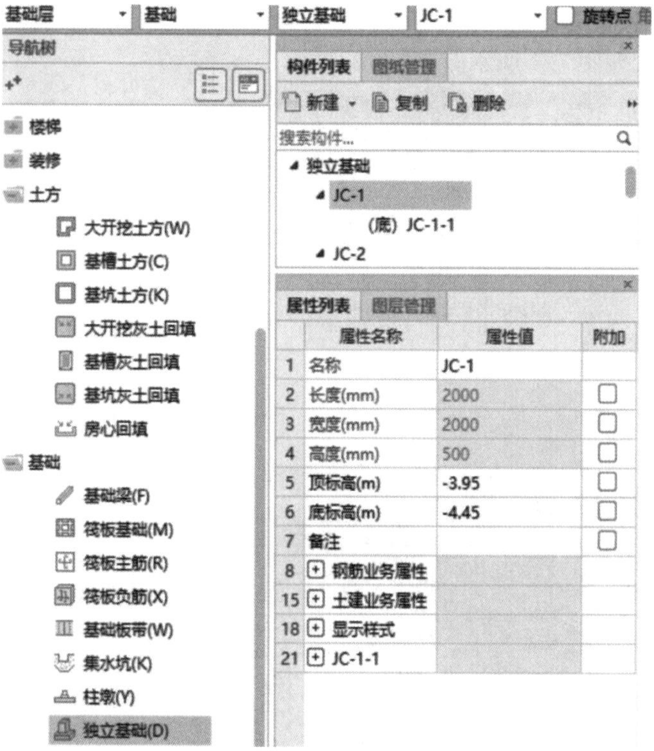

图 7.1

图 7.2

(2)止水板属性定义

新建筏板基础,修改其名称为止水板,其属性如图 7.3 所示。

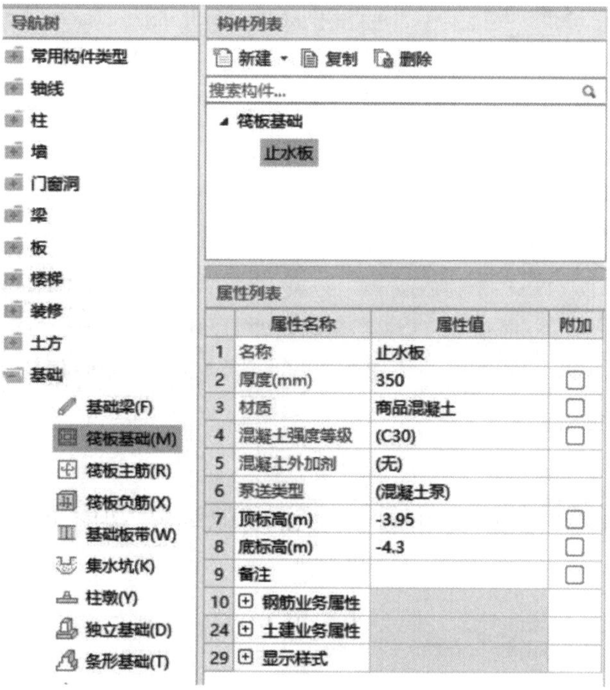

图 7.3

(3)垫层属性定义

新建面式垫层,垫层的属性定义,如图 7.4 所示。

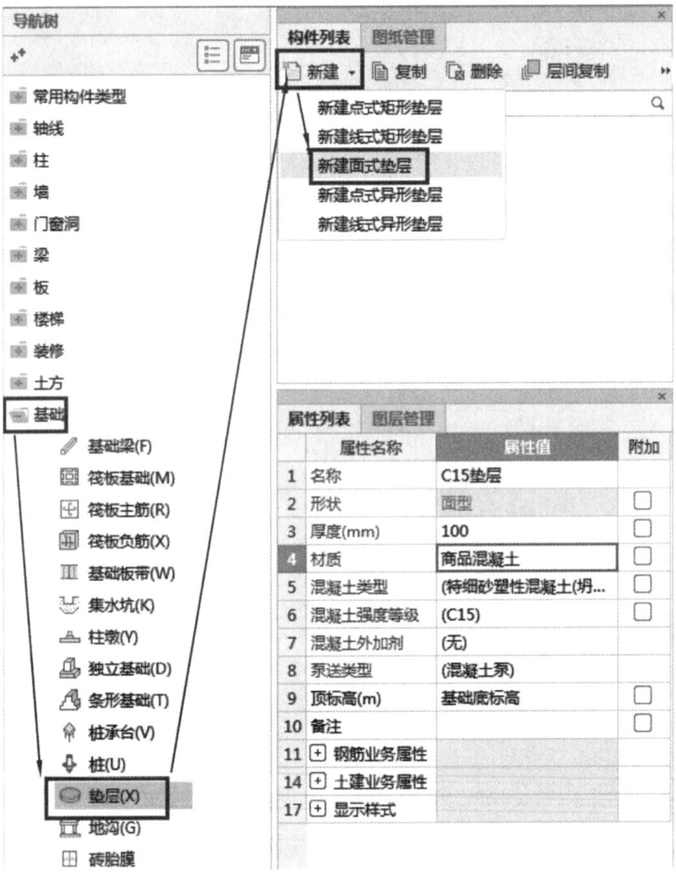

图 7.4

4)做法套用

(1)独立基础

独立基础的做法套用,如图 7.5 所示。

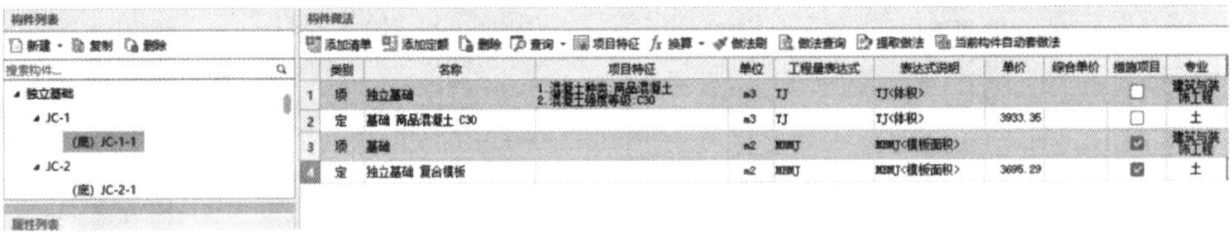

图 7.5

其他独立基础清单的做法套用相同,可采用"做法刷"功能完成做法套用,如图 7.6 所示。

(2)止水板

止水板的做法套用,如图 7.7 所示。

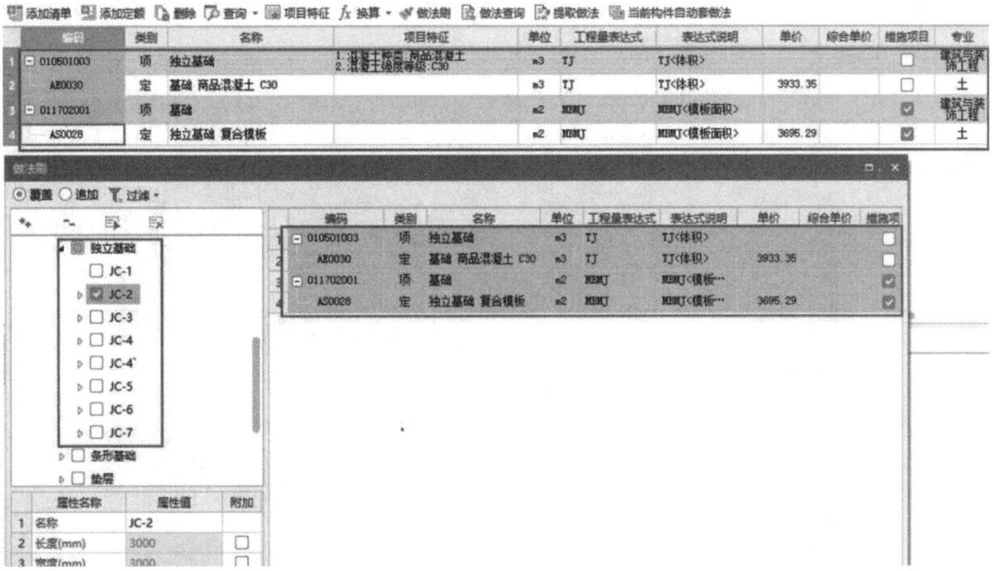

图 7.6

	编码	类别	名称	项目特征	单位	工程量表达式	表达式说明	单价	综合单价	措施项目	专业
1	⊟ 010501004	项	满堂基础	1.混凝土种类:商品混凝土 2.混凝土强度等级:C30	m3	TJ	TJ<体积>			☐	建筑与装饰工程
2	AE0030	定	基础 商品混凝土 C30		m3	TJ	TJ<体积>	3933.35		☐	土
3	⊟ 011702001	项	基础		m2	MBMJ	MBMJ<模板面积>			☑	建筑与装饰工程
4	AS0032	定	满堂基础 复合模板		m2	MBMJ	MBMJ<模板面积>	3464		☑	土

图 7.7

(3)垫层

垫层的做法套用,如图 7.8 所示。

	编码	类别	名称	项目特征	单位	工程量表达式	表达式说明	单价	综合单价	措施项目	专业
1	⊟ 010501001	项	垫层	1.混凝土种类:商品混凝土 2.混凝土强度等级:C15	m3	TJ	TJ<体积>			☐	建筑与装饰工程
2	AE0016	定	垫层 商品混凝土 C15		m3	TJ	TJ<体积>	3533.93		☐	土
3	⊟ 011702001	项	基础垫层		m2	MBMJ	MBMJ<模板面积>			☑	建筑与装饰工程
4	AS0026	定	基础垫层 复合模板		m2			2350.86		☑	土

图 7.8

5)画法讲解

(1)独立基础

独立基础以“点”画的方式完成,绘制方法同柱。

(2)筏板基础

①止水板用矩形功能绘制,用鼠标左键单击①/Ⓓ轴交点,再在⑧/Ⓐ轴交点处单击左键即可完成,如图 7.9 所示。

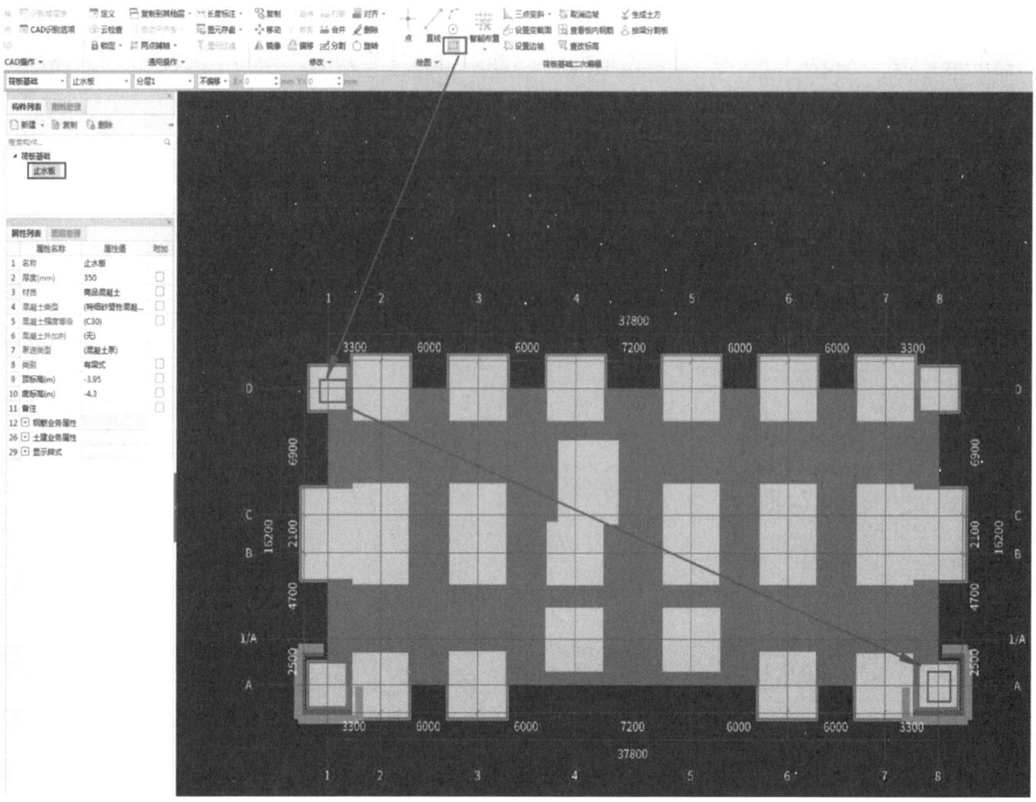

图 7.9

②由结施-02 可知,止水板左右侧外边线距轴线尺寸为 2200 mm,上下侧外边线距轴线尺寸为 2700 mm。选中止水板,鼠标右键单击“偏移”,鼠标移动至止水板的外侧输入 2200 mm,按“Enter”键;再次选中止水板,单边偏移尺寸为 500 mm,即可完成止水板的绘制。在独立基础 JC-7 处是没有止水板的,用分割功能沿着独立基础的边线分割即可完成,如图 7.10—图 7.12 所示。

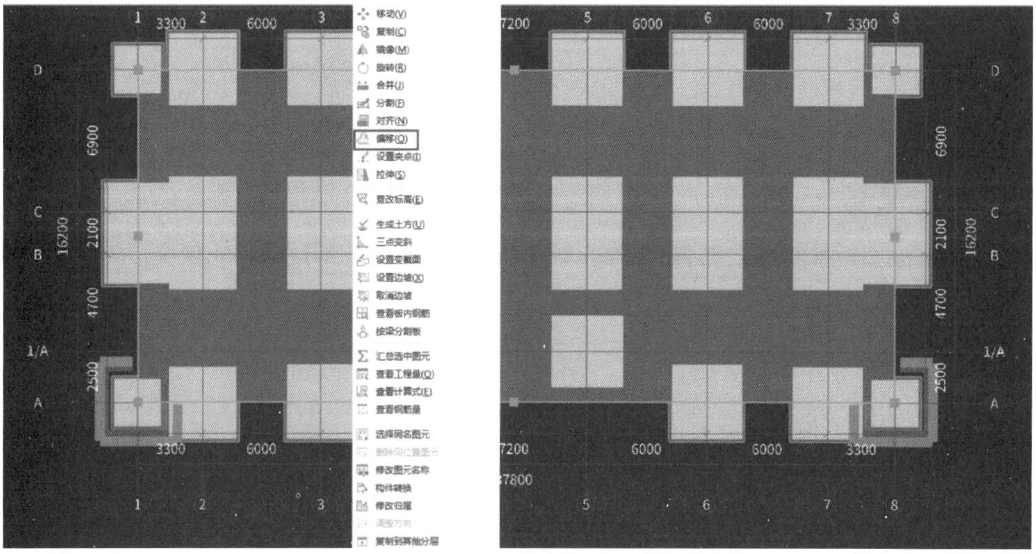

图 7.10

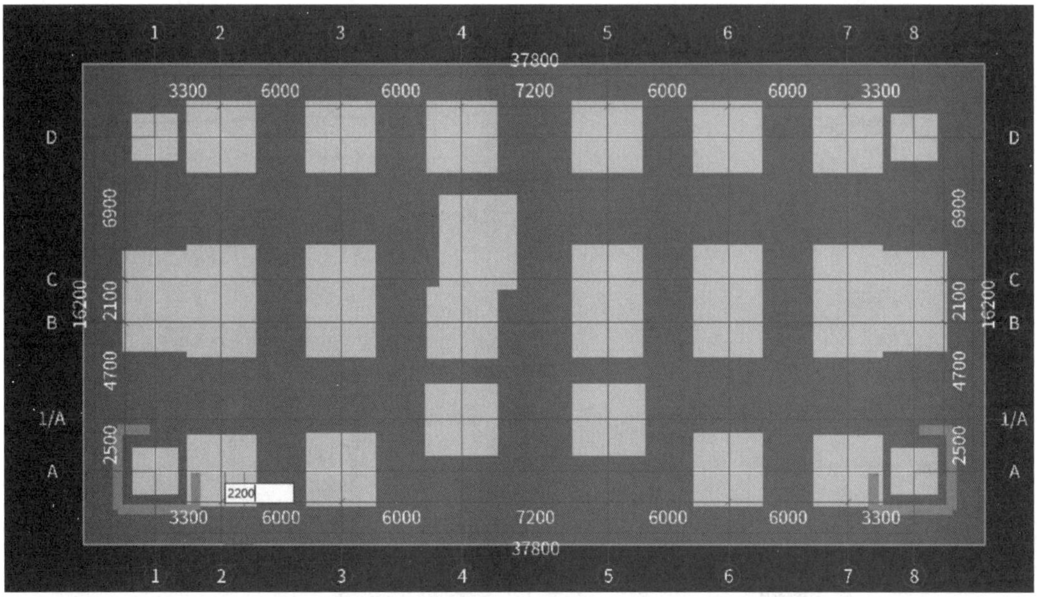

图 7.11

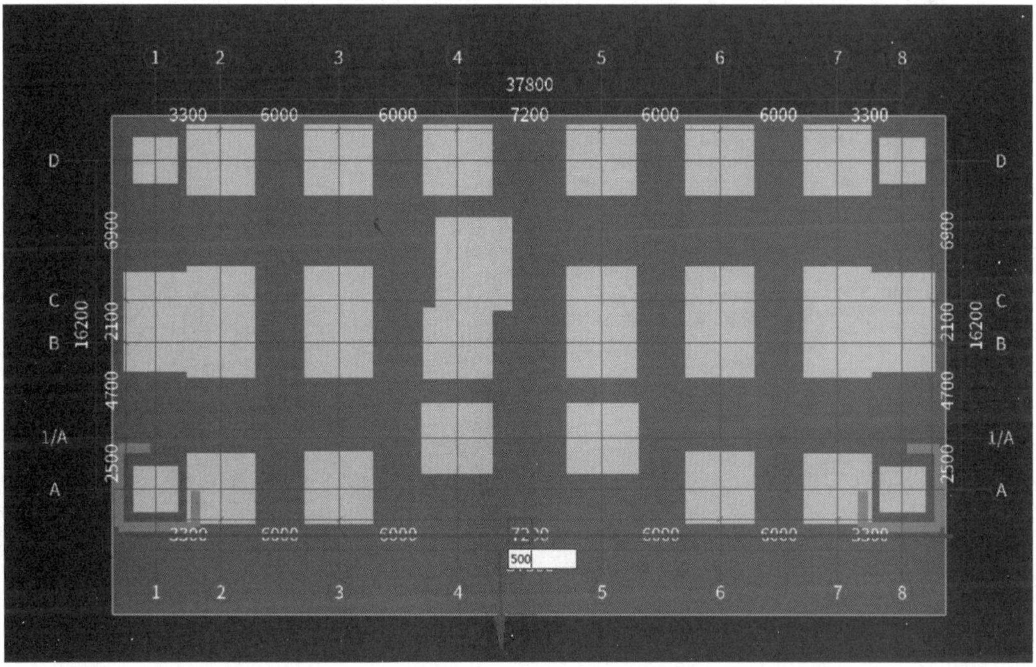

图 7.12

止水板内钢筋的操作方法与板钢筋类似。

新建筏板主筋,修改钢筋信息如图 7.13 和图 7.14 所示。

鼠标左键单击止水板即可完成钢筋布置。

③垫层是在独立基础下方,属于面式构件,选择“智能布置”→“独立基础”,在弹出的对话框中输入出边距离“100 mm”,单击“确定”按钮,框选独立基础,垫层就布置好了。在止水板下的垫层绘制方法同独立基础下方垫层,输入出边距离“300 mm”。

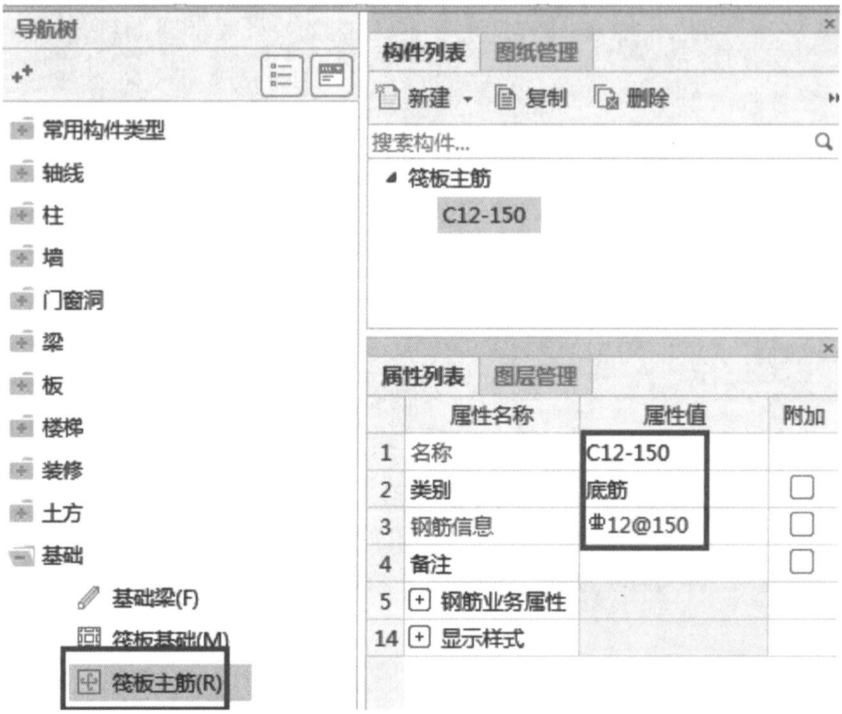

图 7.13

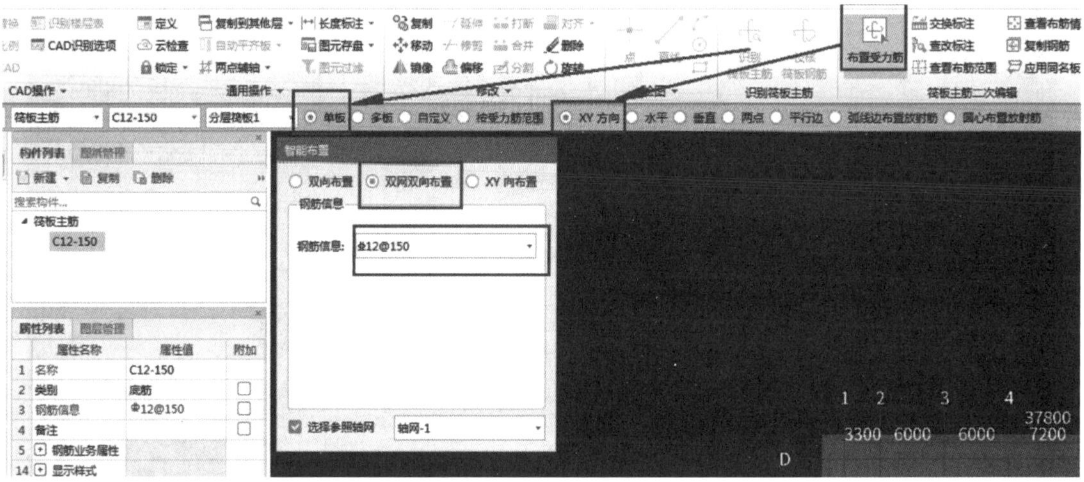

图 7.14

四、任务结果

汇总计算,统计独立基础、止水板、垫层清单定额工程量,见表 7.3。

表 7.3 独立基础、止水板、垫层清单定额工程量

编码	项目名称	单位	工程量
010501001001	垫层 [项目特征] 1. 混凝土种类:商品混凝土 2. 混凝土强度等级:C15	m^3	99.3154
AE0016	垫层 商品混凝土 C15	10 m^3	9.93154
010501001002	垫层 [项目特征] 1. 混凝土种类:商品混凝土 2. 混凝土强度等级:C15	m^3	1.722
AE0016	垫层 商品混凝土 C15	10 m^3	0.1722
010501003001	独立基础 [项目特征] 1. 混凝土种类:商品混凝土 2. 混凝土强度等级:C30P6	m^3	182.1042
AE0030	基础 商品混凝土 C30	10 m^3	18.21042
010501004001	满堂基础 [项目特征] 1. 混凝土种类:商品混凝土 2. 混凝土强度等级:C30P6	m^3	208.46
AE0030	基础 商品混凝土 C30	10 m^3	20.846
011702001001	基础	m^2	161.0102
AS0028	独立基础 复合模板	100 m^2	1.610102
011702001002	基础	m^2	5.256
AS0026	基础垫层 复合模板	100 m^2	0.05256

五、总结拓展

建模四棱台独立基础

软件在独立基础里提供了多种参数图供选择,如图 7.15 所示,选择“新建独立基础单元”后,选择参数化图,用点画的方法绘制图元,如图 7.16 所示。

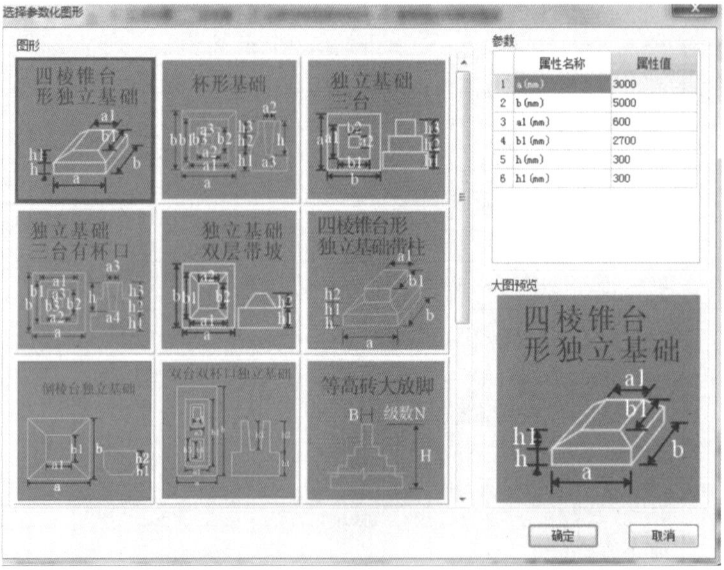

图 7.15

图 7.16

问题思考

(1)窗台下基础部分需要绘制哪些构件?如何定义?

(2)面式垫层如何绘制?

7.2 土方工程量计算

通过本节的学习,你将能够:

(1)依据清单、定额分析挖土方的计算规则;

(2)定义基坑土方和大开挖土方;

(3)统计挖土方的工程量。

一、任务说明

①完成土方工程的构件定义、做法套用及绘制。

②汇总计算土方工程量。

二、任务分析

①哪些地方需要挖土方?

②基础回填土方应如何进行计算?

三、任务实施

1)分析图纸

分析结施-02可知,本工程独立基础JC-7的土方属于基坑土方,挡水板的土方为大开挖土方。依据定额可知,挖土方有工作面300 mm,根据挖土深度需要放坡,放坡土方增量按照定额规定计算。

2)清单、定额计算规则学习

(1)清单计算规则学习

土方清单计算规则,见表7.4。

表7.4 土方清单计算规则

编码	项目名称	单位	计算规则
010101002	挖一般土方	m^3	按设计图示尺寸以基础垫层底乘以挖土深度计算
010101004	挖基坑土方	m^3	按设计图示尺寸以基础垫层底乘以挖土深度计算
010103001	回填方	m^3	按设计图示尺寸以体积计算 1.场地回填:回填面积乘以平均回填厚度 2.室内回填:主墙间面积乘以回填厚度,不扣除间隔墙 3.基础回填:按挖方清单项目工程量减去自然地坪以下埋设的基础体积(包括基础垫层及其他构筑物)

(2)定额计算规则学习

土方定额计算规则,见表7.5。

表7.5 土方定额计算规则

编码	项目名称	单位	计算规则
AA0003	挖一般土方 机械挖土方(大开挖)	m^3	按设计图示尺寸和有关规定以体积计算;机械挖土方(大开挖)已包括死角
AA0010	挖基坑土方 基坑(底面积≤20 m^2) 深度≤2 m	m^3	按设计图示尺寸和有关规定以体积计算

续表

编码	项目名称	单位	计算规则
AA0082	回填土 机械夯填	m^3	按设计图示尺寸以体积计算 1. 场地回填:回填面积乘以平均回填厚度 2. 室内回填:主墙间面积乘以回填厚度,不扣除间隔墙 3. 基础回填:按挖方清单项目工程量减去自然地坪以下埋设的基础体积(包括基础垫层及其他构筑物)

3)土方属性定义和绘制

(1)基坑土方绘制

用反建构件法,在垫层界面单击"生成土方",如图 7.17 所示。

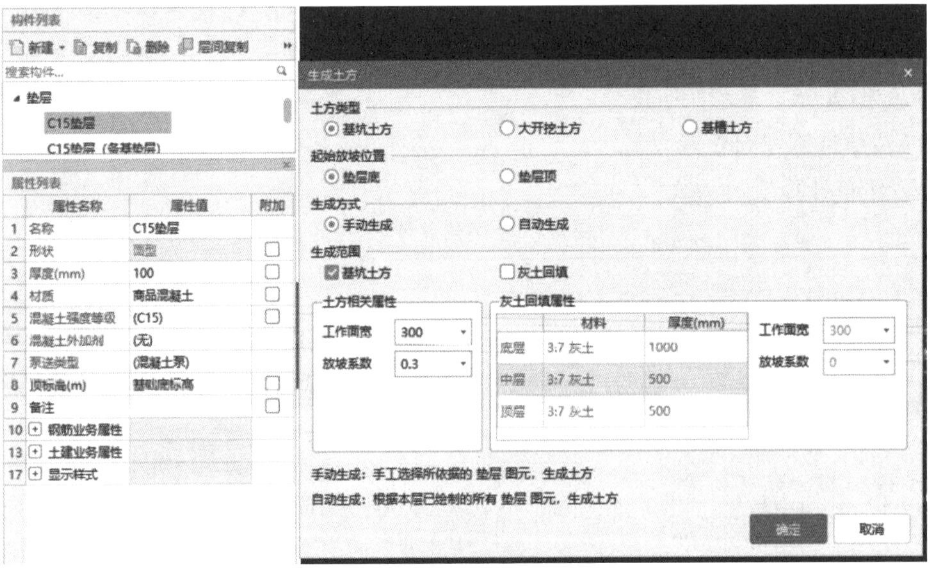

图 7.17

选择 JC-7 下方的垫层,单击鼠标右键,即可完成基坑土方的定义和绘制。

(2)挖一般土方绘制

在筏板基础定义界面,选择"生成土方"→"止水板",如图 7.18 所示。

用鼠标左键选择止水板,单击鼠标右键即可完成大开挖土方的定义和绘制,如图 7.19 所示。

4)土方做法套用

大开挖、基坑土方做法套用,如图 7.20 和图 7.21 所示。

四、任务结果

汇总计算,统计土方工程量,见表 7.6。

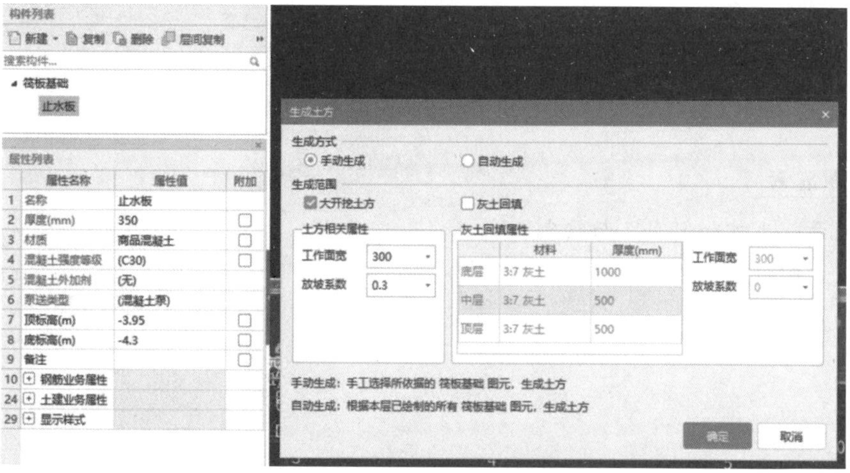

图 7.18

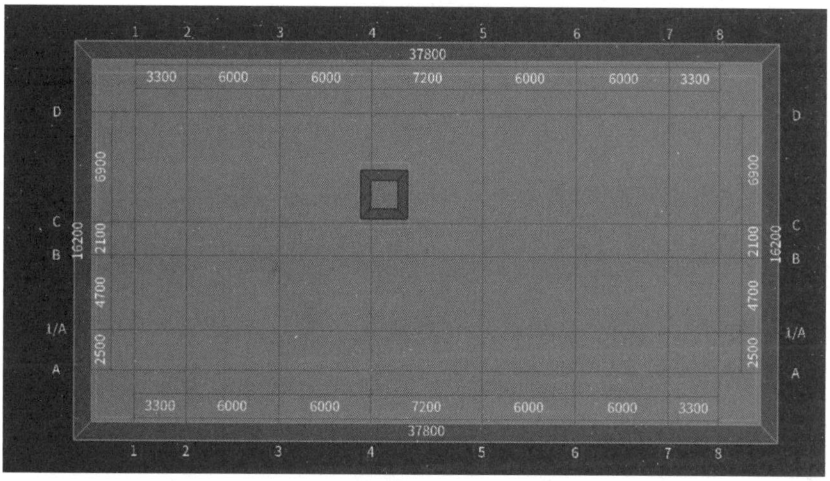

图 7.19

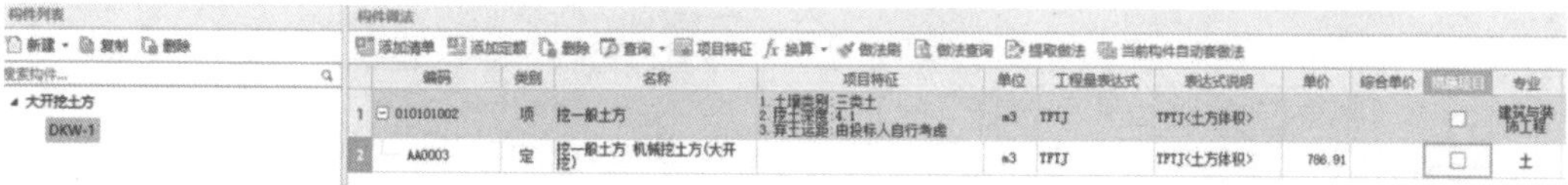

图 7.20

图 7.21

表 7.6 土方清单定额工程量

编码	项目名称	单位	工程量
010101002001	挖一般土方	m^3	4123.5529
AA0003	挖一般土方 机械挖土方(大开挖)	100 m^3	41.235529

五、总结拓展

土方的定义和绘制可采用自动生成功能实现,也可手动定义和绘制。

问题思考

(1)大开挖土方如何定义与绘制?

(2)土方回填的智能布置如何完成?

8 装修工程量计算

通过本章的学习，你将能够：

(1) 定义楼地面、天棚、墙面、踢脚、吊顶；

(2) 在房间中添加依附构件；

(3) 统计各层的装修工程量。

8.1 首层装修工程量计算

通过本节的学习，你将能够：

(1) 定义房间；

(2) 分类统计首层装修工程量。

一、任务说明

①完成全楼装修工程的楼地面、天棚、墙面、踢脚、吊顶的构件定义及做法套用。

②建立首层房间单元，添加依附构件并绘制。

③汇总计算，统计首层装修工程的工程量。

二、任务分析

①楼地面、天棚、墙面、踢脚、吊顶的构件做法在图中什么位置可以找到？

②各装修做法套用清单和定额时，如何正确地编辑工程量表达式？

③装修工程中如何用虚墙分割空间？

④外墙保温如何定义、套用做法？地下与地上一样吗？

三、任务实施

1) 分析图纸

分析建施-01 的室内装修做法表，首层有 6 种装修类型的房间：大堂、办公室 1、办公室 2、楼梯间、走廊、卫生间；装修做法有楼面 1、楼面 2、楼面 3、楼面 4、踢脚 1、踢脚 2、踢脚 3、内墙 1、内墙 2、天棚 1、吊顶 1、吊顶 2。

2)清单、定额计算规则学习

(1)清单计算规则学习

装饰装修清单计算规则,见表 8.1。

表 8.1 装饰装修清单计算规则

编码	项目名称	单位	计算规则
011101001	水泥砂浆楼地面(楼面 4)	m^2	按设计图示尺寸以面积计算。扣除凸出地面构筑物、设备基础、室内铁道、地沟等所占面积,不扣除间壁墙及≤0.3 m^2 柱、垛、附墙烟囱及孔洞所占面积。门洞、空圈、暖气包槽、壁龛的开口部分不增加面积
011102003	块料楼地面(楼面 1)	m^2	按设计图示尺寸以面积计算。门洞、空圈、暖气包槽、壁龛的开口部分并入相应的工程量内
011102003	块料楼地面(楼面 2)	m^2	按设计图示尺寸以面积计算。门洞、空圈、暖气包槽、壁龛的开口部分并入相应的工程量内
011102001	石材楼地面(楼面 3)	m^2	按设计图示尺寸以面积计算。门洞、空圈、暖气包槽、壁龛的开口部分并入相应的工程量内
011105001	水泥砂浆踢脚线(踢脚 3)	m	1. 以 m^2 计量,按设计图示长度乘高度以面积计算 2. 以 m 计量,按延长米计算
011105002	石材踢脚线(踢脚 2)	m	1. 以 m^2 计量,按设计图示长度乘高度以面积计算 2. 以 m 计量,按延长米计算
011105003	块料踢脚线(踢脚 1)	m	1. 以 m^2 计量,按设计图示长度乘高度以面积计算 2. 以 m 计量,按延长米计算
011201001	墙面一般抹灰(内墙 1)	m^2	按设计图示尺寸以面积计算。扣除墙裙、门窗洞口及单个 >0.3 m^2 的孔洞面积,不扣除踢脚线、挂镜线和墙与构件交接处的面积,门窗洞口和孔洞的侧壁及顶面不增加面积。附墙柱、梁、垛、烟囱侧壁并入相应的墙面面积内
011204001	石材墙面(墙裙 1)	m^2	按镶贴表面积计算
011204003	块料墙面(内墙 2)	m^2	按镶贴表面积计算
011204003	块料墙面(外墙 1)	m^2	按镶贴表面积计算
011204001	石材墙面(外墙 2)	m^2	按镶贴表面积计算
011301001	天棚抹灰(天棚 1)	m^2	按设计图示尺寸以水平投影面积计算。不扣除间壁墙、垛、柱、附墙烟囱、检查口和管道所占的面积,带梁天棚的梁两侧抹灰面积并入天棚面积内,板式楼梯底面抹灰按斜面积计算,锯齿形楼梯底板抹灰按展开面积计算

续表

编码	项目名称	单位	计算规则
011302001	吊顶天棚(吊顶2)	m^2	按设计图示尺寸以水平投影面积计算。天棚面中的灯槽及跌级、锯齿形、吊挂式、藻井式天棚面积不展开计算。不扣除间壁墙、检查口、附墙烟囱、柱垛和管道所占面积,扣除单个 >0.3 m^2 的孔洞、独立柱及与天棚相连的窗帘盒所占的面积
011302001	吊顶天棚(吊顶1)	m^2	按设计图示尺寸以水平投影面积计算。天棚面中的灯槽及跌级、锯齿形、吊挂式、藻井式天棚面积不展开计算。不扣除间壁墙、检查口、附墙烟囱、柱垛和管道所占面积,扣除单个 >0.3 m^2 的孔洞、独立柱及与天棚相连的窗帘盒所占的面积

(2)定额计算规则学习

①楼地面装修定额计算规则(以楼面2为例),见表8.2。

表8.2 楼地面装修定额计算规则

编码	项目名称	单位	计算规则
AL0077	楼地面找平层 水泥砂浆(中砂) 每增减厚度5 mm 1:2	m^2	按设计图示尺寸以面积计算
AL0115	地砖楼地面 ≤600 mm×600 mm	m^3	楼地面装饰面积按实铺面积计算,不扣除单个面积≤0.3 m^2 的孔洞、柱所占面积
AL0086	楼地面找平层 细石混凝土(中砂) 厚度30 mm C20	m^2	按设计图示尺寸以面积计算
AL0087	楼地面找平层 细石混凝土(中砂) 每增减5 mm C20	m^2	按设计图示尺寸以面积计算
AL0070	楼地面找平层 水泥砂浆(中砂)厚度20 mm 在混凝土及硬基层上 1:3	m^2	按设计图示尺寸以面积计算
AJ0044	屋面涂膜防水 单组份聚氨酯 涂膜厚1.5 mm	m^2	按设计图示尺寸以面积计算

②踢脚定额计算规则(以踢脚3为例),见表8.3。

表8.3 踢脚定额计算规则

编码	项目名称	单位	计算规则
AL0173	水泥砂浆踢脚线 水泥砂浆(中砂) 1:2	m	按设计图示尺寸以长度计算

③内墙面装修定额计算规则(以内墙 1 为例),见表 8.4。

表 8.4 内墙面装修定额计算规则

编码	项目名称	单位	计算规则
AM0009	墙面一般抹灰 水泥砂浆 中砂 普通	m^2	按设计图示尺寸以面积计算

④天棚、吊顶定额计算规则(以天棚 1、吊顶 1 为例),见表 8.5。

表 8.5 天棚、吊顶定额计算规则

编码	项目名称	单位	计算规则
AN0007	天棚抹灰 混凝土天棚 混合砂浆面(细砂)	m^2	天棚抹灰面积按墙与墙间的净空面积计算,不扣除间壁墙(厚度≤120 mm 的墙体)、垛、附墙烟囱、检查口、天棚装饰线脚、管道以及单个面积≤0.3 m^2 的孔洞及占位面积
AN0072	天棚吊顶 铝合金条板龙骨 轻型	m^2	天棚龙骨按主墙间净空面积计算,不扣除间壁墙、检查口、附墙烟囱、柱、垛和管道所占的面积,但天棚中的折线、迭落等圆弧形、高低灯槽等面积也不展开计算
AN0118	天棚吊顶 铝合金条板面层 开缝	m^2	天棚基层及面层按实铺面积计算,扣除单个面积>0.3 m^2 的占位面积及与天棚相连的窗帘盒所占的面积。天棚中的折线、迭落等圆弧形、拱形、高低灯槽及其他艺术形式大棚面层,按展开面积计算

3)装修构件的属性定义及做法套用

(1)楼地面的属性定义

单击导航树中的"装修"→"楼地面",在构件列表中选择"新建"→"新建楼地面",在属性编辑框中输入相应的属性值,如有房间需要计算防水,需在"是否计算防水"选择"是",如图 8.1—图 8.4 所示。

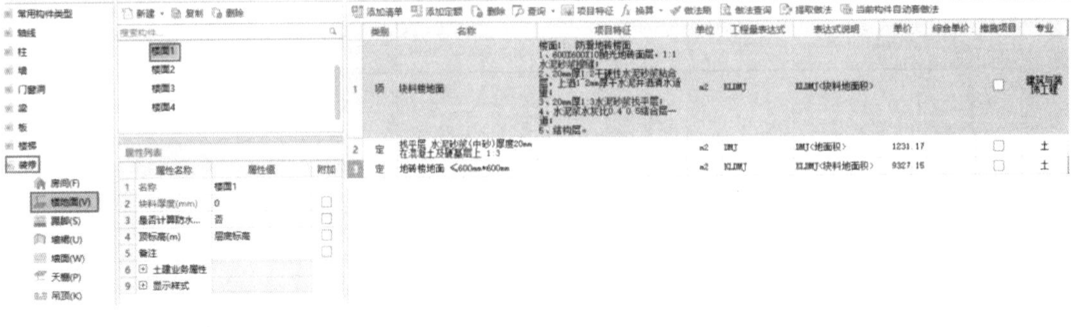

图 8.1

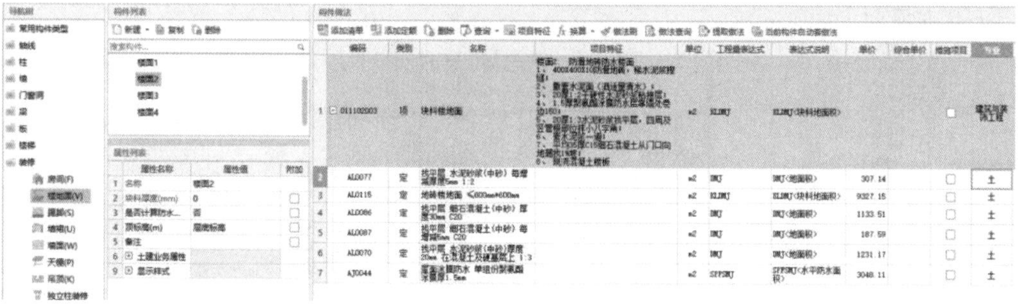

图 8.2

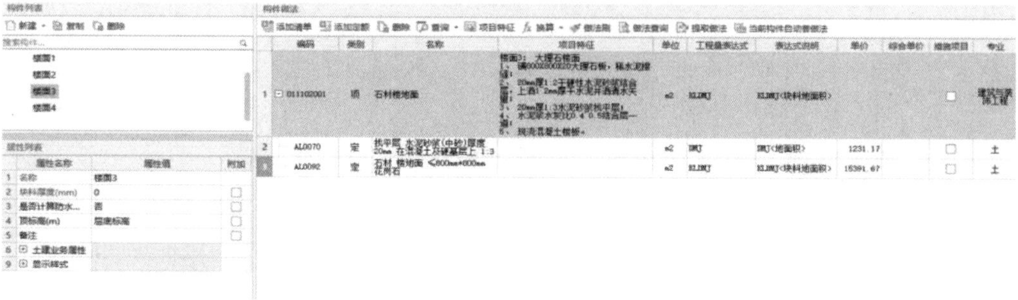

图 8.3

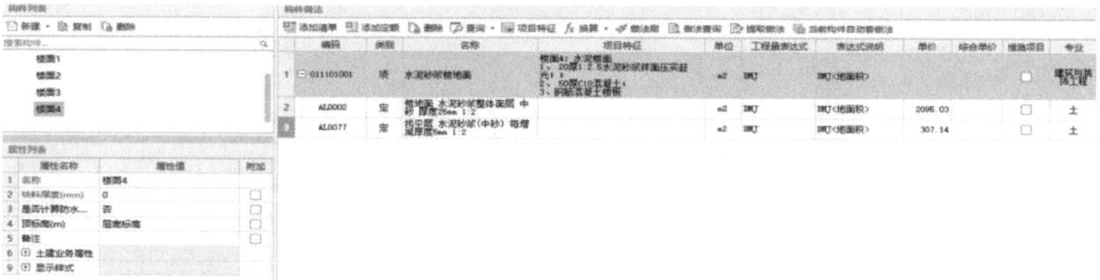

图 8.4

(2)踢脚的属性定义

新建踢脚构件的属性定义,如图 8.5 和图 8.6 所示。

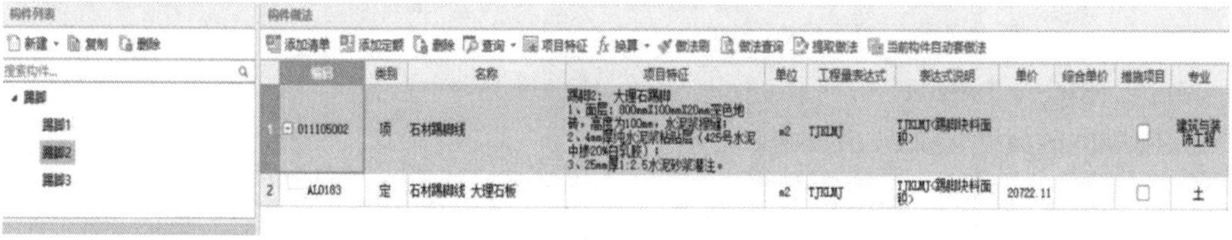

图 8.5

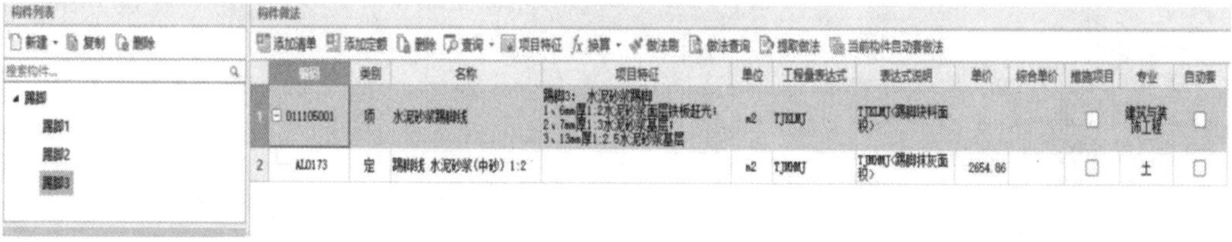

图 8.6

(3)内墙面的属性定义

新建内墙面构件的属性定义,如图 8.7—图 8.9 所示。

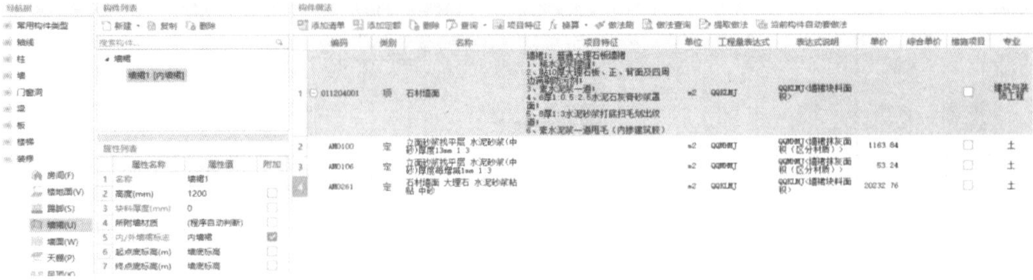

图 8.7

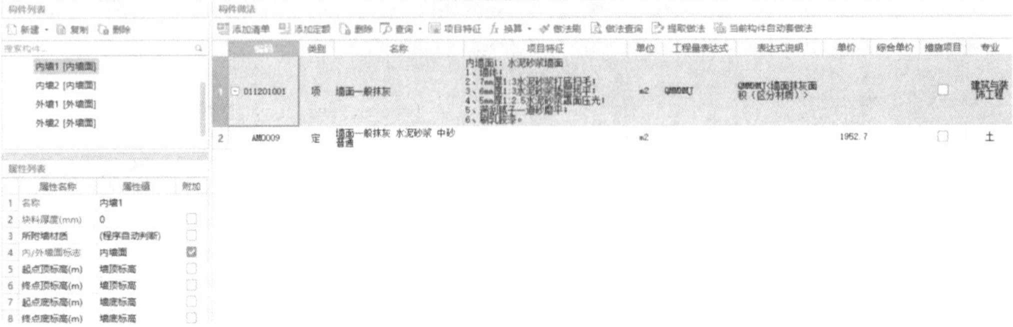

图 8.8

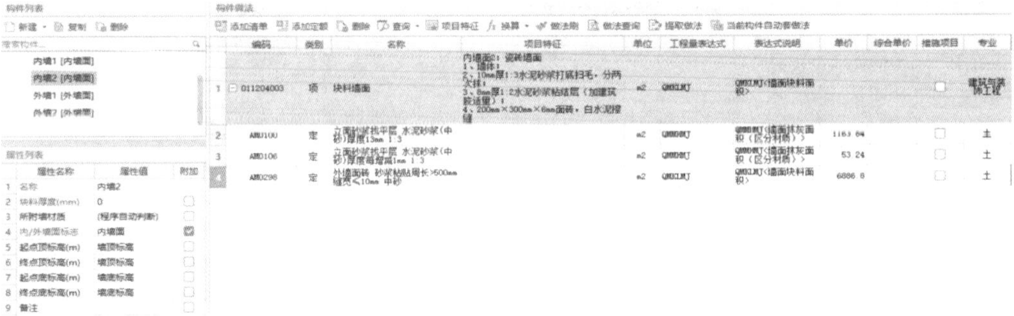

图 8.9

(4)天棚的属性定义

天棚构件的属性定义,如图 8.10 所示。

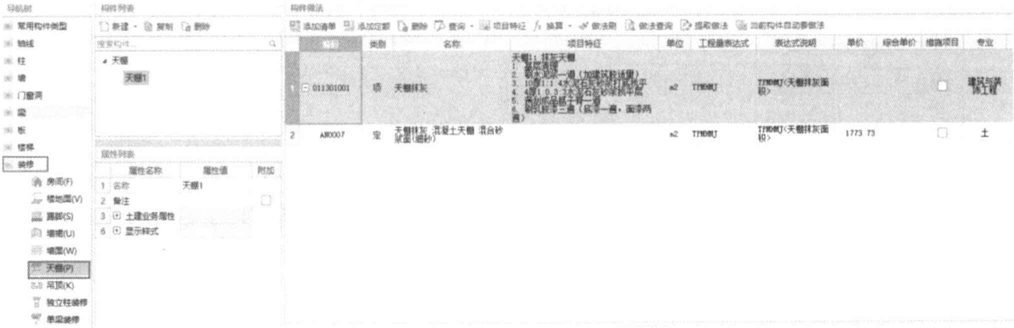

图 8.10

(5)吊顶的属性定义

分析建施-01 可知,吊顶1距地的高度,吊顶1的属性定义,如图8.11和图8.12所示。

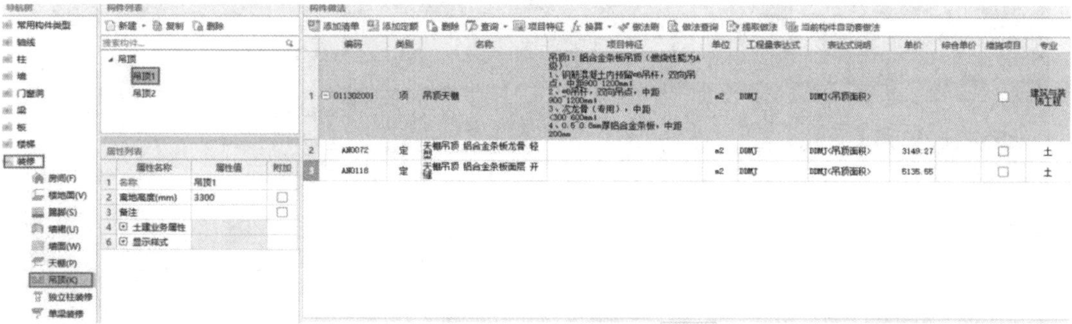

图8.11

图8.12

(6)房间的属性定义

通过"添加依附构件",建立房间中的装修构件。构件名称下"楼面1"可以切换成"楼面2"或是"楼面3",其他的依附构件也是同理进行操作,如图8.13所示。

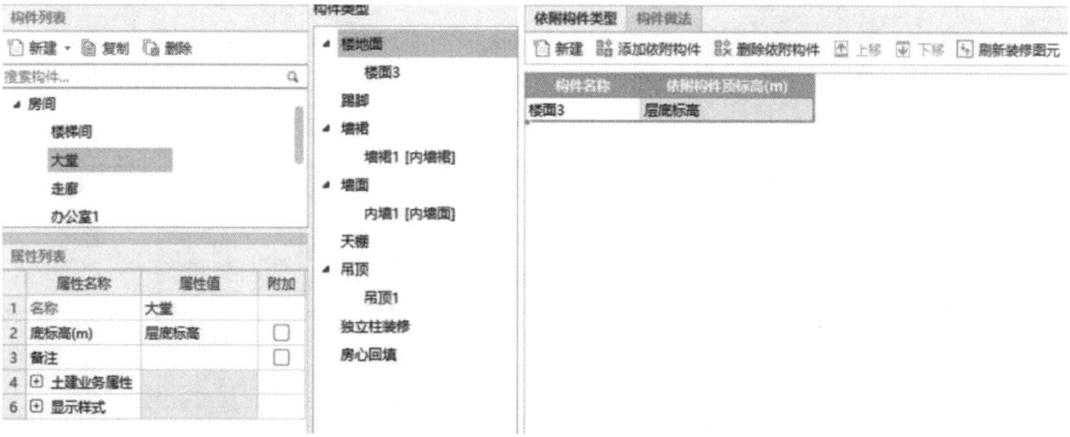

图8.13

4)房间的绘制

点绘制。按照建施-04中房间的名称,选择软件中建立好的房间,在需要布置装修的房间处单击一下,房间中的装修即自动布置上去。绘制好的房间,用三维查看效果。为保证大厅的"点"功能绘制,可在④~⑤/Ⓑ轴线上补画一道虚墙,如图8.14所示。

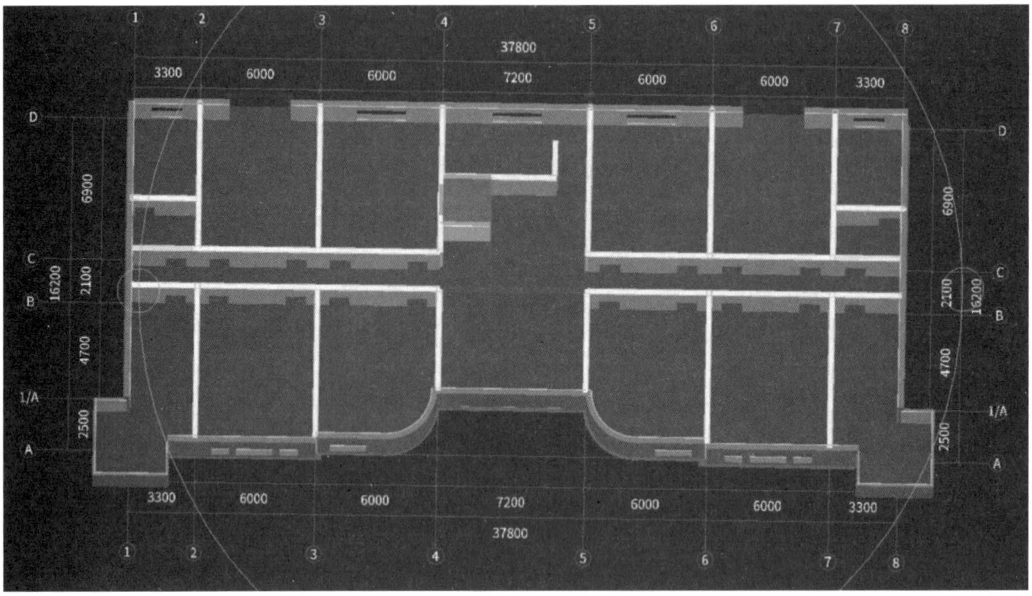

图 8.14

四、任务结果

按照以上保温层的绘制方式,完成其他层外墙保温层的绘制,并汇总计算,统计各层保温层的工程量,见表 8.6。

表 8.6　装饰装修工程量表

编码	项目名称	单位	工程量
011101001	水泥砂浆楼地面(楼面 4)	m^2	68.5094
011102003	块料楼地面(楼面 1)	m^2	323.3758
011102003	块料楼地面(楼面 2)	m^2	85.633
011102001	石材楼地面(楼面 3)	m^2	97.925
011105001	水泥砂浆踢脚线(踢脚 3)	m^2	5.512
011105002	石材踢脚线(踢脚 2)	m^2	4.86
011105003	块料踢脚线(踢脚 1)	m^2	22.291
011201001	墙面一般抹灰(内墙 1)	m^2	940.8966
011204001	石材墙面(墙裙 1)	m^2	14.628
011204003	块料墙面(内墙 2)	m^2	158.066
011204003	块料墙面(外墙 1)	m^2	221.2218
011204001	石材墙面(外墙 2)	m^2	145.127
011301001	天棚抹灰(天棚 1)	m^2	107.2463
011302001	吊顶天棚(吊顶 2)	m^2	43.2
011302001	吊顶天棚(吊顶 1)	m^2	419.4324

五、总结拓展

装修的房间必须是封闭的

在绘制房间图元时,要保证房间必须是封闭的,如不封闭,可使用虚墙将房间封闭。

问题思考

(1)虚墙是否计算内墙面工程量?

(2)虚墙是否影响楼面的面积?

8.2 其他层装修工程量计算

通过本小节的学习,你将能够:

(1)分析软件在计算装修工程量时的计算思路;

(2)计算其他楼层装修工程量。

其他楼层装修方法同首层,也可考虑从首层复制图元。

一、任务说明

完成其他楼层的装修工程量。

二、任务分析

①其他楼层与首层做法有何不同?

②装修工程量的计算与主体构件的工程量计算有何不同?

三、任务实施

1)分析图纸

由建施-01 中室内装修做法表可知,地下一层所用的装修做法和首层装修做法基本相同,地面做法为地面1、地面2、地面3、地面4。二层至四层装修做法基本和首层的装修做法相同,可以把首层构件复制到其他楼层,然后重新组合房间即可。

2)清单、定额计算规则学习

(1)清单计算规则

其他层装修清单计算规则,见表8.7。

(2)定额计算规则

其他层装修定额计算规则,以地面1为例,见表8.8。

表 8.7　其他层装修清单计算规则

编码	项目名称	单位	计算规则
011102001	石材楼地面	m^2	按设计图示尺寸以面积计算。门洞、空圈、暖气包槽、壁龛的开口部分并入相应的工程量内
011102003	块料楼地面	m^2	按设计图示尺寸以面积计算。门洞、空圈、暖气包槽、壁龛的开口部分并入相应的工程量内
011101001	水泥砂浆 楼地面	m^2	按设计图示尺寸以面积计算。扣除凸出地面构筑物、设备基础、室内铁道、地沟等所占面积，不扣除间壁墙及 <0.3 m^2 柱、垛、附墙烟囱及孔洞所占面积。门洞、空圈、暖气包槽、壁龛的开口部分不增加面积

表 8.8　其他层装修定额计算规则

编码	项目名称	单位	计算规则
AL0079	楼地面找平层 水泥砂浆(中砂) 每增减厚度 5 mm 1∶3	m^2	按设计图示尺寸以面积计算
AL0070	楼地面找平层 水泥砂浆(中砂)厚度 20 mm在混凝土及硬基层上 1∶3	m^2	按设计图示尺寸以面积计算
AL0090	石材 楼地面 ≤800 mm × 800 mm 大理石	m^2	楼地面装饰面积按实铺面积计算，不扣除单个面积 ≤0.3 m^2 的孔洞、柱所占面积

四、任务结果

汇总计算，统计地下一层的装修工程量，见表 8.9。

表 8.9　地下一层的装修工程量

序号	编码	项目名称	单位	工程量
1	011102001	大理石地面(地面 1) [项目特征] (1)铺 20 mm 厚大理石板，稀水泥擦缝 (2)撒素水泥面(撒适量清水) (3)30 mm 厚 1∶3干硬性水泥砂浆黏结层 (4)100 mm 厚 C10 素混凝土 (5)150 mm 厚 3∶7灰土夯实 (6)素土夯实	m^2	327.29

续表

序号	编码	项目名称	单位	工程量
2	011102003	防滑地砖地面(地面2) [项目特征] (1)2.5 mm厚石塑防滑地砖,建筑胶黏剂粘铺,稀水泥浆碱擦缝 (2)素水泥浆一道(内掺建筑胶) (3)30 mm厚C15细石混凝土随打随抹 (4)3 mm厚高聚物改性沥青涂膜防水层,四周往上卷150 mm高 (5)平均35 mm厚C15细石混凝土找坡层 (6)150 mm厚3:7灰土夯实 (7)素土夯实	m^2	64.844
3	011102003	铺地砖地面(地面3) [项目特征] (1)10 mm厚高级地砖,建筑胶黏剂粘铺,稀水泥浆碱擦缝 (2)20 mm厚1:2干硬性水泥砂浆黏结层 (3)素水泥结合层一道 (4)50 mm厚C10混凝土 (5)150 mm厚5-32卵石灌M2.5混合砂浆,平板振捣器振捣密实 (6)素土夯实	m^2	116.2888
4	011101001	水泥地面(地面4) [项目特征] (1)20 mm厚1:2.5水泥砂浆抹面压实赶光 (2)素水泥浆一道(内掺建筑胶) (3)50 mm厚C10混凝土 (4)150 mm厚5-32卵石灌M2.5混合砂浆,平板振捣器振捣密实 (5)素土夯实	m^2	38.86
5	011105003	地砖踢脚(踢脚1) [项目特征] (1)面层:400 mm×100 mm×10 mm深色地砖,高度为100 mm (2)4 mm厚纯水泥浆粘贴层(425号水泥中掺20%白乳胶) (3)25 mm厚1:2.5水泥砂浆基层	m^2	19.6902

续表

序号	编码	项目名称	单位	工程量
6	011105002	大理石踢脚(踢脚 2) [项目特征] (1)面层:800 mm×100 mm×20 mm 深色地砖,高度为 100 mm,水泥浆擦缝 (2)4 mm 厚纯水泥浆粘贴层(425 号水泥中掺 20% 白乳胶) (3)25 mm 厚 1:2.5 水泥砂浆灌注	m^2	7.997
7	011105001	水泥砂浆踢脚(踢脚 3) [项目特征] (1)6 mm 厚 1:2水泥砂浆面层铁板赶光 (2)7 mm 厚 1:3水泥砂浆基层 (3)13 mm 厚 1:2.5 水泥砂浆基层	m^2	6.136
8	011201001	水泥砂浆墙面(内墙 1) [项目特征] (1)墙体 (2)7 mm 厚 1:3水泥砂浆打底扫毛 (3)6 mm 厚 1:3水泥砂浆垫层找平 (4)5 mm 厚 1:2.5 水泥砂浆罩面压光 (5)满刮腻子一道砂磨平 (6)刷乳胶漆	m^2	1063.0416
9	011204003	瓷砖墙面(内墙 2) [项目特征] (1)墙体 (2)10 mm 厚 1:3水泥砂浆打底扫毛,分两次抹 (3)8 mm 厚 1:2水泥砂浆黏结层(加建筑胶适量) (4)200 mm×300 mm×6 mm 面砖,白水泥擦缝	m^2	161.804
10	011301001	抹灰天棚(天棚 1) [项目特征] (1)基层清理 (2)刷水泥浆一道(加建筑胶适量) (3)10 mm 厚 1:1:4水泥石灰砂浆打底找平 (4)4 mm 厚 1:0.3:3水泥石灰砂浆找平层 (5)满刮成品腻子膏一道 (6)刷乳胶漆三遍(底漆一遍、面漆两遍)	m^2	53.9805

续表

序号	编码	项目名称	单位	工程量
11	011302001	铝合金条板吊顶(吊顶1) [项目特征] (1)钢筋混凝土内预留 φ8 吊杆,双向吊点,中距 900 ~ 1200 mm (2)φ8 吊杆,双向吊点,中距 900 ~ 1200 mm (3)次龙骨(专用),中距 < 300 ~ 600 mm (4)0.5 ~ 0.8 mm 厚铝合金条板,中距 200 mm	m^2	443.4562
12	011302001	岩棉吸声板吊顶(吊顶2) [项目特征] (1)钢筋混凝土内预留 φ6.5 吊杆,双向吊点,中距 900 ~ 1200 mm (2)φ6.5 钢筋吊杆,双向吊点,中距 1200 mm (3)承载(主)龙骨 U50 × 15 × 1.2,中距 < 1200 mm (4)复面(次)龙骨 U50 × 19 × 0.5,中距 900 ~ 1200 mm (板材宽度) (5)复面横撑次龙骨 U50 × 19 × 0.5,中距等于板材长度 < 2400 ~ 3000 mm (6)12 mm 厚岩棉吸声板面层,规格 592 mm × 592 mm	m^2	42.21

8.3 外墙保温层计算

通过本节的学习,你将能够:

(1)定义外墙保温层;

(2)统计外墙保温层的工程量。

一、任务说明

完成各楼层外墙保温层的工程量。

二、任务分析

①地上外墙与地下部分保温层的做法有何不同?

②保温层增加后是否会影响外墙装修的工程量计算?

三、任务实施

1)分析图纸

由工程做法可知,外墙外侧做 35 mm 厚的保温层。

2)清单、定额计算规则学习

(1)清单计算规则学习

外墙保温层清单计算规则,见表 8.10。

表 8.10 外墙保温层清单计算规则

编码	项目名称	单位	计算规则
011204003	块料墙面(外墙 1)	m^2	按镶贴表面积计算
011204001	石材墙面(外墙 2)	m^2	按镶贴表面积计算
011407001	墙面喷刷涂料(外墙 3)	m^2	按设计图示尺寸以面积计算

(2)定额计算规则学习

外墙保温层定额计算规则(以外墙 1 为例),见表 8.11。

表 8.11 外墙保温层定额计算规则

编码	项目名称	单位	计算规则
AM0303	外墙面砖 黏结剂粘贴周长≤500 mm 缝宽≤10 mm	m^2	镶贴块料面层按设计图示尺寸以镶贴表面积计算,扣除门窗洞口及单个面积 >0.3 m^2 的孔洞所占的面积
AM0105	立面砂浆找平层 水泥砂浆(中砂)厚度每增减 1 mm 1∶2.5	m^2	本章抹灰工程量均按设计结构尺寸(有保温隔热、防潮层者,按其外表面尺寸)计算。扣除墙裙、门窗洞口及单个孔洞 >0.3 m^2 的面积,不扣除踢脚线、挂镜线和墙与构件交接处的面积,单个孔洞≤0.3 m^2 的侧壁及顶面不增加面积。附墙柱、梁、垛、烟囱侧壁并入相应的墙面面积内
AM0099	立面砂浆找平层 水泥砂浆(中砂)厚度 13 mm 1∶2.5	m^2	本章抹灰工程量均按设计结构尺寸(有保温隔热、防潮层者,按其外表面尺寸)计算。扣除墙裙、门窗洞口及单个孔洞 >0.3 m^2 的面积,不扣除踢脚线、挂镜线和墙与构件交接处的面积,单个孔洞≤0.3 m^2 的侧壁及顶面不增加面积。附墙柱、梁、垛、烟囱侧壁并入相应的墙面面积内

续表

编码	项目名称	单位	计算规则
AK0044	外墙外保温层(板材)贴聚苯板	m^2	外墙外保温(板材),外墙内、外保温(浆料)项目工程量按设计图示尺寸以展开外围面积计算。其余项目工程量按设计图示尺寸以“m^3”计算。扣除门窗洞口所占面积;门窗洞口侧壁及凸出墙面的砖垛需做保温时,并入保温墙体工程量内
AK0048	外墙外保温层(板材)钢丝网,抹面层 厚5~7 mm	m^2	按设计图示尺寸以面积计算

新建外墙面,如图8.15—图8.17所示。

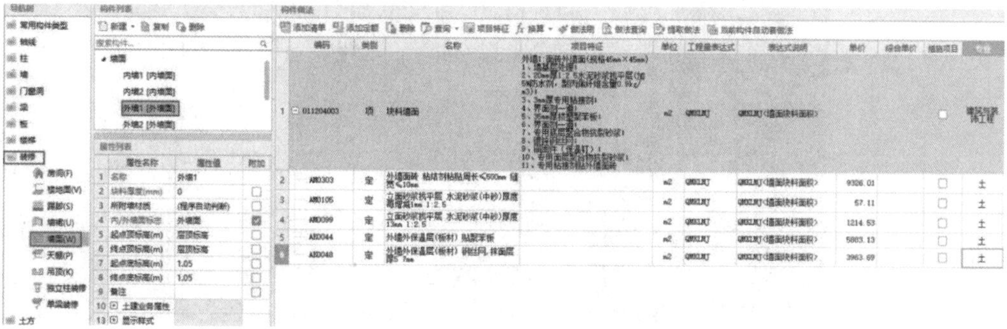

图8.15

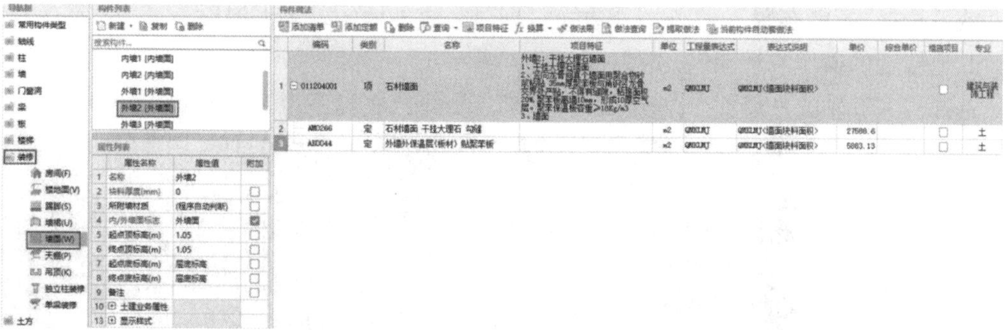

图8.16

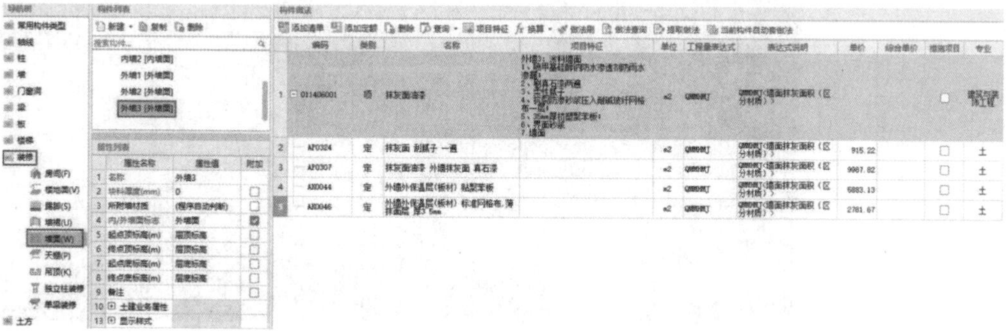

图8.17

用“点”功能绘制,鼠标在外墙外侧左键即可,如图 8.18 所示。

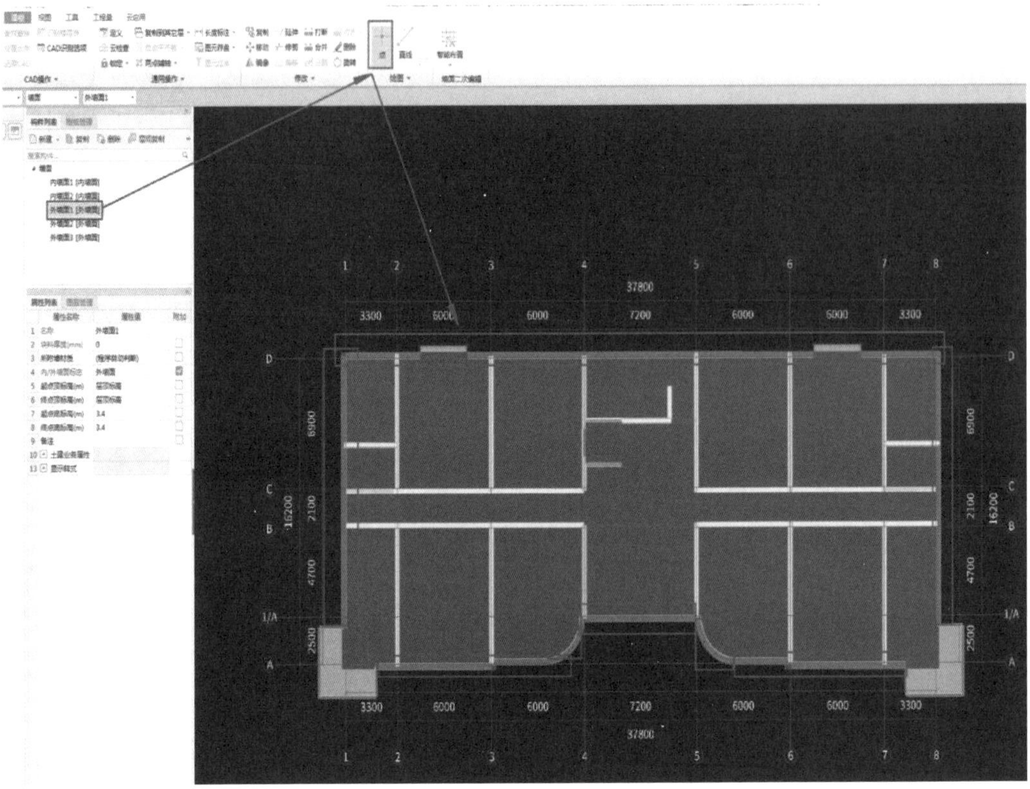

图 8.18

或者选择“智能布置”→“外墙外边线”,即可完成外墙的外侧保温层。

其他楼层的操作方法相同。

选择④~⑤轴的外墙面 1,修改属性值“起点和终点底标高为 3.4”,如图 8.19 所示。

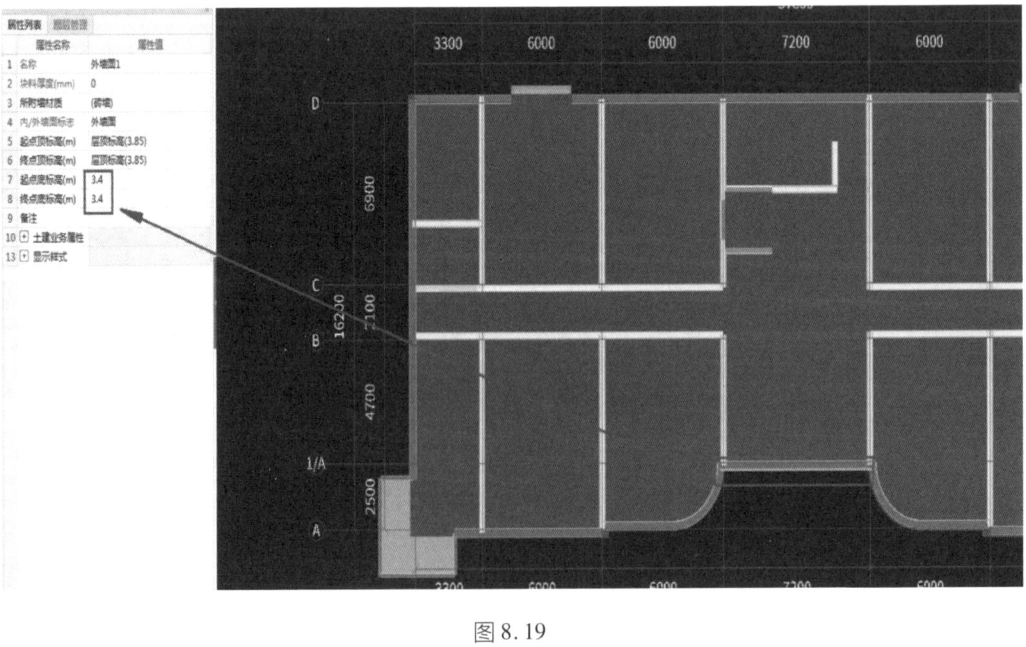

图 8.19

墙面 2 的操作方法同墙面 1,布置位置同墙面 1。

选择④~⑤轴线的外墙面 2,修改属性值“起点和终点顶标高为 3.4”(因已经绘制了外墙面 1 和外墙面 2,选中时可以在三维状态下,选中外墙面 2),如图 8.20 所示。

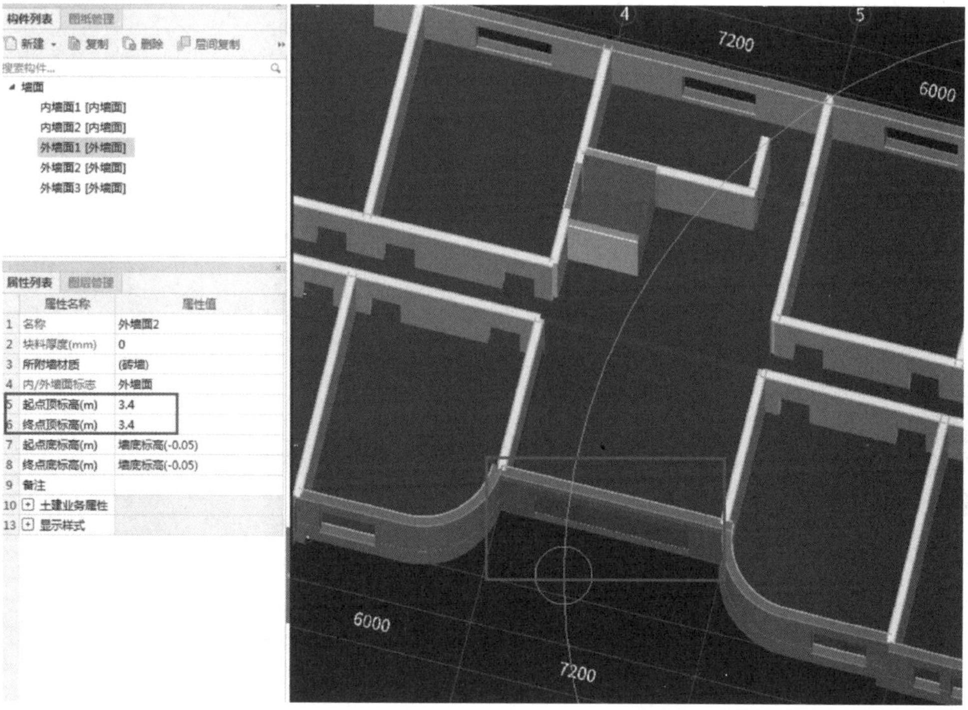

图 8.20

外墙面 3 的绘制,如图 8.21 所示。

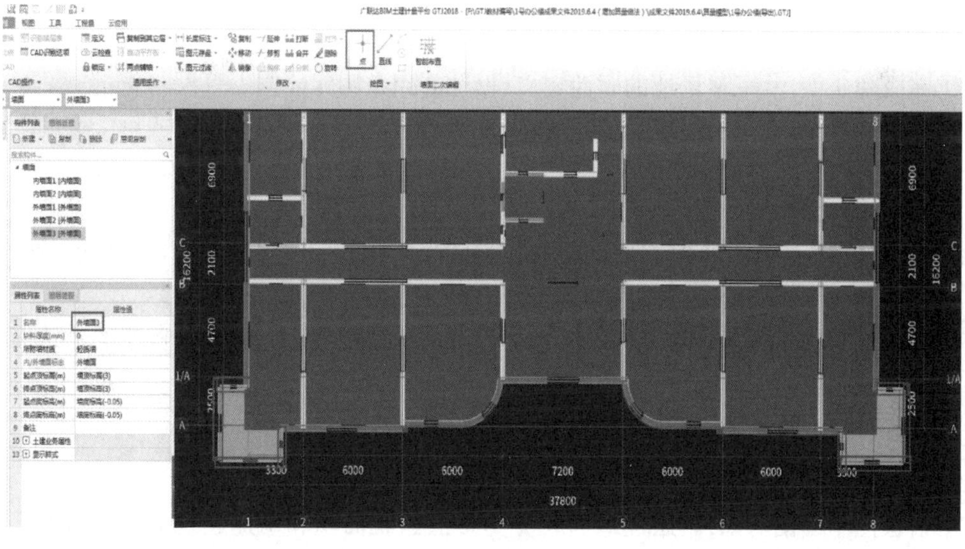

图 8.21

问题思考

外墙保温层增加后是否影响建筑面积的计算?

9 零星及其他工程量计算

通过本章的学习，你将能够：
(1)掌握建筑面积、平整场地的工程量计算；
(2)掌握挑檐、雨篷的工程量计算；
(3)掌握台阶、散水及栏杆的工程量计算。

9.1 建筑面积、平整场地工程量计算

通过本节的学习，你将能够：
(1)依据定额和清单分析建筑面积、平整场地的工程量计算规则；
(2)定义建筑面积、平整场地的属性及做法套用；
(3)绘制建筑面积、平整场地；
(4)统计建筑面积、平整场地工程量。

一、任务说明

①完成建筑面积、平整场地的属性定义、做法套用及图元绘制。
②汇总计算，统计首层建筑面积、平整场地工程量。

二、任务分析

①首层建筑面积中门厅外台阶的建筑面积应如何计算？工程量表达式作何修改？
②与建筑面积相关的综合脚手架和工程水电费如何套用清单定额？
③平整场地的工程量计算如何定义？此任务中应选用地下一层还是首层的建筑面积？

三、任务实施

1)分析图纸

分析首层平面图可知，本层建筑面积分为楼层建筑面积和雨篷建筑面积两部分。平整场地的面积为建筑物首层建筑面积。

2)清单、定额计算规则学习

(1)清单计算规则学习

平整场地清单计算规则，见表9.1。

表 9.1　平整场地清单计算规则

编码	项目名称	单位	计算规则
010101001	平整场地	m^2	按设计图示尺寸以建筑物首层建筑面积计算
011701001	综合脚手架	m^2	按建筑面积计算
011703001	垂直运输	m^2	按建筑面积计算

(2)定额计算规则学习

平整场地定额计算规则,见表 9.2。

表 9.2　平整场地定额计算规则

编码	项目名称	单位	计算规则
AA0001	平整场地	m^2	按设计图示尺寸以建筑物首层建筑面积计算
AS0007	综合脚手架 多层建筑(檐口高度)≤15 m	m^2	按建筑面积计算
AS0116	垂直运输 檐高≤20 m(6 层)现浇框架	m^2	按建筑面积计算

3)属性定义

(1)建筑面积定义

在导航树中选择“其他”→“建筑面积”,在“构件列表”中选择“新建”→“新建建筑面积”,在属性编辑框中输入相应的属性值,如图 9.1 所示。

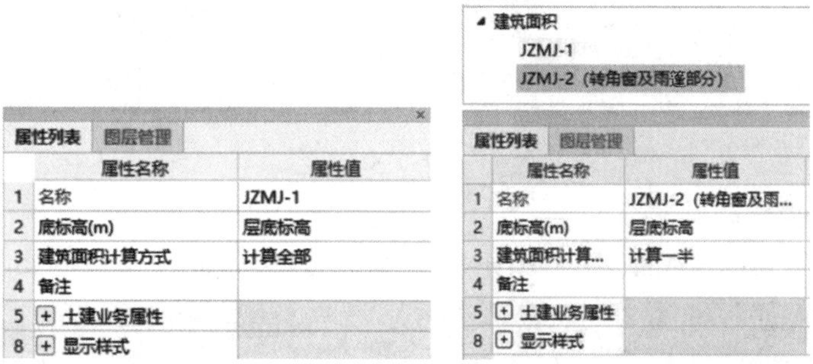

图 9.1

(2)平整场地的属性定义

在导航树中选择“其他”→“平整场地”,在“构件列表”中选择“新建”→“新建平整场地”,在属性编辑框中输入相应的属性值,如图 9.2 所示。

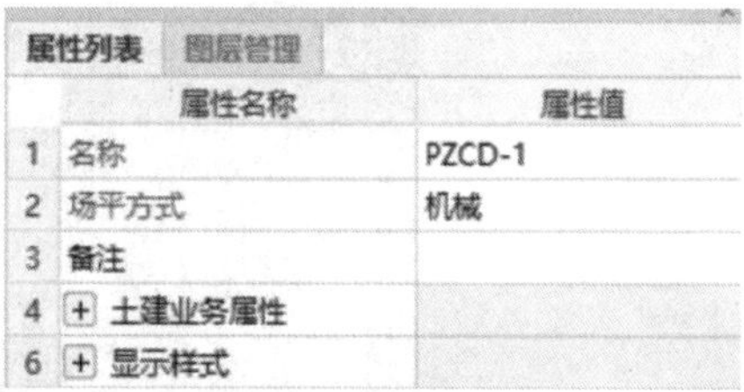

图 9.2

4)做法套用

①建筑面积的做法套用,如图 9.3 所示。

②平整场地的做法套用,如图 9.4 所示。

	编码	类别	名称	项目特征	单位	工程量表达式	表达式说明	单价	综合单价	措施项目	专业
1	⊟ 011701001	项	综合脚手架	1.建筑结构形式:框剪结构 2.檐口高度:15m以内	m2	ZHJSJMJ	ZHJSJMJ<综合脚手架面积>			☑	建筑与装饰工程
2	AS0007	定	综合脚手架 多层建筑(檐口高度)≤15m		m2	MJ	MJ<面积>	1525.89		☑	土
3	⊟ 011703001	项	垂直运输	1.建筑物建筑类型及结构形式:框剪结构 2.建筑物檐口高度、层数:14.85m、地下1层地上4层	m2	MJ	MJ<面积>			☑	建筑与装饰工程
4	AS0116	定	垂直运输 檐高≤20m(6层)现浇框架		m2	MJ	MJ<面积>	1466.51		☑	土

图 9.3

	编码	类别	名称	项目特征	单位	工程量表达式	表达式说明	单价	综合单价	措施项目
1	⊟ 010101001	项	平整场地	1.土壤类别:三类土 2.弃土运距:由投标人自行考虑 3.取土运距:由投标人自行考虑	m2	MJ	MJ<面积>			☐
2	AA0001	定	平整场地		m2	MJ	MJ<面积>	116.97		☐

图 9.4

5)画法讲解

(1)建筑面积绘制

建筑面积属于面式构件,可以点绘制也可以直线、画弧、画圆、画矩形绘制。注意本工程中飘窗部分不计算建筑面积,转角窗和雨篷部分计算半面积。下面以直线画为例,沿着建筑外墙外边线进行绘制,形成封闭区域,单击鼠标右键即可,如图 9.5 所示。

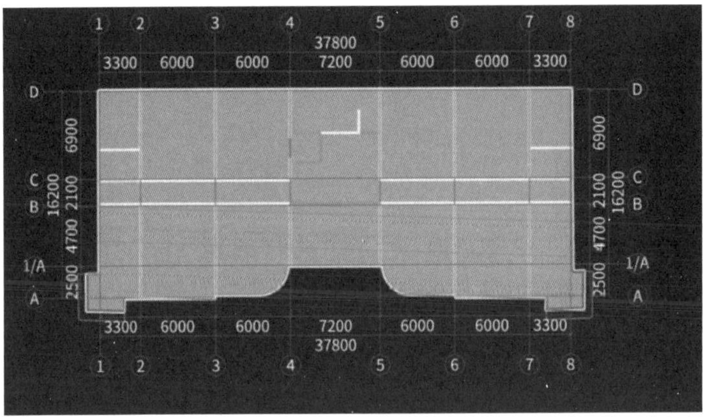

图 9.5

(2)平整场地绘制

平整场地绘制同建筑面积,平整场地的面积为首层建筑面积,如图 9.6 所示。

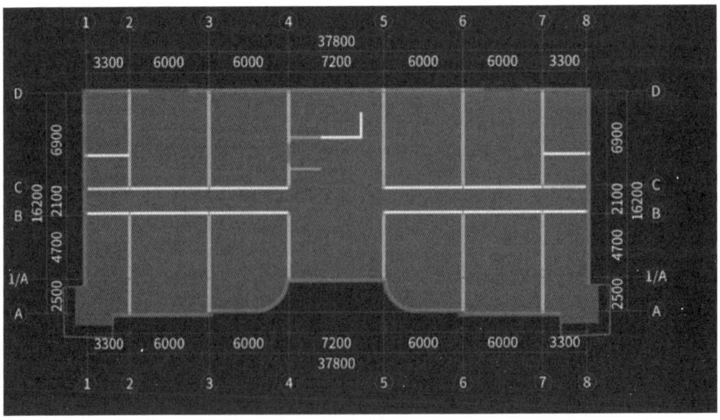

图 9.6

四、任务结果

汇总计算,统计本层建筑面积、平整场地的工程量,见表9.3。

表9.3 建筑面积、平整场地清单定额工程量

序号	编码	项目名称及特征	单位	工程量
1	010101001001	平整场地 土壤类别:三类土	m^2	630.68
	AA0001	平整场地	m^2	630.68

五、总结拓展

①平整场地习惯上是计算首层建筑面积,但是地下室建筑面积大于首层建筑面积时,平整场地以地下室为准。

②当一层建筑面积计算规则不一样时,有几个区域就要建立几个建筑面积属性。

问题思考

(1)平整场地与建筑面积属于面式图元,与用直线绘制其他面式图元有什么区别?需要注意哪些问题?

(2)平整场地与建筑面积绘制图元的范围是一样的,计算结果是否有区别?

(3)工程中转角窗处的建筑面积是否按全面积计算?

9.2 首层挑檐、雨篷的工程量计算

通过本节的学习,你将能够:

(1)依据定额和清单分析首层挑檐、雨篷的工程量计算规则;

(2)定义首层挑檐、雨篷;

(3)绘制首层挑檐、雨篷;

(4)统计首层挑檐、雨篷的工程量。

一、任务说明

①完成首层挑檐、雨篷的属性定义、做法套用及图元绘制。

②汇总计算,统计首层挑檐、雨篷的工程量。

二、任务分析

①首层挑檐涉及哪些构件?如何分析这些构件的图纸?如何计算这些构件的钢筋工程

量？这些构件的做法都一样吗？工程量表达式如何选用？

②首层雨篷是一个室外构件,为什么要一次性将清单及定额做完？做法套用分别都是些什么？工程量表达式如何选用？

三、任务实施

1)分析图纸

分析结施-10,可从板平面图中得到飘窗处飘窗板的剖面详图信息,本层的飘窗板是一个异形构件,也可采用挑檐来计算这部分的钢筋和土建工程量。

分析建施-01,雨篷属于玻璃钢雨篷,面层是玻璃钢,底层为钢管网架,属于成品,由厂家直接定做安装。

2)清单、定额计算规则学习

(1)清单计算规则学习

挑檐、雨篷清单计算规则,见表 9.4。

表 9.4 挑檐、雨篷清单计算规则

编码	项目名称	单位	计算规则
010505007	天沟(檐沟)、挑檐板	m^3	按设计图示尺寸以体积计算
011702022	现浇混凝土模板 挑檐天沟	m^2	按模板与挑檐的接触面积计算
010607003	成品雨篷	m/m^2	以 m 计量,按设计图示接触边以 m 计算 以 m^2 计量,按设计图示尺寸以展开面积计算

(2)定额计算规则(部分)学习

挑檐、雨篷定额计算规则(部分),见表 9.5。

表 9.5 挑檐、雨篷定额计算规则(部分)

编码	项目名称	单位	计算规则
AE0233	板 商品混凝土 C30	m^3	按设计图示尺寸以体积计算
AS0083	混凝土模板及支架(撑) 檐(天)沟 复合模板	m^2	按混凝土与模板接触面的面积以“m^2”计算
AF0107	成品雨篷安装	m	按接触边以“延长米”计算

3)挑檐、雨篷的属性定义

(1)挑檐的属性定义

在导航树中选择“其他”→“挑檐”,在“构件列表”中选择“新建”→“新建线式异形挑檐”,新建 1—1 剖面飘窗板,根据图纸中的尺寸标注,在弹出的“异形截面编辑器”中,将飘窗板的截面绘制好,如图 9.7 所示。

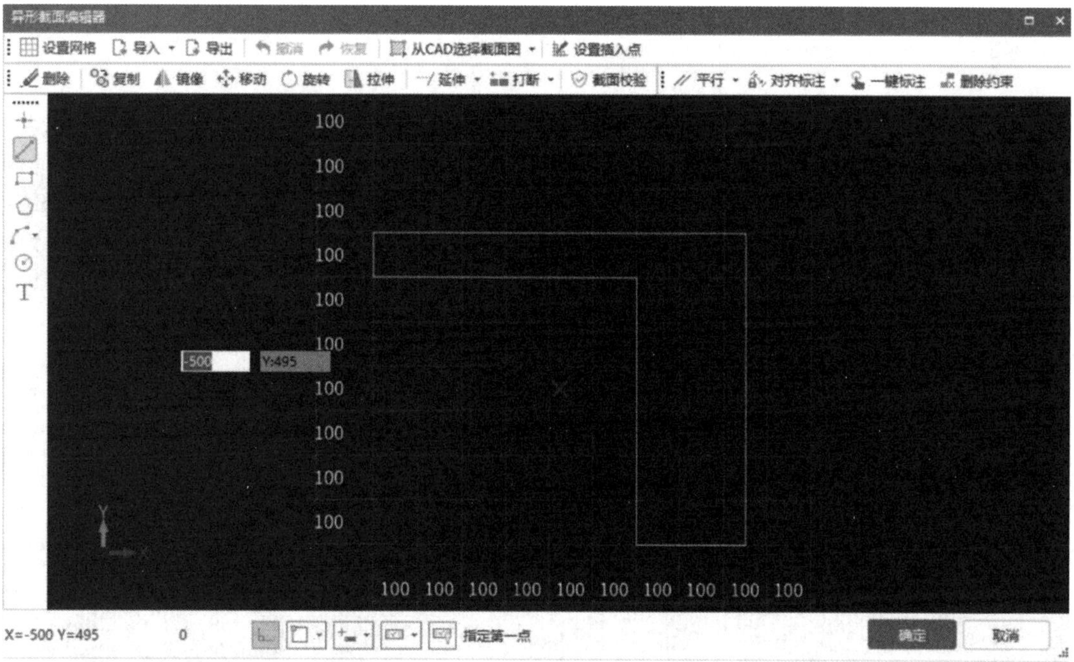

图 9.7

单击“确定”按钮,在属性编辑框中输入相应的属性值,如图 9.8 所示。

属性列表

	属性名称	属性值	附加
1	名称	TY-1(1-1大样下)	
2	形状	异形	☐
3	截面形状	异形	☐
4	截面宽度(mm)	850	☐
5	截面高度(mm)	650	☐
6	轴线距左边线...	(425)	☐
7	材质	商品混凝土	☐
8	混凝土强度等级	(C25)	☐
9	截面面积(m²)	0.223	☐
10	起点顶标高(m)	0.6	☐
11	终点顶标高(m)	0.6	☐
12	备注		☐
13	⊕ 钢筋业务属性		
22	⊕ 土建业务属性		
27	⊕ 显示样式		

图 9.8

在“截面编辑”中完成钢筋信息的编辑,如图 9.9 所示。

(2)雨篷的属性定义

因为该工程的雨篷为成品雨篷,可灵活采用“自定义面”的方式计算雨篷的工程量。在导航树中选择“自定义”→“自定义面”,在构件列表中选择“新建”→“新建自定义面”,在属性编辑框中输入相应的属性值,如图 9.10 所示。

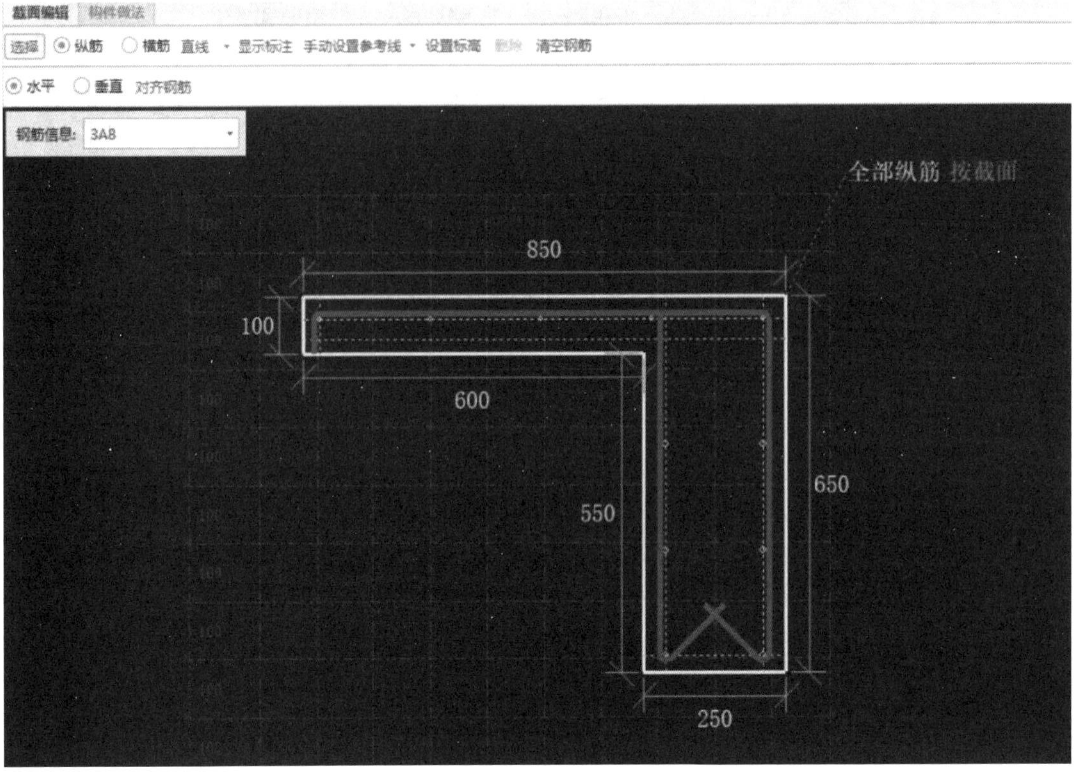

图 9.9

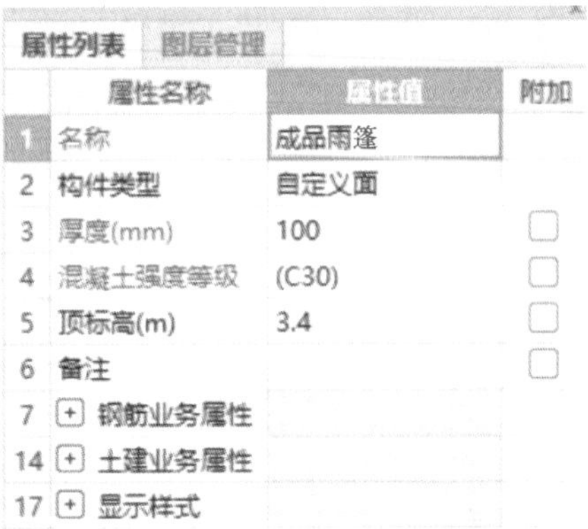

图 9.10

4) 做法套用

①挑檐的做法套用与现浇板有所不同,主要有以下几个方面,如图 9.11 所示。

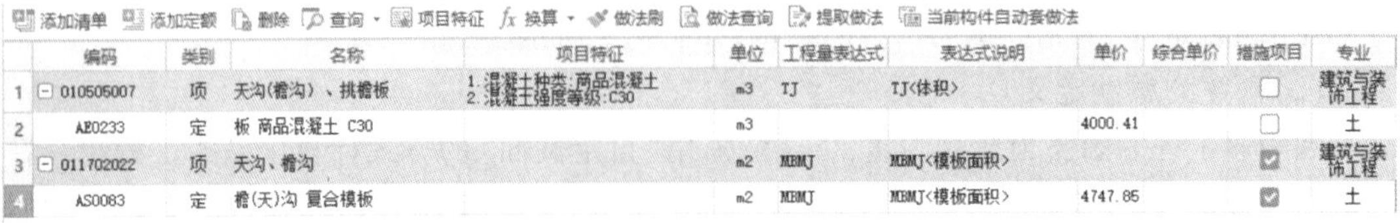

	编码	类别	名称	项目特征	单位	工程量表达式	表达式说明	单价	综合单价	措施项目	专业
1	010505007	项	天沟(檐沟)、挑檐板	1.混凝土种类:商品混凝土 2.混凝土强度等级:C30	m3	TJ	TJ<体积>			☐	建筑与装饰工程
2	AE0233	定	板 商品混凝土 C30		m3			4000.41		☐	土
3	011702022	项	天沟、檐沟		m2	MBMJ	MBMJ<模板面积>			☑	建筑与装饰工程
4	AS0083	定	檐(天)沟 复合模板		m2	MBMJ	MBMJ<模板面积>	4747.85		☑	土

图 9.11

②雨篷的做法套用,如图 9.12 所示。

	编码	类别	名称	项目特征	单位	工程量表达式	表达式说明	单价	综合单价	措施项目	专业
1	010607003	项	成品雨篷	1.材料品种、规格:玻璃钢雨篷,面层玻璃钢,底层为钢网架 2.雨篷宽度:3.85	m2	MJ	MJ<面积>			☐	建筑与装饰工程
2	AF0107	定	成品雨篷安装		m	ZC	ZC<周长>	132.39		☐	土

图 9.12

5)挑檐、雨篷绘制

(1)直线绘制挑檐

首先根据图纸尺寸做好辅助轴线,单击“直线”命令,左键单击起点与终点即可绘制挑檐,如图 9.13 所示。或者采用“Shift + 左键”的方式进行偏移绘制直线。

图 9.13

(2)直线绘制雨篷

首先根据图纸尺寸做好辅助轴线,或者用“Shift + 左键”的方法绘制雨篷,如图 9.14 所示。

图 9.14

四、任务结果

汇总计算,统计本层挑檐、雨篷的清单定额工程量,见表9.6。

表9.6 挑檐、雨篷的清单定额工程量

序号	编码	项目名称及特征	单位	工程量
1	010607003001	成品雨篷	m^2	27.72
	AF0107	成品雨篷安装	m	7.2
2	010505007001	天沟(檐沟)、挑檐板 混凝土强度等级:C30	m^3	6.7575
	AE0233	板 商品混凝土 C30	10 m^3	0.6757
3	011702022001	天沟、檐沟	m^2	81.725
	AS0083	混凝土模板及支架(撑) 檐(天)沟复合模板	100 m^2	0.81725

五、总结拓展

①挑檐既属于线性构件也属于面式构件,所以挑檐直线绘制的方法与线性构件一样。

②雨篷的形式不一样,所采用的计算方式也不一样。

问题思考

(1)若不使用辅助轴线,怎样能快速绘制上述挑檐?

(2)如果采用现浇混凝土雨篷,该如何绘制雨篷?

9.3 台阶、散水、栏杆的工程量计算

通过本节的学习,你将能够:

(1)依据定额和清单分析首层台阶、散水、栏杆的工程量计算规则;

(2)定义台阶、散水、栏杆的属性;

(3)绘制台阶、散水、栏杆;

(4)统计首层台阶、散水、栏杆的工程量。

一、任务说明

①完成首层台阶、散水、栏杆的属性定义、做法套用及图元绘制。

②汇总计算,统计首层台阶、散水、栏杆的工程量。

二、任务分析

①首层台阶的尺寸能够从哪个图中的什么位置找到？都有哪些工作内容？如何套用清单定额？

②首层散水的尺寸能够从哪个图中的什么位置找到？都有哪些工作内容？如何套用清单定额？

③首层栏杆的尺寸能够从哪个图中的什么位置找到？都有哪些工作内容？如何套用清单定额？

三、任务实施

1）图纸分析

结合建施-04，可从平面图中得到台阶、散水、栏杆的信息，本层台阶、散水、栏杆的截面尺寸如下：

①台阶的踏步宽度为 300 mm，踏步个数为 3，顶标高为首层层底标高。

②散水的宽度为 900 mm，沿建筑物周围布置。

③由平面图可知，阳台栏杆为 0.9 m 高的不锈钢栏杆。

结合建施-12，可以从散水做法详图和台阶做法详图中得到以下信息：

①台阶做法：a. 20 mm 厚花岗岩板铺面；b. 素水泥面；c. 30 mm 厚 1∶4硬性水泥砂浆黏结层；d. 素水泥浆一道；e. 100 mm 厚 C15 混凝土；f. 300 mm 厚 3∶7灰土垫层分两步夯实；g. 素土夯实。

②散水做法：a. 60 mm 厚 C15 细石混凝土面层；b. 150 mm 厚 3∶7灰土宽出面层 300 mm；c. 素土夯实，向外坡 4%。散水宽度为 900 mm，沿建筑物周围布置。

2）清单、定额计算规则学习

（1）清单计算规则学习

台阶、散水清单计算规则，见表 9.7。

表 9.7　台阶、散水清单计算规则

编码	项目名称	单位	计算规则
010507004	台阶	m^2/m^3	1. 以 m^2 计量，按设计图示尺寸水平投影面积计算 2. 以 m^3 计量，按设计图示尺寸以体积计算
011702027	台阶	m^2	按图示台阶水平投影面积计算，台阶端头两侧不另计算模板面积。架空式混凝土台阶，按现浇楼梯计算
010507001	散水、坡道	m^2	按设计图示尺寸以水平投影面积计算
011702029	散水	m^2	按模板与散水的接触面积计算
011503001	金属扶梯、栏杆	m	按设计图示以扶手中心线长度（包括弯头长度）计算

(2)定额计算规则学习

台阶、散水定额计算规则,见表 9.8。

表 9.8　台阶、散水定额计算规则

编码	项目名称	单位	计算规则
AL0275	石材台阶面 花岗石 水泥砂浆粘贴	100 m^2	按设计图示尺寸以台阶(包括最上层踏步外沿加 300 mm)水平投影面积计算
AD0291	垫层 灰土 3∶7	10 m^3	按图示尺寸以“m^3”计算
AE0341	零星项目 C15 商品混凝土	10 m^3	按图示尺寸以“m^3”计算
AD0291	垫层 灰土 3∶7	10 m^3	按图示尺寸以“m^3”计算
AE0341	零星项目 C15 商品混凝土	10 m^3	按图示尺寸以“m^3”计算
AJ0127	屋面变形缝 沥青砂浆	10 m	按图示尺寸以“m”计算

3)台阶、散水、栏杆的属性定义

(1)台阶的属性定义

在导航树中选择“其他”→“台阶”,在“构件列表”中选择“新建”→“新建台阶”,新建室外台阶,根据建施-12 中台阶的尺寸标注,在属性编辑框中输入相应的属性值,如图 9.15 所示。

(2)散水的属性定义

在导航树中选择“其他”→“散水”,在“构件列表”中选择“新建”→“新建散水”,新建散水,根据散水图纸中的尺寸标注,在属性编辑框中输入相应的属性值,如图 9.16 所示。

属性列表

	属性名称	属性值	附加
1	名称	室外台阶	
2	台阶高度(mm)	450	☐
3	踏步高度(mm)	450	☐
4	材质	商品混凝土	☐
5	混凝土强度等级	C15	☐
6	顶标高(m)	层底标高	☐
7	备注		☐
8	⊞ 钢筋业务属性		
11	⊞ 土建业务属性		
14	⊞ 显示样式		

图 9.15

属性列表

	属性名称	属性值	附加
1	名称	SS-1	
2	厚度(mm)	60	☐
3	材质	商品混凝土	☐
4	混凝土强度等级	C15	☐
5	底标高(m)	(-0.45)	☐
6	备注		☐
7	⊞ 钢筋业务属性		
10	⊞ 土建业务属性		
14	⊞ 显示样式		

图 9.16

(3)栏杆的属性定义

在导航树中选择“其他”→“栏杆扶手”,在“构件列表”中选择“新建”→“新建栏杆扶手”,“新建 900 高不锈钢栏杆护窗扶手”,根据图纸中的尺寸标注,在属性编辑框中输入相应的属性值,如图 9.17 所示。

属性列表　图层管理

	属性名称	属性值	附加
1	名称	900高不锈钢栏杆护窗...	
2	材质	金属	☐
3	类别	栏杆扶手	☐
4	扶手截面形状	矩形	☐
5	扶手截面宽度(mm)	50	☐
6	扶手截面高度(mm)	50	☐
7	栏杆截面形状	矩形	☐
8	栏杆截面宽度(mm)	20	☐
9	栏杆截面高度(mm)	20	☐
10	高度(mm)	900	☐
11	间距(mm)	110	☐
12	起点底标高(m)	层底标高	☐
13	终点底标高(m)	层底标高	☐
14	备注		☐
15	+ 土建业务属性		
17	+ 显示样式		

图 9.17

4)做法套用

①台阶的做法套用,如图 9.18 所示。

②散水的做法套用,如图 9.19 所示。

③栏杆的做法套用,如图 9.20 所示。

添加清单　添加定额　删除　查询　项目特征　fx 换算　做法刷　做法查询　提取做法　当前构件自动套做法

	编码	类别	名称	项目特征	单位	工程量表达式	表达式说明	单价	综合单价	措施项目	专业
1	010507004	项	台阶	1.20厚花岗岩板铺面,正、背面及四周边满涂防污剂,稀水泥浆擦缝 2.撒素水泥面(洒适量清水) 3.30厚1:4硬性水泥砂浆粘结层 4.素水泥浆一道(内掺建筑胶) 5.100厚C15混凝土,台阶面向外坡1% 6.300厚3:7灰土垫层分两步夯实 7.素土夯实	m2	MJ	MJ<台阶整体水平投影面积>			☐	建筑与装饰工程
2	AE0341	定	现浇混凝土 零星项目 C15 商品混凝土		m3	TJ	TJ<体积>	3682.69		☐	土
3	AD0291	定	垫层 灰土3:7		m3	TJ	TJ<体积>	1351.59		☐	土
4	AL0275	定	石材台阶面 花岗石 水泥砂浆粘贴		m2	MJ	MJ<台阶整体水平投影面积>	26021.66		☐	土

图 9.18

添加清单　添加定额　删除　查询　项目特征　fx 换算　做法刷　做法查询　提取做法　当前构件自动套做法

	编码	类别	名称	项目特征	单位	工程量表达式	表达式说明	单价	综合单价	措施项目	专业
1	010507001	项	散水、坡道	1.垫层材料种类、厚度:150厚3:7灰土 2.面层厚度:60厚 3.混凝土种类:商品混凝土 4.混凝土强度等级:C15 5.变形缝填塞材料种类:沥青砂浆	m2	MJ	MJ<面积>			☐	建筑与装饰工程
2	AD0291	定	垫层 灰土3:7		m3	MJ*0.15	MJ<面积>*0.15	1351.59		☐	土
3	AE0341	定	现浇混凝土 零星项目 C15 商品混凝土		m3	MJ*0.06	MJ<面积>*0.06	3682.69		☐	土
4	AJ0127	定	屋面变形缝 沥青砂浆		m			157.31		☐	土

图 9.19

编码	类别	名称	项目特征	单位	工程量表达式	表达式说明	单价	综合单价	措施项目	专业
011503001	项	金属扶手、栏杆、栏板	1.扶手材料种类、规格:D=60mm不锈钢管扶手 2.栏杆材料种类、规格:不锈钢管栏杆 竖条式	m	CD	CD<长度（含弯头）>			☐	建筑与装饰工程
AQ0047	定	不锈钢管栏杆 栏板直线形 竖条式		m2	MJ	MJ<面积（含弯头）>	2016.41		☐	土
AQ0056	定	不锈钢管扶手		m	CD	CD<长度（含弯头）>	422.21		☐	土

图 9.20

5)台阶、散水、栏杆画法讲解

(1)绘制台阶

台阶属于面式构件,因此可以直线绘制、三点画弧,也可以点绘制,这里用直线和三点画弧绘制法。首先作好辅助轴线,然后根据建施-04,选择“直线”和“三点画弧”命令,单击交点形成闭合区域即可绘制台阶轮廓,单击“设置踏步边”,用鼠标左键单击下方水平轮廓线,右键弹出“设置踏步边”窗口,输入踏步个数为3,踏步宽度为300 mm,如图9.21所示。

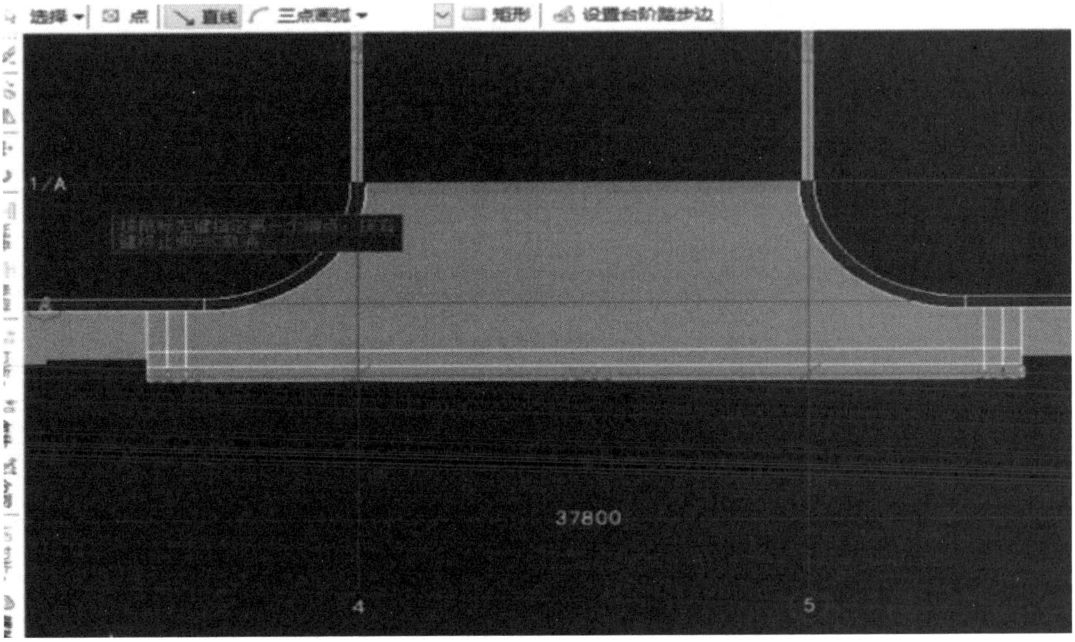

图 9.21

(2)智能布置散水

散水同样属于面式构件,因此可以直线绘制,也可以点绘制,这里用智能布置比较简单。选择“智能布置”→“外墙外边线”,在弹出的对话框中输入“900”,单击鼠标右键确定即可,如图9.22所示。

(3)直线布置栏杆

栏杆同样属于线式构件,因此可以直线绘制。依据图纸位置和尺寸,绘制直线,单击鼠标右键确定即可,如图9.23所示。

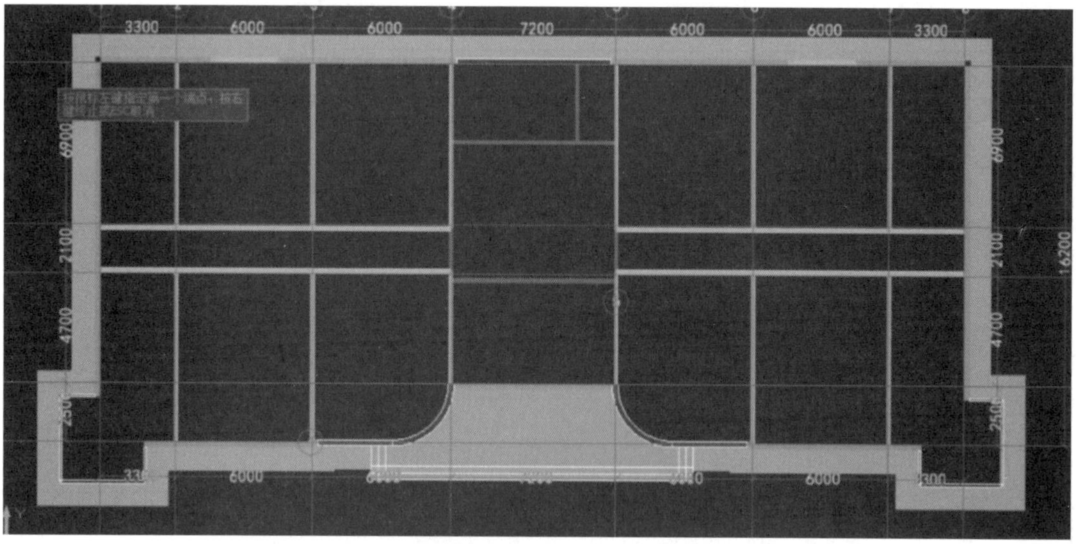

图 9.22

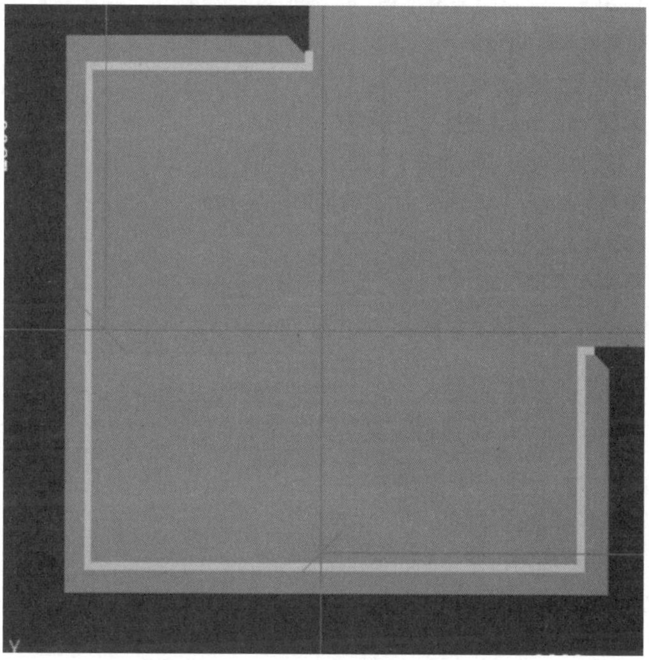

图 9.23

四、任务结果

汇总计算,统计首层台阶、散水、栏杆的清单定额工程量,见表 9.9。

表 9.9　首层台阶、散水、栏杆的清单定额工程量

编码	项目名称	单位	工程量
010507001001	散水、坡道 [项目特征] (1)60 mm 厚 C15 细石混凝土面层，撒 1:1水泥砂子压实赶光 (2)150 mm 厚 3:7灰土宽出面层 300 mm (3)素土夯实，向外坡 4%	m^2	98.967
AE0341	零星项目 C15 商品混凝土	10 m^3	0.593
AJ0127	屋面变形缝 沥青砂浆	10 m	2.5174
AD0291	垫层 灰土 3:7	10 m^3	1.483
010507004001	台阶 [项目特征] (1)20 mm 厚花岗岩板铺面，正、背面及四周满涂防污剂，稀水泥浆擦缝 (2)撒素水泥面(洒适量清水) (3)30 mm 厚 1:4硬性水泥砂浆黏结层 (4)素水泥浆一道(内掺建筑胶) (5)100 mm 厚 C15 混凝土，台阶面向外坡 1% (6)300 mm 厚 3:7灰土垫层分两步夯实 (7)素土夯实	m^2	11.52
AE0341	零星项目 C15 商品混凝土	10 m^3	1.59534
AD0291	垫层 灰土 3:7	10 m^3	0.38639
AL0275	石材台阶面 花岗石 水泥砂浆粘贴	100 m^2	0.1152
011503001001	金属扶梯、栏杆(护窗栏杆) [项目特征] (1)材质:玻璃栏杆 (2)规格:900 mm 高 (3)D = 60 mm 不锈钢扶手	m	20.0128
AQ0047	不锈钢管栏杆 栏板直线形 竖条式	10 m^2	1.80115
AQ0056	不锈钢管扶手	10 m	2.00128
011503001002	金属扶梯、栏杆(楼梯间栏杆) [项目特征] (1)材质:玻璃栏杆 (2)规格:900 mm 高 (3)钢管扶手	m	8.3207
AQ0047	不锈钢管栏杆 栏板直线形 竖条式	10 m^2	0.74886
AQ0056	不锈钢管扶手	10 m	0.83207

五、总结拓展

①台阶绘制后,还要根据实际图纸设置台阶起始边。

②台阶属性定义只给出台阶的顶标高。

③如果在封闭区域,台阶也可以使用点绘制。

④栏杆还可以采用智能布置的方式绘制。

问题思考

(1)智能布置散水的前提条件是什么?

(2)表9.9中散水的工程量是最终工程量吗?

(3)散水与台阶相交时,软件会自动扣减吗? 若扣减,谁的级别大?

(4)台阶、散水、栏杆在套用清单与定额时,与主体构件有哪些区别?

10 表格输入

通过本章的学习,你将能够:
(1)通过参数输入法计算钢筋工程量;
(2)通过直接输入法计算钢筋工程量。

10.1 参数输入法计算钢筋工程量

通过本节的学习,你将能够:
掌握参数输入法计算钢筋工程量的方法。

一、任务说明

表格输入中,通过“参数输入”,完成所有层楼梯梯板的钢筋量计算。

二、任务分析

以首层一号楼梯为例,参考结施-13 及建施-13,读取梯板的相关信息,如梯板厚度、钢筋信息及楼梯具体位置。

三、任务实施

参考 3.7.2 楼梯梯板钢筋工程量的属性定义和绘制。

四、任务结果

查看报表预览中的构件汇总信息明细表,见表 10.1。

表 10.1 所有楼梯构件钢筋汇总表

汇总信息	汇总信息钢筋总重(kg)	构件名称	构件数量	HRB400
楼层名称:第-1 层(表格输入)				131.292
楼梯	131.292	AT1	2	131.292
		合计		131.292

续表

汇总信息	汇总信息钢筋总重(kg)	构件名称	构件数量	HRB400
楼层名称:首层(表格输入)				131.292
楼梯	131.292	AT1	2	131.292
		合计		131.292
楼层名称:第2层(表格输入)				130.323
楼梯	130.323	BT1	1	61.447
		AT2	1	68.876
		合计		130.323
楼层名称:第3层(表格输入)				137.752
楼梯	137.752	AT2	2	68.876
		合计		68.876

10.2 直接输入法计算钢筋工程量

通过本节的学习,你将能够:

掌握直接输入法计算钢筋工程量的方法。

一、任务说明

根据“顶板配筋结构图”,电梯井右下角所在楼板处有阳角放射筋,本工程以该处的阳角放射筋为例,介绍表格直接输入法。

二、任务分析

表格输入中的直接输入法与参数输入法的新建构件操作方法一致。

三、任务实施

①如图10.1所示,切换到“工程量”选项卡,单击“表格输入”。

②在表格输入中,单击“构件”新建构件,修改名称为“阳角放射筋”,输入构件数量,单击“确定”按钮,如图10.2所示。

③在直接输入的界面,“筋号”中输入“放射筋1”,在“直径”中选择相应的直径(如16),选择“钢筋级别”。

④如图10.3所示,选择图号,根据放射筋的形式选择相应的钢筋形式,如选择“两个弯

折”,弯钩选择“90°弯折,不带弯钩”,选择图号完毕后单击“确定”按钮。

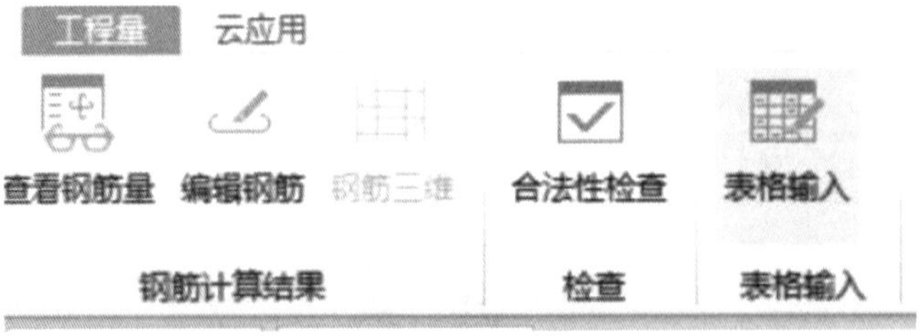

图 10.1

	属性名称	属性值
1	构件名称	阳角放射筋
2	构件类型	现浇板
3	构件数量	1
4	预制类型	现浇
5	汇总信息	现浇板
6	备注	
7	构件总重(kg)	0

图 10.2

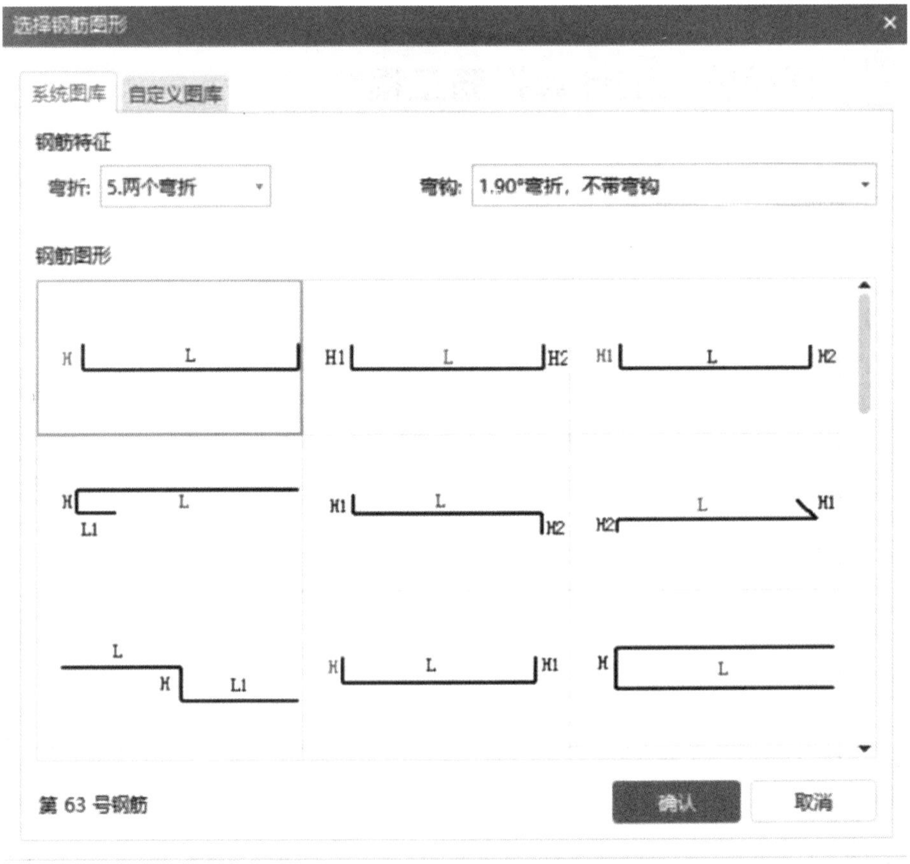

图 10.3

⑤在直接输入的界面中输入“图形”钢筋尺寸，如图 10.4 所示。软件会自动给出计算公式和长度，用户可以在“根数”中输入这种钢筋的根数。

	筋号	直径(mm)	级别	图号	图形	计算公式	公式描述	弯曲调整数	长度	根数
1	1	10	Φ	63	130 1300	1300+2*130		46	1514	7
2										

图 10.4

采用同样的方法可以进行其他形状的钢筋输入，并计算钢筋工程量。

问题思考

表格输入中的直接输入法适用于哪些构件?

11 汇总计算工程量

通过本章的学习，你将能够：

(1)掌握查看三维的方法；

(2)掌握汇总计算的方法；

(3)掌握查看构件钢筋计算结果的方法；

(4)掌握云检查及云指标查看的方法；

(5)掌握报表结果查看的方法。

11.1 查看三维

通过本节的学习，你将能够：

正确查看工程的三维模型。

一、任务说明

①完成整体构件的绘制并使用三维查看构件。

②检查缺漏的构件。

二、任务分析

三维动态观察可在“显示设置”面板中选择楼层，若要检查整个楼层的构件，选择全部楼层即可。

三、任务实施

①对照图纸完成所有构件的输入之后，可查看整个建筑结构的三维视图。

②在“视图”菜单下选择“显示设置”，如图 11.1 所示。

③在“显示设置”的“楼层显示”中选择“全部楼层”，如图 11.2 所示。在“图元显示”中设置“显示图元”，如图 11.3 所示，可使用“动态观察”旋转角度。

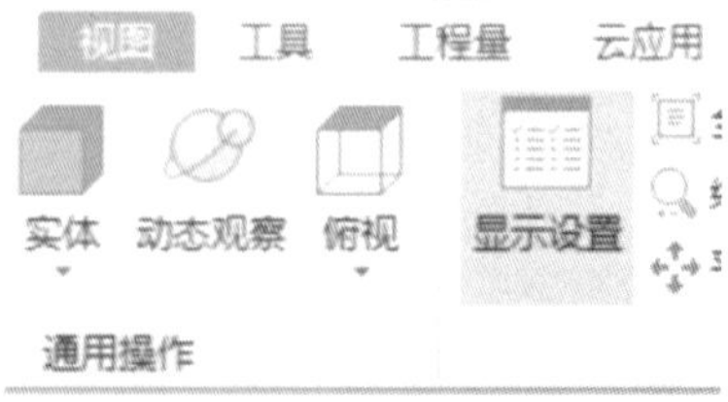

图 11.1

图 11.2

图 11.3

四、任务结果

查看整个结构,如图 11.4 所示。

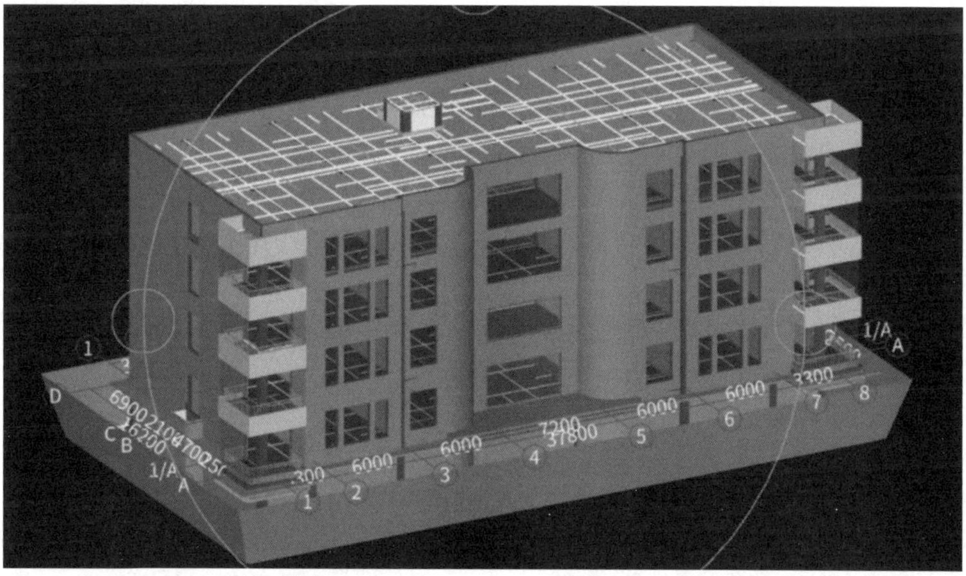

图 11.4

11.2 汇总计算

通过本节的学习,你将能够:
正确进行汇总计算。

一、任务说明

本节的任务是汇总土建及钢筋工程量。

二、任务分析

钢筋计算结果查看的原则:对水平的构件(如梁),在某一层绘制完毕后,只要支座和钢筋信息输入完成,就可以汇总计算,查看计算结果。但是对于竖向构件(如柱),因为和上下层的柱存在搭接关系,和上下层的梁与板也存在节点之间的关系,所以需要在上下层相关联的构件都绘制完毕后,才能按照构件关系准确计算。

土建计算结果查看的原则:构件与构件之间有相互影响的,需要将有影响的构件都绘制完毕,才能按照构件关系准确计算;构件相对独立,不受其他构件的影响,只要把该构件绘制完毕,即可汇总计算。

三、任务实施

①需要计算工程量时,单击"工程量"选项卡上的"汇总计算",将弹出如图 11.5 所示的"汇总计算"对话框。

全楼:可以选中当前工程中的所有楼层,在全选状态下再次单击,即可将所选的楼层全部取消选择。

土建计算:计算所选楼层及构件的土建工程量。

钢筋计算:计算所选楼层及构件的钢筋工程量。

表格输入:在表格输入前打"√",表示只汇总表格输入方式下的构件的工程量。

若土建计算、钢筋计算和表格输入前都打"√",则工程中所有的构件都将进行汇总计算。

②选择需要汇总计算的楼层,单击"确定"按钮,软件开始计算并汇总选中楼层构件的相应工程量,计算完毕,弹出如图 11.6 所示对话框,根据所选范围的大小和构件数量的多少,需要不同的计算时间。

图 11.5

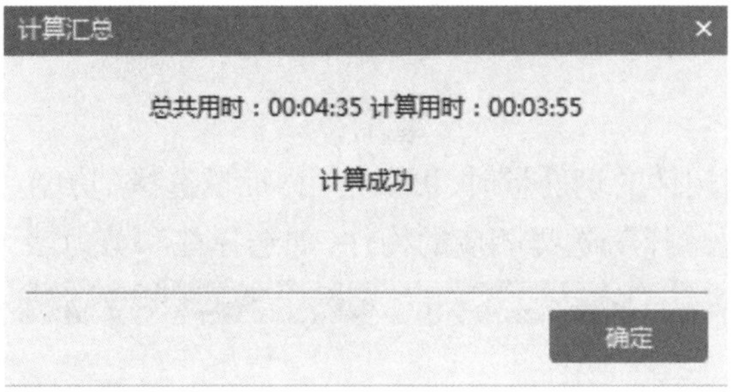

图 11.6

11.3　查看构件钢筋计算结果

通过本节的学习，你将能够：
正确查看构件钢筋计算结果。

一、任务说明

本节任务是查看构件钢筋量。

二、任务分析

对于同类钢筋量的查看,可使用"查看钢筋量"功能,查看单个构件图元钢筋的计算公式,也可使用"编辑钢筋"的功能。在"查看报表"中还可查看所有楼层的钢筋量。

三、任务实施

汇总计算完毕后,可采用以下几种方式查看计算结果和汇总结果。

1)查看钢筋量

①使用"查看钢筋量"的功能,在"工程量"选项卡中选择"查看钢筋量",然后选择需要查看钢筋量的图元,可以单击选择一个或多个图元,也可以拉框选择多个图元,此时将弹出如图 11.7 所示的对话框,显示所选图元的钢筋计算结果。

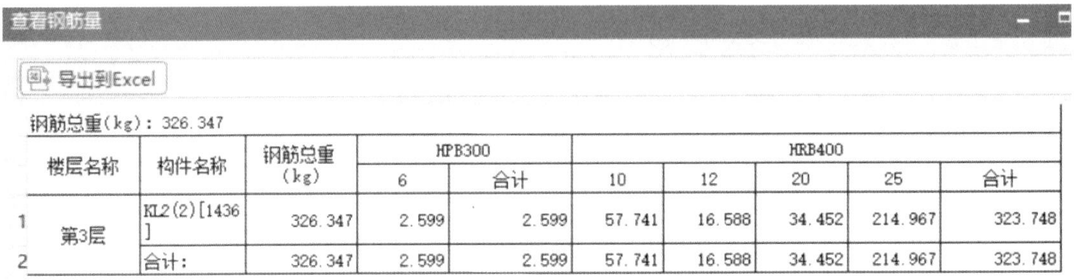
查看钢筋量
导出到Excel
钢筋总重(kg): 326.347

	楼层名称	构件名称	钢筋总重(kg)	HPB300		HRB400				
				6	合计	10	12	20	25	合计
1	第3层	KL2(2)[1436]	326.347	2.599	2.599	57.741	16.588	34.452	214.967	323.748
2		合计:	326.347	2.599	2.599	57.741	16.588	34.452	214.967	323.748

图 11.7

②要查看不同类型构件的钢筋量时,可以使用"批量选择"功能。按"F3"键,或者在"工具"选项卡中选择"批量选择",选择相应的构件(如选择柱和剪力墙),如图 11.8 所示。

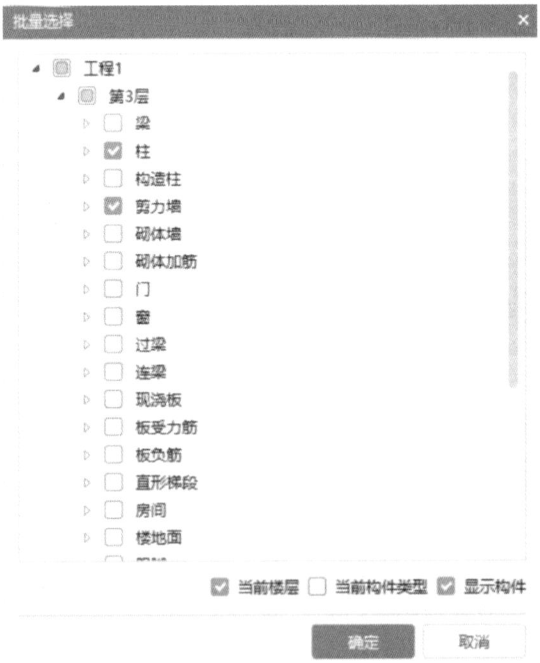

图 11.8

选择“查看钢筋量”，弹出“查看钢筋量”表，表中将列出所有柱和剪力墙的钢筋计算结果（按照级别和钢筋直径列出），同时列出合计钢筋量，如图 11.9 所示。

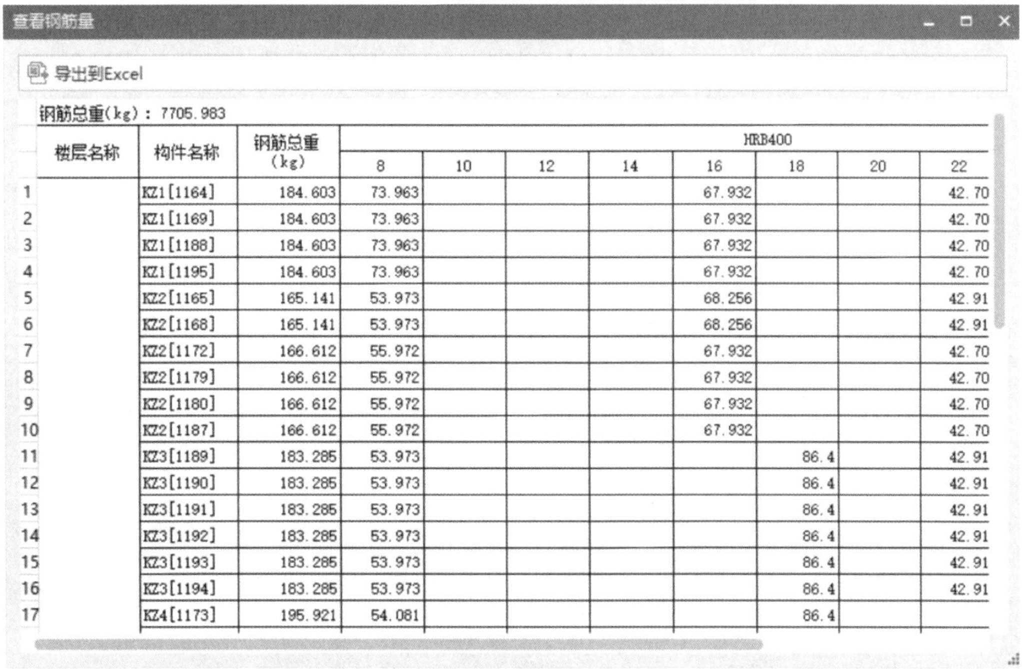

查看钢筋量

导出到Excel

钢筋总重(kg)：7705.983

	楼层名称	构件名称	钢筋总重(kg)	HRB400							
				8	10	12	14	16	18	20	22
1		KZ1[1164]	184.603	73.963				67.932			42.70
2		KZ1[1169]	184.603	73.963				67.932			42.70
3		KZ1[1188]	184.603	73.963				67.932			42.70
4		KZ1[1195]	184.603	73.963				67.932			42.70
5		KZ2[1165]	165.141	53.973				68.256			42.91
6		KZ2[1168]	165.141	53.973				68.256			42.91
7		KZ2[1172]	166.612	55.972				67.932			42.70
8		KZ2[1179]	166.612	55.972				67.932			42.70
9		KZ2[1180]	166.612	55.972				67.932			42.70
10		KZ2[1187]	166.612	55.972				67.932			42.70
11		KZ3[1189]	183.285	53.973					86.4		42.91
12		KZ3[1190]	183.285	53.973					86.4		42.91
13		KZ3[1191]	183.285	53.973					86.4		42.91
14		KZ3[1192]	183.285	53.973					86.4		42.91
15		KZ3[1193]	183.285	53.973					86.4		42.91
16		KZ3[1194]	183.285	53.973					86.4		42.91
17		KZ4[1173]	195.921	54.081					86.4		

图 11.9

2) 编辑钢筋

要查看单个图元钢筋的具体计算结果，可以使用“编辑钢筋”功能，下面以首层⑤轴与Ⓓ轴交点处的 KZ3 柱为例进行介绍。

①在“工程量”选项卡中选择“编辑钢筋”，再选择 KZ3 图元，绘图区下方将显示编辑钢筋列表，如图 11.10 所示。

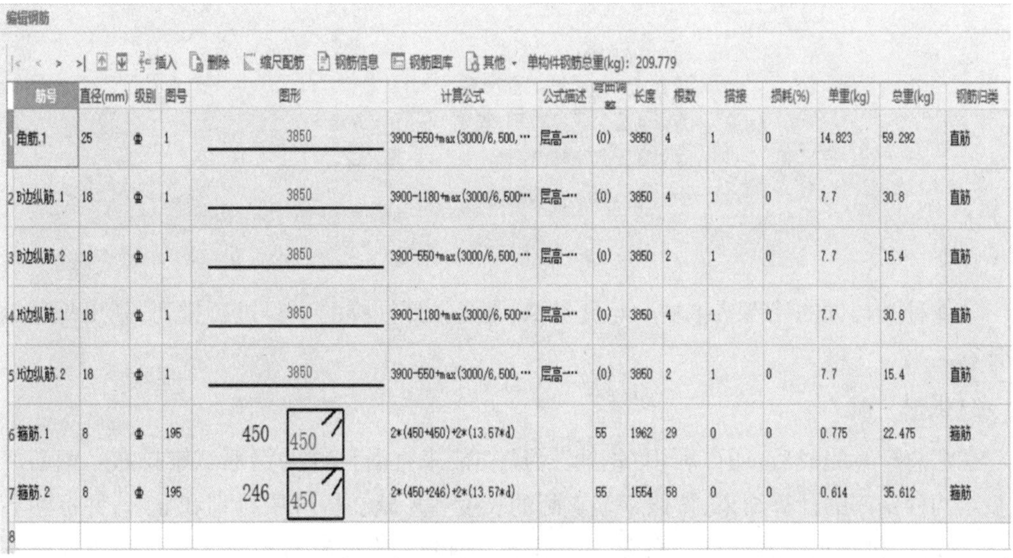

编辑钢筋

插入 删除 缩尺配筋 钢筋信息 钢筋图库 其他 单构件钢筋总重(kg)：209.779

	筋号	直径(mm)	级别	图号	图形	计算公式	公式描述	弯曲调整	长度	根数	搭接	损耗(%)	单重(kg)	总重(kg)	钢筋归类
1	角筋.1	25	Φ	1	3850	3900-550+max(3000/6,500,…	层高-…	(0)	3850	4	1	0	14.823	59.292	直筋
2	B边纵筋.1	18	Φ	1	3850	3900-1180+max(3000/6,500…	层高-…	(0)	3850	4	1	0	7.7	30.8	直筋
3	B边纵筋.2	18	Φ	1	3850	3900-550+max(3000/6,500,…	层高-…	(0)	3850	2	1	0	7.7	15.4	直筋
4	H边纵筋.1	18	Φ	1	3850	3900-1180+max(3000/6,500…	层高-…	(0)	3850	4	1	0	7.7	30.8	直筋
5	H边纵筋.2	18	Φ	1	3850	3900-550+max(3000/6,500,…	层高-…	(0)	3850	2	1	0	7.7	15.4	直筋
6	箍筋.1	8	Φ	195	450 450	2*(450+450)+2*(13.57*d)		55	1962	29	0	0	0.775	22.475	箍筋
7	箍筋.2	8	Φ	195	246 450	2*(450+246)+2*(13.57*d)		55	1554	58	0	0	0.614	35.612	箍筋
8															

图 11.10

②“编辑钢筋”列表从上到下依次列出 KZ3 的各类钢筋的计算结果,包括钢筋信息(直径、级别、根数等),以及每根钢筋的图形和计算公式,并且对计算公式进行了描述,用户可以清楚地看到计算过程。例如,第一行列出的是 KZ3 的角筋,从中可以看到角筋的所有信息。

使用“编辑钢筋”的功能,可以清楚显示构件中每根钢筋的形状、长度、计算过程以及其他信息,明确掌握计算的过程。另外,还可以对“编辑钢筋”列表进行编辑和输入,列表中的每个单元格都可以手动修改,可根据自己的需要进行编辑。

还可以在空白行进行钢筋的添加,输入“筋号”为“其他”,选择钢筋直径和级别,选择图号来确定钢筋的形状,然后在图形中输入长度、输入需要的根数和其他信息。软件计算的钢筋结果显示为淡绿色底色,手动输入的行显示为白色底色,便于区分。这样,不仅能够清楚地看到钢筋计算的结果,还可以对结果进行修改以满足不同的需求,如图 11.11 所示。

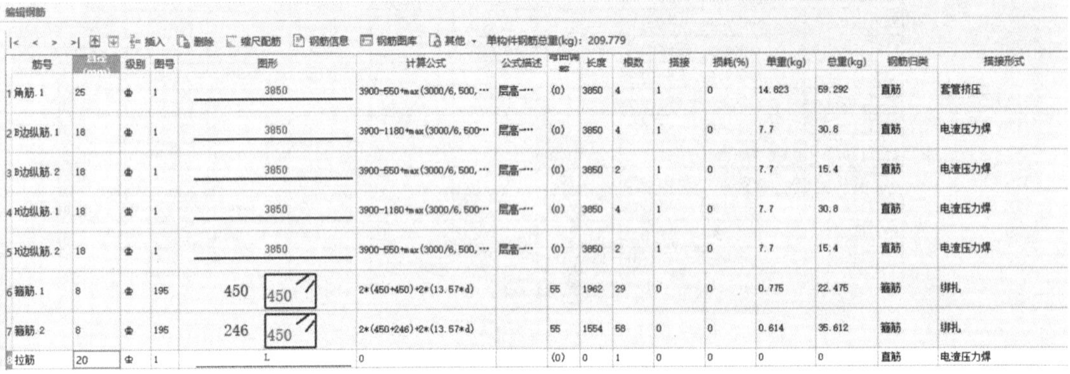
编辑钢筋

|< < > >| 插入 删除 缩尺配筋 钢筋信息 钢筋图库 其他 单构件钢筋总重(kg): 209.779

筋号	[illegible]	级别	图号	图形	计算公式	公式描述	弯曲调整	长度	根数	搭接	损耗(%)	单重(kg)	总重(kg)	钢筋归类	搭接形式
1 角筋.1	25	⌀	1	3850	3900-550+max(3000/6,500,…	层高-…	(0)	3850	4	1	0	14.623	59.292	直筋	套管挤压
2 B边纵筋.1	18	⌀	1	3850	3900-1180+max(3000/6,500…	层高-…	(0)	3850	4	1	0	7.7	30.8	直筋	电渣压力焊
3 B边纵筋.2	18	⌀	1	3850	3900-550+max(3000/6,500,…	层高-…	(0)	3850	2	1	0	7.7	15.4	直筋	电渣压力焊
4 H边纵筋.1	18	⌀	1	3850	3900-1180+max(3000/6,500…	层高-…	(0)	3850	4	1	0	7.7	30.8	直筋	电渣压力焊
5 H边纵筋.2	18	⌀	1	3850	3900-550+max(3000/6,500,…	层高-…	(0)	3850	2	1	0	7.7	15.4	直筋	电渣压力焊
6 箍筋.1	8	⌀	195	450 450	2*(450+450)+2*(13.57*d)		55	1962	29	0	0	0.775	22.475	箍筋	绑扎
7 箍筋.2	8	⌀	195	246 450	2*(450+246)+2*(13.57*d)		55	1554	58	0	0	0.614	35.612	箍筋	绑扎
8 拉筋	20	⌀	1	L	0		(0)	0	1	0	0	0	0	直筋	电渣压力焊

图 11.11

【注意】

用户需要对修改后的结果进行锁定,可使用“建模”选项卡下“通用操作”中的“锁定”和“解锁”功能可以对构件进行锁定和解锁,如图 11.12 所示。如果修改后不进行锁定,那么重新汇总计算时,软件会按照属性中的钢筋信息重新计算,手动输入的部分将被其覆盖。

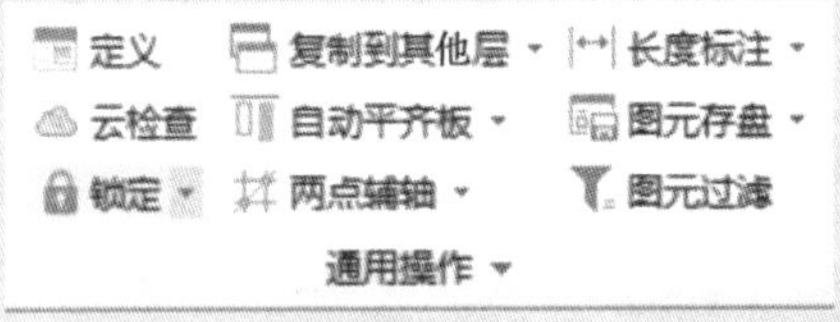

图 11.12

其他种类构件的计算结果显示与此类似,都是按照同样的项目进行排列,列出每种钢筋的计算结果。

3)钢筋三维

在汇总计算完成后,还可利用“钢筋三维”功能来查看构件的钢筋三维排布。钢筋三维可显示构件钢筋的计算结果,按照钢筋实际的长度和形状在构件中排列和显示,并标注各段的计算长度,供直观查看计算结果和钢筋对量。钢筋三维能够直观真实地反映当前所选择图元的内部钢筋骨架,清楚显示钢筋骨架中每根钢筋与编辑钢筋中的每根钢筋的对应关系,且“钢筋三维”中的数值可修改。钢筋三维和钢筋计算结果还保持对应,相互保持联动,数值修改后,可以实时看到自己修改后的钢筋三维效果。

当前 GTJ 软件中已实现钢筋三维显示的构件包括柱、暗柱、端柱、剪力墙、梁、板受力筋、板负筋、螺旋板、柱帽、楼层板带、集水坑、柱墩、筏板主筋、筏板负筋、独基、条基、桩承台、基础板带共 18 种 21 类构件。

钢筋三维显示状态应注意以下几点:

①查看当前构件的三维效果:直接用鼠标单击当前构件即可看到钢筋三维显示效果。同时配合绘图区右侧的动态观察等功能,全方位查看当前构件的三维显示效果,如图 11.13 所示。

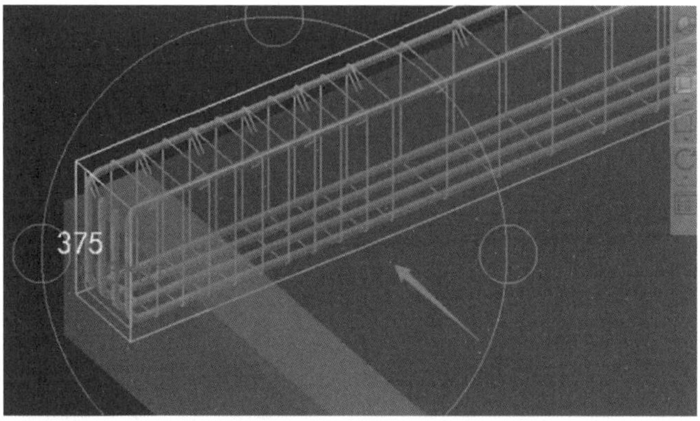

图 11.13

②钢筋三维和编辑钢筋对应显示。

a. 选中三维的某根钢筋线时,在该钢筋线上显示各段的尺寸,同时在“编辑钢筋”的表格中对应的行亮显。如果数字为白色字体则表示此数字可供修改,否则,将不能修改。

b. 在编辑钢筋的表格中选中某行时则钢筋三维中所对应的钢筋线对应亮显,如图 11.14 所示。

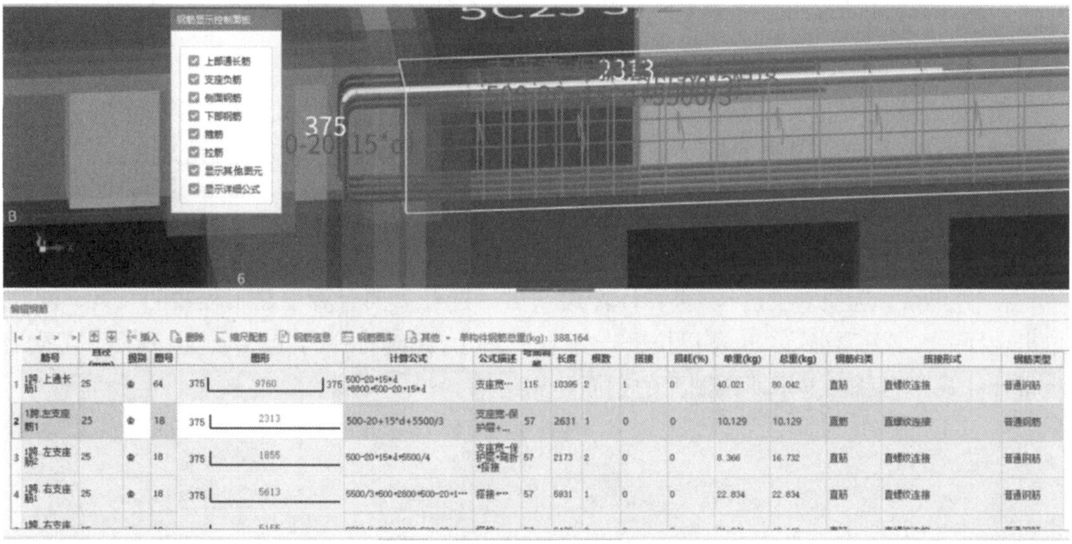

图 11.14

③可以同时查看多个图元的钢筋三维。选择多个图元,然后选择“钢筋三维”命令,即可同时显示多个图元的钢筋三维。

④在执行“钢筋三维”时,软件会根据不同类型的图元,显示一个浮动的“钢筋显示控制面板”,如图 11.14 所示梁的钢筋三维,左上角的白框即为“钢筋显示控制面板”。用于设置当前类型的图元中隐藏、显示的钢筋类型。勾选不同选项时,绘图区会及时更新显示,其中的“显示其他图元”可以设置是否显示本层其他类型构件的图元。

11.4 查看土建计算结果

通过本节的学习,你将能够:
正确查看土建计算结果。

一、任务说明

本节任务是查看构件土建量。

二、任务分析

对于构件土建工程量的查看,可使用“工程量”选项卡下的“查看工程量”功能,查看构件土建工程量的计算式,可使用“查看计算式”的功能。在“查看报表”中还可查看所有构件的土建量。

三、任务实施

汇总计算完毕后,用户可采用以下几种方式查看计算结果和汇总结果。

1)查看工程量

使用“查看工程量”的功能,在“工程量”选项卡中选择“查看钢筋量”,然后选择需要查看工程量的图元,可以单击选择一个或多个图元,也可以拉框选择多个图元,此时将弹出如图 11.15 所示的对话框,显示所选图元的工程量结果。

2)查看计算式

在“工程量”选项卡中选择“查看计算式”,然后选择需要查看土建工程量的图元。可以单击选择一个或多个图元,也可以拉框选择多个图元,此时将弹出如图 11.16 所示“查看工程量计算式”对话框,显示所选图元的钢筋计算结果。

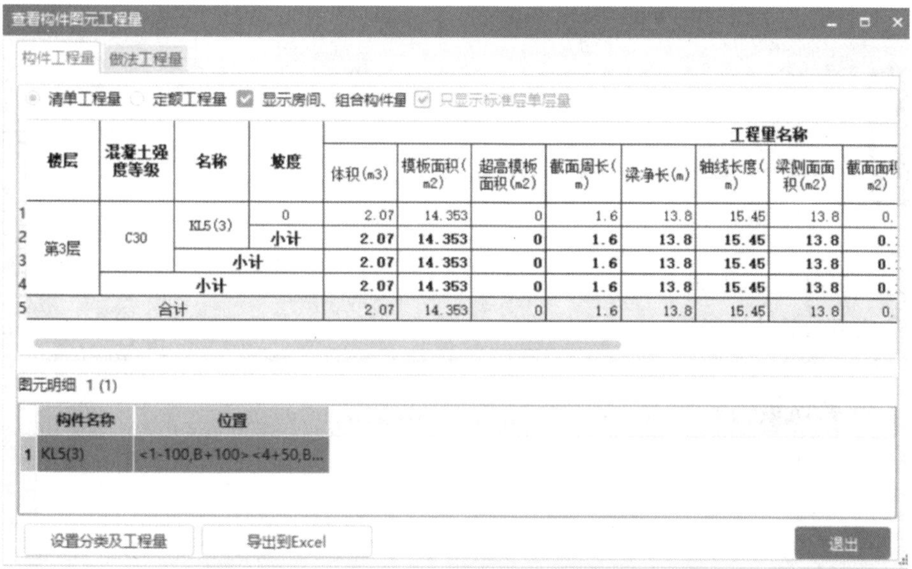
查看构件图元工程量
构件工程量
做法工程量
清单工程量
定额工程量
显示房间、组合构件量
只显示标准层单层量
楼层
混凝土强度等级
名称
坡度
工程量名称
体积(m3)
模板面积(m2)
超高模板面积(m2)
截面周长(m)
梁净长(m)
轴线长度(m)
梁侧面面积(m2)
第3层
C30
KL5(3)
0
2.07
14.353
0
1.6
13.8
15.45
13.8
小计
合计
图元明细 1 (1)
构件名称
位置
KL5(3)
<1-100,B+100><4+50,B...
设置分类及工程量
导出到Excel
退出

图 11.15

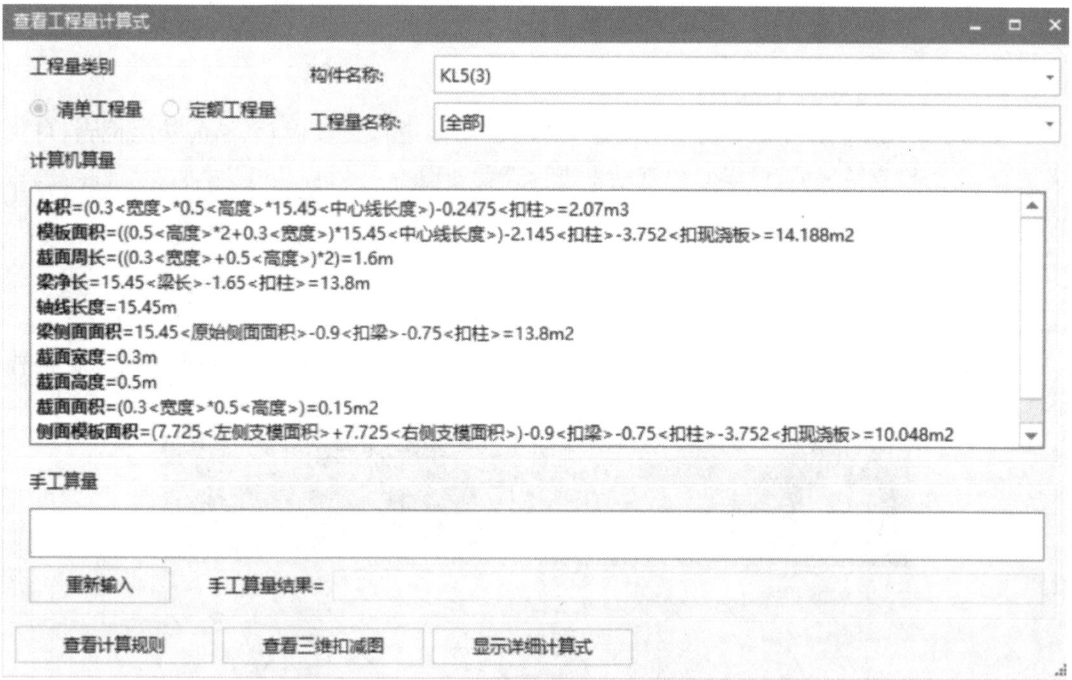
查看工程量计算式
工程量类别
清单工程量
定额工程量
构件名称:
KL5(3)
工程量名称:
[全部]
计算机算量
体积=(0.3<宽度>*0.5<高度>*15.45<中心线长度>)-0.2475<扣柱>=2.07m3
模板面积=((0.5<高度>*2+0.3<宽度>)*15.45<中心线长度>)-2.145<扣柱>-3.752<扣现浇板>=14.188m2
截面周长=((0.3<宽度>+0.5<高度>)*2)=1.6m
梁净长=15.45<梁长>-1.65<扣柱>=13.8m
轴线长度=15.45m
梁侧面面积=15.45<原始侧面面积>-0.9<扣梁>-0.75<扣柱>=13.8m2
截面宽度=0.3m
截面高度=0.5m
截面面积=(0.3<宽度>*0.5<高度>)=0.15m2
侧面模板面积=(7.725<左侧支模面积>+7.725<右侧支模面积>)-0.9<扣梁>-0.75<扣柱>-3.752<扣现浇板>=10.048m2
手工算量
重新输入
手工算量结果=
查看计算规则
查看三维扣减图
显示详细计算式

图 11.16

11.5 云检查

通过本节的学习,你将能够:
灵活运用云检查功能。

一、任务说明

当完成 CAD 识别或模型定义与绘制工作后,即可进行工程量汇总工作。为了保证算量结果的正确性,可以先对所做的工程进行云检查。

二、任务分析

本节任务是对所做的工程进行检查,从而发现工程中存在的问题,方便进行修正。

三、任务实施

模型定义及绘制完毕后,用户可采用“云检查”功能进行整楼检查、当前楼层检查、自定义检查,得到检查结果后,可以对检查结果进行查看处理。

1)云模型检查

(1)整楼检查

整楼检查是为了保证整楼算量结果的正确性,对整个楼层进行的检查。

单击“建模”选项卡中的“云检查”功能,在弹出的“云模型检查”界面,单击“整楼检查”,如图 11.17 所示。

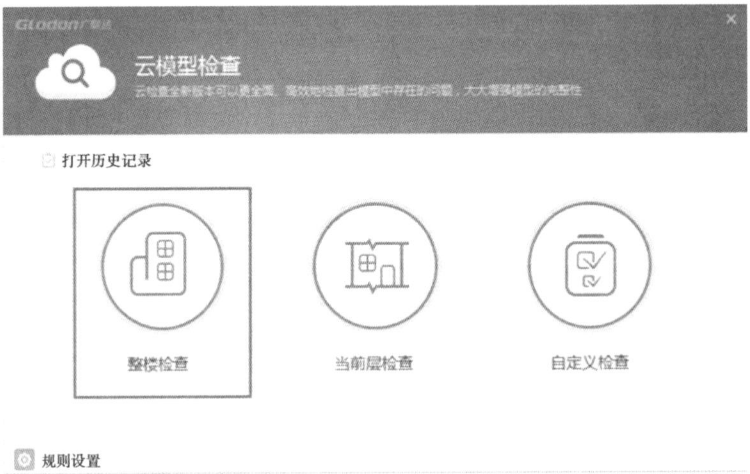

图 11.17

进入检查后,软件自动根据内置的检查规则进行检查,也可根据工程的具体情况自行设置检查规则,以便更合理地检查工程错误。单击“规则设置”,根据工程情况作相应的参数调整(图 11.18)。设置后单击“确定”按钮,再次执行云检查时,软件将按照设置的规则参数进行检查。

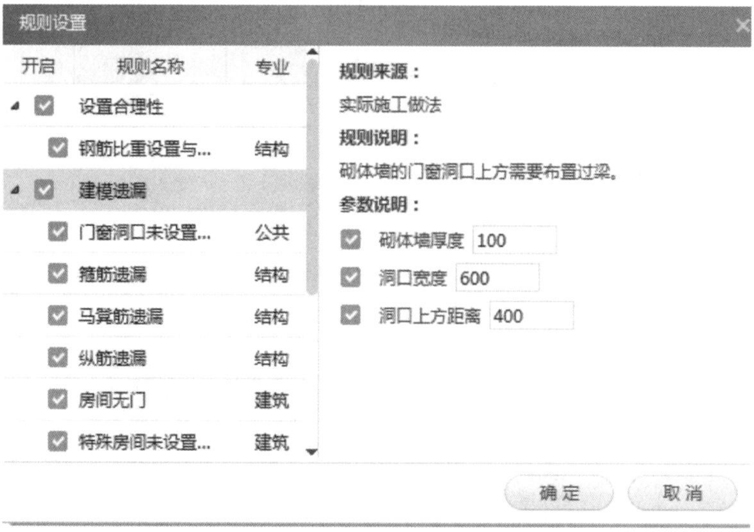

图 11.18

(2)当前层检查

工程的单个楼层完成 CAD 识别或模型绘制工作后,为了保证算量结果的正确性,可对当前楼层进行检查,以便发现当前楼层中存在的错误,便于及时修正。在“云模型检查”界面,单击“当前层检查”即可。

(3)自定义检查

当工程 CAD 识别或模型绘制完成后,认为工程部分模型信息,如基础层、四层的建模模型可能存在问题,希望有针对性地进行检查,以便在最短的时间内关注最核心的问题,可进行在“云模型检查”界面,单击“自定义检查”,选择检查的楼层及检查的范围即可。

2)查看处理的检查结果

“整楼检查/当前层检查/自定义检查”之后,在“云检查结果”界面,可以看到结果列表,如图 11.19 所示。软件根据当前检查问题的情况进行了分类,包含确定错误、疑似错误、提醒等。用户可根据当前问题的重要等级分别关注。

(1)忽略

在结果列表中逐一排查工程问题,经排查,某些问题不算作错误,可以忽略,则执行“忽略”操作。当前忽略的问题,将在“忽略列表”中显示出来,如图 11.20 所示。假如没有,则忽略列表错误为空。

(2)定位

对检查结果逐一进行排查时,希望能定位到当前存在问题的图元或详细的错误位置。此时可以使用“定位”功能。

在“云检查结果”界面,错误问题支持双击定位,同时可以单击“定位”按钮进行定位,功能位置如图 11.21 所示。

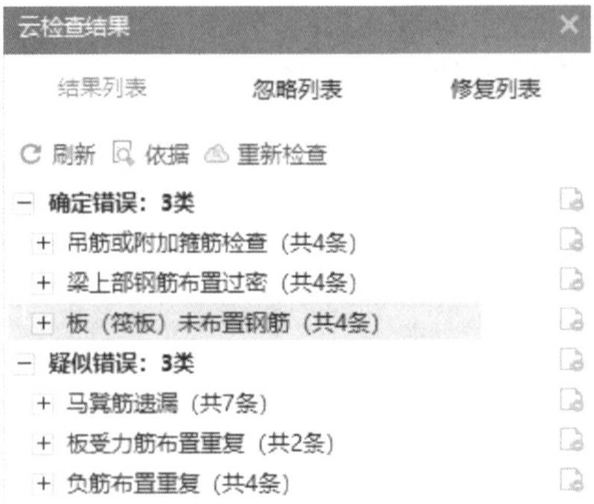

图 11.19

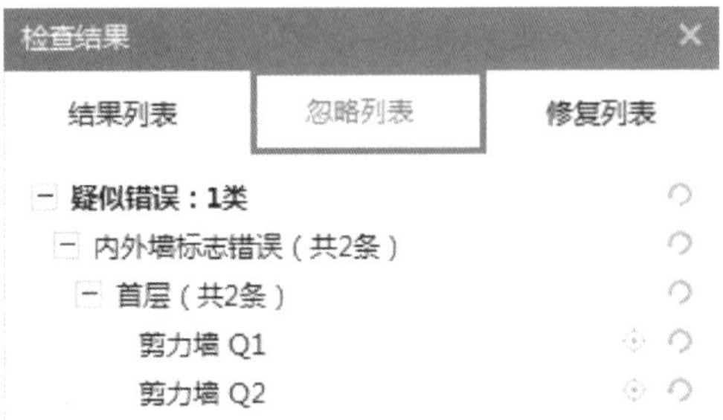

图 11.20

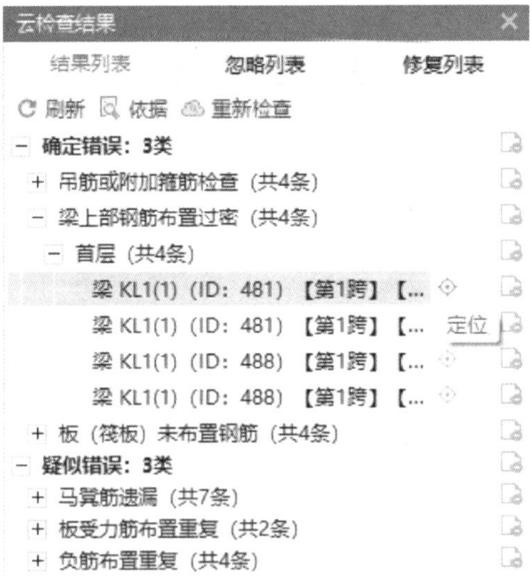

图 11.21

单击“定位”后，软件自动定位到图元的错误位置，且会给出气泡提示，如图 11.22 所示。

接下来，可以进一步进行定位，查找问题，进行错误问题修复。

(3)修复

在“结果列表”中逐一排查问题时，发现的工程错误问题需要进行修改，软件内置了一些修复规则，支持快速修复。此时可单击“修复”按钮，进行问题修复，如图 11.23 所示。

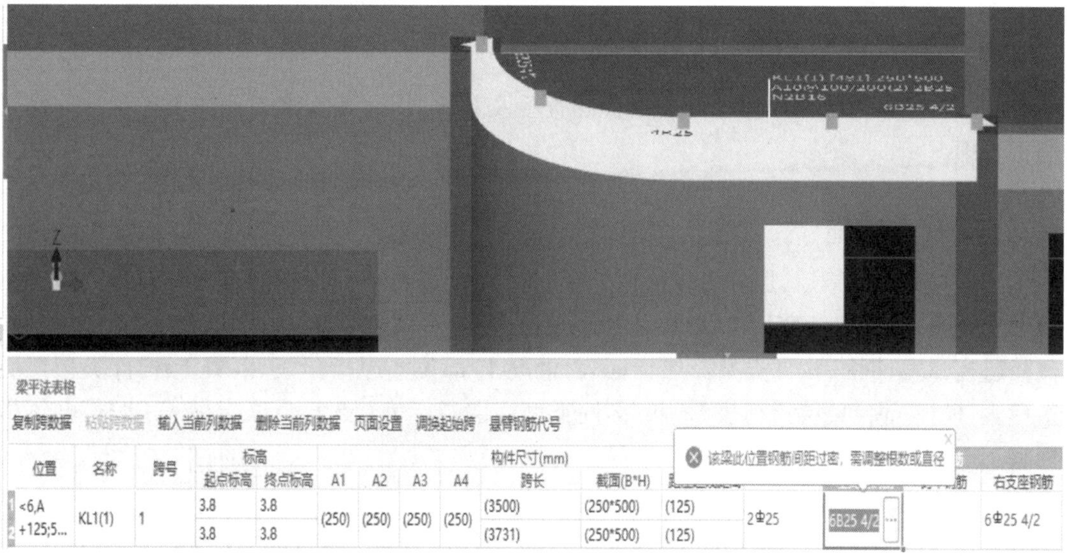

图 11.22

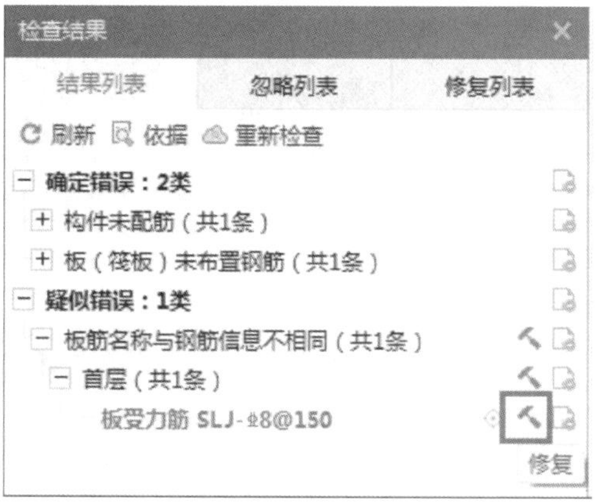

图 11.23

修复后的问题，在“修复列表”中显现，可在“修复列表”中再次关注已修复的问题。

11.6 云指标

通过本节的学习，你将能够：
正确运用云指标的方法。

一、任务说明

当工程完成汇总计算后，为了确定工程量的合理性，可以查看“云指标”，对比类似工程指标进行判断。

二、任务分析

本节任务是对所作工程进行云指标的查看及对比,从而判断该工程的工程量计算结果是否合理。

三、任务实施

当工程汇总完毕后,用户可以采用“云指标”功能进行工程指标的查看及对比。包含汇总表及钢筋、混凝土、模板、装修等不同维度的 8 张指标表,分别是工程指标汇总表、钢筋-部位楼层指标表、钢筋-构件类型楼层指标表、混凝土-部位楼层指标表、混凝土-构件类型楼层指标表、模板-部位楼层指标表、模板-构件类型楼层指标表、装修-装修指标表、砌体-砌体指标表。

1)云指标的查看

云指标可以通过“工程量”→“云指标”进行查看,也可以通过“云应用”→“云指标”进行查看,如图 11.24 所示。

工程指标汇总表

总建筑面积(m2):440.02

指标项	单位	定额构件工程量	1m2单位建筑面积指标
1 挖土方	m3	—	—
2 混凝土	m3	2732.173	6.209
3 钢筋	kg	325279.9	739.239
4 模板	m2	22021.717	50.047
5 砌体	m3	324.214	0.737
6 防水	m2	—	—
7 墙体保温	m2	—	—
8 外墙面抹灰	m2	257.409	0.585
9 内墙面抹灰	m2	882.263	2.005
10 踢脚面积	m2	—	—
11 楼地面	m2	379.095	0.862
12 天棚抹灰	m2	430.761	0.979
13 吊顶面积	m2	—	—
14 门	m2	421.92	0.959
15 窗	m2	242.72	0.552

图 11.24

【注意】

在查看云指标之前，可以对“工程量汇总规则”进行设置，也可以从“工程量汇总规则”表中查看数据的汇总归属设置情况。

(1)工程指标汇总表

工程量计算完成后，希望查看整个建设工程的钢筋、混凝土、模板、装修等指标数据，从而判断该工程的工程量计算结果是否合理。此时，可单击“汇总表”分类下的“工程指标汇总表”，查看“1 m^2单位建筑面积指标”数据，帮助判断工程量的合理性，如图 11.25 所示。

指标项	单位	清单构件工程量	1m2单位建筑面积指标
1 挖土方	m3	-	-
2 混凝土	m3	77.352	-
3 钢筋	kg	8579.805	-
4 模板	m2	774.8	-
5 砌体	m3	2.016	-
6 防水	m2	-	-
7 墙体保温	m2	-	-
8 外墙面抹灰	m2	18.6	-
9 内墙面抹灰	m2	82.944	-
10 踢脚面积	m2	-	-
11 楼地面	m2	49.88	-
12 天棚抹灰	m2	138.436	-
13 吊顶面积	m2	68.44	-
14 门	m2	7.56	-
15 窗	m2	10.8	-

图 11.25

(2)部位楼层指标表

工程量计算完成后，在查看建筑工程总体指标数据时，发现钢筋、混凝土、模板等指标数据不合理，希望能深入查看地上、地下部分各个楼层的钢筋、混凝土等指标值。此时，可以查看“钢筋/混凝土/模板”分类下的“部位楼层指标表”，进行指标数据分析。

单击“钢筋”分类下“部位楼层指标表”，查看“单位建筑面积指标（kg/m^2）”值，如图 11.26所示。

混凝土、模板查看部位楼层指标数据的方式与钢筋类似，分别位于“混凝土”“模板”分类下，表名称相同，均为“部位楼层指标表”。

(3)构件类型楼层指标表

工程量计算完成后，查看建设工程总体指标数据后，发现钢筋、混凝土、模板等指标数据有些不合理，期望能进一步定位到具体不合理的构件类型，如具体确定柱、梁、墙等的哪个构件的指标数据不合理，具体在哪个楼层出现了不合理。此时，可以查看“钢筋/混凝土/模板”下的“构件类型楼层指标表”，从该表数据中可依次查看“单位建筑面积指标（kg/m^2）”，从而进行详细分析。

单击“钢筋”分类下“构件类型楼层指标表”，查看详细数据，如图 11.27 所示。

图 11.26

混凝土、模板查看不同构件类型楼层指标数据的方式与钢筋相同,分别单击“混凝土”“模板”分类下对应的“构件类型楼层指标表”即可。

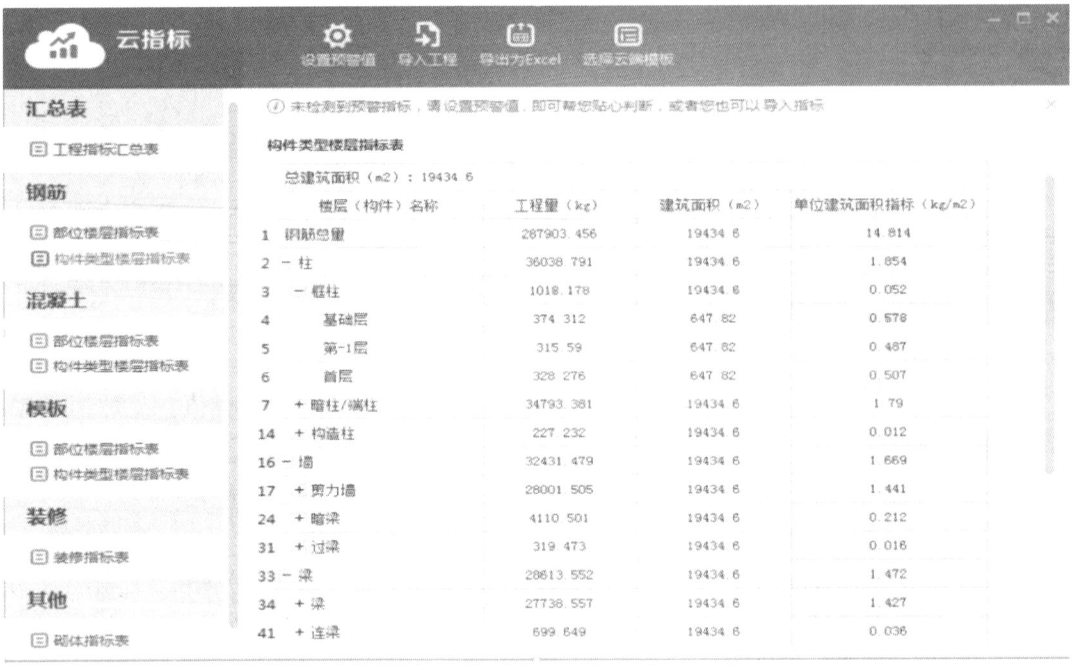

图 11.27

(4)单方混凝土标号指标

在查看工程指标数据时,希望能区分不同的混凝土标号进行对比,由于不同的混凝土强度等级价格不同,需要区分指标数据分别进行关注。此时可查看“混凝土”分组的“单方混凝土标号指标表”数据。

单击“选择云端模板”,选中“混凝土”分类下的“单方混凝土标号指标表”,单击“确定并刷新数据”,如图 11.28 所示。

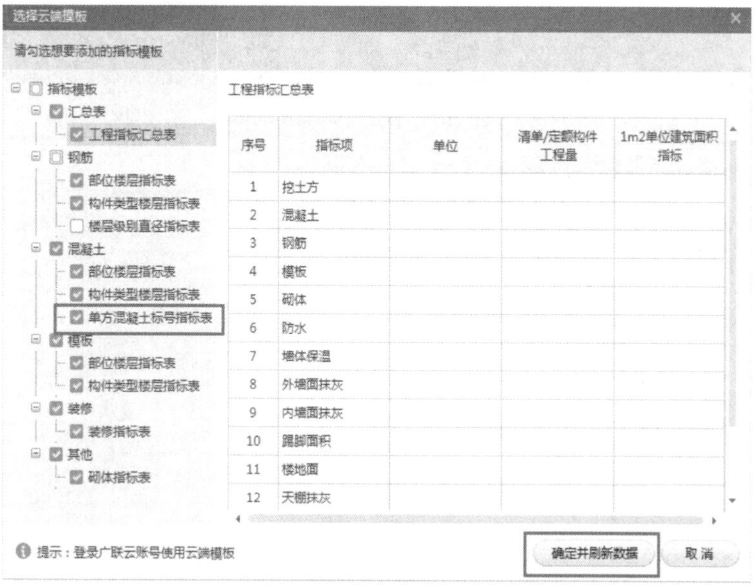

图 11.28

云指标页面的对应表数据，如图 11.29 所示。

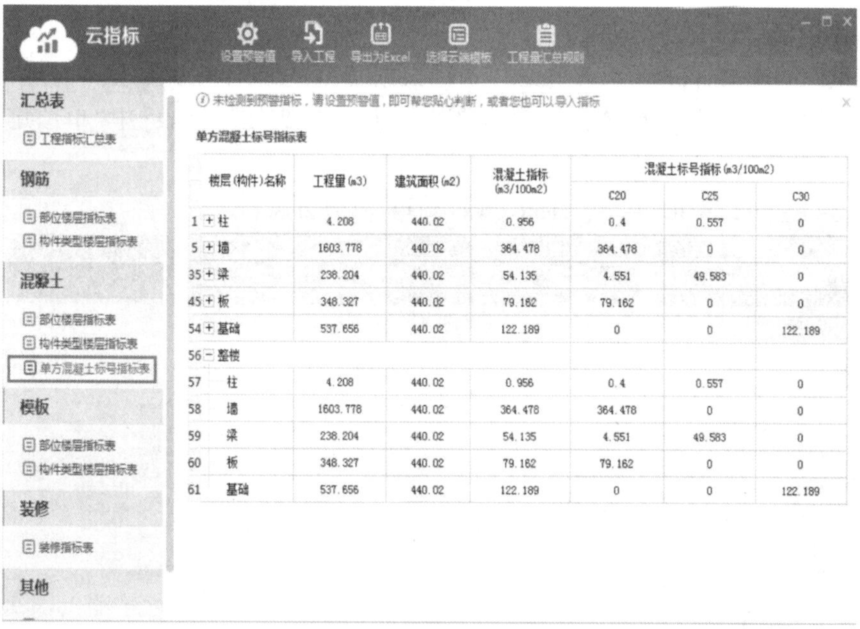

图 11.29

(5)装修指标表

在查看“工程指标汇总表”中的装修数据后，发现有些装修量有问题，希望能进一步分析装修指标数据，定位问题出现的具体构件及楼层。此时可查看“装修指标表”的“单位建筑面积指标(m^2/m^2)”数据。

单击“装修”分类下的“装修指标表”，如图 11.30 所示。

图 11.30

(6)砌体指标表

工程量计算完成后,查看完工程总体指标数据后,发现砌体指标数据不合理,希望能深入查看内、外墙各个楼层的砌体指标值。此时可以查看“砌体指标表”中“单位建筑面积指标(m^3/m^2)”数据。

单击“砌体”分类下的“砌体指标表”,如图 11.31 所示。

图 11.31

2)导入指标对比

在查看工程的指标数据时,不能直观地核对出指标数据是否合理,为了更快捷地核对指标数据,需要导入指标数据进行对比,直接查看对比结果。

在“云指标”界面中,单击“导入指标”,如图 11.32 所示。

图 11.32

在弹出的“选择模板”对话框中,选择要对比的模板,如图 11.33 所示。

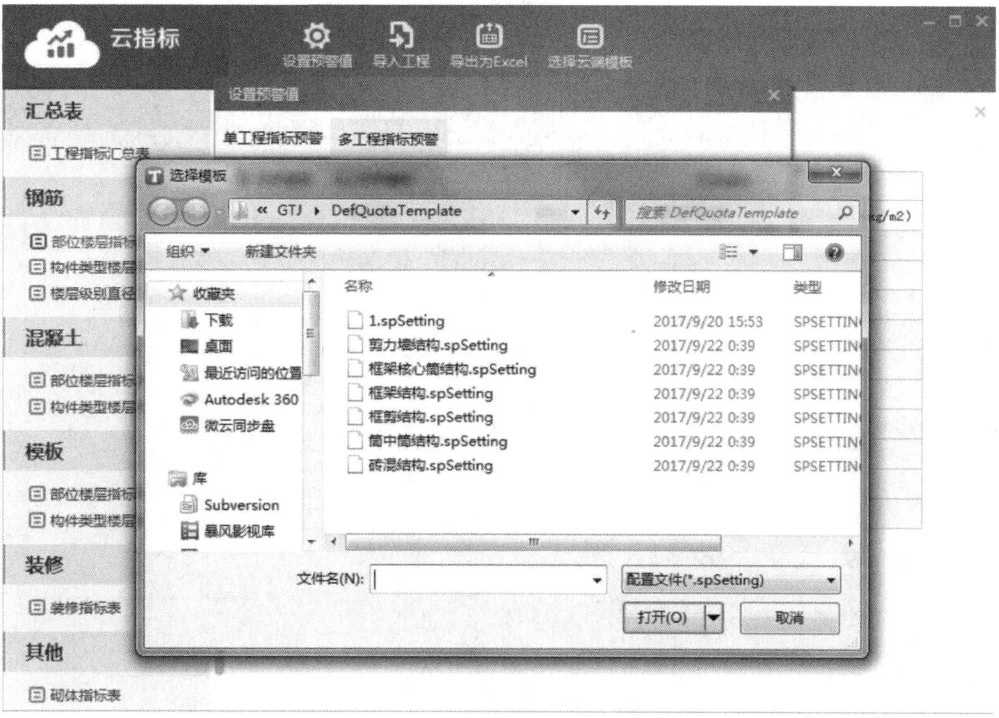

图 11.33

设置模板中的指标对比值,如图 11.34 所示。

图 11.34

单击“确定”按钮后,可以看到当前工程指标的对比结果,其显示如图 11.35 所示。

图 11.35

11.7 云对比

通过本节的学习,你将能够:

正确运用云对比的方法。

一、任务说明

当工程阶段完成或整体完成后汇总计算时,为了确定工程量的准确性,可以通过"云对比"来保证工程的准确性。

二、任务分析

本节任务是对所作完整工程进行云对比,从而判断该工程的工程量计算结果是否合理及准确。

三、任务实施

在完成工程绘制,需要核对工程量的准确性时,学生以老师发的工程答案为准,核对自己绘制的工程出现的问题并找出错误原因,此时可以使用软件提供的云对比功能,快速、多维度对比两个工程文件的工程量差异,并分析工程量差异的原因,帮助学生和老师依据图纸对比、分析,消除工程量差异,并快速、精准地确定最终工程量。

1)打开对比软件

可以通过两种方式打开云对比软件:

①打开 GTJ2018 软件,在开始界面左侧的"应用中心"启动云对比功能,如图 11.36 所示。

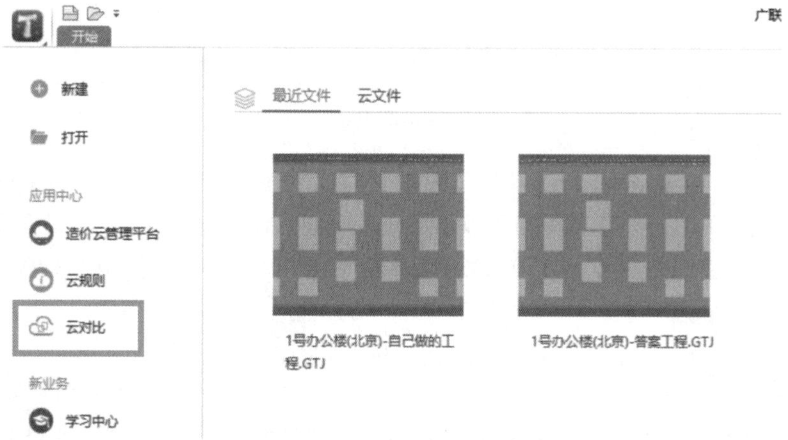

图 11.36

②打开 GTJ2018 软件,在"云应用"页签下启动云对比功能,如图 11.37 所示。

图 11.37

2)加载对比工程

(1)将工程文件上传至云空间

有两种上传方式:

①进入 GTJ2018,选择"开始界面"→"另存为",在"另存为"对话框中选择要上传的文件,单击云空间(个人空间或企业空间),再单击"保存"按钮,如图 11.38 所示。

图 11.38

②进入 GTJ2018"开始"界面,选择"造价云管理平台",单击"上传"→"上传文件";选择需要上传的文件,如图 11.39 所示。

(2)选择主、送审工程

工程文件上传至云空间后,选择云空间中要对比的主审工程(答案工程)和送审工程文件(自己做的工程)。主送审工程满足以下条件:工程版本、土建计算规则、钢筋计算规则、工程楼层范围均需一致;且仅支持 1.0.23.0 版本以后的单区域工程,如图 11.40 所示。

(3)选择对比范围

云对比支持单钢筋对比、单土建对比、土建钢筋对比 3 种模式。

(4)对比计算

当加载完主送审工程,选择完对比计算,单击"开始对比",云端开始自动对比两个 GTJ 工程文件差异。

图 11.39

图 11.40

3)差异信息总览

云对比的主要功能如下：

(1)对比主送审双方工程文件

对比内容包括建筑面积、楼层信息和清单定额规则，如图 11.41 所示。

(2)直观查看主送审双方工程设置差异(图 11.42)

①单击右侧工程设置差异项，调整扇形统计图的统计范围。

②单击扇形统计图中的“工程设置差异”项，链接到相应工程设置差异分析详情位置。

(3)直观查看主送审双方工程量差异(图 11.43)

①从楼层、构件类型、工程量类别(钢筋、混凝土、模板、土方)等维度，以直方图形式展示工程量差异。

图 11.41

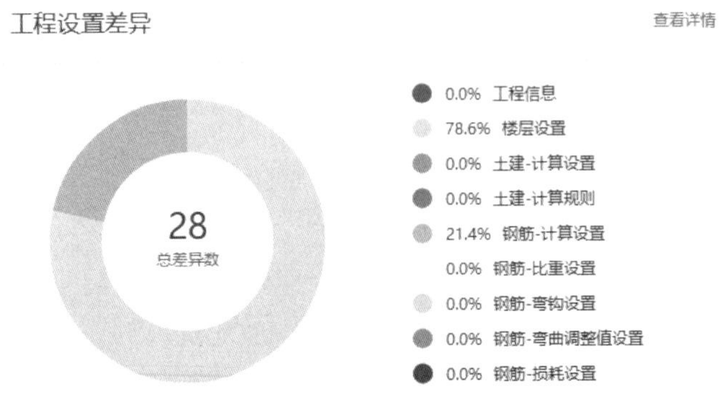

图 11.42

②单击直方图中的“工程量差异”项,链接到相应工程量差异分析详情位置。

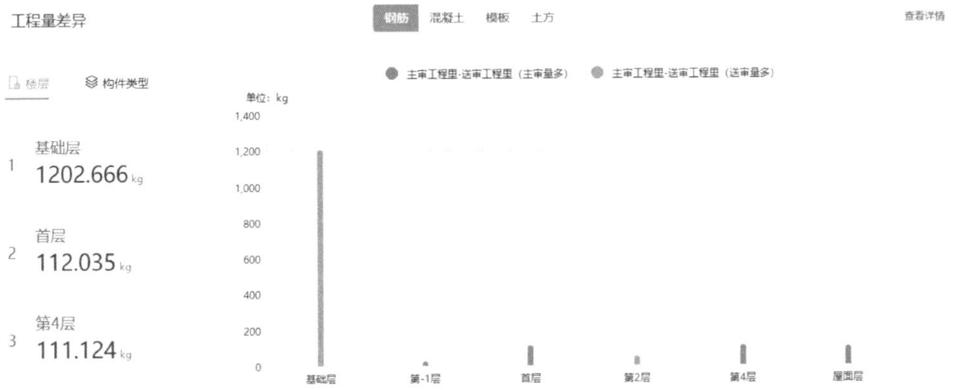

图 11.43

(4)直观查看主送审双方工程量差异及原因(图 11.44)

量差分析原因包括属性不一致、一方未绘制、绘制差异、平法表格不一致、截面编辑不一致。

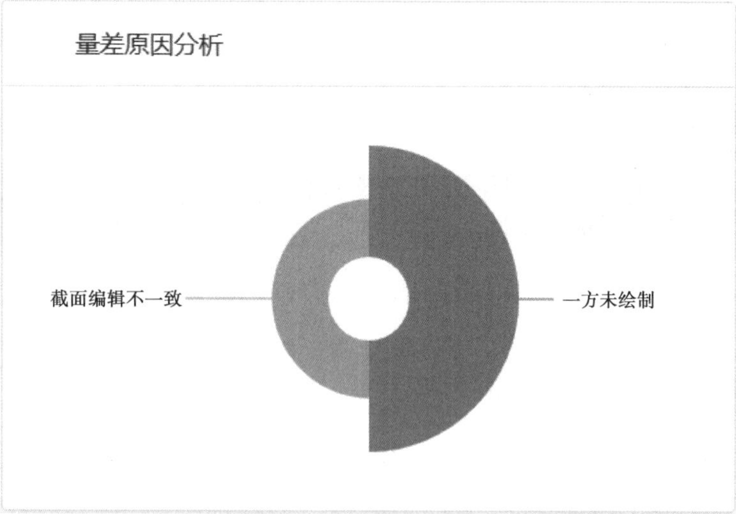

图 11.44

(5)直观查看主送审双方模型差异及原因(图 11.45)

①模型差异包括绘制差异和一方未绘制。

②单击直方图模型差异项,链接到相应模型差异分析详情位置。

图 11.45

4)工程设置差异(图 11.46)

(1)对比范围

对比范围包括基础设置-工程信息、基础设置-楼层设置、土建设置-计算设置、土建设置-计算规则、钢筋设置-计算设置、钢筋设置-比重设置、钢筋设置-弯钩设置、钢筋设置-弯钩调整值设置、钢筋设置-损耗设置。

(2)主要功能

①以图表的形式,清晰对比两个 GTJ 工程文件全部工程设置的差异。

②单击直方图中的“工程设置差异”项,链接到工程设置差异详情。

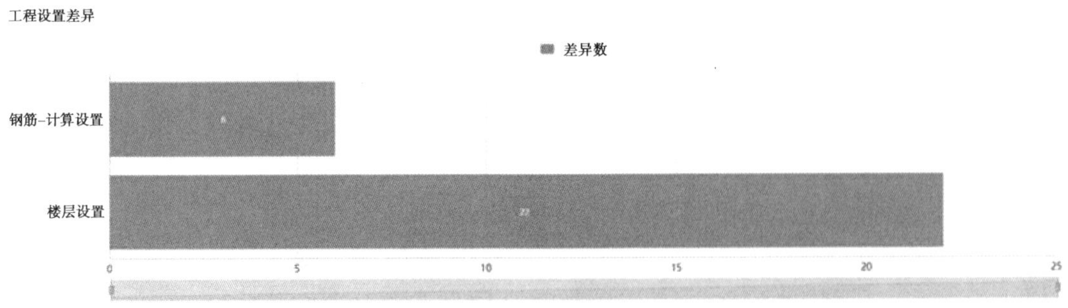

图 11.46

(3)查看工程设置差异详情(图 11.47)

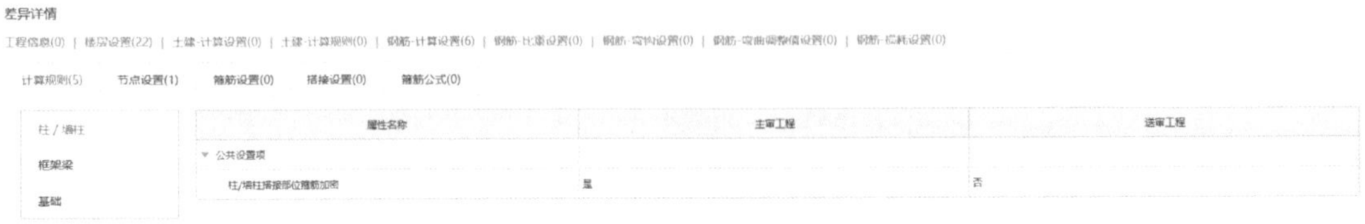

图 11.47

5)工程量差异分析

(1)对比范围

对比范围包括钢筋工程量对比、混凝土工程量对比、模板工程量对比、装修工程量对比和土方工程量对比,如图 11.48 所示。

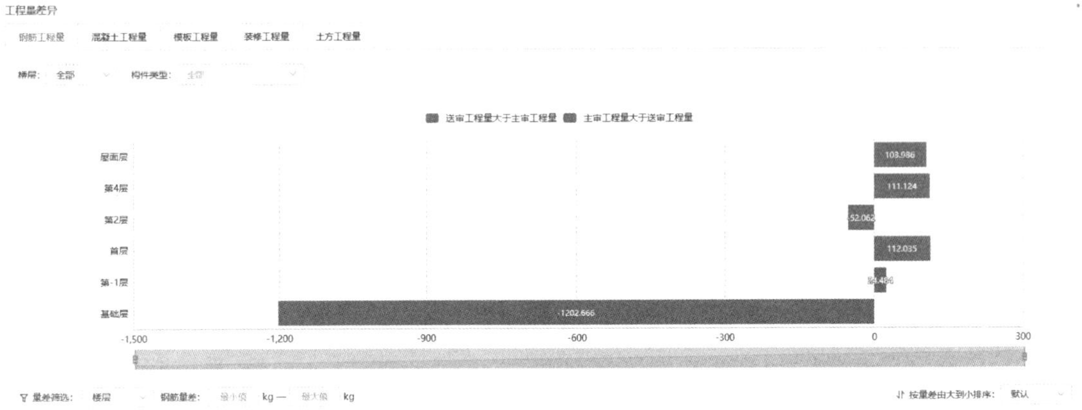

图 11.48

(2)主要功能

①楼层、构件类型筛选,过滤、排序辅助查找。

②以图表形式直观查看工程量差异。

③以表格形式,按照楼层、构件、图元分层级展开,定位工程量差异来源。

④以图元为单位,确定工程量差异原因,包括属性不一致、绘制差异、一方未绘制、平法表格不一致及截面编辑不一致。

⑤查看图元属性差异。

6）量差原因分析

（1）分析原因

分析原因包括属性不一致、绘制差异、一方未绘制、平法表格不一致、截面编辑不一致，如图 11.49 所示。

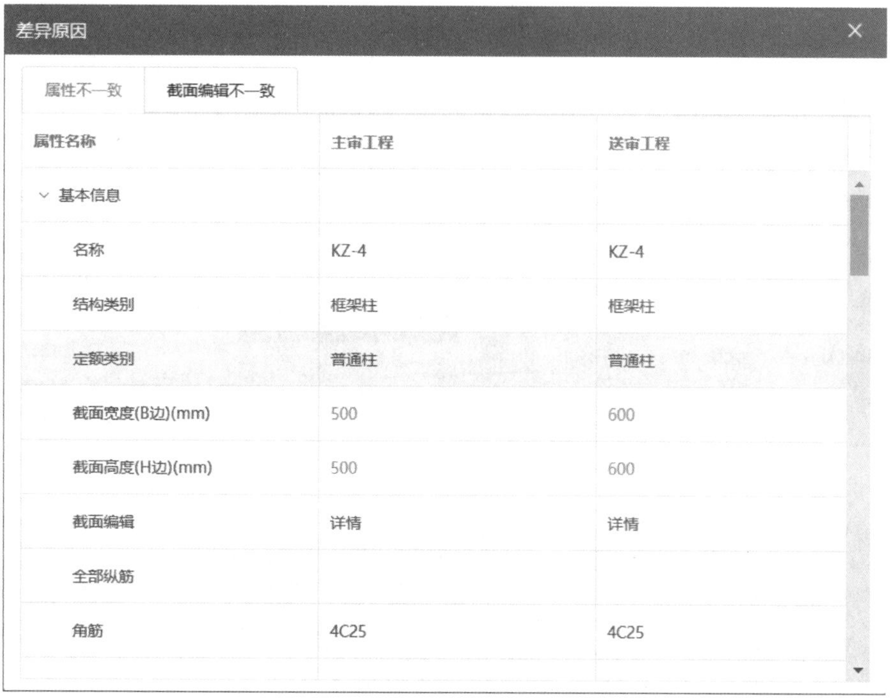

图 11.49

（2）主要功能

①查看属性不一致：工程量差异分析→展开至图元差异→量差原因分析→属性不一致。

②查看绘制差异：模型差异，主送审双方工程存在某些图元，双方绘制不一致；模型对比→模型差异详情→绘制差异。

③查看一方未绘制：模型差异，主送审双方工程存在某些图元，仅一方进行了绘制；模型对比→模型差异详情“一方未绘制”，如图 11.50 所示。

④查看截面编辑不一致。

⑤查看平法表格不一致。

7）模型对比

①按楼层、构件类型对模型进行筛选，如图 11.51 所示。

②主送审 GTJ 工程模型在 Web 端轻量化展示，其中，紫色图元为一方未绘制，黄色图元为绘制差异，如图 11.52 所示。选择模型差异（紫色、黄色）图元，可以定位查看差异详情，如图11.53所示。

③查看模型差异详情，如图 11.54 所示。

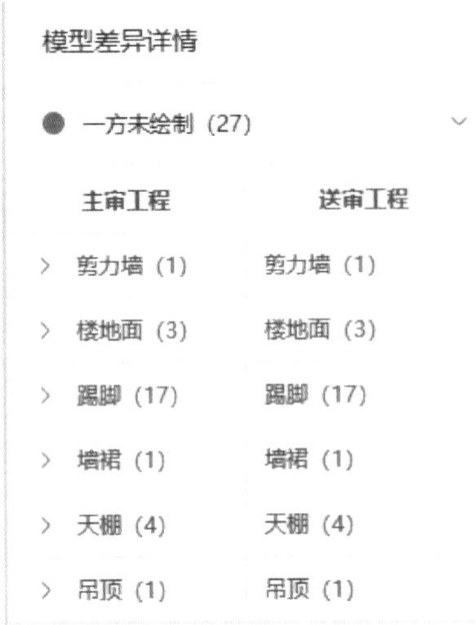

图 11.50

图 11.51

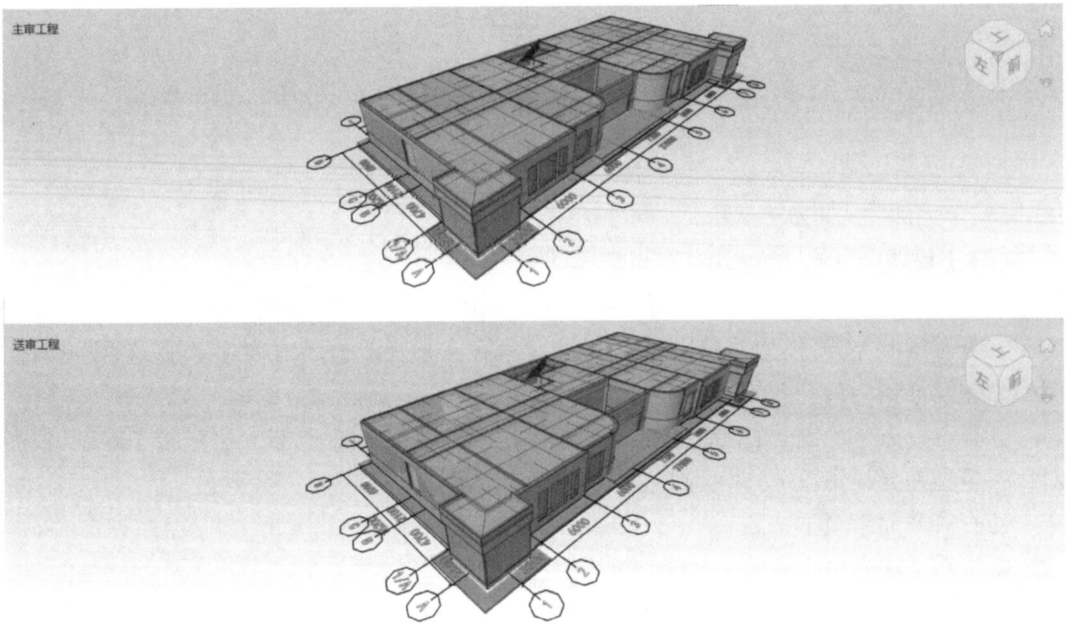

图 11.52

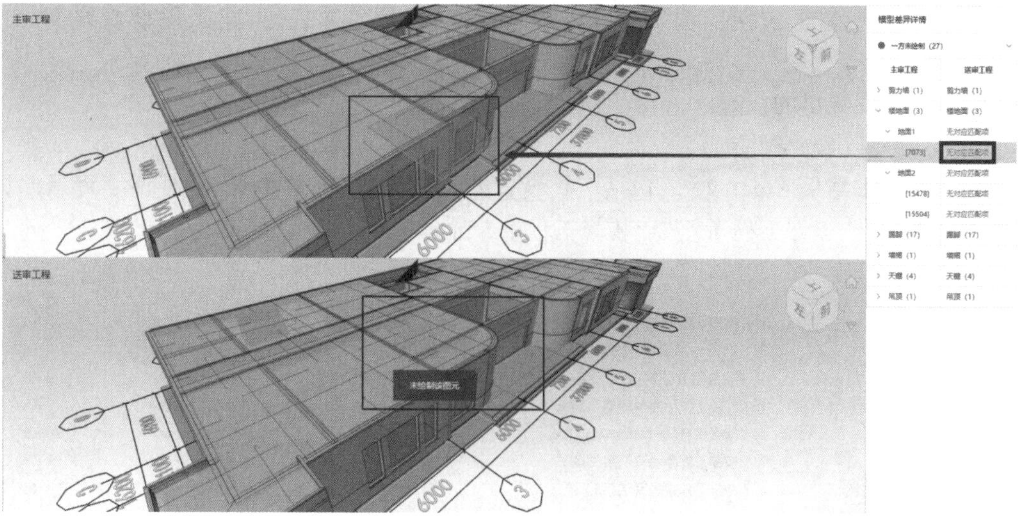

图 11.53

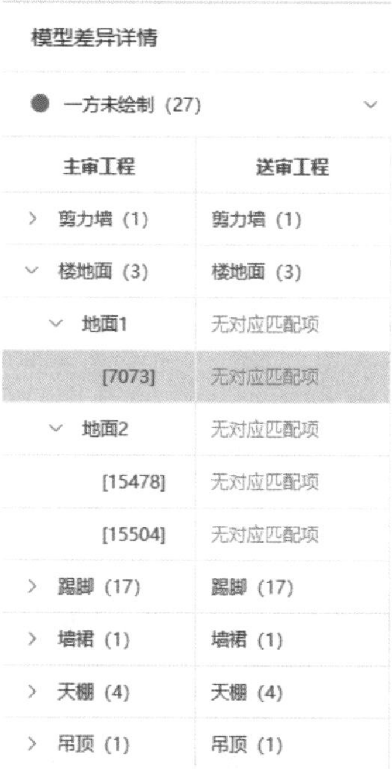

图 11.54

8)导出 Excel

工程设置差异、工程量差异对比结果可以导出 Excel 文件,方便用户进行存档和线下详细分析。操作步骤如下:

①选择“导出报表”,如图 11.55 所示。

图 11.55

②选择导出范围,包括工程设置差异表、钢筋工程量差异表、土建工程量差异表,如图11.56所示。

③选择文件导出的位置。

④解压缩导出的文件夹。

⑤查看导出结果 Excel 文件,包括工程设置差异、钢筋工程量差异、混凝土工程量差异、模板工程量差异、土方工程量差异、装修工程量差异,如图 11.57 所示。

图 11.56

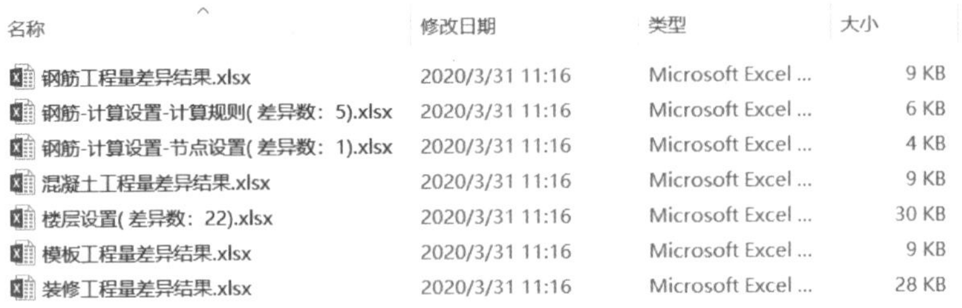

图 11.57

11.8 报表结果查看

通过本节的学习,你将能够:

正确查看报表结果。

一、任务说明

本节任务是查看工程报表。

二、任务分析

在"查看报表"中还可以查看所有楼层的钢筋工程量及所有楼层构件的土建工程量。

三、任务实施

汇总计算完毕后,用户可以采用"查看报表"功能查看钢筋汇总结果和土建汇总结果。

1) 查看钢筋报表

汇总计算整个工程楼层的计算结果后,还需要查看构件的钢筋汇总量时,可通过"查看报表"功能来实现。

①单击"工程量"选项卡中的"查看报表",切换到"报表"界面,如图 11.58 所示。

②单击"设置报表范围",进入如图 11.59 所示对话框。

2) 查看报表

汇总计算整个工程楼层的计算结果后,还需要查看构件的土建汇总量时,可通过"查看报表"功能来实现。单击"工程量"选项卡中的"查看报表",选择"土建报表量"即可查看土建工程量。

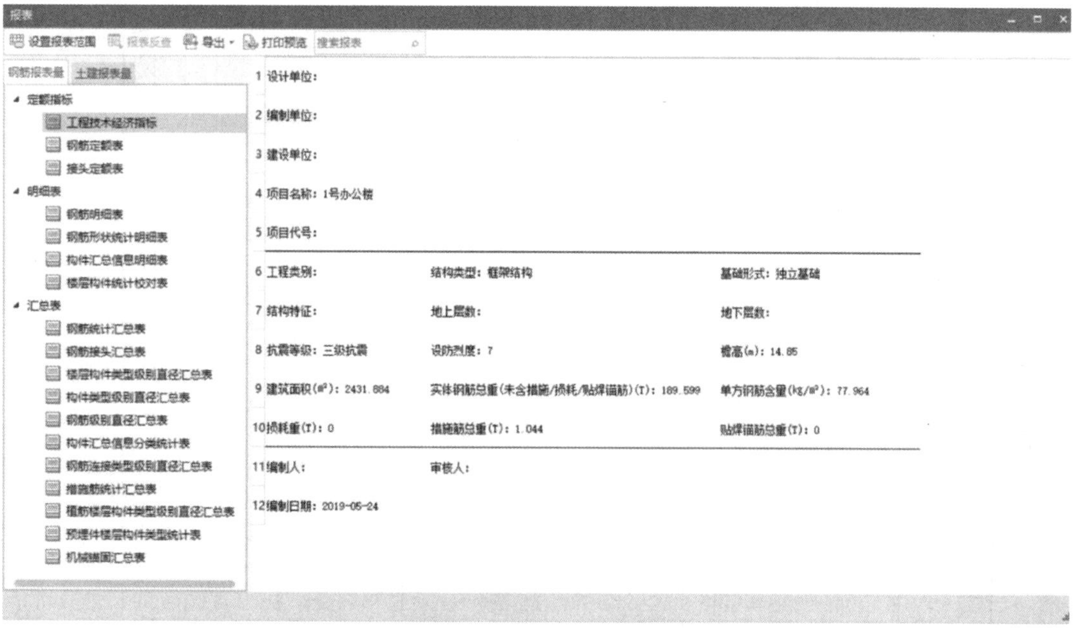

图 11.58

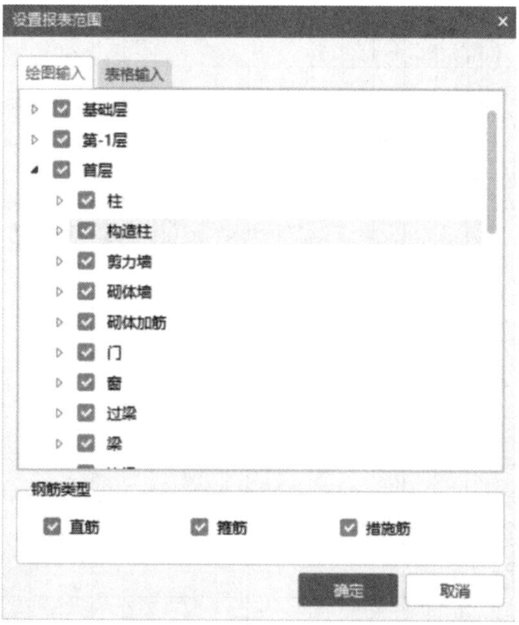

图 11.59

四、任务结果

所有层构件的钢筋工程量见表 11.1。

五、总结拓展

在查看报表部分,软件还提供了报表反查、报表分析、土建报表项目特征添加位置、显示费用项、分部整理等特有功能,具体介绍请参照软件内置的“文字帮助”。

表 11.1　钢筋统计汇总表(包含措施筋)

工程名称:1 号办公楼　　　　编制日期:2019-05-24　　　　单位:t

构件类型	合计(t)	级别	4	6	7	8	10	12	14	16	18	20	22	25
柱	0.128	Φ				0.128								
	33.646	Ф				9.372	0.043			1.933	8.958	4.701	3.032	5.607
暗柱/端柱	4.735	Ф				0.397	1.703	0.212				2.423		
构造柱	0.608	Φ		0.337				0.271						
	1.117	Ф						1.117						
剪力墙	1.372	Φ	0.795	0.577										
	20.073	Ф		0.006		0.054	0.36	8.018	11.635					
砌体加筋	1.252	Φ		1.252										
暗梁	4.034	Ф					1.162					2.872		
过梁	0.544	Φ		0.314			0.23							
	1.241	Ф						0.61	0.388	0.057		0.186		
梁	0.359	Φ		0.359										
	57.831	Ф				0.185	8.413	2.081	0.318	0.457		1.393	3.983	41.001
过梁	0.007	Φ		0.007										
	0.746	Ф					0.116	0.14					0.49	
圈梁	0.118	Φ		0.027				0.091						
现浇板	2.83	Φ				2.83								
	35.222	Ф			0.013	1.571	23.305	10.333						
板洞加筋	0.008	Ф						0.008						
筏板基础	16.574	Ф				0.174		16.4						
独立基础	6.166	Ф						2.538	3.628					
挑檐	1.284	Ф				0.613	0.671							
压顶	0.265	Φ		0.265										
	0.444	Ф						0.444						
其他	0.535	Ф				0.123	0.243	0.169						
合计(t)	7.484	Φ	0.795	3.139		2.958	0.23	0.362						
	183.656	Ф		0.006	0.013	12.489	36.016	42.069	15.969	2.447	8.958	11.576	7.506	46.607

所有层构件的土建工程量见计价部分。

12 CAD 识别做工程

通过本章的学习，你将能够：

(1)了解 CAD 识别的基本原理；

(2)了解 CAD 识别的构件范围；

(3)了解 CAD 识别的基本流程；

(4)掌握 CAD 识别的具体操作方法。

12.1 CAD 识别的原理

通过本节的学习，你将能够：

了解 CAD 识别的基本原理。

CAD 识别是软件根据建筑工程制图规则，快速从 AutoCAD 的结果中拾取构件和图元，快速完成工程建模的方法。同使用手工画图的方法一样，需要先识别构件，然后再根据图纸上构件边线与标注的关系，建立构件与图元的联系。

GTJ2018 软件提供了 CAD 识别功能，可以识别 CAD 图纸文件(.dwg)支持 AutoCAD 2015/2013/2011/2010/2008/2007/2006/2005/2004/2000 及 AutoCAD R14 版生成的图形格式文件。

CAD 识别是绘图建模的补充。CAD 识别的效率，一方面取决于图纸的完整程度和标准化程度，如各类构件是否严格按照图层进行区分，各类尺寸或配筋信息是否按照图层进行区分，标准方式是否按照制图标准进行；另一方面取决于对广联达 BIM 土建计量软件的熟练程度。

12.2 CAD 识别的构件范围及流程

通过本节的学习，你将能够：

了解 CAD 识别的构件范围及流程。

1)GTJ2018 软件 CAD 识别的构件范围

①表格类:楼层表、柱表、门窗表、装修表、独基表。

②构件类:轴网,柱、柱大样,梁,墙、门窗、墙洞,板钢筋(受力筋、跨板受力筋、负筋),独立基础,承台,桩,基础梁。

2)CAD 识别做工程的流程

CAD 识别做工程主要通过新建工程→图纸管理→符号转换→识别构件→构件校核的方式,将 CAD 图纸中的线条及文字标注转化成广联达 BIM 土建计量平台中的基本构件图元(如轴网、梁、柱等),从而快速地完成构件的建模操作,提高整体绘图效率。

CAD 识别的大体方法如下:

①首先需要新建工程,导入图纸,识别楼层表,并进行相应的设置。

②与手动绘制相同,需要先识别轴网,再识别其他构件。

③识别构件按照绘图类似的顺序,先识别竖向构件,再识别水平构件。

在进行实际工程的 CAD 识别时,软件的基本操作流程如图 12.1 所示。

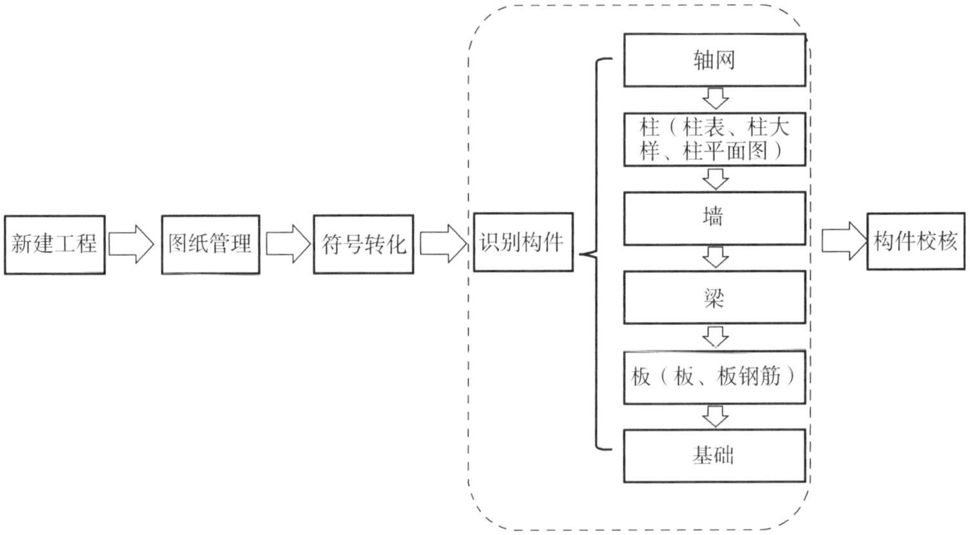

图 12.1

软件的识别流程:添加图纸→分割图纸→提取构件→识别构件。

顺序:楼层→轴网→柱→墙→梁→板钢筋→基础。

识别过程与绘制构件类似,先首层再其他层,识别完一层的构件后,通过同样的方法识别其他楼层的构件,或者复制构件到其他楼层,最后汇总计算。

通过以上流程,即可完成 CAD 识别做工程的过程。

3)图纸管理

软件提供了完善的图纸管理功能,能够将原电子图进行有效管理,并随工程统一保存,提高做工程的效率。图纸管理在使用时,其流程如图 12.2 所示。

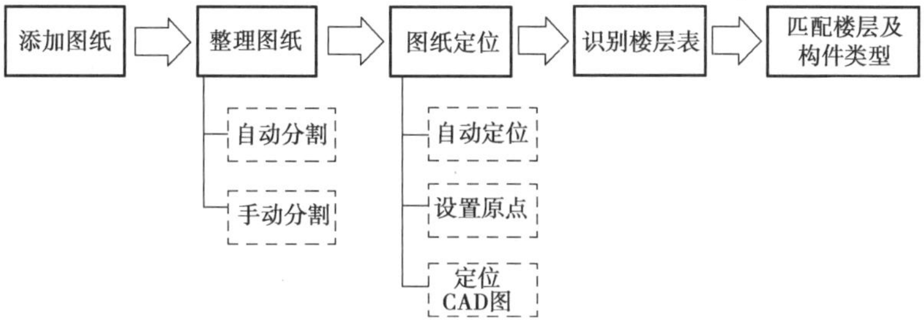

图 12.2

4)图层管理

针对添加的图纸,可以在图层管理中设置"已提取的 CAD 图层"和"CAD 原始图层"的显示和隐藏。

12.3 CAD 识别实际案例工程

通过本节的学习,你将能够:

掌握 CAD 识别的具体操作方法。

本小节主要讲解通过 CAD 识别,完成案例工程中构件的属性定义、绘制及钢筋信息的录入操作。

12.3.1 建工程、识别楼层

通过本小节的学习,你将能够:

进行楼层的 CAD 识别。

一、任务说明

使用 CAD 识别中"识别楼层表"的功能,完成楼层的建立。

二、任务分析

需提前确定好楼层表所在的图纸。

三、任务实施

①建立工程后,单击"图纸管理"面板,选择"添加图纸",在弹出的"添加图纸"对话框中选择有楼层表的图纸,如"1 号办公楼结构图",如图 12.3 所示。

②当导入的 CAD 图纸文件中有多个图纸时,需要通过"分割"功能将所需的图纸分割出来,如现将"一三层顶梁配筋图"分割出来。

单击"图纸管理"面板下的"分割"→"手动分割",用鼠标左键拉框选择"一三层顶梁配筋图”,单击右键确定,弹出“手动分割”对话框,如图 12.4 所示。

图 12.3

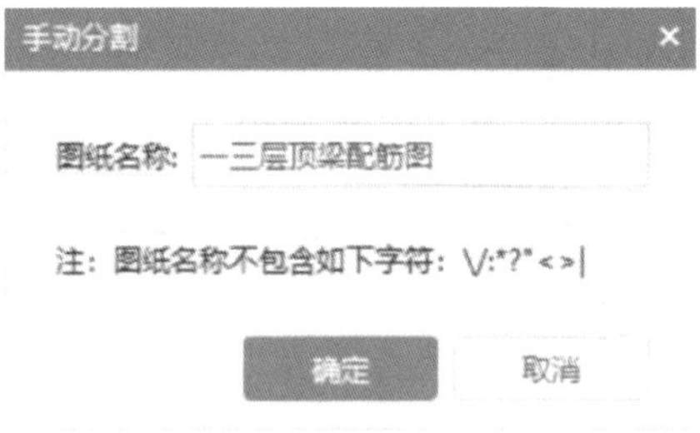

图 12.4

【注意】

除了手动分割外,还可采用自动分割。自动分割能够快速完成图纸分割,操作步骤如下:单击“图纸管理”→“分割”→“自动分割”,如图 12.5 所示。

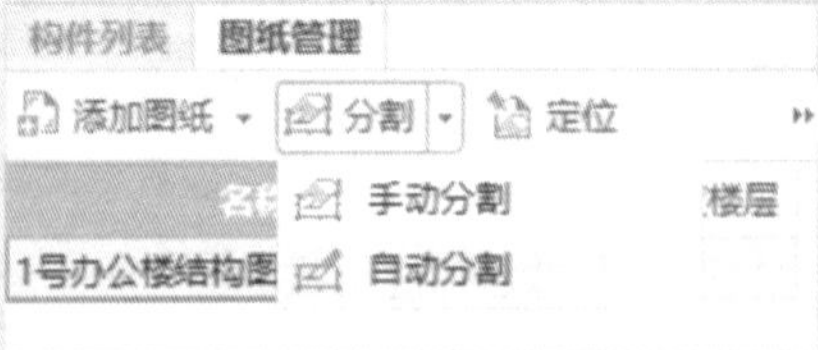

图 12.5

软件会自动根据 CAD 图纸的图名定义图纸名称,也可手动输入图纸名称,单击“确定”即可完成图纸分割,“图纸管理”面板下便会有“一三层顶梁配筋图”,如图 12.6 所示。

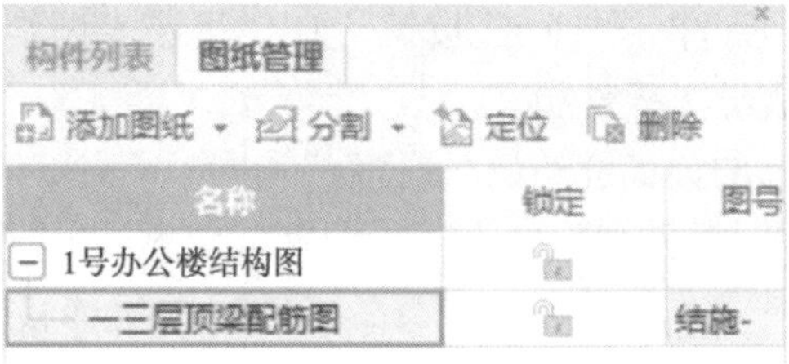

图 12.6

双击“图纸管理”面板中的“一三层顶梁配筋图”,绘图界面就会进入“一三层顶梁配筋图”,如图 12.7 所示。

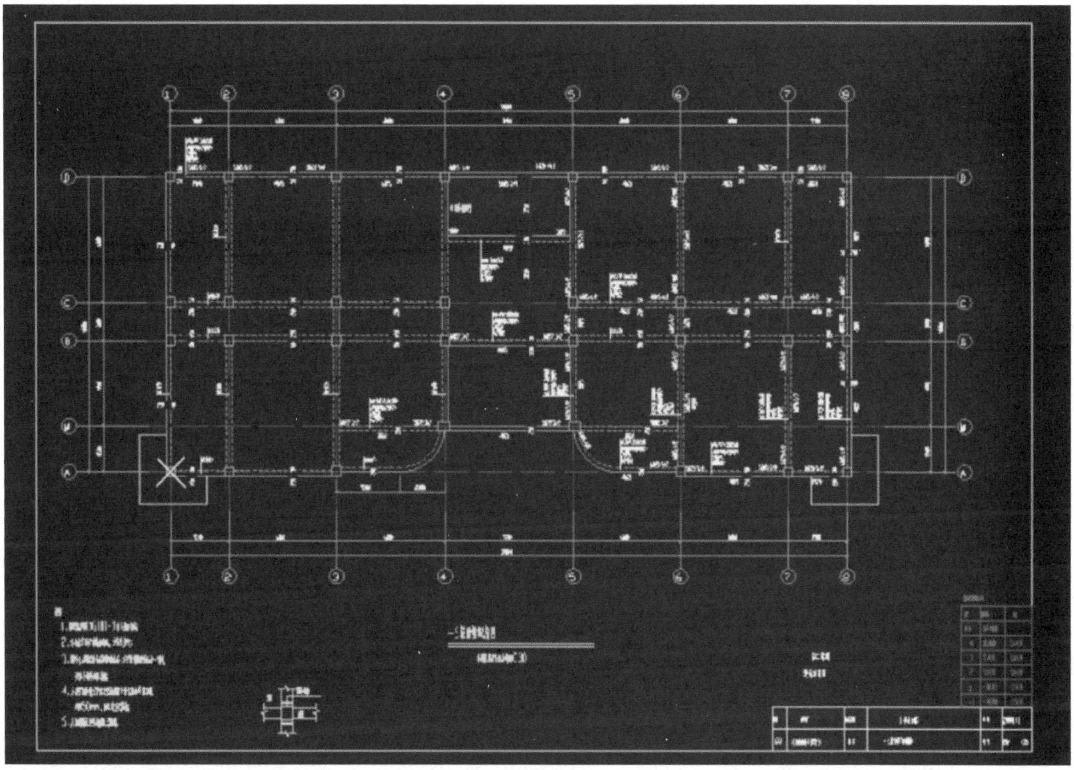

图 12.7

③单击“识别楼层表”功能,如图 12.8 所示。

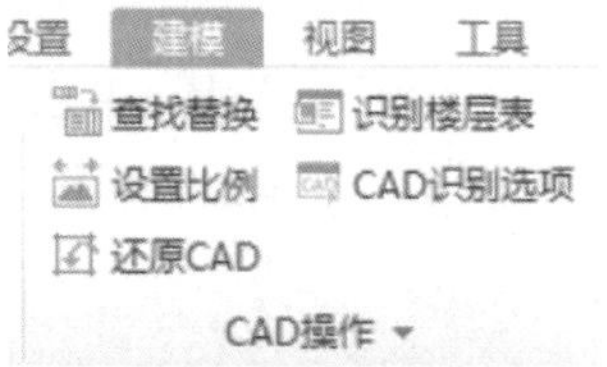

图 12.8

④用鼠标框选图纸中的楼层表,单击鼠标右键确定,弹出“识别楼层表”对话框,如图 12.9所示。

如果识别的楼层信息有误,可以在“识别楼层表”对话框中进行修改。可以对应识别信息,选择抬头属性,可以删除多余的行或列,或通过插入,增加行和列等。

⑤确定楼层信息无误后,单击“确定”按钮,弹出“楼层表识别完成”提示框。这样就可以通过 CAD 识别将楼层表导入软件中。

楼层设置的其他操作,与前面介绍的“建楼层”相同。

图 12.9

四、任务结果

导入楼层表后,其结果可参考 2.3 节的任务结果。

12.3.2 CAD 识别选项

通过本小节的学习,你将能够:

进行 CAD 识别选项的设置。

一、任务说明

在“CAD 识别选项”中完成柱、墙、门窗洞、梁和板钢筋的设置。

二、任务分析

在识别构件前,先进行“CAD 识别选项”的设置,单击“建模”选项卡,选择“CAD 操作”面板中“CAD 识别选项”,如图 12.10 所示。会弹出如图 12.11 所示对话框。

三、任务实施

在“CAD 识别选项”对话框中,可以设置识别过程中的各个构件属性,每一列属性所表示的含义都在对话框左下角进行描述。

“CAD 识别选项”设置的正确与否关系到后期识别构件的准确率,需要准确进行设置。

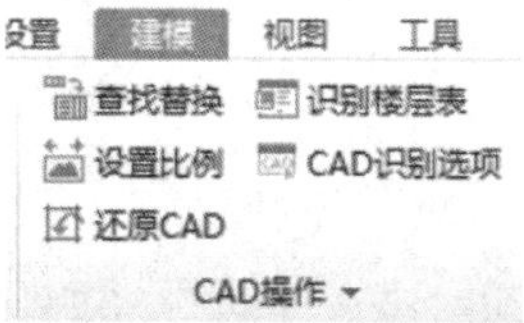

图 12.10

图 12.11

12.3.3　识别轴网

通过本小节的学习，你将能够：

进行轴网的 CAD 识别。

一、任务说明

①完成图纸添加及图纸整理。

②完成轴网的识别。

二、任务分析

首先分析哪张图纸是轴网最完整的，一般按照首层建筑图设置。

三、任务实施

完成图纸分割后，双击进入"首层平面图"，进行 CAD 轴线识别。

1) 选择导航栏构件

将目标构件定位至"轴网"，如图 12.12 所示。

图 12.12

2) 提取轴线

①单击选项卡"建模"→"识别轴网"→"提取轴线"，如图 12.13 所示。

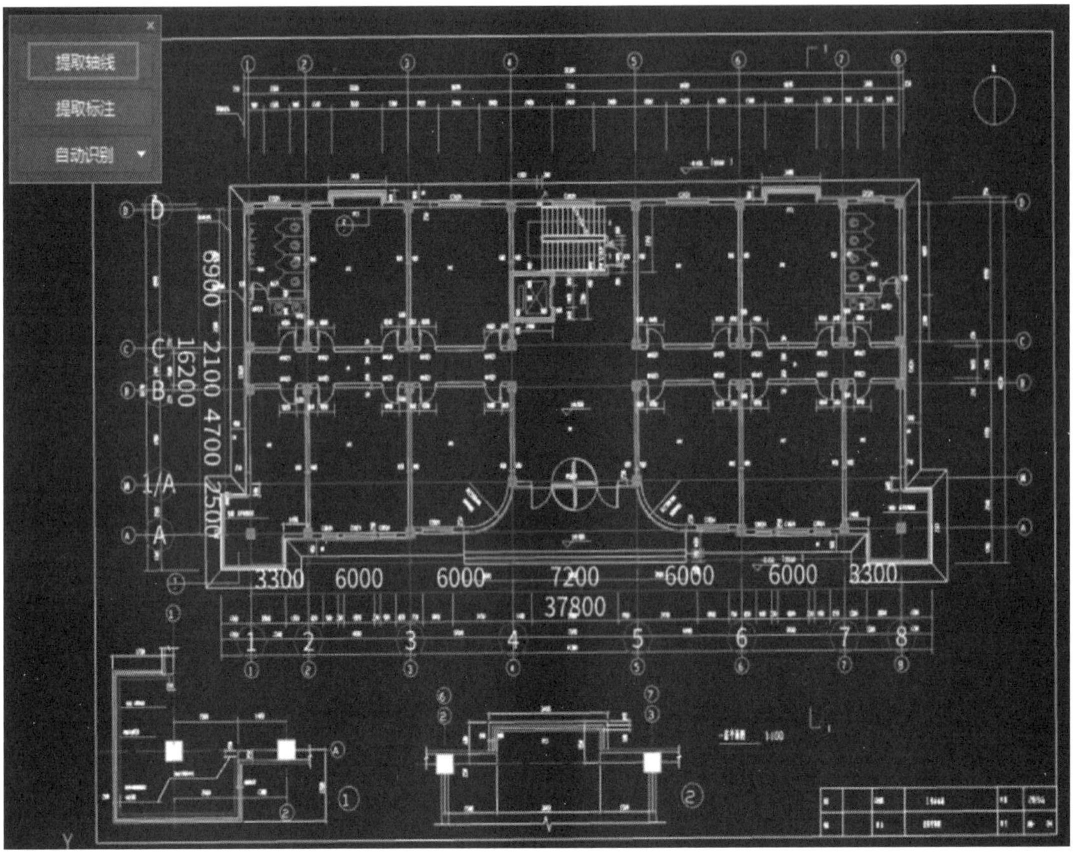

图 12.13

②利用“单图元选择”“按图层选择”及“按颜色选择”的功能点选或框选需要提取的轴线 CAD 图元,如图 12.14 所示。

图 12.14

“Ctrl + 左键”代表按图层选择,“Alt + 左键”代表按颜色选择。需要注意的是,不管在框中设置何种选择方式,都可以通过键盘来操作,优先实现选择同图层或同颜色的图元。

通过“按图层选择”选择所有轴线,被选中的轴线全部变成深蓝色。

③单击鼠标右键确认选择,则选择的 CAD 图元将自动消失,并存放在“已提取的 CAD 图层”中,如图 12.15 所示。这样就完成了轴网的提取工作。

图 12.15

3)提取标注

①单击“提取标注”,利用“单图元选择”“按图层选择”及“按颜色选择”的功能点选或框选需要提取的轴网标注 CAD 图元,如图 12.16 所示。

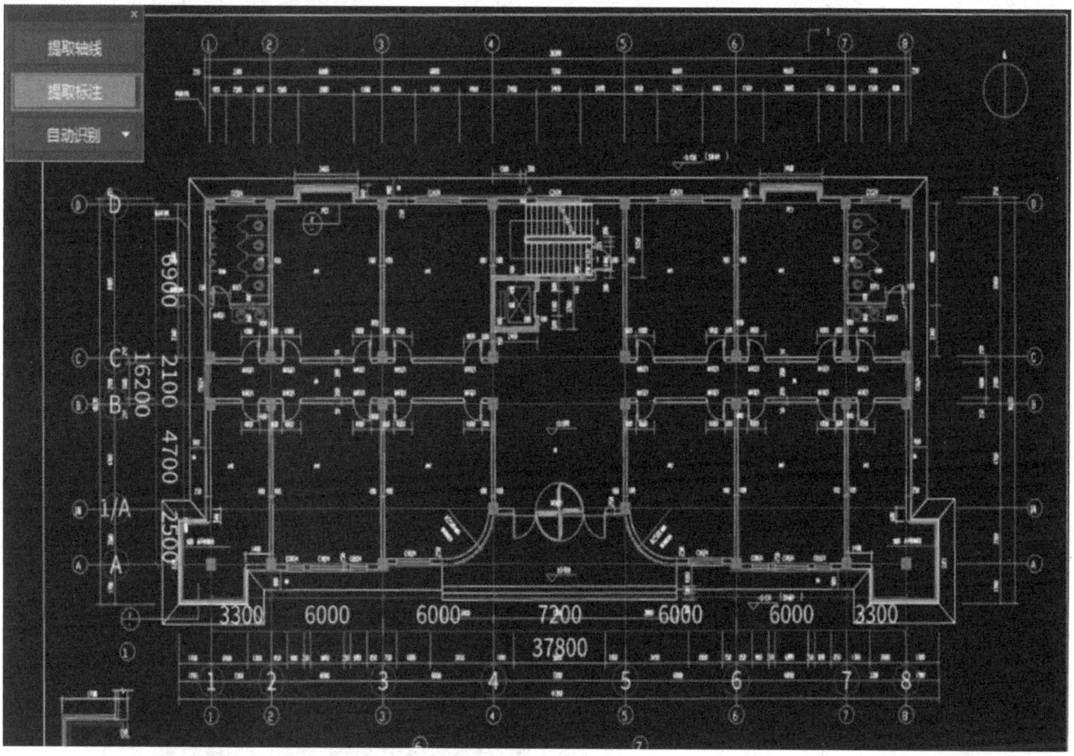

图 12.16

②单击鼠标右键确认选择,则选择的 CAD 图元自动消失,并存放在“已提取的 CAD 图层”。方法与提取轴网的相同。

4)识别轴网

提取轴线及标注后,进行识别轴网的操作。识别轴网有 3 种方法可供选择,如图 12.17 所示。

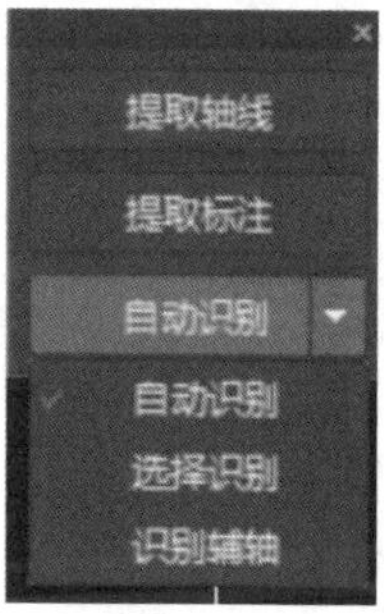

图 12.17

自动识别轴网:用于自动识别 CAD 图中的轴线。

选择识别轴网:通过手动选择来识别 CAD 图中的轴线。

识别辅助轴线:用于手动识别 CAD 图中的辅助轴线。

本工程采用“自动识别轴网”,快速地识别出了 CAD 图中的轴网,如图12.18所示。

识别轴网成功后,同样可利用“轴线”部分的功能对轴网进行编辑和完善。

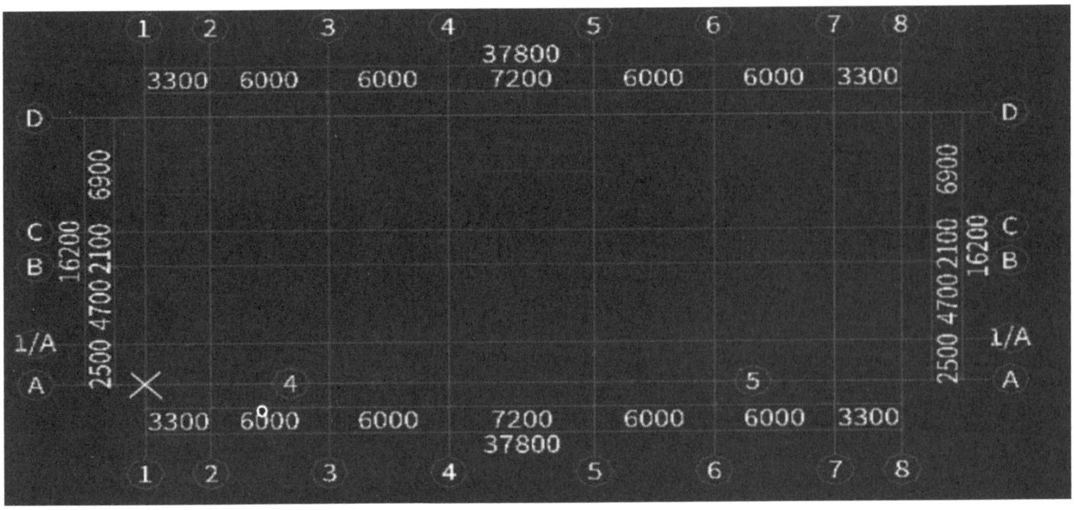

图 12.18

四、总结拓展

导入 CAD 后,如果图纸比例与实际不符,则需要重新设置比例,在“CAD 操作”面板中单击“设置比例”,如图 12.19 所示。

根据提示,利用鼠标选择两点,软件会自动量取两点距离,并弹出如图 12.20 所示“设置比例”对话框。

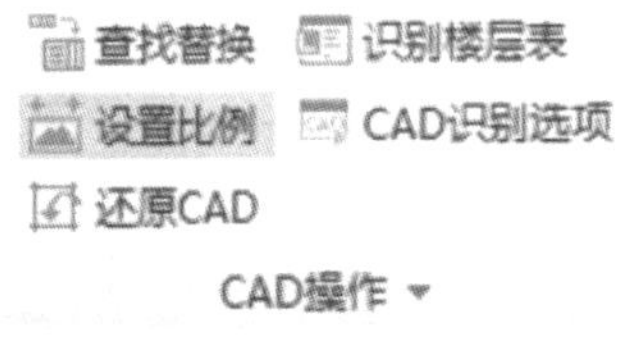

图 12.19

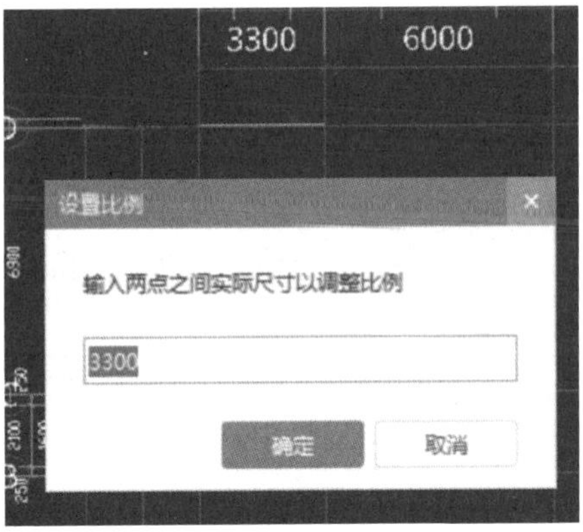

图 12.20

如果量取的距离与实际不符,可在对话框中输入两点间实际尺寸,单击“确定”按钮,软件即可自动调整比例。

12.3.4　识别柱

通过本小节的学习,你将能够:

进行柱的 CAD 识别。

一、任务说明

用 CAD 识别的方式完成框架柱的属性定义和绘制。

二、任务分析

CAD 识别柱有两种方法:识别柱表生成柱构件和识别柱大样生成柱构件。需要用到的图纸是“柱墙结构平面图”。

三、任务实施

分割完图纸后,双击进入“柱墙结构平面图”,进行以下操作。

【注意】

当分割的“柱墙结构平面图”位置与前面所识别的轴网位置有出入时,可以采用“定位”的功能,将图纸定位到轴网正确的位置。单击“定位”,选择图纸某一点,比如①轴与Ⓐ轴的交点,将其拖动到前面所识别轴网的①轴与Ⓐ轴交点处。

1)选择导航栏构件

将目标构件定位至“柱”,如图 12.21 所示。

图 12.21

2)识别柱表生成柱构件

①单击“建模”选项卡→“识别柱表”,软件可以识别普通柱表和广东柱表,遇到有广东柱表的工程,即可采用“识别广东柱表”。本工程为普通柱表,则选择“识别柱表”功能,拉框选择柱表中的数据,如图黄色线框为框选的柱表范围,按鼠标右键确认选择,如图 12.22 所示。

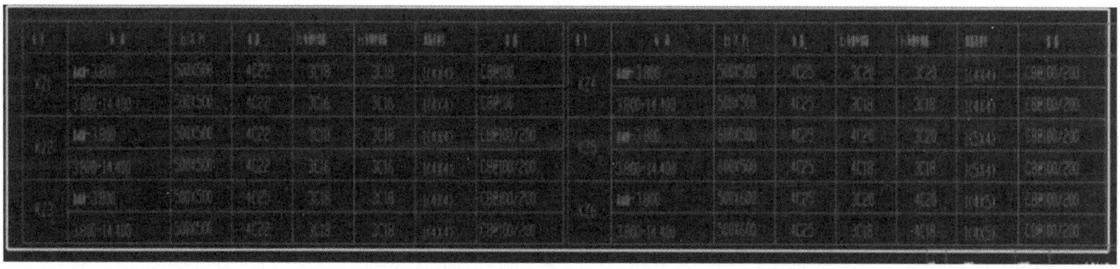

图 12.22

②弹出“识别柱表”对话框,使用对话框上方的“查找替换”“删除行”等功能对柱表信息进行调整和修改。如表格中存在不符合的数据,单元格会以“红色”来进行显示,方便查找和修改。调整后,如图 12.23 所示。

③确认信息准确无误后单击“识别”按钮即可,软件会根据对话框中调整和修改的柱表信息生成柱构件,如图 12.24 所示。

图 12.23

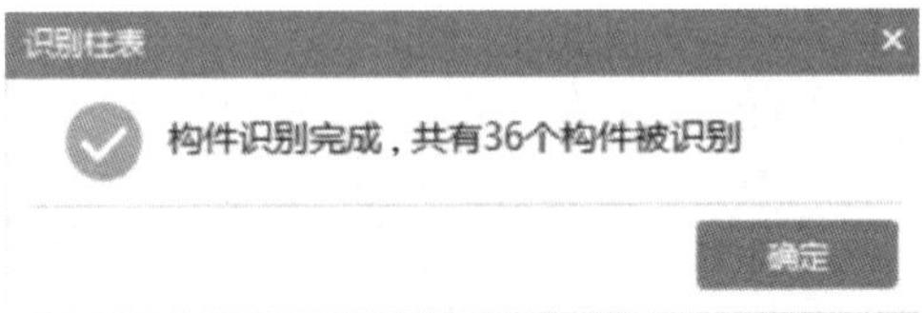

图 12.24

3)提取柱边线

通过识别柱表定义柱属性后,可以通过柱的绘制功能,参照 CAD 图将柱绘制到图上,也可使用“CAD 识别”提供的快速“识别柱”功能。

①单击“建模”选项卡→“识别柱”,如图 12.25 所示。

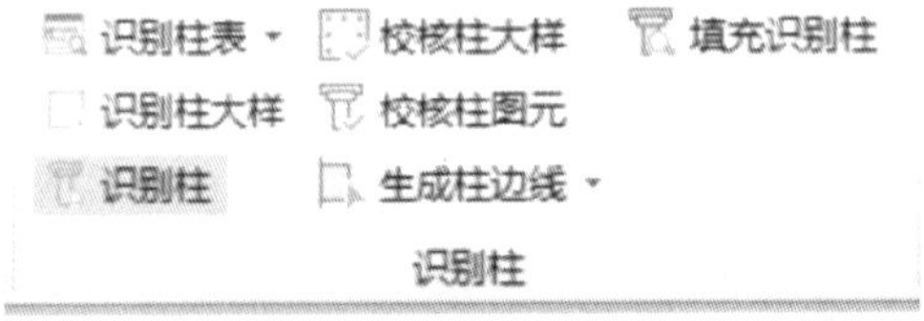

图 12.25

②单击“提取边线”，如图 12.26 所示。

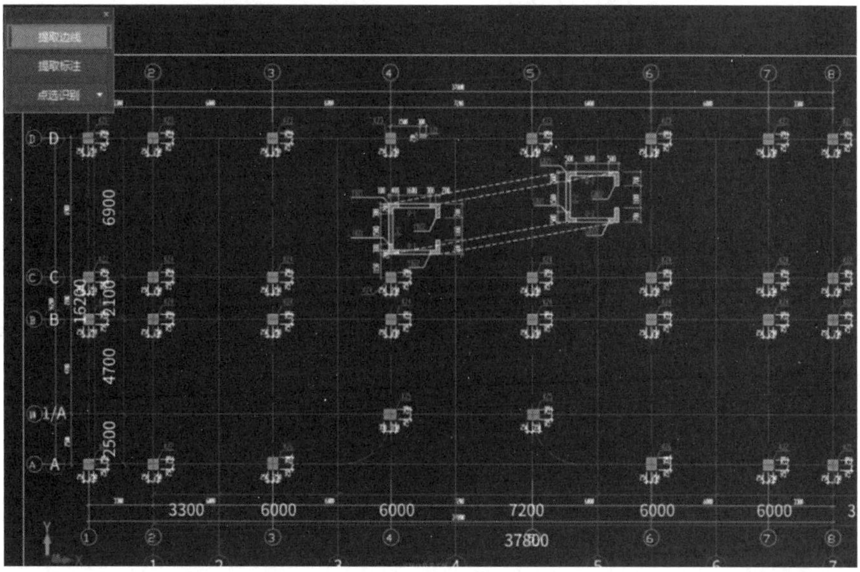

图 12.26

通过“按图层选择”选择所有框架柱边线，被选中的边线变成深蓝色。

单击鼠标右键确认选择，则选择的 CAD 图元将自动消失，并存放在“已提取的 CAD 图层”中，如图 12.27 所示。就完成了柱边线的提取工作，如图 12.28 所示。

图 12.27

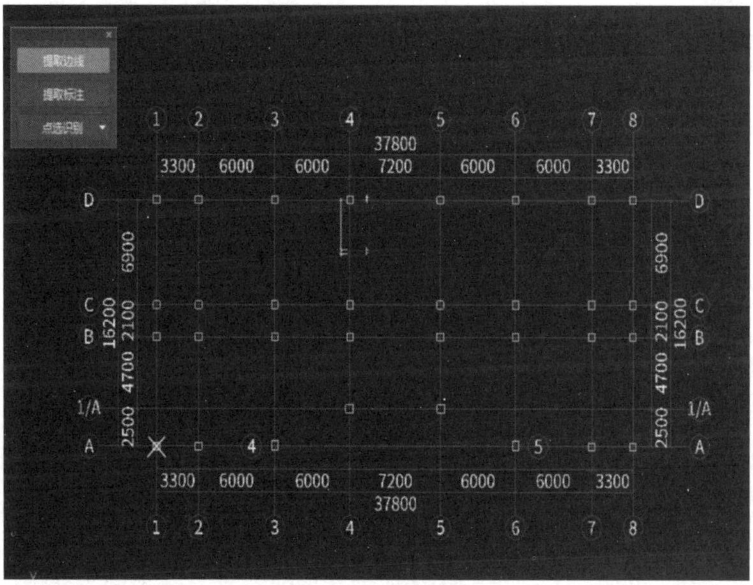

图 12.28

③单击“提取标注”，采用同样的方法选择所有柱的标志(包括标注及引线)，单击鼠标右键确定，即可完成柱标志的提取工作，如图 12.29 所示。

④识别柱构件的操作有以下 4 种识别方式，如图 12.30 所示。

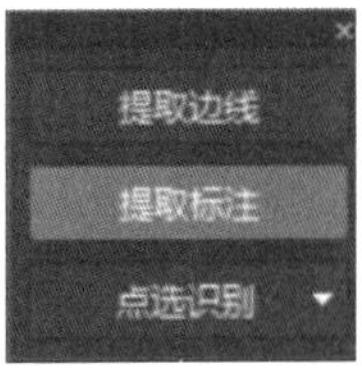

图 12.29

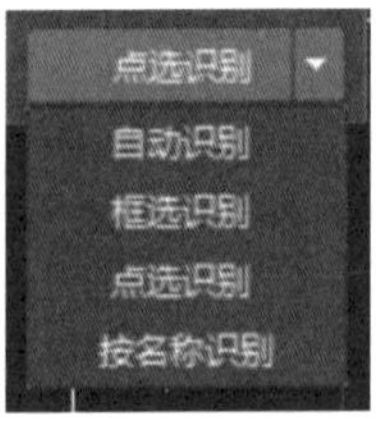

图 12.30

a. 自动识别。软件将根据所识别的柱表、提取的边线和标注来自动识别整层柱，本工程采用“自动识别”。单击“自动识别”，识别完成后，弹出识别柱构件的个数的提示，单击“确定”按钮即可完成柱构件的识别，如图 12.31 所示。

b. 框选识别。当你需要识别某一区域的柱时，可使用此功能，根据鼠标框选的范围，软件会自动识别框选范围内的柱。

c. 点选识别。即通过鼠标点选的方式逐一识别柱构件。单击“识别柱”→“点选识别”→“点选识别”，单击需要识别的柱标志 CAD 图元，则“识别柱”对话框会自动识别柱标注信息，如图 12.32 所示。

图 12.31

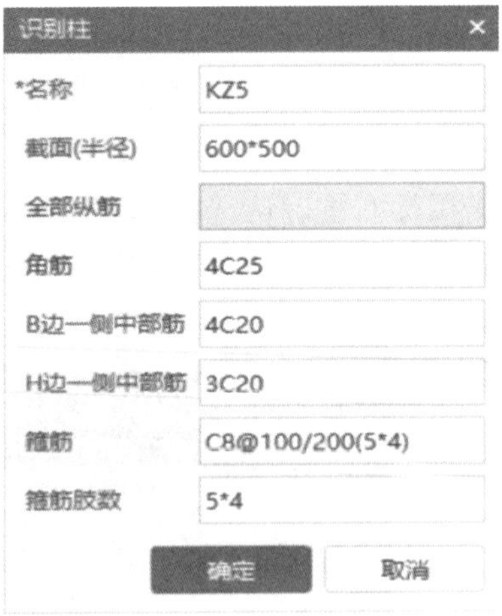

图 12.32

单击“确定”按钮，在图形中选择符合该柱标志的柱边线和柱标注，再单击鼠标右键确认选择，此时所选柱边线和柱标注被识别为柱构件，如图 12.33 所示。

d. 按名称识别。如图纸中有多个 KZ6，通常只会对一个柱进行详细标注(截面尺寸、钢筋信息等)，而其他柱只标注柱名称，此时就可以使用“按名称识别柱”进行柱识别操作。

完成提取柱边线和提取柱标志操作后，单击绘图工具栏“识别柱”→“按名称识别柱”，然后单击需要识别的柱标志 CAD 图元，则“识别柱”窗口会自动识别柱标志信息，如图 12.34 所示。

单击“确定”按钮，此时满足所选标志的所有柱边线会被自动识别为柱构件，并弹出识别成功的提示，如图 12.35 所示。

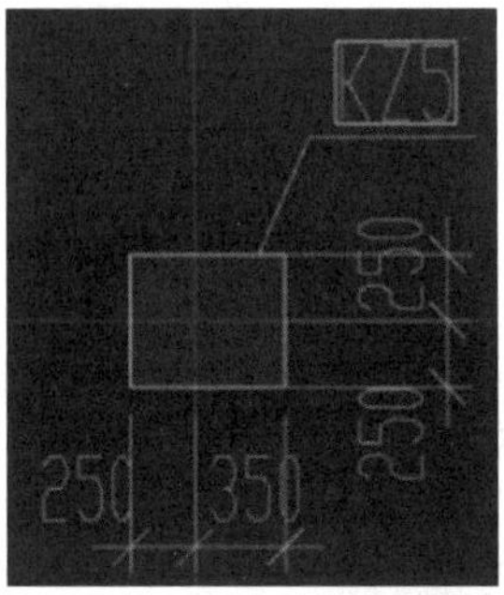

图 12.33

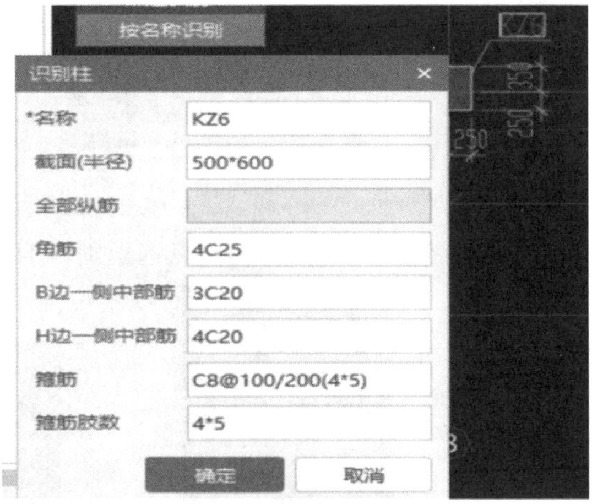

图 12.34

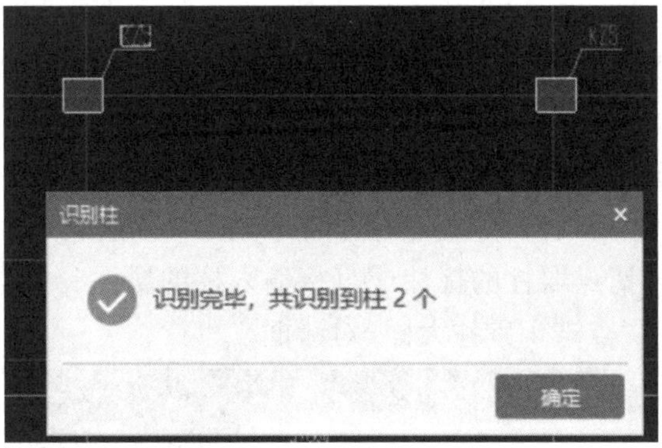

图 12.35

四、任务结果

任务结果参考 3.1 节的任务结果。

五、总结拓展

1) 利用"CAD 识别"来识别柱构件

首先需要"添加图纸"，通过"识别柱表"或"识别柱大样"，先进行柱的定义，再利用"识别柱"的功能生成柱构件。其流程如下：添加图纸→识别柱表(柱大样)→识别柱。

通过以上流程，即可完成柱构件的识别。

2) 识别柱大样生成构件

如果图纸中柱或暗柱采用柱大样的形式来作标记，则可单击"建模"选项卡→"识别柱"→"识别柱大样"的功能，如图 12.36 所示。

①提取柱大样边线及标志。参照前面的方法，单击"提取边线"和"提取标注"功能完成柱大样边线、标志的提取。

②提取钢筋线。单击"提取钢筋线"提取所有柱大样的钢筋线，单击鼠标右键确定，如图 12.37 所示。

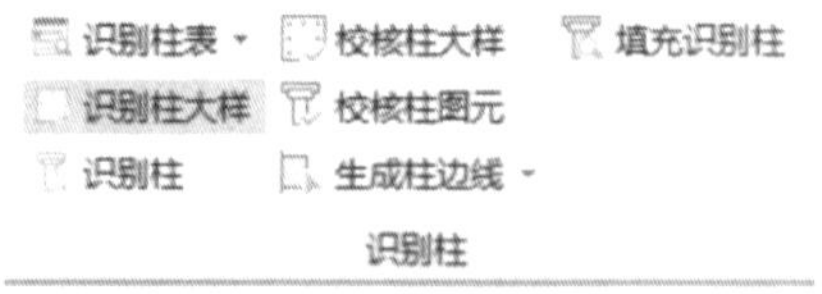

图 12.36

③识别柱大样。提取完成后,单击"点选识别",有 3 种识别方式,如图 12.38 所示。

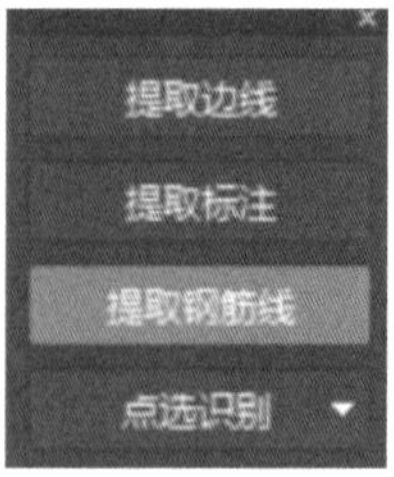

图 12.37

图 12.38

点选识别:通过鼠标选择来识别柱大样。

自动识别:即软件自动识别柱大样。

框选识别:通过框选需要识别的柱大样来识别。

如果单击"点选识别柱大样",状态栏提示点取柱大样的边线,则用鼠标选择柱大样的一根边线,然后软件提示"请点取柱的标注或直接输入柱的属性",则点取对应的柱大样的名称,弹出如图 12.39 所示"点选识别柱大样"对话框。

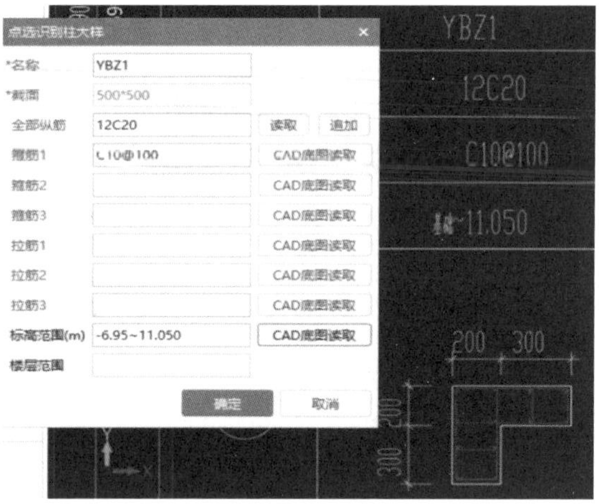

图 12.39

在此对话框中,可以利用"CAD 底图读取"功能,在 CAD 图中读取柱的信息,对柱的信息进行修改。在"全部纵筋"一行,软件支持"读取"和"追加"的操作。

读取:从 CAD 中读取钢筋信息,对栏中的钢筋信息进行替换。

追加:如遇到纵筋信息分开标注的情况,可通过"追加"将多处标注的钢筋信息进行追加求和处理。

操作完成后,软件通过识别柱大样信息定义柱属性。

④识别柱。在识别柱大样完成之后,软件定义了柱属性,最后还需通过前面介绍的"提取边线""提取标注"和"自动识别"的功能来生成柱构件,这里不再赘述。

3）墙柱共用边线的处理方法

某些剪力墙图纸中，墙线和柱线共用，柱没有封闭的图线，导致直接识别柱时选取不到封闭区域，识别柱不成功。在这种情况下，软件提供两种解决方法。

①使用“框选识别”。使用“提取边线”“提取标注”功能完成对柱信息的提取（将墙线提取到柱边线），使用提取柱边线拉框（反选），如图 12.40 所示区域，即可完成识别柱。

②使用“生成柱边线”功能进行处理。提取墙边线后，进入“识别柱”界面，单击“生成柱边线”，按照状态栏提示，在柱内部左键点取一点，或是通过“自动生成柱边线”让软件自动搜索，生成封闭的柱边线。利用此功能生成柱的边线后，再利用“自动识别”功能识别柱，即可解决墙、柱共用边线的情况，如图 12.41 所示。

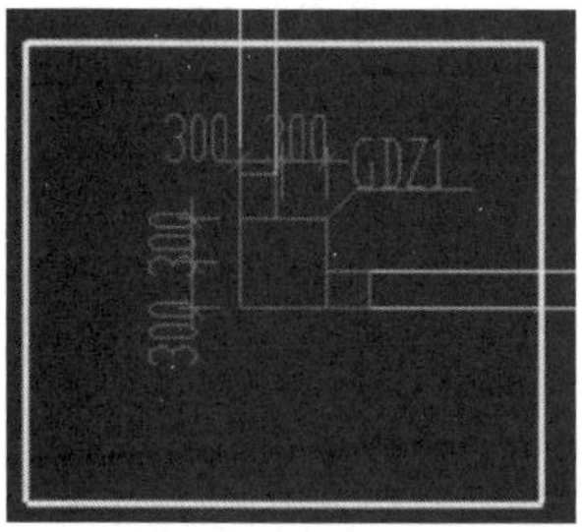

图 12.40

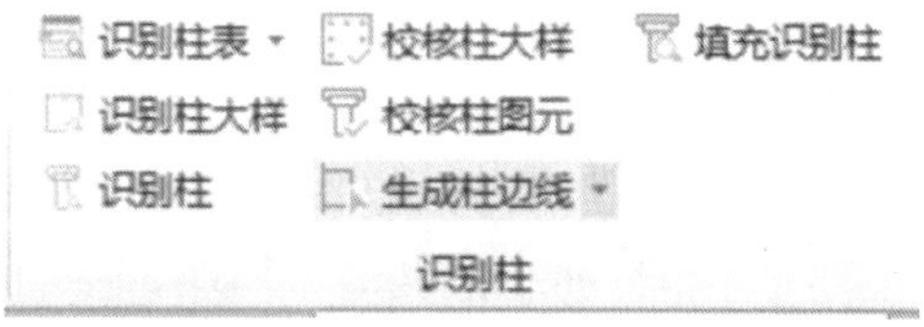

图 12.41

4）图层管理

在识别构件菜单下，通过“视图”选项卡→“用户面板”→“图层管理”，可进行图层控制的相关操作，如图 12.42 所示。

①在提取过程中，如果需要对 CAD 图层进行管理，单击“图层管理”功能。通过此对话框，即可控制“已提取的 CAD 图层”和“CAD 原始图层”的显示和隐藏，如图 12.43 所示。

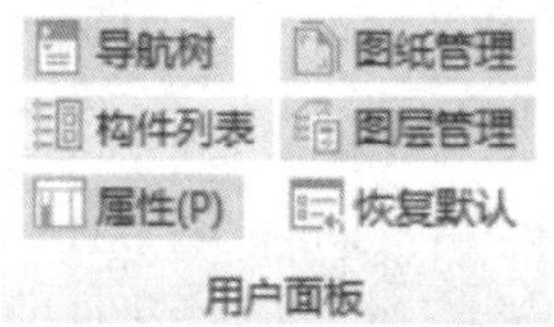

图 12.42

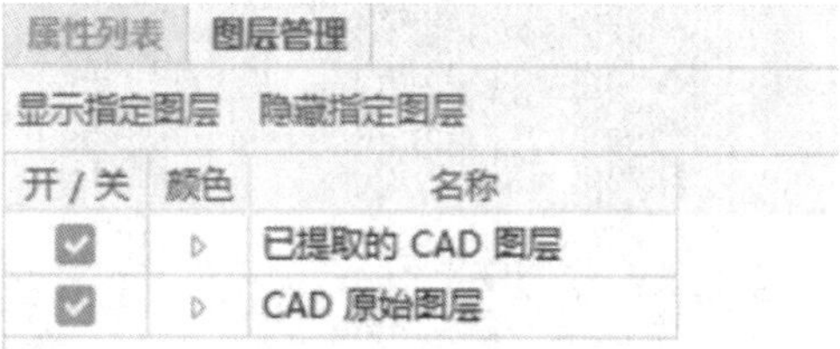

图 12.43

②只显示选中 CAD 图元所在的图层，可利用此功能将其他图层的图元隐藏。

③隐藏选中的 CAD 图元所在的图层，将选中的 CAD 图元所在的图层进行隐藏，其他图层显示。

12.3.5 识别梁

通过本小节的学习，你将能够：

进行梁的 CAD 识别。

一、任务说明

用 CAD 识别的方式完成梁的属性定义和绘制。

二、任务分析

在梁的支座柱、剪力墙等识别完成后,进行梁的识别操作。需要用到的图纸是“一三层顶梁配筋图”。

三、任务实施

双击进入“一三层顶梁配筋图”,进行以下操作:

1)选择导航栏构件

将目标构件定位至“梁”,如图 12.44 所示。

图 12.44

2)识别梁

①单击“建模”选项卡→“识别梁”,如图 12.45 所示。

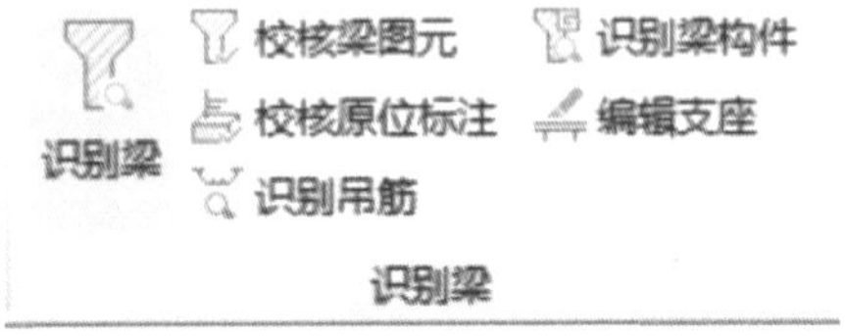

图 12.45

②单击“提取边线”,完成梁边线的提取,具体操作方法参考“识别柱”功能,如图 12.46 所示。

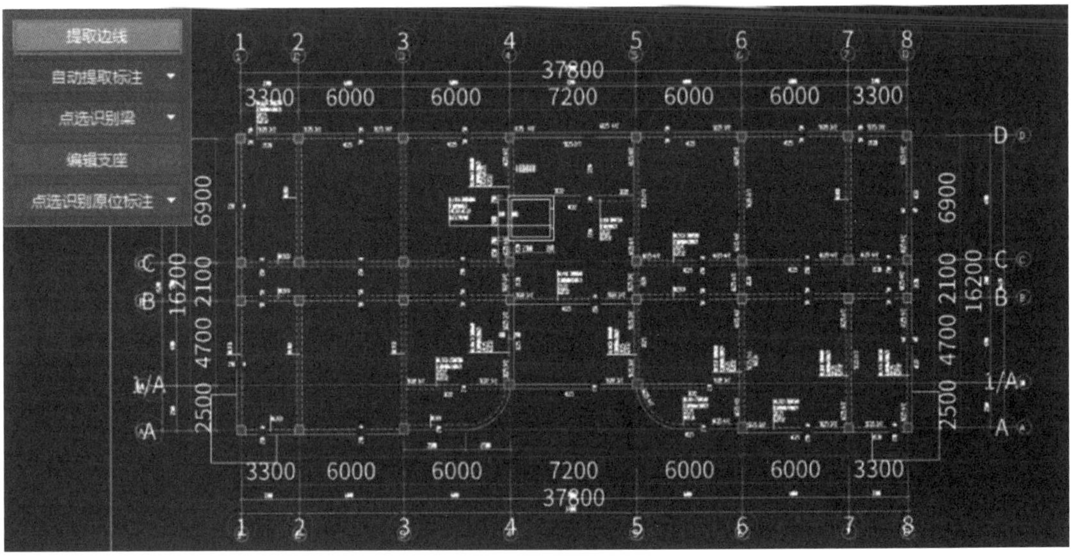

图 12.46

③单击“提取梁标注”,提取梁标注包含自动提取标注、提取集中标注和提取原位标注 3 个功能。

a.“自动提取标注”可一次提取 CAD 图中全部的梁标注，软件会自动区别梁原位标注与集中标注，一般集中标注与原位标注在同一图层时使用。

单击“自动提取标注”，选中图中所有同图层的梁标注，如果集中标注与原位标注在同一图层，就会被选择到。单击鼠标右键确定，如图 12.47 所示，弹出“标注提取完成”的提示。

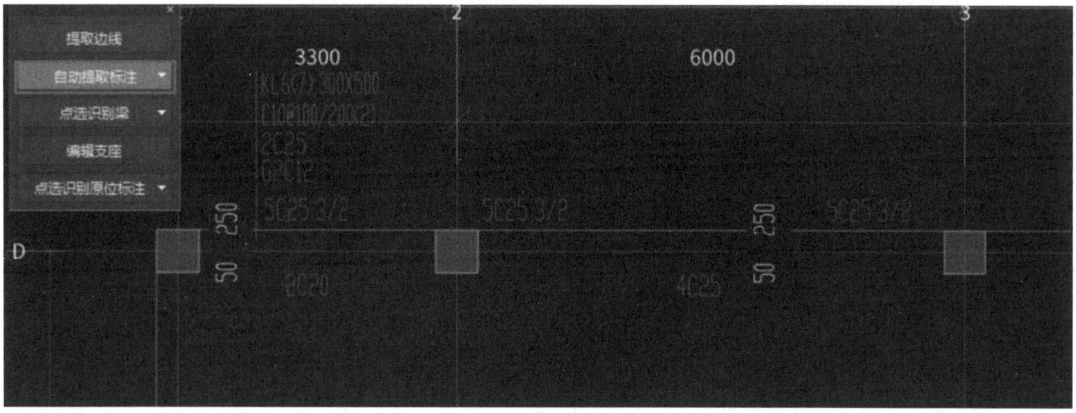

图 12.47

GTJ2018 在最新版做了优化后，软件会自动区分集中标注和原位标注。

完成提取之后，集中标注以黄色显示，原位标注以粉色显示，如图 12.48 所示。

b. 如果集中标注与原位标注分别在两个图层，则采用“提取集中标注”和“提取原位标注”分开提取，方法与自动提取标注类似。

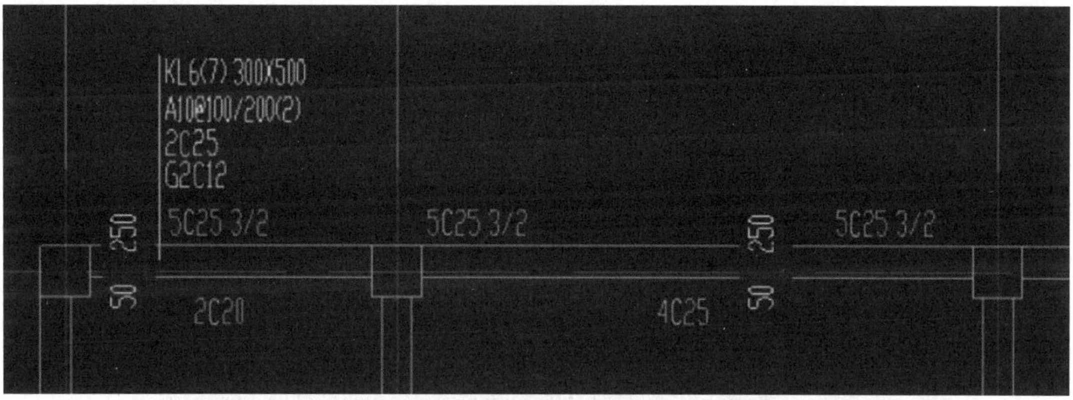

图 12.48

④提取梁边线和标注完成后，接着进行识别梁构件的操作。识别梁有自动识别梁、框选识别梁、点选识别梁 3 种方法。

a. 自动识别梁。软件自动根据提起的梁边线和梁集中标注对图中所有梁一次性全部识别。

单击识别面板“点选识别梁”的倒三角，在下拉菜单中单击“自动识别梁”，软件弹出“识别梁选项”对话框，如图 12.49 所示。

	名称	截面(b*h)	上通长筋	下通长筋	侧面钢筋	箍筋	肢数
1	KL1(1)	250*500	2C25		N2C16	C10@100/200(2)	2
2	KL2(2)	300*500	2C25		G2C12	C10@100/200(2)	2
3	KL3(3)	250*500	2C22		G2C12	C10@100/200(2)	2
4	KL4(1)	300*600	2C22		G2C12	C10@100/200(2)	2
5	KL5(3)	300*500	2C25		G2C12	C10@100/200(2)	2
6	KL6(7)	300*500	2C25		G2C12	C10@100/200(2)	2
7	KL7(3)	300*500	2C25		G2C12	C10@100/200(2)	2
8	KL8(1)	300*600	2C25		G2C12	C10@100/200(2)	2
9	KL9(3)	300*600	2C25		G2C12	C10@100/200(2)	2
10	KL10(3)	300*600	2C25		G2C12	C10@100/200(2)	2
11	KL10a(3)	300*600	2C25		G2C12	C10@100/200(2)	2
12	KL10b(1)	300*600	2C25	2C25	G2C12	C10@100/200(2)	2
13	L1(1)	300*550	2C22		G2C12	C8@200(2)	2
14	LL1(1)	200*1000	4C22	4C22	GC12@200	C10@100(2)	2

图 12.49

【说明】

①在"识别梁选项"对话框中可以查看、修改、补充梁集中标注信息,以提高梁识别的准确性。

②识别梁之前,应先完成柱、墙等图元的模型创建,这样识别出来的梁会自动延伸到现有的柱、墙、梁中,计算结果更准确。

单击"继续"按钮,则按照提取的梁边线和梁集中标注信息自动生成梁图元,如图 12.50 所示。

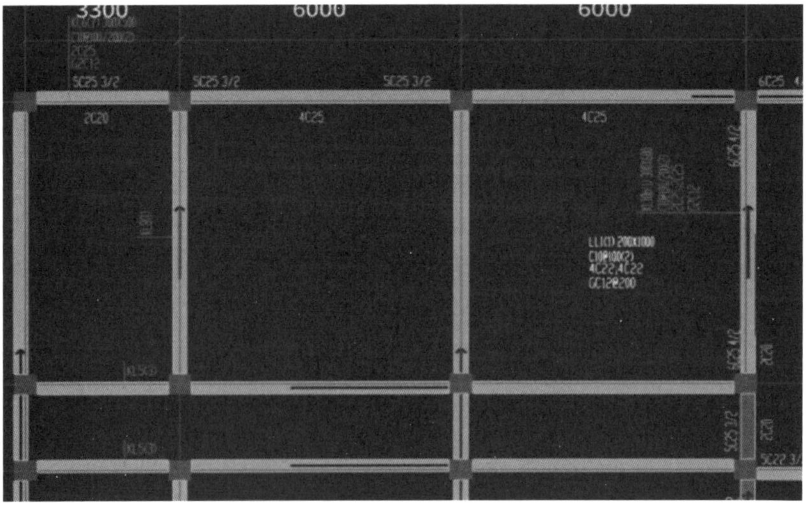

图 12.50

识别梁完成后，软件自动启用“校核梁图元”功能，如识别的梁跨与标注的梁跨数量不符，则弹出提示，并且梁会以红色显示，如图 12.51 所示。此时需要检查并进行修改。

b. 点选识别梁。“点选识别梁”功能可以通过选择梁边线和梁集中标注的方法进行梁识别操作。

单击识别梁面板“点选识别梁”，则弹出“点选识别梁”对话框，如图 12.52 所示。

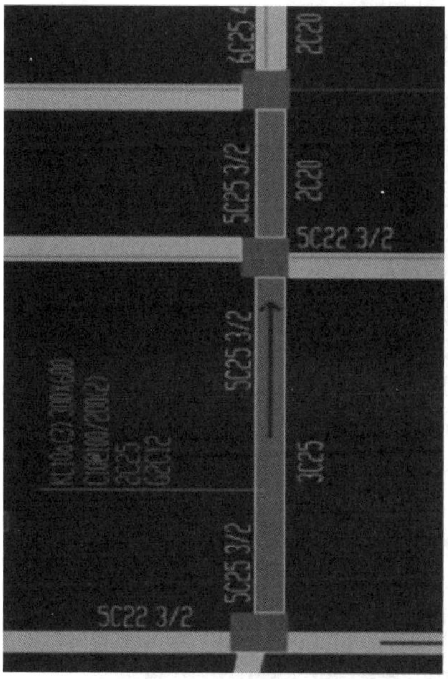

图 12.51

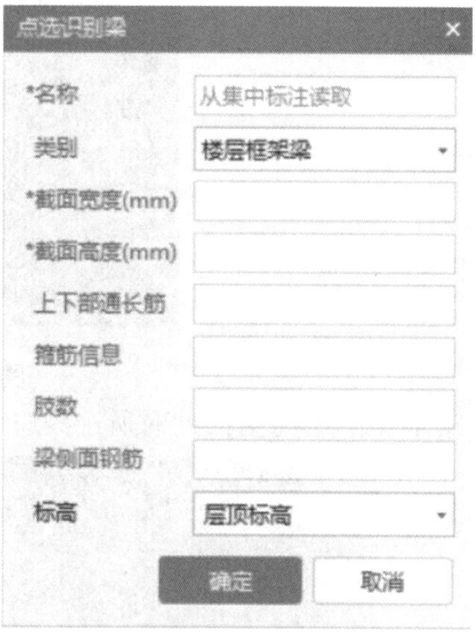

图 12.52

单击需要识别的梁集中标注，则“点选识别梁”对话框自动识别梁集中标注信息，如图 12.53 所示。

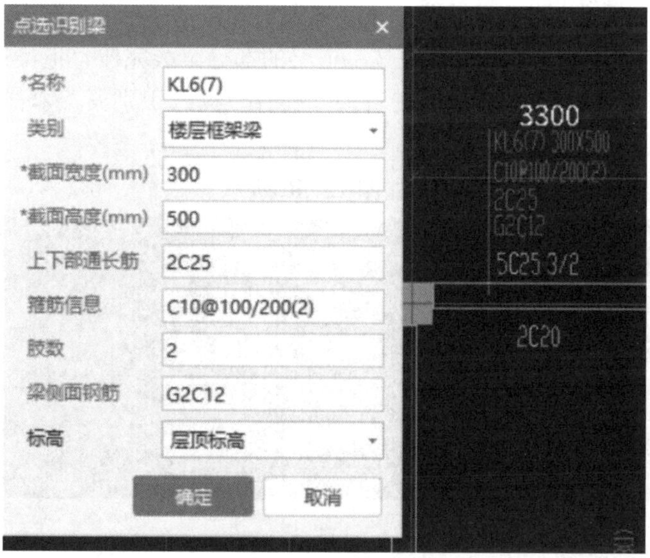

图 12.53

单击“确定”按钮，在图形中选择符合该梁集中标注的梁边线，被选择的梁边线以高亮显示,如图 12.54 所示。

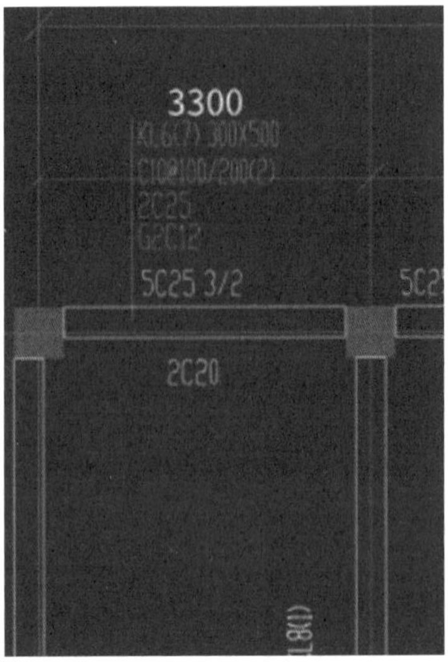

图 12.54

单击鼠标右键确认选择,此时所选梁边线则被识别为梁图元,如图 12.55 所示。

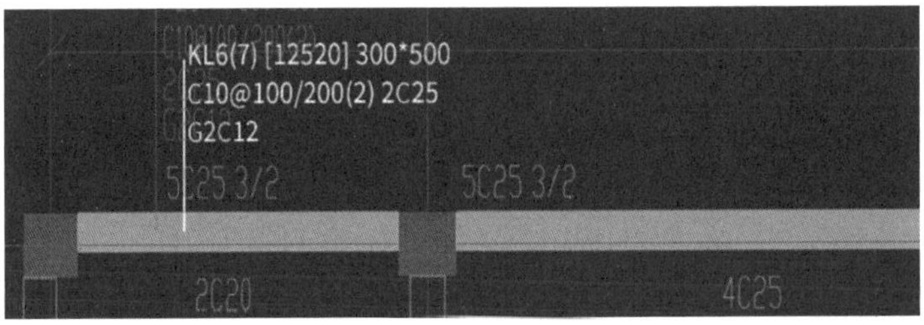

图 12.55

框选识别梁。“框选识别梁”可满足分区域识别的需求,对于一张图纸中存在多个楼层平面的情况,可选中当前层识别,也可框选一道梁的部分梁线完成整道梁的识别。

单击识别面板“点选识别梁”的倒三角,下拉选择“框选识别梁”;状态栏提示:左键拉框选择集中标注。

拉框选择需要识别的梁集中标注,如图 12.56 所示。

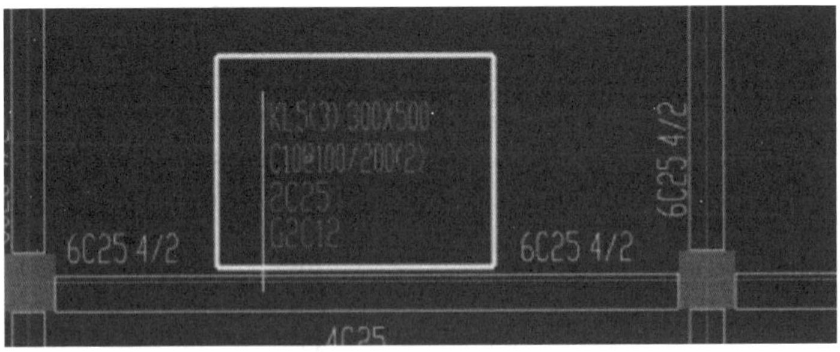

图 12.56

单击鼠标右键确定选择,软件弹出“识别梁选项”对话框,单击“继续”按钮,即可完成识别,如图 12.57 所示。

图 12.57

【说明】

①识别梁完成后，与集中标注中跨数一致的梁用粉色显示，与标注不一致的梁用红色显示，方便用户检查，如图 12.58 所示。

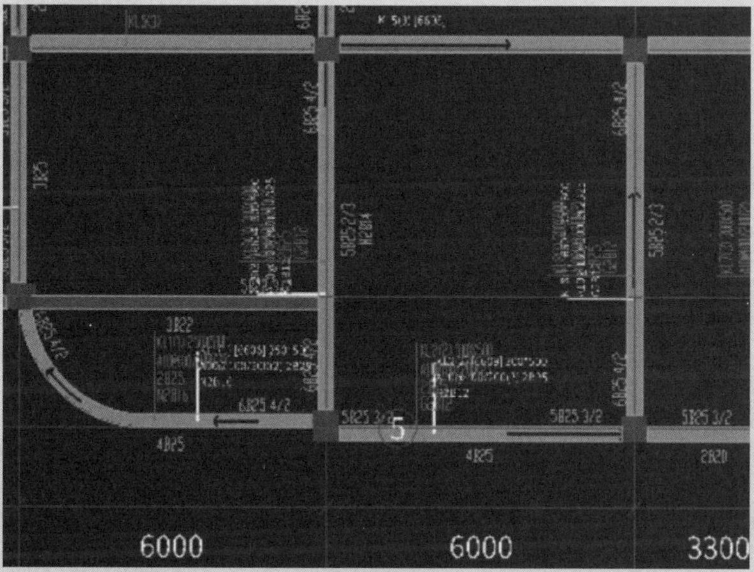

图 12.58

②梁识别的准确率与“计算设置”有关。

a. 在“钢筋设置”中的“计算设置”→“框架梁”部分，第 3 项如图 12.59 所示。此项设置可修改，并会影响后面的梁识别，注意应准确设置。

图 12.59

b. 在“计算设置”→“非框架梁”部分，第 3、第 4 项如图 12.60 所示。

3	宽高均相等的非框架梁L型、十字相交互为支座	否
4	截面小的非框架梁是否以截面大的非框架梁为支座	是

图 12.60

此两项需要根据实际工程情况准确设置。

③梁跨校核。当识别梁完成之后,软件提供“梁跨校核”功能,进行智能检查。梁跨校核是自动提取梁跨,然后将提取到的跨数与标注中的跨数进行对比,二者不同时弹出提示。

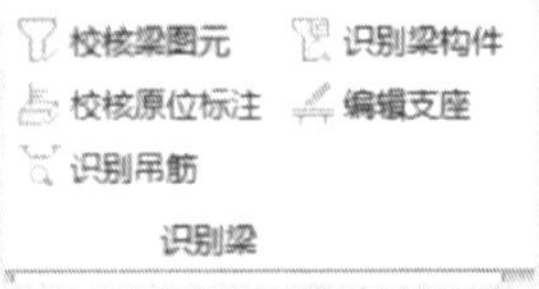

图 12.61

a. 软件识别梁之后,会自动对梁图元进行梁跨校核,或单击“校核梁图元”命令,如图 12.61 所示。

b. 如存在跨数不符的梁,则会弹出提示,如图 12.62 所示。

图 12.62

c. 在“校核梁图元”对话框中,双击梁构件名称,软件可以自动定位到此道梁,如图 12.63 所示。

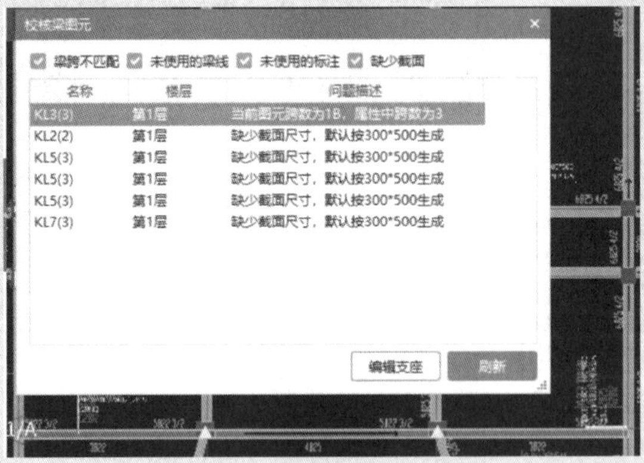

图 12.63

【注意】

梁跨校核只针对有跨信息的梁,手动绘制的没有跨信息的粉色梁不会进行校核。

⑤当“校核梁图元”完成后，如果存在梁跨数与集中标注中不符的情况，则可使用“编辑支座”功能进行支座的增加、删除以调整梁跨，如图12.64和图12.65所示。

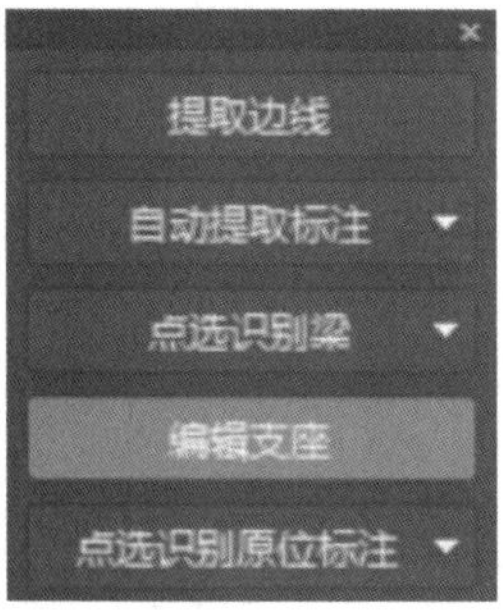

图12.64

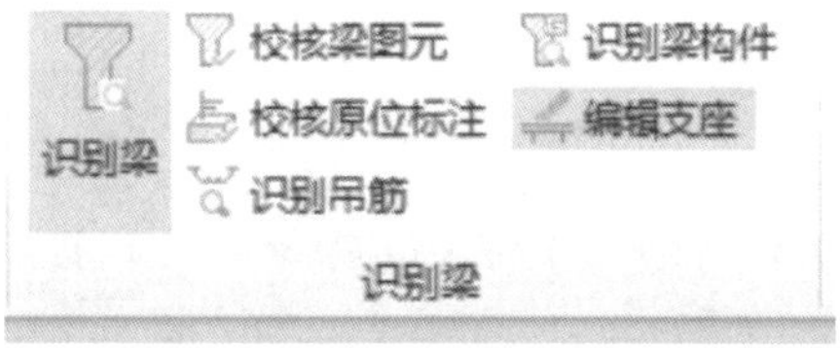

图12.65

“编辑支座”是对比前“设置支座”和“删除支座”两个功能的优化，如要删除支座，直接点取图中支座点的标志即可。如要增加支座，则点取作为支座的图元，单击鼠标右键确定即可，如图12.66所示。这样即可完成编辑支座的操作。

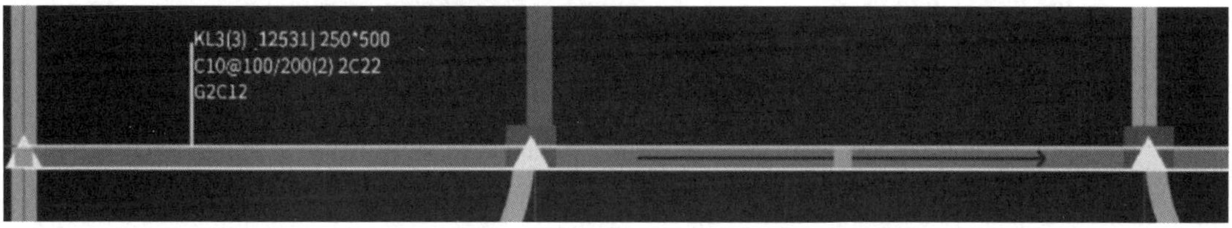

图12.66

【说明】

①“校核梁图元”与“编辑支座”并配合修改功能(例如打断、延伸、合并等)使用，可以修改和完善梁图元，保证梁图元和跨数正确，然后再识别原位标注。

②识别梁时，自动启动“校核梁图元”只针对本次生成的梁，要对所有梁校核则需要手动启用“校核梁图元”。

⑥识别梁构件完成后，还应识别原位标注。识别原位标注有自动识别原位标注、框选识别原位标注、点选识别原位标注和单构件识别原位标注4个功能。

【说明】

①所有原位标注识别成功后，其颜色都会变为深蓝色，而未识别成功的原位标注仍保持粉色，以便查找和修改。

②识别原位标注的4个功能可以按照实际工程的特点结合使用，从而提高识别原位标注的准确率。实际工程图纸中，可能存在一些画图不规范或是错误的情况，会导致实际识别并不能完全识别的情况。此时只需找到“粉色”的原位标注进行单独识别，或是直接对梁进行“原位标注”即可。

3)识别吊筋

所有梁识别完成之后，如果图纸中绘制了吊筋和次梁加筋，则可以使用“识别吊筋”功能,对 CAD 图中的吊筋、次梁加筋进行识别。

"识别吊筋"的操作步骤如下:

①提取钢筋和标注:选中吊筋和次梁加筋的钢筋线及标注(如无标注则不选),单击鼠标右键确定,完成提取。

②识别吊筋:在"提取钢筋和标注"后,通过自动识别、框选识别和点选识别来完成吊筋的识别。

【说明】

①在 CAD 图中,若存在吊筋和次梁加筋标注,软件会自动提取;若不存在,则需要手动输入。

②所有的识别吊筋功能都需要在主次梁已经变成绿色后,才能识别吊筋和加筋。

③识别后,已经识别的 CAD 图线变为蓝色,未识别的 CAD 图线保持原来的颜色。

④图上有钢筋线的才识别,没有钢筋线的不会自动生成。

⑤与自动生成吊筋一样,重复识别时会覆盖上次识别的内容。

⑥吊筋线和加筋线比较短且乱,必须有误差限制,因此,如果 CAD 图绘制的不规范,则会影响识别率。

四、任务结果

任务结果同 3.3 节的任务结果。

五、总结拓展

1)识别梁的流程

CAD 识别梁可以按照以下基本流程来操作:添加图纸→分割图纸→提取梁边线、标注→识别梁构件→识别梁原位标注→识别吊筋、次梁加筋。

①在识别梁的过程中,软件会对提取标注、识别梁、识别标注、识别吊筋等进行验收的区分。

②CAD 识别梁构件、梁原位标注、吊筋时,因为 CAD 图纸的不规范可能会对识别的准确率造成影响,所以需要结合梁构件的其他功能进行修改完善。

2)定位图纸

"定位"功能可用于不同图纸之间构件的重新定位。例如,先导入柱图并将柱构件识别完成后,这时需要识别梁,然而导入梁图后,就会发现梁图与已经识别的图元不重合,此时就可以使用"定位"功能。

添加图纸后,单击"定位"(图 12.67),在 CAD 图纸上选中定位基准点,再选择定位目标点,快速完成所有图纸中构件的对应位置关系。

若创建好了轴网,对整个图纸使用"移动"命令也可以实现图纸定位的目的。

图 12.67

12.3.6　识别板及板钢筋

通过本节的学习,你将能够:

进行板及板钢筋的 CAD 识别。

一、任务说明

①完成首层板的识别。

②完成首层板受力筋的识别。

③完成首层板负筋的识别。

二、任务分析

在梁识别完成之后,接着识别板。识别板钢筋之前,需要在图中绘制板。绘制板的方法参见前面介绍的“现浇板的属性定义和绘制”。另外,也可通过“识别板”功能的方法将板创建出来。

三、任务实施

双击进入“一三层板配筋图”,进行以下操作。

1)识别板

①选择导航栏构件,将目标构件定位至“现浇板”,如图 12.68 所示。

图 12.68

②单击“建模”选项卡→“识别板”,如图 12.69 所示。

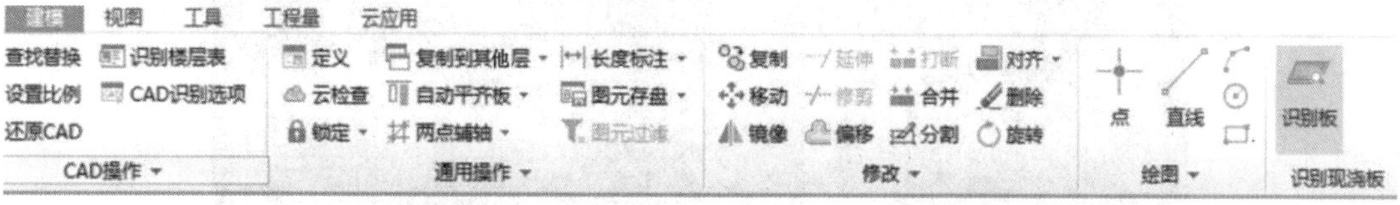

图 12.69

“识别板”有提取板标识、提取板洞线、自动识别板 3 个功能。

a. 单击识别面板上“提取板标识”(图 12.70),利用“单图元选择”“按图层选择”或“按颜色选择”的功能选中需要提取的 CAD 板标识,选中后变成蓝色。此过程也可以点选或框选需要提取的 CAD 板标识。

按照软件下方的提示,单击鼠标右键确认选择,则选择的标识自动消失,并存放在“已提取的 CAD 图层”中。

b. 单击识别面板上的“提取板洞线”,利用“单图元选择”“按图层选择”或“按颜色选择”的功能选中需要提取的 CAD 板洞线,选中后变成蓝色,如图 12.71 所示。

按照软件下方的提示,单击鼠标右键确认选择,则选择的板洞线自动消失,并存放在“已提取的 CAD 图层”中。

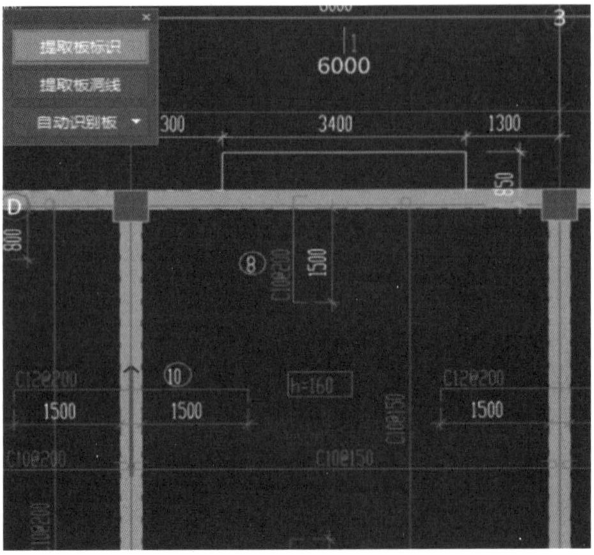

图 12.70

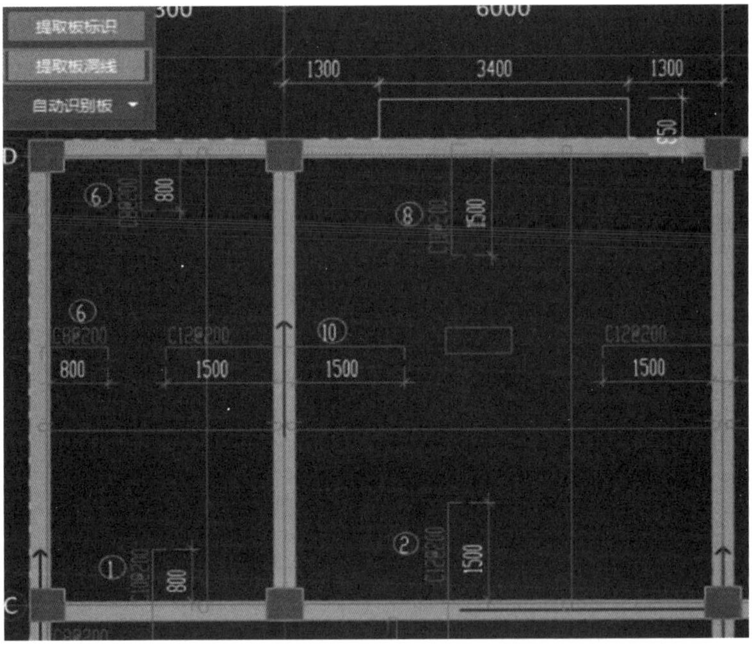

图 12.71

【注意】

若板洞图层不对,或板洞较少时,也可跳过该步骤,后期直接补画板洞即可。

c.单击识别面板上的“自动识别板”,弹出“识别板选项”对话框,选择板支座的图元范围;单击“确定”按钮进行识别,如图 12.72 所示。

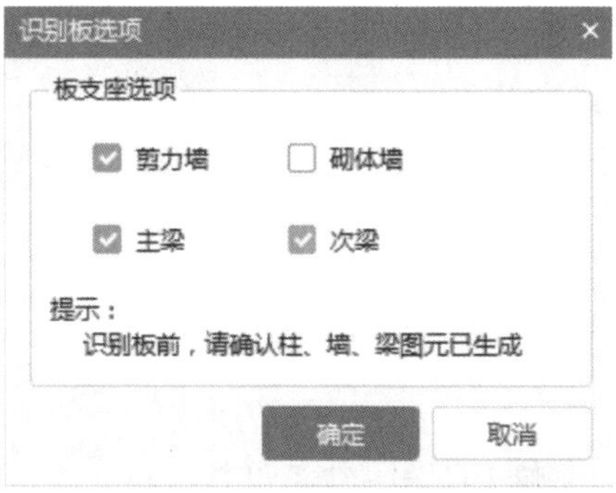

图 12.72

【注意】

①识别板前,请确认柱、墙、梁等图元已绘制完成。

②通过复选框可以选择板支座的图元范围,从而调整板图元生成的大小。

2)识别板受力筋

①选择导航栏构件,将目标构件定位至“板受力筋”,如图 12.73 所示。

图 12.73

②单击“建模”选项卡→“识别板受力筋”→“识别受力筋”,如图 12.74 所示。

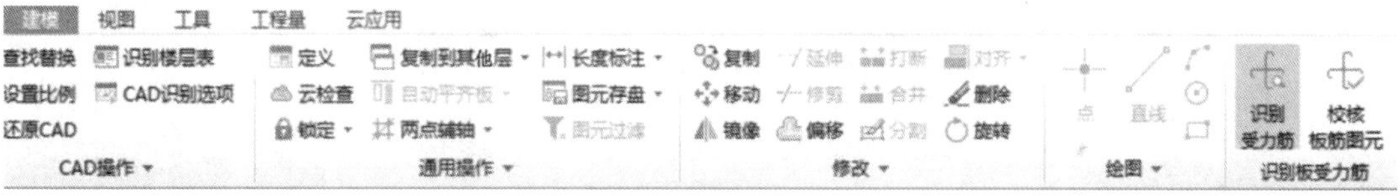

图 12.74

识别受力钢筋有以下 3 个步骤:提取板筋线→提取板筋标注→识别受力筋(点选识别受力筋或自动识别板筋)。

3)识别板负筋

①选择导航栏构件,将目标构件定位至“板负筋”,如图 12.75 所示。

图 12.75

②单击“建模”选项卡→“识别板负筋”→“识别负筋”,如图 12.76 所示。

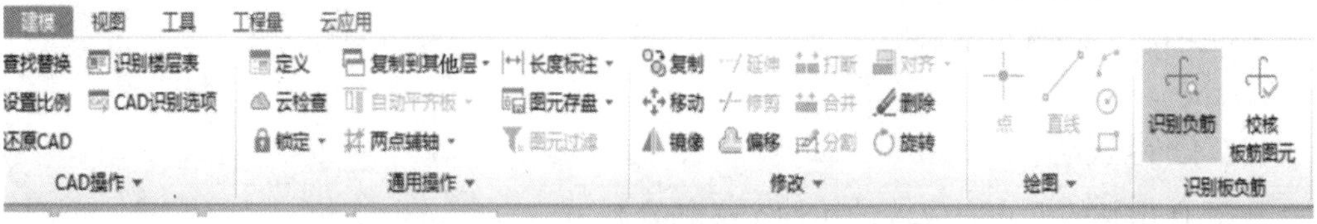

图 12.76

识别板负筋有以下 3 个步骤:提取板筋线→提取板标注→识别板负筋(点选识别负筋或自动识别板筋)。

四、任务结果

任务结果同 3.4 节的任务结果。

五、总结扩展

识别板筋(包含板和筏板基础)的操作流程如下:

添加图纸→分割图纸→定位钢筋构件→提取板钢筋线→提取板钢筋标注→识别板筋。

【注意】

使用“自动识别板筋”之前,需要对“CAD 识别选项”中“板筋”选项进行设置,如图 12.77 所示。

在“自动识别板筋”之后,如果遇到有未识别成功的板筋,可灵活应用识别“点选识别受力筋”和“点选识别负筋”的相关功能进行识别,然后再使用板受力筋和负筋的绘图功能进行修改,这样可以提高对板钢筋建模的效率。

图 12.77

12.3.7 识别砌体墙

通过本小节的学习,你将能够:

进行砌体墙的 CAD 识别。

一、任务说明

用 CAD 识别的方式完成墙的属性定义和绘制。

二、任务分析

本工程首层为框架结构，首层墙为砌体墙，需使用的图纸是含完整砌体墙的"一层建筑平面图"。

三、任务实施

分割完图纸后，双击进入"一层建筑平面图"，进行以下操作。

1）选择导航栏构件

将目标构件定位至"砌体墙"，如图 12.78 所示。

图 12.78

2）识别砌体墙

在砌体墙构件下，选择"建模"选项卡→"识别砌体墙"，如图 12.79 所示。

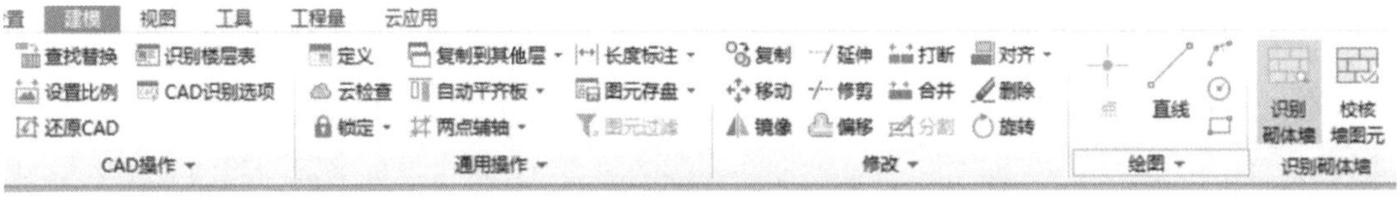

图 12.79

识别砌体墙有以下 4 个步骤：提取砌体墙边线→提取墙标识→提取门窗线→识别砌体墙（自动识别、框选识别和点选识别），如图 12.80 所示。

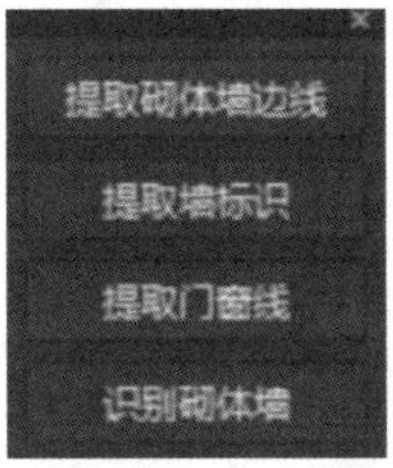

图 12.80

【说明】

①当建筑平面图中无砌体墙时，需要先新建砌体墙，定义好砌体墙属性。

②对于砌体墙，用"提取砌体墙边线"功能提取；对于剪力墙，需要在剪力墙构件中选择"提取混凝土墙边线"，这样识别出来的墙才能分开材质类别。

③识别墙中的"剪力墙"的操作和"砌体墙"的操作一样。

四、任务结果

任务结果同 3.5 节的任务结果。

五、知识扩展

①“识别墙”可识别剪力墙和砌体墙,因为墙构件存在附属构件,所以在识别时需要注意此类构件。对墙构件的识别,其流程如下:添加图纸→提取墙线→提取门窗线→识别墙→识别暗柱(存在时)→识别连梁(存在时)。

通过以上流程,即可完成对整个墙构件的识别。

②识别暗柱。“识别暗柱”的方法与识别柱相同,可参照“识别柱”部分的内容。

③识别连梁表。有些图纸是按 16G101—1 规定的连梁表形式设计的,此时就可以使用软件提供的“识别连梁表”功能,对 CAD 图纸中的连梁表进行识别。

④识别连梁。识别连梁的方法与“识别梁”完全一致,可参照“识别梁”部分的内容。

12.3.8 识别门窗

通过本小节的学习,你将能够:

进行门窗的 CAD 识别。

一、任务说明

通过 CAD 识别门窗表和门窗洞,完成首层门窗的属性定义和绘制。

二、任务分析

在墙、柱等识别完成后,进行识别门窗的操作。通过“添加图纸”功能导入 CAD 图,添加“建筑设计说明”建施-01(含门窗表),完成门窗表的识别;添加“首层平面图”,进行门窗洞的识别。

三、任务实施

1)识别门窗表

分割完图纸后,双击进入“建筑设计说明”,进行以下操作。

(1)选择导航栏构件

将目标构件定位至“门”“窗”,如图 12.81 所示。

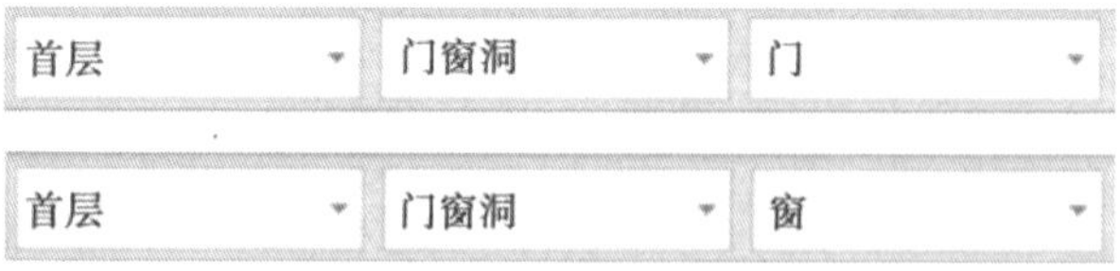

图 12.81

(2)识别门窗表生成门窗构件

①单击“建模”选项卡→“识别门窗表”,拉框选择门窗表中的数据,如图 12.82 所示的黄色线框为框选的门窗范围,单击鼠标右键确认选择。

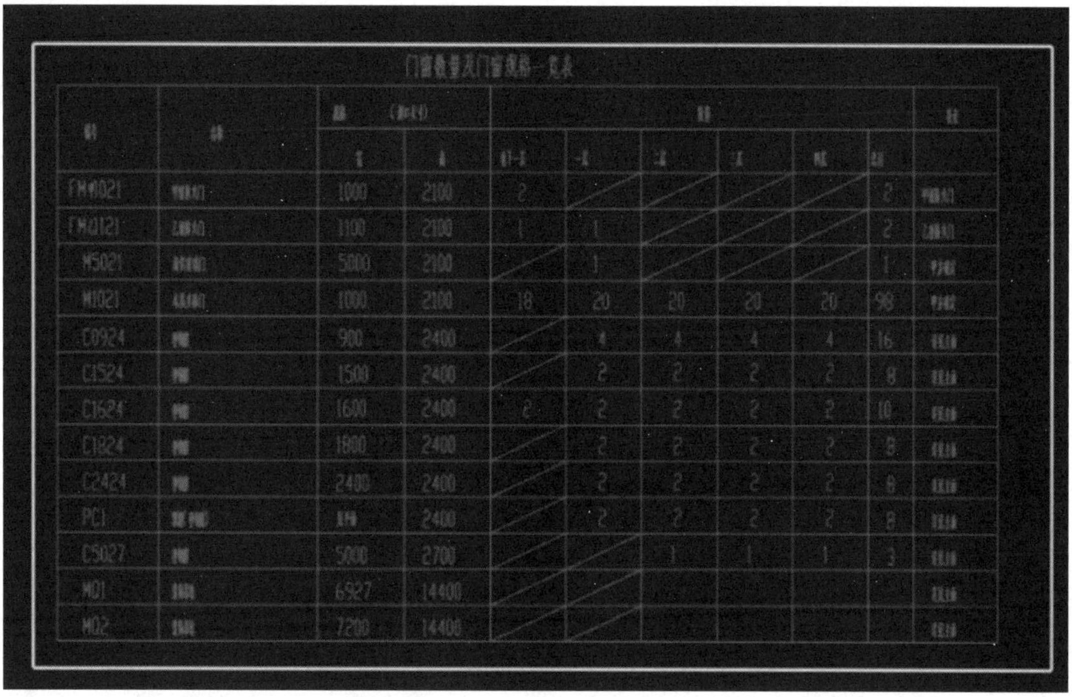

图 12.82

②在“识别门窗表”对话框中，选择对应行或者列，使用“删除行”或“删除列”功能删除无用的行或列，调整后的表格可参考图 12.83。

名称	备注	宽度	高度	类型	所属楼层
FM甲1021	甲级防火门	1000	2100	门	1号办公楼[-1]
FM乙1121	乙级防火门	1100	2100	门	1号办公楼[-1,1]
M5021	旋转玻璃门	5000	2100	门	1号办公楼[1]
M1021	木质夹板门	1000	2100	门	1号办公楼[-1,1,2,3,4]
C0924	塑钢窗	900	2400	窗	1号办公楼[1,2,3,4]
C1524	塑钢窗	1500	2400	窗	1号办公楼[1,2,3,4]
C1624	塑钢窗	1600	2400	窗	1号办公楼[-1,1,2,3,4]
C1824	塑钢窗	1800	2400	窗	1号办公楼[1,2,3,4]
C2424	塑钢窗	2400	2400	窗	1号办公楼[1,2,3,4]
PC1	飘窗(塑钢...	见平面	2400	窗	1号办公楼[1,2,3,4]
C5027	塑钢窗	5000	2700	窗	1号办公楼[2,3,4]

图 12.83

③单击“识别”按钮，即可完成门窗表的识别，如图 12.84 所示。

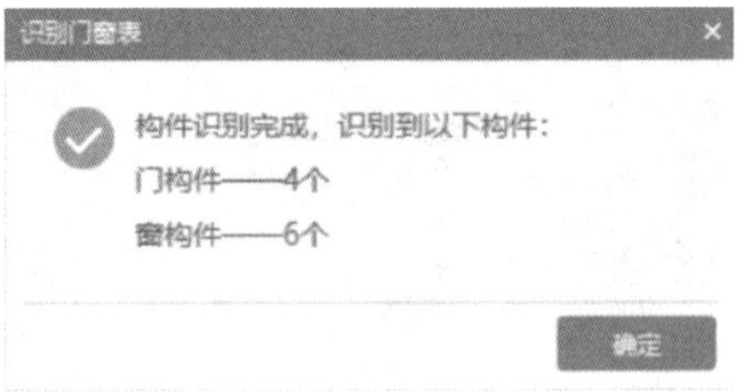

图 12.84

2)识别门窗洞

通过识别门窗表完成门窗的属性定义后,再通过识别门窗洞完成门窗的绘制。双击进入"首层平面图"进行以下操作。

(1)选择导航栏构件

将目标构件定位至"门""窗",方法同上。

(2)识别门窗洞,完成门窗洞的绘制

单击"建模"选项卡→"识别门窗洞",如图 12.85 所示。

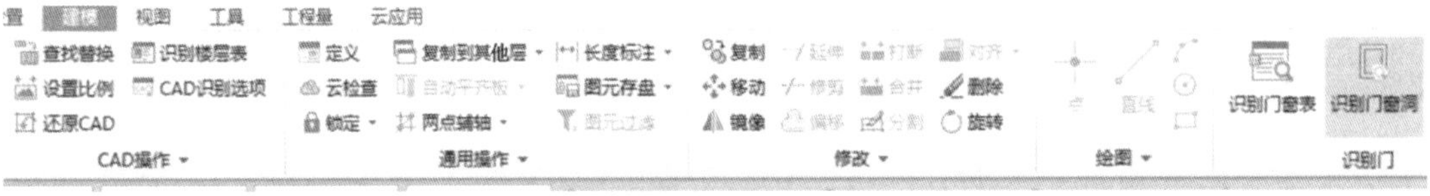

图 12.85

识别门窗洞有以下 3 个步骤:提取门窗线→提取门窗洞标识→识别(自动识别、框选识别和点选识别)。

四、任务结果

任务结果同 3.6 节的任务结果。

五、总结拓展

①在识别门窗之前一定要确认已经绘制完墙并建立门窗构件。由此可以提高识别率。

②若未创建构件,软件可以对固定格式进行门窗尺寸解析,如 M0921,自动反建 900 mm × 2100 mm 的门构件。

12.3.9 识别基础

通过本小节的学习,你将能够:

进行基础的 CAD 识别。

一、任务说明

用 CAD 识别的方式完成独立基础的识别。

二、任务分析

软件提供识别独立基础、识别桩承台、识别桩的功能,本工程采用的是独立基础。下面以识别独立基础为例，介绍识别基础的过程。

三、任务实施

双击进入“基础结构平面图”，进行以下操作。

1）选择导航栏构件

将目标构件定位至“独立基础”，如图 12.86 所示。

图 12.86

2）识别独基表生成独立基础构件

单击“建模”选项卡→“识别独立基础”→“识别独基表”，如图 12.87 所示。

图 12.87

操作方法同“识别柱表”，请参考“识别柱表”的内容。本工程无“独基表”，可先定义独立基础构件。

3）识别独立基础

单击“建模”选项卡→“识别独立基础”。识别独立基础有以下 3 个步骤：提取独基边线→提取独基标识→识别（自动识别、框选识别和点选识别）。

四、任务结果

任务结果同第 7 章的任务结果。

五、知识扩展

①上面介绍的方法为识别独立基础，在识别完成之后，需要进入独立基础的属性定义界面，对基础的配筋信息等属性进行修改，以保证识别的准确性。

②独立基础还可先定义，再进行 CAD 图的识别。这样识别完成之后，不需要再进行修改属性的操作。

12.3.10　识别装修

通过本小节的学习，你将能够：

进行装修的 CAD 识别。

一、任务说明

用 CAD 识别的方式完成装修的识别。

二、任务分析

在做实际工程时,CAD 图上通常会有房间做法明细表,表中注明了房间的名称、位置以及房间内各种地面、墙面、踢脚、天棚、吊顶、墙裙的一系列做法名称。例如,在 1 号办公楼图纸中,建筑设计说明中就有“室内装修做法表”,如图 12.88 所示。

室内装修做法表

房间名称		楼面/地面	踢脚/墙裙	窗台板	内墙面	顶棚	备注
地下一层	排烟机房	地面4	踢脚1	/	内墙面1	天棚1	
	楼梯间	地面2	踢脚1	/	内墙面1	天棚1	
	走廊	地面3	踢脚2	/	内墙面1	吊顶1(高3200)	
	办公室	地面1	踢脚1	有	内墙面1	吊顶1(高3300)	
	餐厅	地面1	踢脚3	/	内墙面1	吊顶1(高3300)	
	卫生间	地面2	/	有	内墙面2	吊顶2(高3300)	
一层	大堂	楼面3	墙裙1高1200	/	内墙面1	吊顶1(高3200)	一、关于吊顶高度的说明 这里的吊顶高度指的是某层的结构标高到吊顶底的高度。 二、关于窗台板的说明 窗台板材质为大理石 飘窗窗台板尺寸为: 洞口宽(长)×650(宽) 其他窗台板尺寸为: 洞口宽(长)×200(宽)
	楼梯间	楼面2	踢脚1	/	内墙面1	天棚1	
	走廊	楼面3	踢脚2	/	内墙面1	吊顶1(高3200)	
	办公室1	楼面1	踢脚1	有	内墙面1	吊顶1(高3300)	
	办公室2(含阳台)	楼面4	踢脚3	/	内墙面1	天棚1	
	卫生间	楼面2	/	有	内墙面2	吊顶2(高3300)	
二至三层	楼梯间	楼面2	踢脚1	/	内墙面1	天棚1	
	公共休息大厅	楼面3	踢脚2	/	内墙面1	吊顶1(高2900)	
	走廊	楼面3	踢脚2	/	内墙面1	吊顶1(高2900)	
	办公室1	楼面1	踢脚1	有	内墙面1	天棚1	
	办公室2(含阳台)	楼面4	踢脚3	/	内墙面1	天棚1	
	卫生间	楼面2	/	有	内墙面2	吊顶2(高2900)	
四层	楼梯间	楼面2	踢脚1	/	内墙面1	天棚1	
	公共休息大厅	楼面3	踢脚2	/	内墙面1	天棚1	
	走廊	楼面3	踢脚2	/	内墙面1	天棚1	
	办公室1	楼面1	踢脚1	有	内墙面1	天棚1	
	办公室2(含阳台)	楼面4	踢脚3	/	内墙面1	天棚1	
	卫生间	楼面2	/	有	内墙面2	天棚1	

图 12.88

如果通过识别表的功能能够快速地建立房间及房间内各种细部装修的构件,那么就可以极大地提高绘图效率。

三、任务实施

识别房间装修表有两种方式:按房间识别装修表和按构件识别装修表。

1)按房间识别装修表

图纸中明确了装修构件与房间的关系,这时可以使用“按房间识别装修表”的功能,操作如下:

①在图纸管理界面“添加图纸”,添加一张带有装修做法表的图纸。

②在“建模”选项卡中,“识别房间”分栏选择“按房间识别装修表”功能,如图 12.89 所示。

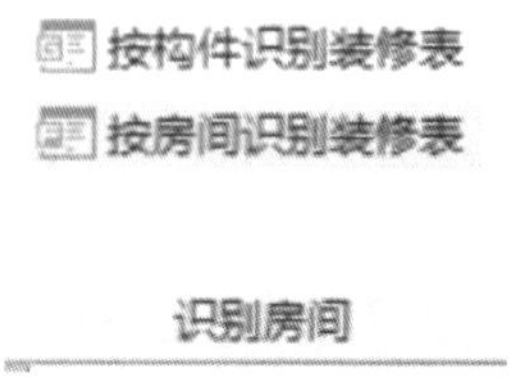

图 12.89

③左键拉框选择装修表,单击鼠标右键确认,如图 12.90 所示。

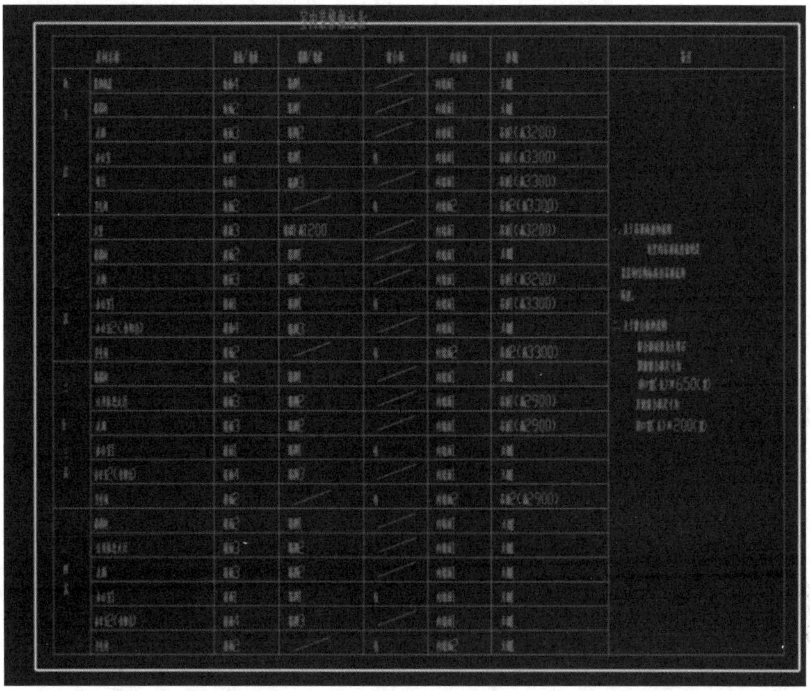

图 12.90

④在“按房间识别装修表”对话框中,在第一行的空白行处单击鼠标左键,从下拉框中选择对应列关系,单击“识别”按钮,如图 12.91 所示。

图 12.91

【说明】

①对于构件类型识别错误的行,可以调整“类型”列中的构件类型。

②可利用表格的一些功能对表格内容进行核对和调整,删除无用的部分。

③需要对应装修表的信息,在第一行的空白行处单击鼠标左键,从下拉框中选择对应列关系,如第一列识别出来的抬头是空,对应第一行,应选择“房间”。

④需要将每种门窗所属楼层进行正确匹配,单击所属楼层下的⋯符号,进入“所属楼层”对话框,如图 12.92 所示,将所属楼层进行勾选。

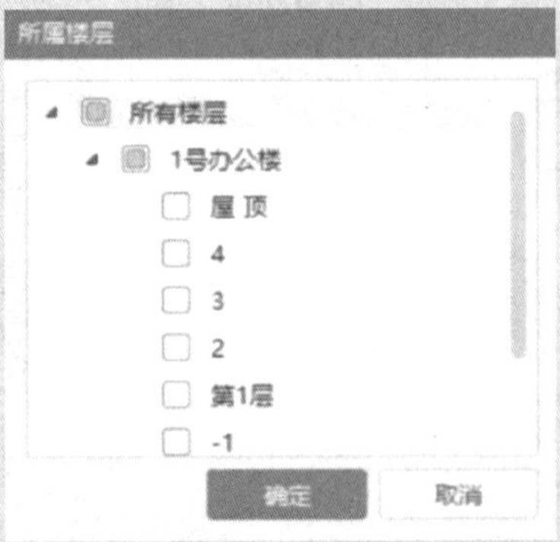

图 12.92

调整后的表格如图 12.93 所示。

房间	楼地面	踢脚	内墙面	吊顶	天棚	所属楼层
走廊	楼面3	踢脚2	内墙面1	吊顶1(高3...		1号办公楼...
办公室	楼面1	踢脚1	内墙面1	吊顶1(高3...		1号办公楼...
餐厅	楼面1	踢脚3	内墙面1	吊顶1(高3...		1号办公楼...
卫生间	楼面2		内墙面2	吊顶2(高3...		1号办公楼...
大堂	楼面3	墙裙1高1...	内墙面1	吊顶1(高3...		1号办公楼...
楼梯间	见楼梯图	踢脚1	内墙面1		见楼梯装修	1号办公楼...
走廊	楼面3	踢脚2	内墙面1	吊顶1(高3...		1号办公楼...
办公室1	楼面1	踢脚1	内墙面1	吊顶1(高3...		1号办公楼...
办公室2(...	楼面4	踢脚3	内墙面1		天棚1	1号办公楼...
卫生间	楼面2		内墙面2	吊顶2(高3...		1号办公楼...
楼梯间	见楼梯图	见楼梯图	内墙面1		见楼梯图	1号办公楼...
公共休息...	楼面3	踢脚2	内墙面1	吊顶1(高2...		1号办公楼...
走廊	楼面3	踢脚2	内墙面1	吊顶1(高2...		1号办公楼...
办公室1	楼面1	踢脚1	内墙面1		天棚1	1号办公楼...
办公室2(...	楼面4	踢脚3	内墙面1		天棚1	1号办公楼...
卫生间	楼面2		内墙面2	吊顶2(高2...		1号办公楼...
楼梯间	见楼梯图	见楼梯图	内墙面1		天棚1	1号办公楼...
公共休息...	楼面3	踢脚2	内墙面1		天棚1	1号办公楼...
走廊	楼面3	踢脚2	内墙面1		天棚1	1号办公楼...
办公室1	楼面1	踢脚1	内墙面1		天棚1	1号办公楼...
办公室2(...	楼面4	踢脚3	内墙面1		天棚1	1号办公楼...
卫生间	楼面2		内墙面2		天棚1	1号办公楼...

图 12.93

⑤识别成功后，软件会提示识别到的构件个数，如图 12.94 所示。

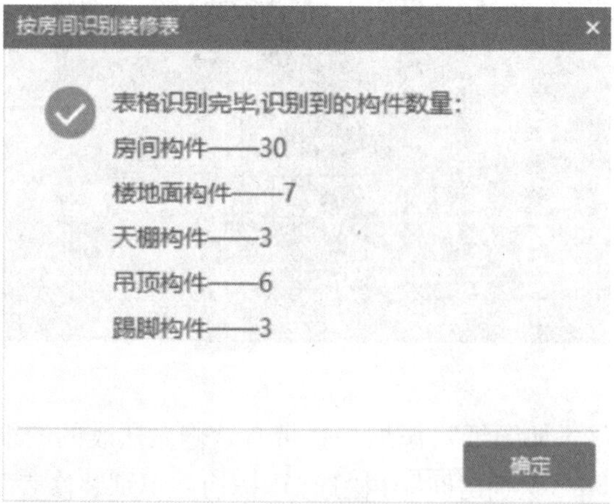

图 12.94

【说明】

房间装修表识别成功后，软件会按照图纸上房间与各装修构件的关系自动建立房间并自动依附装修构件，如图 12.95 所示。

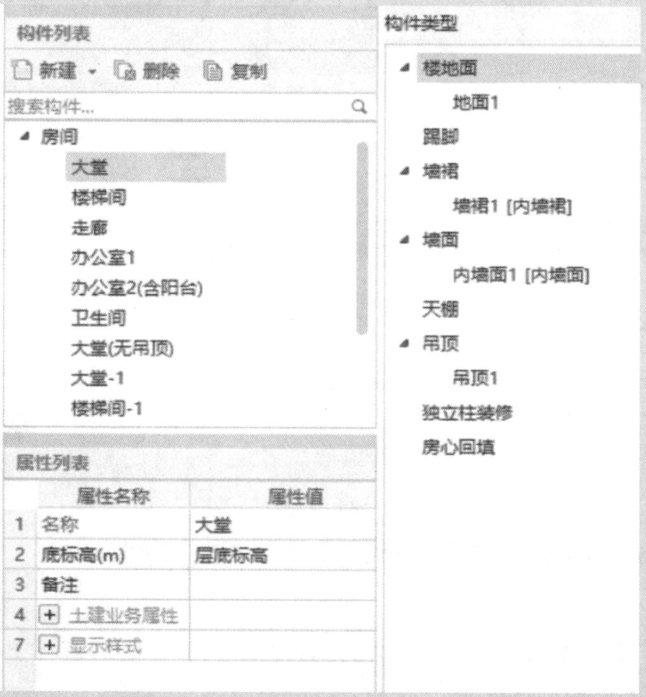

图 12.95

2）按构件识别装修表（拓展）

图纸中没有体现房间与房间内各装修之间的对应关系，在此我们假设装修如图 12.96 所示。

装修一览表

类别	名　称	使用部位	做法编号	备　注
地面	水泥砂浆地面	全部	编号1	
楼　面	陶瓷地砖楼面	一层楼面	编号2	
楼　面	陶瓷地砖楼面	二至五层的卫生间、厨房	编号3	
楼　面	水泥砂浆楼面	除卫生间厨房外全部	编号4	水泥砂浆毛面找平

图 12.96

①在图纸管理界面“添加图纸”,添加一张带有装修做法表的图纸。

②在“建模”选项卡中“识别房间”分栏选择“按构件识别装修表”功能。

③左键拉框选择装修表,单击鼠标右键确认。

④在“按构件识别装修表”对话框中,在第一行的空白行处单击鼠标左键,从下拉框中选择对应列关系,单击“识别”按钮,如图 12.97 所示。

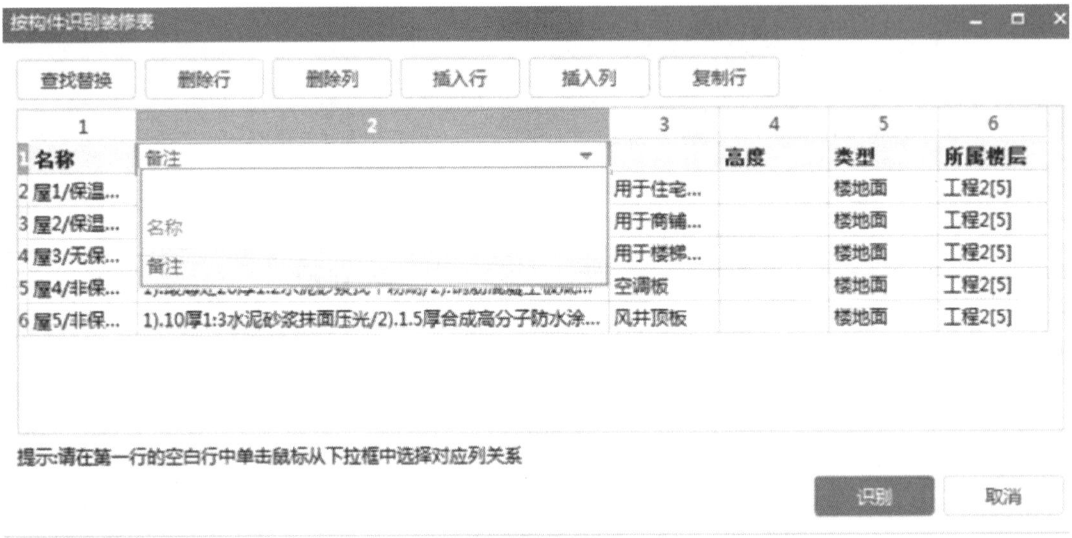

图 12.97

⑤识别完成后软件会提示识别到的构件个数,共 10 个构件。

【说明】

这种情况下需要在识别完装修构件后,再建立房间构件,然后把识别好的装修构件依附到房间里,最后画房间即可。

下篇

建筑工程计价

13 编制招标控制价要求

通过本章的学习，你将能够：

(1)了解工程概况及招标范围；

(2)了解招标控制价的编制依据；

(3)了解造价的编制要求；

(4)掌握工程量清单样表。

1)工程概况及招标范围

①工程概况：本建筑物用地概貌属于平缓场地，为二类多层办公建筑，合理使用年限为50年，抗震设防烈度为7度，结构类型为框架结构体系，总建筑面积为3155.18 m^2，建筑层数为地上4层，地下1层，檐口距地高度为14.850 m。

②工程地点：××市区。

③招标范围：第一标段结构施工图及第二标段建筑施工图的全部内容。

④本工程计划工期为180天，经计算定额工期210天，合同约定开工日期为2019年5月1日。

⑤建筑类型：公共建筑。

2)招标控制价编制依据

该工程的招标控制价依据《建设工程工程量清单计价规范》(GB 50500—2013)、《四川省建设工程工程量清单计价定额》(2015)、成都市市区信息价(2019年4月)以及配套解释和相关文件，结合工程设计及相关资料、施工现场情况、工程特点及合理的施工方法，以及建设工程项目的相关标准、规范、技术资料编制。

3)造价编制要求

(1)价格约定

①除暂估材料及甲供材料外，材料价格按"成都市2019年4月工程造价信息"及市场价计取。

②综合人工按市场价计取。

③计税方式按一般计税法，纳税地区为市区，增值税为9%。

④安全文明施工费、规费足额计取。

⑤暂列金额为100万元。

⑥幕墙工程(含预埋件)为专业工程暂估价80万元。

(2)其他要求

①原始地貌暂按室外地坪考虑，开挖设计底标高暂按垫层底标高，放坡宽度暂按300 mm计算，放坡坡度按0.3计算，按挖土考虑，外运距离1 km。

②所有混凝土采用商品混凝土计算。

③旋转玻璃门 M5021 材料单价按 42735.04 元/樘计算。

④本工程大型机械进出场费用,暂按塔吊 1 台、挖机 1 台计算。

⑤本工程设计的砂浆都为非现拌砂浆,按干混商品砂浆计算。

⑥不考虑总承包服务费及施工配合费。

4)甲供材料一览表(表 13.1)

表 13.1 甲供材料一览表

序号	名称	规格型号	单位	单价(元)
1	C15 商品混凝土	最大粒径 40 mm	m^3	440
2	C25 商品混凝土	最大粒径 40 mm	m^3	470
3	C30 商品混凝土	最大粒径 40 mm	m^3	480
4	C30 P6 商品混凝土	最大粒径 40 mm	m^3	490
5	C15 细石商品混凝土	最大粒径 40 mm	m^3	460

5)材料暂估单价表(表 13.2)

表 13.2 材料暂估单价表

序号	名称	规格型号	单位	单价(元)
1	面砖		m^2	42
2	防滑地砖	10 mm 厚防滑地砖	m^2	33
3	高级地面砖	10 mm 厚	m^2	35
4	深色地面砖	400 × 100	m^2	43
5	花岗石板	500 × 400 × 20	m^2	138
6	大理石	20 mm	m^2	136
7	深色大理石	800 × 100	m^2	136
8	普通大理石	20 mm	m^2	135
9	装饰石材		m^2	135

6)计日工表(表 13.3)

表 13.3 计日工表

序号	名称	工程量	单位	单价(元)	备注
1	人工				
	木工	10	工日	250	
	瓦工	10	工日	300	
	钢筋工	10	工日	280	

续表

序号	名称	工程量	单位	单价(元)	备注
1	材料				
	砂子(中粗)	5	m^3	72	
	水泥	5	m^3	460	
2	施工机械				
	载重汽车	1	台班	1000	

7)评分办法(表 13.4)

表 13.4 评分办法

序号	评标内容	分值范围	说明
1	工程造价	70	不可竞争费单列
2	工程工期	5	招标文件要求工期进行评定
3	工程质量	5	招标文件要求质量进行评定
4	施工组织设计	20	招标工程的施工要求、性质等进行评定

8)报价单(表 13.5)

表 13.5 报价单

工程名称	第____标段__________(项目名称)	
工程控制价		
其中	安全文明施工措施费(万元)	
	税金(万元)	
	规费(万元)	
除不可竞争费外工程造价(万元)		
措施项目费用合计(不含安全文明施工措施费)(万元)		

9)工程量清单样表

工程量清单样表参见《建设工程工程量清单计价规范》(GB 50500—2013),主要包括以下表格(具体内容可在软件报表中查看)。

①封面:封-2。

②总说明:表-01。

③单项工程招标控制价汇总表:表-03。

④单位工程招标控制价汇总表:表-04。

⑤分部分项工程和单价措施项目清单与计价表:表-08。
⑥综合单价分析表:表-09。
⑦总价措施项目清单与计价表:表-11。
⑧其他项目清单与计价汇总表:表-11。
⑨暂列金额明细表:表-12-1。
⑩材料(工程设备)暂估单价及调整表:表-12-2。
⑪专业工程暂估价及结算价表:表-12-3。
⑫计日工表:表-12-4。
⑬总承包服务费计价表:表-12-5。
⑭规费、税金项目计价表:表-13。
⑮主要材料价格表。

14 编制招标控制价

通过本章的学习,你将能够:
(1)掌握招标控制价的编制过程和编制方法;
(2)熟悉招标控制价的组成内容。

14.1 新建招标项目结构

通过本节的学习,你将能够:
(1)建立建设项目;
(2)建立单项工程;
(3)建立单位工程;
(4)按标段多级管理工程项目;
(5)修改工程属性。

一、任务说明

在计价软件中完成招标项目的建立。

二、任务分析

①招标项目的单项工程和单位工程分别是什么?
②单位工程的造价构成是什么?各构成所包括的内容分别又是什么?

三、任务实施

①新建项目。单击"新建招投标项目",如图 14.1 所示。
②进入"新建工程",选择"清单计价",并单击"新建招标项目",如图 14.2 所示。
本项目的计价方式:清单计价。
项目名称:1 号办公大厦项目。
项目编码:001。
修改项目信息如图 14.3 所示。修改完成后,单击"下一步"按钮。
③新建单项工程。在"1 号办公大厦项目"单击鼠标右键,如图 14.4 所示。

图 14.1

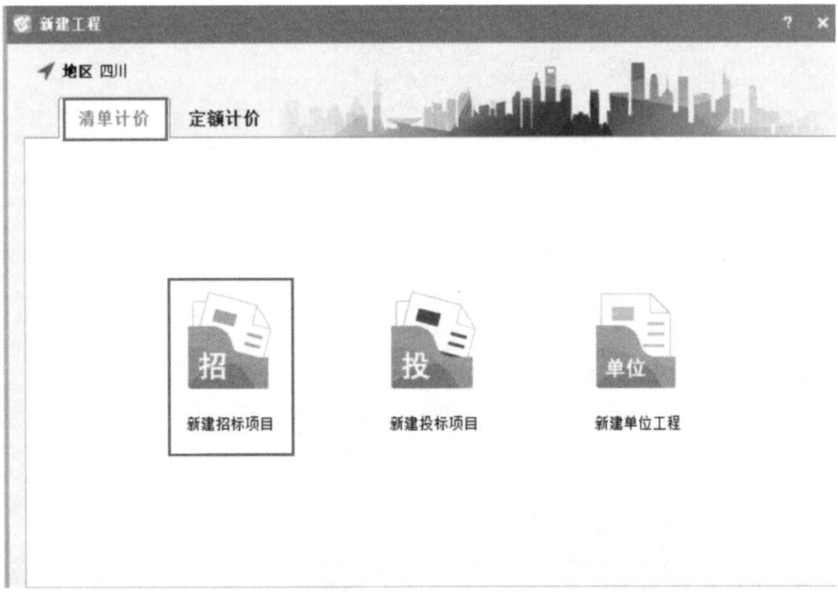

图 14.2

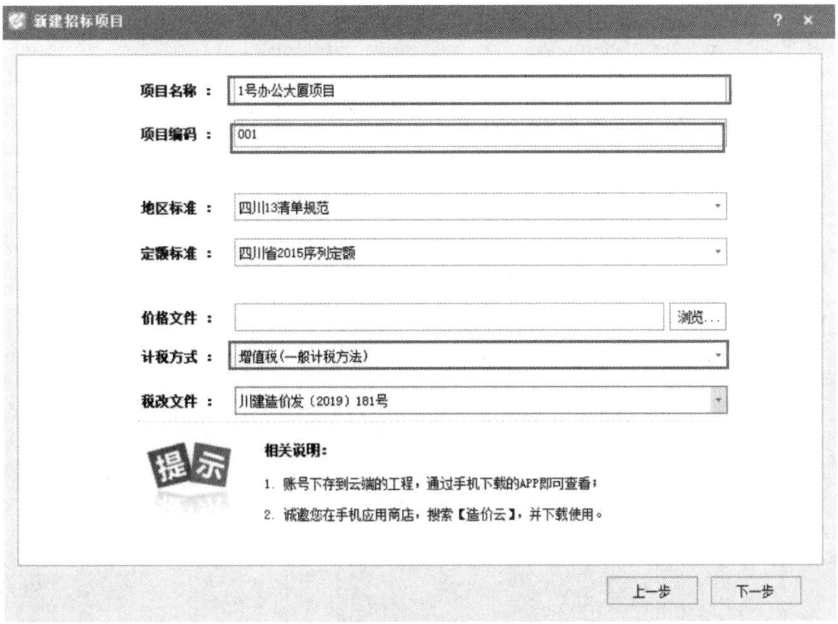

图 14.3

图 14.4

选择“新建单项工程”,修改单项名称为“1 号办公楼”,如图 14.5 所示。

图 14.5

单击“确定”按钮，完成“1 号办公楼”工程的新建，如图 14.6 所示。

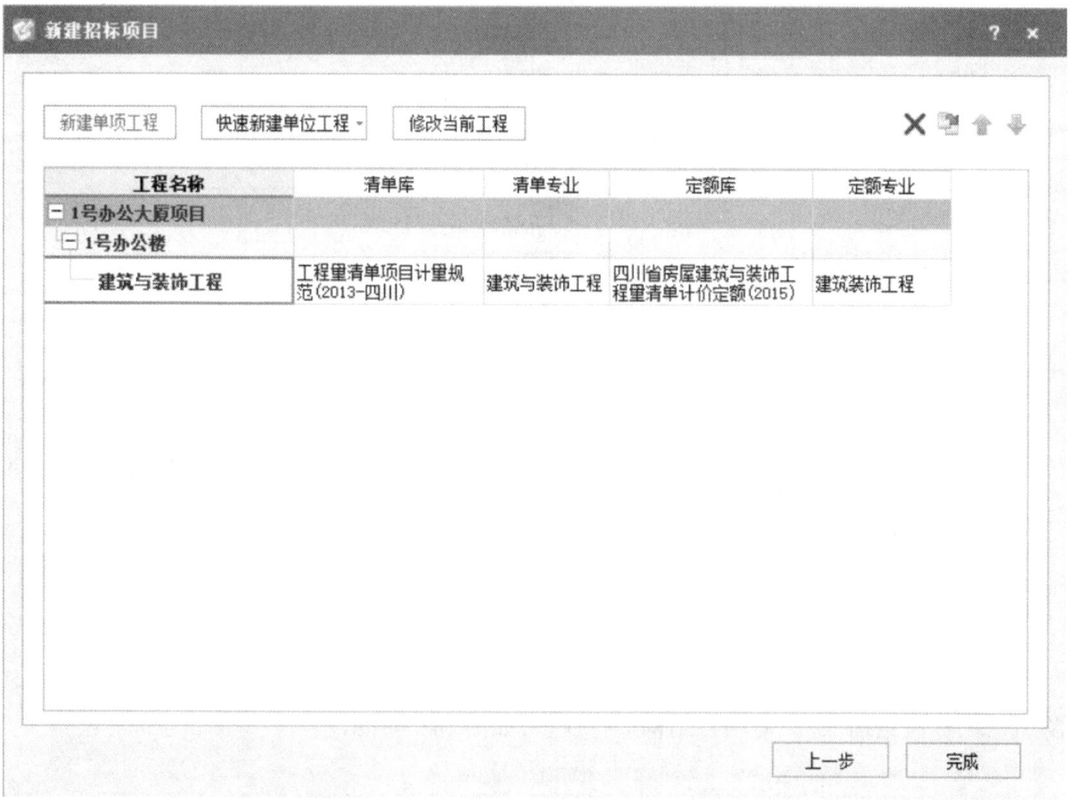

图 14.6

【注意】

在建设项目下，可以新建单项工程；在单项工程下，可以新建单位工程。

单击“完成”按钮，完成项目信息及工程信息的相关内容填写，如图 14.7 和图 14.8 所示。

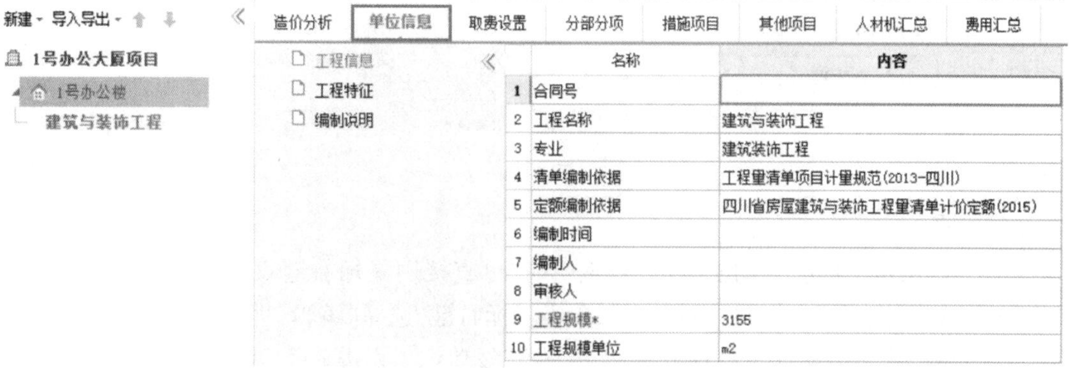

图 14.7

图 14.8

四、任务结果

结果参考图 14.7 和图 14.8。

五、总结拓展

1) 标段结构保护

项目结构建立完成后,为防止误操作而更改项目结构内容,可用鼠标右键单击项目名称,选择“标段结构保护”对项目结构进行保护,如图 14.9 所示。

图 14.9

2) 编辑

①在项目结构中进入单位工程进行编辑时,可直接用鼠标右键双击项目结构中的单位工程名称或者选中需要编辑的单位工程,单击鼠标右键,选择“编辑”即可。

②也可以直接用鼠标左键双击“1 号办公楼”及单位工程进入。

14.2 导入 GTJ 算量工程文件

通过本节的学习,你将能够:
(1)导入图形算量文件;
(2)整理清单项;
(3)项目特征描述;
(4)增加、补充清单项。

一、任务说明

①导入图形算量工程文件。
②添加钢筋工程清单和定额,以及相应的钢筋工程量。
③补充其他清单项。

二、任务分析

①图形算量与计价软件的接口在哪里?
②分部分项工程中如何增加钢筋工程量?

三、任务实施

1)导入图形算量文件

①进入单位工程界面,单击“导入”,选择“导入算量文件”,如图 14.10 所示,选择相应图形算量文件。

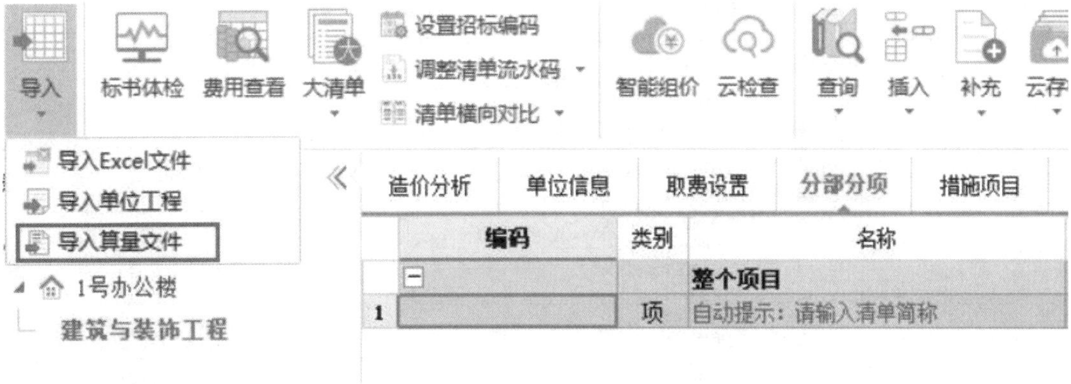

图 14.10

②弹出如图 14.11 所示的“打开文件”对话框,选择算量文件的位置所在,单击“打开”按钮即可。

图 14.11

③检查列是否对应,无误后单击"导入"按钮即可完成算量工程文件的导入,如图 14.12 所示。

图 14.12

2)整理清单

在分部分项界面进行分部分项整理清单项。

①单击“整理清单”，选择“分部整理”，如图 14.13 所示。

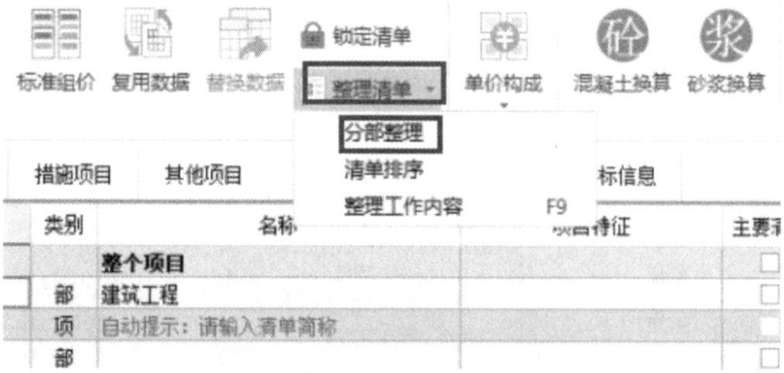

图 14.13

②弹出如图 14.14 所示的“分部整理”对话框，选择按专业、章、节整理后，单击“确定”按钮。

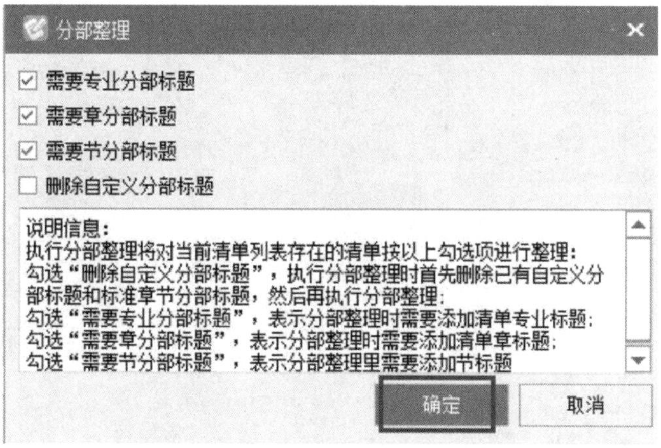

图 14.14

③清单项整理完成后，如图 14.15 所示。

3)项目特征描述

项目特征描述主要有以下 3 种方法：

①图形算量中已包含项目特征描述的，可以在“特征及内容”界面下选择“应用规则到全部清单”即可，如图 14.16 所示。

②选择清单项，可以在“特征及内容”界面进行添加或修改来完善项目特征，如图 14.17 所示。

③直接单击清单项中的“项目特征”对话框，进行修改或添加，如图 14.18 所示。

4)补充清单项

完善分部分项清单，将项目特征补充完整，方法如下：

①单击“插入”按钮，选择“插入清单”和“插入子目”，如图 14.19 所示。

②单击鼠标右键，选择“插入清单”和“插入子目”，如图 14.20 所示。

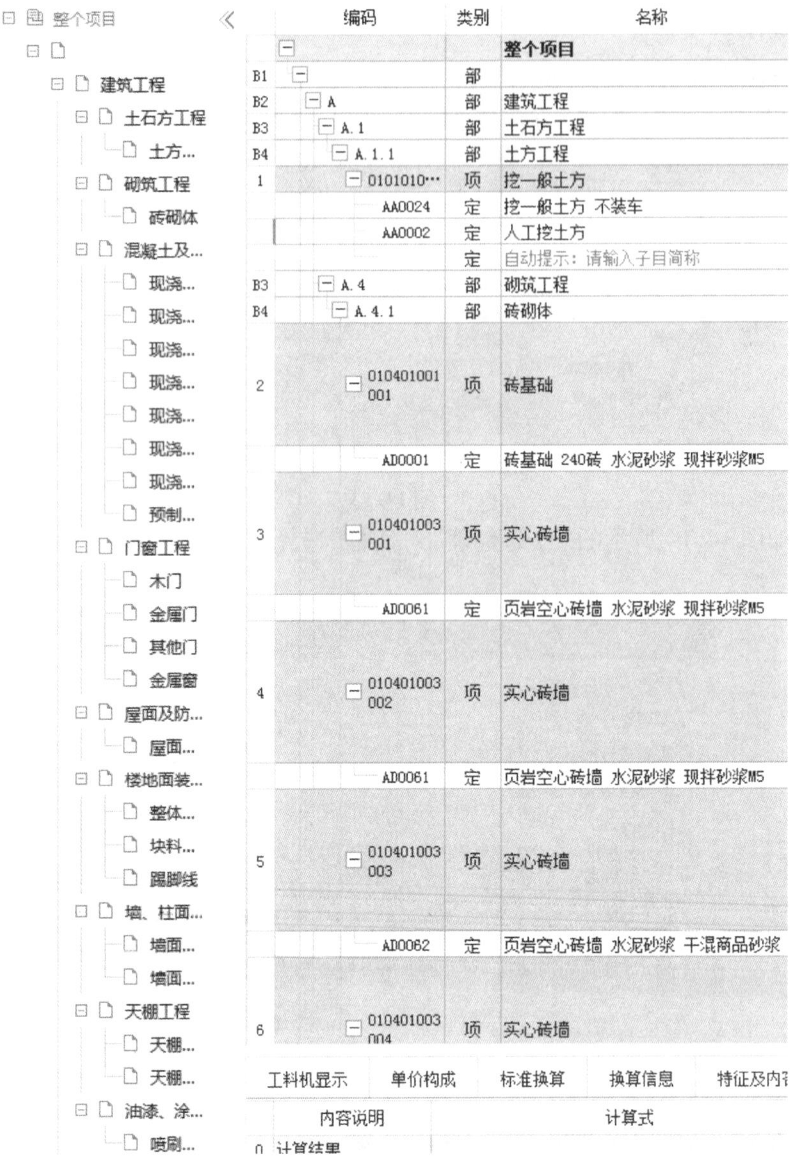
整个项目
建筑工程
土石方工程
土方...
砌筑工程
砖砌体
混凝土及...
现浇...
现浇...
现浇...
现浇...
现浇...
现浇...
现浇...
预制...
门窗工程
木门
金属门
其他门
金属窗
屋面及防...
屋面...
楼地面装...
整体...
块料...
踢脚线
墙、柱面...
墙面...
墙面...
天棚工程
天棚...
天棚...
油漆、涂...
喷刷...
编码
类别
名称
整个项目
B1 部
B2 A 部 建筑工程
B3 A.1 部 土石方工程
B4 A.1.1 部 土方工程
1 0101010… 项 挖一般土方
AA0024 定 挖一般土方 不装车
AA0002 定 人工挖土方
定 自动提示：请输入子目简称
B3 A.4 部 砌筑工程
B4 A.4.1 部 砖砌体
2 010401001001 项 砖基础
AD0001 定 砖基础 240砖 水泥砂浆 现拌砂浆M5
3 010401003001 项 实心砖墙
AD0061 定 页岩空心砖墙 水泥砂浆 现拌砂浆M5
4 010401003002 项 实心砖墙
AD0061 定 页岩空心砖墙 水泥砂浆 现拌砂浆M5
5 010401003003 项 实心砖墙
AD0062 定 页岩空心砖墙 水泥砂浆 干混商品砂浆
6 010401003004 项 实心砖墙
工料机显示
单价构成
标准换算
换算信息
内容说明
计算式

图 14.15

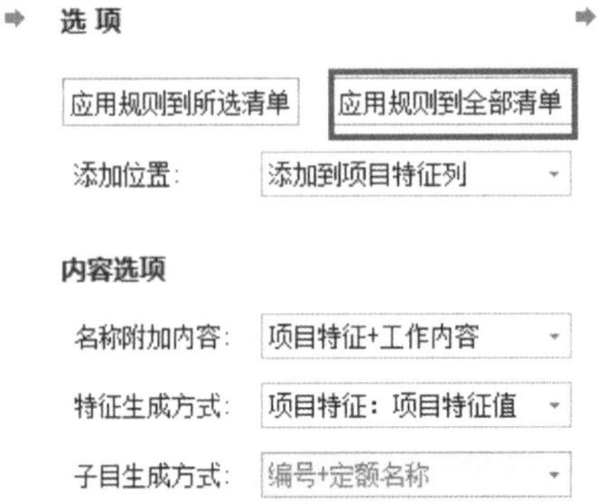
选 项
应用规则到所选清单
应用规则到全部清单
添加位置:
添加到项目特征列
内容选项
名称附加内容:
项目特征+工作内容
特征生成方式:
项目特征：项目特征值
子目生成方式:
编号+定额名称

图 14.16

	特征	特征值	输出
1	砖品种、规格、强度等级	:Mu10煤矸石砖	☑
2	基础类型	条形基础	☑
3	砂浆强度等级	:M5水泥砂浆	☑
4	防潮层材料种类		☐

图 14.17

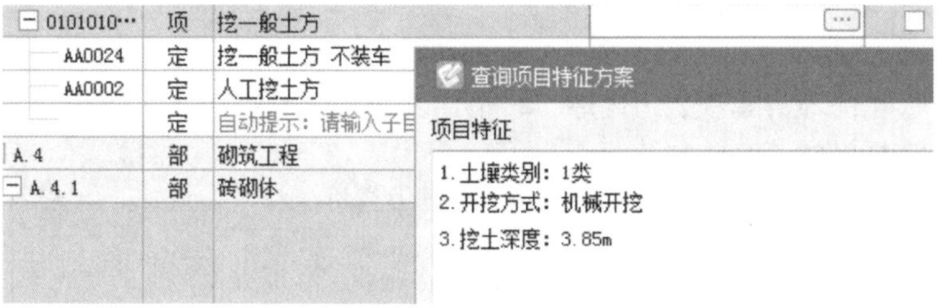

图 14.18

图 14.19

图 14.20

该工程需补充的清单子目如下(仅供参考):

①增加钢筋清单项,如图 14.21 所示。

24	− 010515001001	项	现浇构件钢筋	t	53.644		53.644			5697.84	305654.93	建筑工程	建筑工程	20m以内
	+ AE0506	定	现浇构件钢筋 制作安装 直径≤φ10	t	53.644	1	53.644	5381.28	288673.38	5697.84	305654.93	建筑工程	建筑工程	20m以内
25	− 010515001004	项	现浇构件钢筋	t	60.908		60.908			5178	315381.62	建筑工程	建筑工程	20m以内
	+ AE0507	定	现浇构件钢筋 制作安装 直径φ12~φ16	t	QDL	1	60.908	5007.52	304998.03	5178	315381.62	建筑工程	建筑工程	20m以内
26	− 010515001003	项	现浇构件钢筋	t	71.421		71.421			5388.93	384882.77	建筑工程	建筑工程	20m以内
	+ AE0508	定	现浇构件钢筋 制作安装 直径>φ16	t	QDL	1	71.421	5199.37	371344.2	5388.93	384882.77	建筑工程	建筑工程	20m以内

图 14.21

②补充雨水配件等清单项,如图 14.22 所示。

− 010902		屋面防水及其他							31.03	[建筑工程]
− 010902004001	项	屋面排水管	1		1			31.03	31.03	建筑工程
+ AJ0093	定	屋面排水 塑料水落管 φ160	QDL	0.1	0.1	290.73	29.07	310.29	31.03	建筑工程

图 14.22

四、检查与整理

1) 整体检查

①对分部分项的清单与定额的套用做法进行检查,确认是否有误。

②查看整个分部分项中是否有空格,如有,则删除。

③按清单项目特征描述校核套用定额的一致性,并进行修改。

④查看清单工程量与定额工程量的数据的差别是否正确。

2) 整体进行分部整理

对于分部整理完成后出现的"补充分部"清单项,可以调整专业章节位置至应该归类的分部。具体操作如下:

①用鼠标右键单击清单项编辑界面,选择"页面显示列设置",在弹出的"页面显示列设置"对话框中勾选"指定专业章节位置",如图 14.23 和图 14.24 所示。

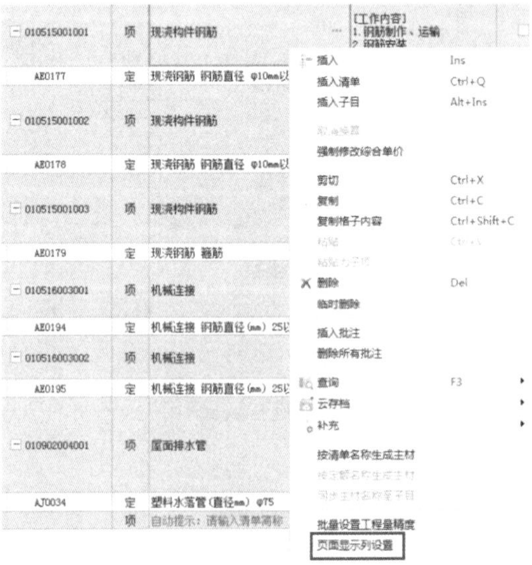

图 14.23

图 14.24

②单击清单项的“指定专业章节位置”，弹出“指定专业章节”对话框，选择相应的分部，调整完后再进行分部整理。

五、单价构成

在对清单项进行相应的补充、调整之后，需要对清单的单价构成进行费率调整。具体操作如下：

①在工具栏中单击“单价构成”→“单价构成”，如图 14.25 所示。

图 14.25

②根据专业选择对应“管理取费文件”下的对应费率，如图 14.26 所示。

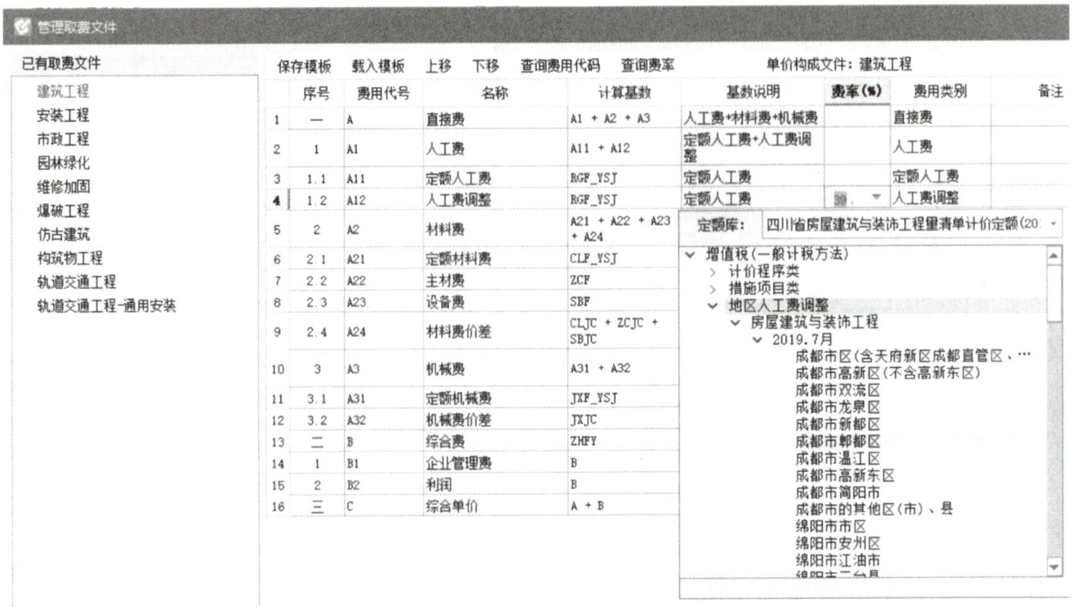

图 14.26

六、任务结果

详见报表实例。

14.3 计价中的换算

通过本节的学习，你将能够：

(1)了解清单与定额的套定一致性；

(2)调整人材机系数；

(3)换算混凝土、砂浆强度等级；

(4)补充或修改材料名称。

一、任务说明

根据招标文件所述换算内容，完成对应换算。

二、任务分析

①GTJ 算量与计价软件的接口在哪里？

②分部分项工程中如何换算混凝土、砂浆？

③清单描述与定额子目材料名称不同时，应如何进行修改？

三、任务实施

1)替换子目

根据清单项目特征描述校核套用定额的一致性,如果套用子目不合适,可单击“查询”,选择相应子目进行“替换”,如图 14.27 所示。

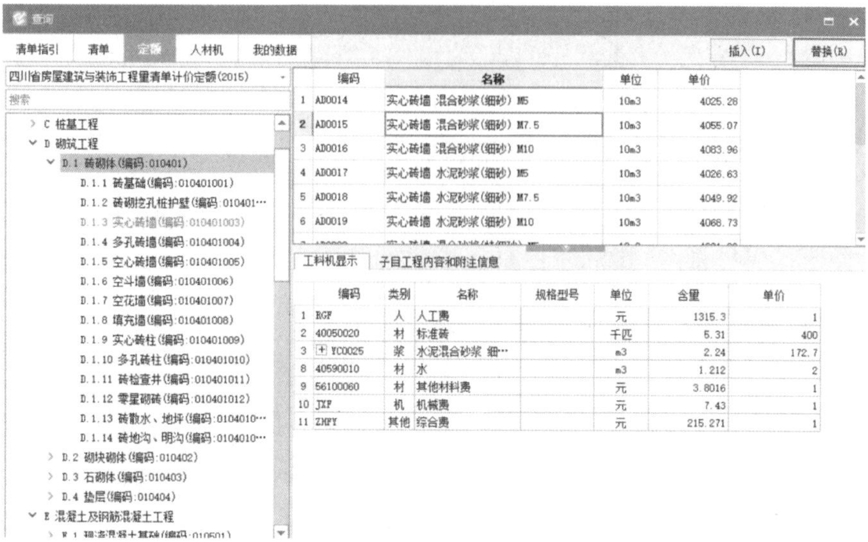

图 14.27

2)子目换算

按清单描述进行子目换算时,主要包括以下 3 个方面的换算。

①调整人材机系数。以砌块墙为例,介绍调整人材机系数的操作方法。定额中说明框架结构间和预制柱间砌砖墙、砌块墙按相应项目人工乘以系数 1.25,其他不变,如图 14.28 所示。

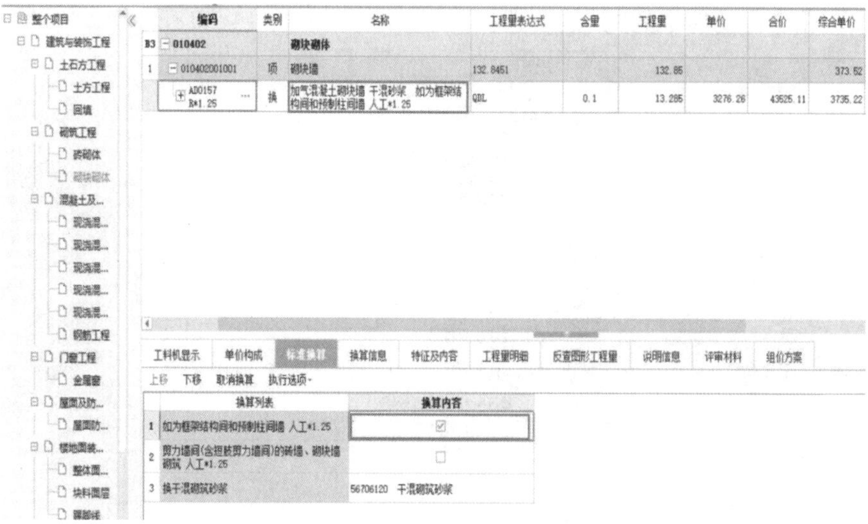

图 14.28

②换算混凝土、砂浆强度等级时,方法如下:

a.标准换算。选择需要换算混凝土强度等级的定额子目,在"标准换算"界面下选择相应的混凝土强度等级,本项目选用的全部为商品混凝土,如图 14.29 所示。

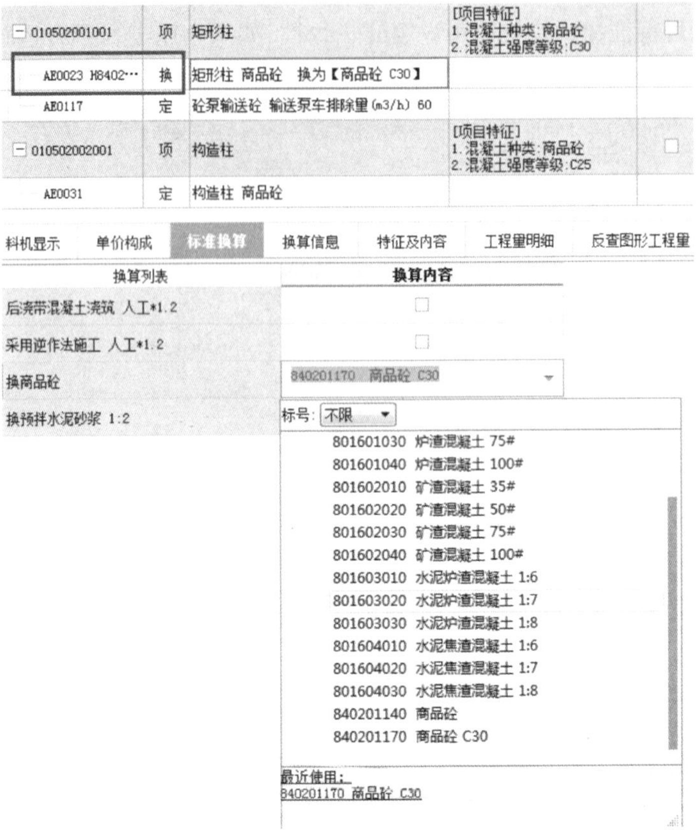

图 14.29

b.批量系数换算。若清单中的材料进行换算的系数相同时,可选中所有换算内容相同的清单项,单击常用功能中的"其他",选择"批量换算",如图 14.30 所示。

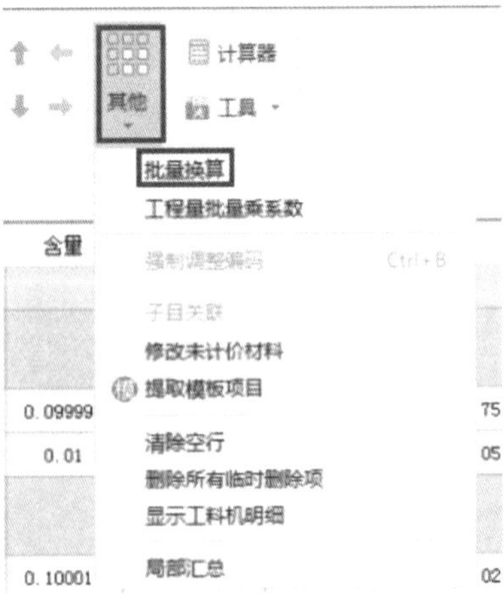

图 14.30

在弹出的"批量换算"对话框中对材料进行换算,如图 14.31 所示。

③修改材料名称。若项目特征中要求材料与子目相对应人材机材料不相符时,需要对材料名称进行修改。下面以钢筋工程按直径划分为例,介绍人材机中材料名称的修改。

选择需要修改的定额子目,在"工料机显示"界面下的"规格及型号"一栏备注上直径,如图 14.32 所示。

批量换算

替换人材机 删除人材机 恢复

	编码	类别	名称	规格型号	单位	调整系数前数量	调整系数后数量	预算价	市场价	供货方式	是否暂估
1	000300080	人	混凝土综合工		工日	64.3158	64.3158	115	115	自行采购	
2	002000010	材	其他材料费		元	70.9036	70.9036	1	1	自行采购	
3	850201030	商浆	预拌水泥砂浆 1:2		m3	4.4734	4.4734	398.06	398.06	自行采购	
4	341100400	材	电		kW·h	55.309	55.309	0.7	0.7	自行采购	
5	341100100	材	水		m3	15.6495	15.6495	4.42	4.42	自行采购	
6	840201140	商砼	商品砼		m3	18.1411	18.1411	266.99	266.99	自行采购	
7	840201170	商砼	商品砼 C30		m3	127.238	127.238	266.99	266.99	自行采购	
8	990608025	机	混凝土输送泵	输送量(m3/h)60大	台班	0.5505	0.5505	971.1	971.1	自行采购	
9	ACF	机	安拆费及场外运费		元	44.1831	44.1831	1	1	自行采购	
10	DIAN	机	电		kW·h	191.4639	191.4639	0.7	0.7	自行采购	
11	JSRG	机	机上人工		工日	0.6881	0.6881	120	120	自行采购	
12	WHF	机	维护费		元	44.7887	44.7887	1	1	自行采购	
13	ZJF	机	折旧费		元	196.7982	196.7982	1	1	自行采购	
14	JXF	机	检修费		元	32.2208	32.2208	1	1	自行采购	

设置工料机系数

人工: 1 材料: 1 机械: 1 设备: 1 主材: 1 单价: 1 高级

确定 取消

图 14.31

2	010504004001	项	挡土墙	[项目特征] 1.混凝土种类:商品砼 2.混凝土强度等级:C30P6		m3	173.3909
	AE0065 …	定	混凝土挡墙 块石砼 商品砼			10m3	17.33909

工料机显示 单价构成 标准换算 换算信息 特征及内容 工程量明细 反查图形工程量 说明信息

	编码	类别	名称	规格及型号	单位	损耗率	含量	数量	定额价	市场价	合价
1	000300080	人	混凝土综合工		工日		3.16	54.7916	115	115	6301.03
2	840201140@1	商砼	商品砼	C30 P6商品混凝土	m3		8.63	149.6364	266.99	266.99	39951.42
3	041100310	材	块(片)石		m3		2.43	42.134	77.67	77.67	3272.55
4	341100100	材	水		m3		2.534	43.9373	4.42	4.42	194.2
5	341100400	材	电		kW·h		3.06	53.0576	0.7	0.7	37.14
6	002000010	材	其他材料费		元		4.69	81.3204	1	1	81.32
7	GLF	管	企业管理费		元		87.58	1518.5584	1	1	1518.56
8	LR	利	利润		元		46.95	814.0707	1	1	814.07
9	FXF	其他	一般风险费		元		5.45	94.4981	1	1	94.5

图 14.32

四、任务结果

详见报表实例。

五、总结拓展

锁定清单

在所有清单项补充完整之后,可运用“锁定清单”对所有清单项进行锁定,锁定之后的清单项将不能再进行添加和删除等操作。若要进行修改,需先对清单项进行解锁,如图 14.33 所示。

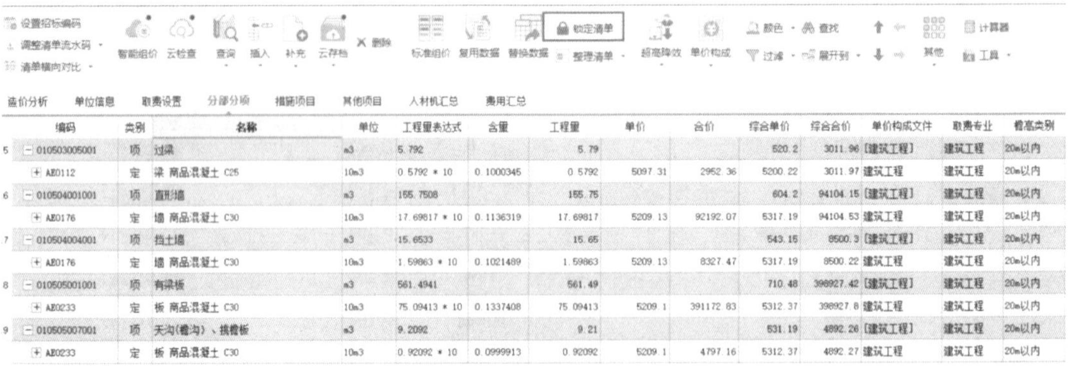

	编码	类别	名称	单位	工程量表达式	含量	工程量	单价	合价	综合单价	综合合价	单价构成文件	取费专业	檐高类别
5	− 010503005001	项	过梁	m3	5.792		5.79			520.2	3011.96	[建筑工程]	建筑工程	20m以内
	+ AE0112	定	梁 商品混凝土 C25	10m3	0.5792 * 10	0.1000345	0.5792	5097.31	2952.36	5200.22	3011.97	建筑工程	建筑工程	20m以内
6	− 010504001001	项	直形墙	m3	155.7508		155.75			604.2	94104.15	[建筑工程]	建筑工程	20m以内
	+ AE0176	定	墙 商品混凝土 C30	10m3	17.69817 * 10	0.1136319	17.69817	5209.13	92192.07	5317.19	94104.53	建筑工程	建筑工程	20m以内
7	− 010504004001	项	挡土墙	m3	15.6533		15.65			543.15	8500.3	[建筑工程]	建筑工程	20m以内
	+ AE0176	定	墙 商品混凝土 C30	10m3	1.59863 * 10	0.1021489	1.59863	5209.13	8327.47	5317.19	8500.22	建筑工程	建筑工程	20m以内
8	− 010505001001	项	有梁板	m3	561.4941		561.49			710.48	398927.42	[建筑工程]	建筑工程	20m以内
	+ AE0233	定	板 商品混凝土 C30	10m3	75.09413 * 10	0.1337408	75.09413	5209.1	391172.83	5312.37	398927.8	建筑工程	建筑工程	20m以内
9	− 010505007001	项	天沟(檐沟)、挑檐板	m3	9.2092		9.21			531.19	4892.26	[建筑工程]	建筑工程	20m以内
	+ AE0233	定	板 商品混凝土 C30	10m3	0.92092 * 10	0.0999913	0.92092	5209.1	4797.16	5312.37	4892.27	建筑工程	建筑工程	20m以内

图 14.33

14.4 其他项目清单

通过本节的学习,你将能够:

(1)编制暂列金额;

(2)编制专业工程暂估价;

(3)编制计日工表。

一、任务说明

①根据招标文件所述,编制其他项目清单。

②按本工程招标控制价编制要求,本工程暂列金额为 100 万元。

③本工程幕墙(含预埋件)为专业暂估工程,暂估工程价为 80 万元。

二、任务分析

①其他项目清单中哪几项内容不能变动?

②暂估材料价如何调整?计日工是不是综合单价?应如何计算?

三、任务实施

1)添加暂列金额

单击“其他项目”,如图 14.34 所示。

	序号	名称	计算基数	费率(%)	金额	费用类别	不可竞争费	不计入合价	备注
1		其他项目			0				
2	1	暂列金额	暂列金额		0	暂列金额	☐	☐	
3	2	暂估价	专业工程暂估价		0	暂估价	☐	☐	
4	2.1	材料(工程设备)暂估价	ZGJCLHJ		0	材料暂估价	☐	☑	
5	2.2	专业工程暂估价	专业工程暂估价		0	专业工程暂估价	☐	☑	
6	3	计日工	计日工		0	计日工	☐	☐	
7	4	总承包服务费	总承包服务费		0	总承包服务费	☐	☐	
8	5	索赔与现场签证	索赔与现场签证		0	索赔与现场签证	☐	☐	

图 14.34

单击“暂列金额”,按招标文件要求暂列金额为 1000000 元,在名称中输入“暂估工程价”,在金额中输入“1000000”,如图 14.35 所示。

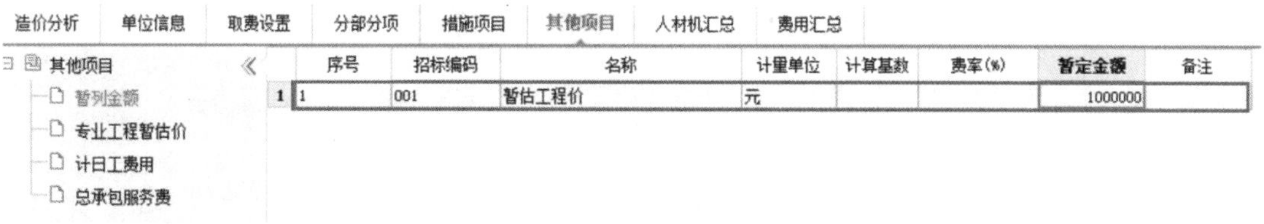

	序号	招标编码	名称	计量单位	计算基数	费率(%)	暂定金额	备注
1	1	001	暂估工程价	元			1000000	

图 14.35

2)添加专业工程暂估价

选择“其他项目”→“专业工程暂估价”,按招标文件内容,幕墙工程(含预埋件)为专业暂估工程,在工程名称中输入“玻璃幕墙工程”,在金额中输入“800000”,如图 14.36 所示。

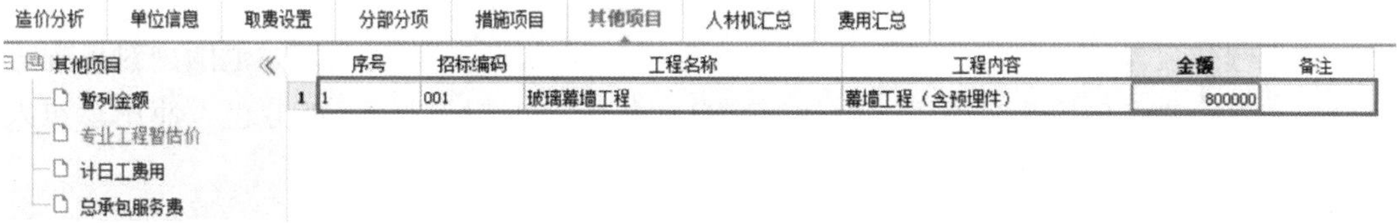

	序号	招标编码	工程名称	工程内容	金额	备注
1	1	001	玻璃幕墙工程	幕墙工程(含预埋件)	800000	

图 14.36

3)添加计日工

选择“其他项目”→“计日工费用”,按招标文件要求,本项目有计日工费用,需要添加计日工,如图 14.37 所示。

	招标编码	名称	单位	数量	单价	合价	综合单价	综合合价	综合费合价	取费文件
1		计日工						14035		
2		人工						10375		人工模板
3		木工	工日	10	250	2500	312.5	3125	625	人工模板
4		瓦工	工日	10	300	3000	375	3750	750	人工模板
5		钢筋工	工日	10	280	2800	350	3500	700	人工模板
6		材料						2660		材料模板
7		砂子	m3	5	72	360	72	360	0	材料模板
8		水泥	m3	5	460	2300	460	2300	0	材料模板
9		施工机械						1000		机械模板
10		载重汽车	台班	1	1000	1000	1000	1000	0	机械模板

图 14.37

添加材料时,如需增加费用行,可用鼠标右键单击操作界面,选择"插入费用行"进行添加即可,如图 14.38 所示。

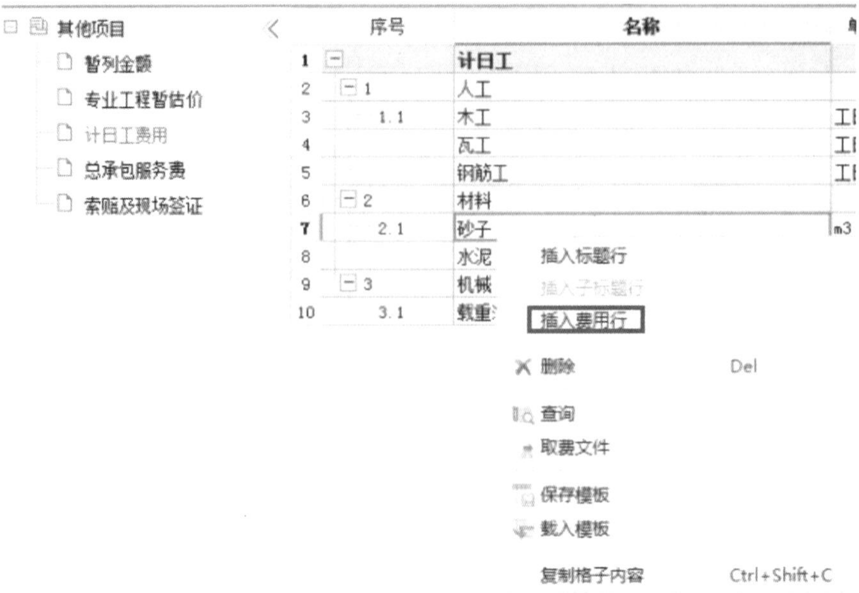

图 14.38

四、任务结果

详见报表实例。

五、总结拓展

总承包服务费

在工程建设施工阶段实行施工总承包时,当招标人在法律、法规允许的范围内对工程进行分包和自行采购供应部分设备、材料时,要总承包人提供相关服务(如分包人使用总包人脚手架、水电接剥等)和施工现场管理等所需的费用。

14.5 编制措施项目

通过本节的学习,你将能够:

(1)编制安全文明施工措施费;

(2)编制脚手架、模板、大型机械等技术措施项目费。

一、任务说明

根据招标文件所述,编制措施项目:

①参照定额及造价文件计取安全文明施工措施费。

②编制垂直运输、脚手架、大型机械进出场费用。

③提取分部分项模板项目,完成模板费用的编制。

二、任务分析

①措施项目中按项计算与按量计算有什么不同?分别如何调整?

②安全文明施工措施费与其他措施费有什么不同?

三、任务实施

①本工程安全文明施工措施费足额计取,在对应的计算基数和费率一栏中填写即可。

②依据定额计算规则,选择对应的二次搬运费费率和夜间施工增加费费率。本项目不考虑二次搬运、夜间施工及冬雨季施工。

③提取模板项目,正确选择对应模板项目以及需要计算超高的项目。在措施项目界面“其他”下拉菜单中选择“提取模板项目”,如果是从图形软件导入结果,就可以省略上面的操作,如图 14.39 和图 14.40 所示。

④完成垂直运输和脚手架的编制,如图 14.41 所示。

图 14.39

	混凝土子目					模板子目						
	编码	名称	单位	工程量	项目特征	编码	模板类别	系数	单位	工程量	关联类别	具体位置
1	010501001001	垫层	m3	99.644	1.混凝土种类:商品混凝土 2.混凝土强度等级:C15							
2	AE0016	垫层 商品混凝土 C15	m3	99.644		AS0026	基础垫层 复合…	0	m2	0	模板关联	011702001 基础
3	010501003001	独立基础	m3	2.4	1.混凝土种类:商品混凝土 2.混凝土强度等级:C30							
4	AE0030	基础 商品混凝土 C30	m3	2.4		AS0028	独立基础 复合…	0	m2	0	模板关联	011702001 基础
5	010501004001	满堂基础	m3	316.757	1.混凝土种类:商品混凝土 2.混凝土强度等级:C30							
6	AE0030	基础 商品混凝土 C30	m3	316.757		AS0032	满堂基础 复合…	0	m2	0	模板关联	011702001 基础
7	010502001001	矩形柱	m3	32.097	1.混凝土种类:商品混凝土 2.混凝土强度等级:C30							
8	AE0083	柱 商品混凝土 C30	m3	31.7654		AS0042	矩形柱 复合模板	0	m2	0	模板关联	011702002 矩形柱
9							<下拉选择模板…			0	超高模板关联	
10	010504001001	直形墙	m3	142.0671	1.混凝土种类:商品混凝土 2.混凝土强度等级:C30							
11	AE0176	墙 商品混凝土 C30	m3	155.8715		AS0060	直形墙 复合模板	0	m2	0	模板关联	011702011 直形墙
12							<下拉选择模板…			0	超高模板关联	
13	010505001001	有梁板	m3	112.3245	1.混凝土种类:商品混凝土 2.混凝土强度等级:C30							
14	AE0233	板 商品混凝土 C30	m3	151.0673		AS0067	有梁板 复合模板	0	m2	0	模板关联	011702014 有梁板
15							<下拉选择…			0	超高模板关联	

图 14.40

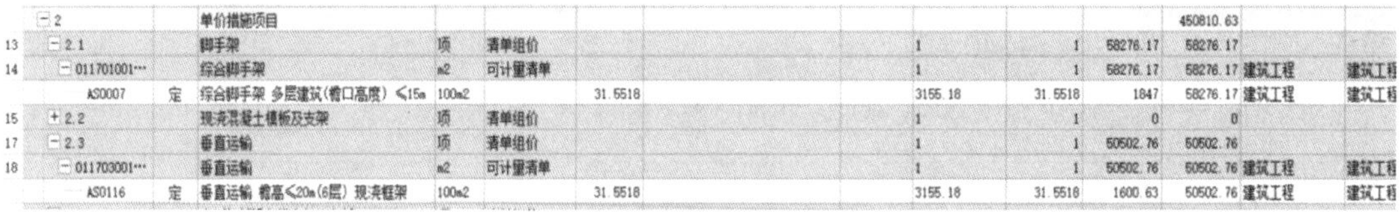

	2		单价措施项目								450810.63		
13	2.1		脚手架	项	清单组价		1	1	58276.17	58276.17			
14	011701001…		综合脚手架	m2	可计量清单		1	1	58276.17	58276.17	建筑工程	建筑工程	
	AS0007	定	综合脚手架 多层建筑(檐口高度) ≤15m	100m2		31.5518	3155.18	31.5518	1847	58276.17	建筑工程	建筑工程	
15	2.2		现浇混凝土模板及支架	项	清单组价		1	1	0	0			
17	2.3		垂直运输	项	清单组价		1	1	50502.76	50502.76			
18	011703001…		垂直运输	m2	可计量清单		1	1	50502.76	50502.76	建筑工程	建筑工程	
	AS0116	定	垂直运输 檐高≤20m(6层) 现浇框架	100m2		31.5518	3155.18	31.5518	1600.63	50502.76	建筑工程	建筑工程	

图 14.41

四、任务结果

详见报表实例。

14.6 调整人材机

通过本节的学习,你将能够:

(1)调整定额工日;

(2)调整材料价格;

(3)增加甲供材料;

(4)添加暂估材料。

一、任务说明

根据招标文件所述导入信息价,按招标要求修正人材机价格:

①按照招标文件规定,计取相应的人工费。

②材料价格按“成都市 2019 年 4 月工程造价信息”及市场价调整。

③根据招标文件,编制甲供材料及暂估材料。

二、任务分析

①有效信息价是如何导入的?哪些类型的价格需要调整?

②甲供材料价格如何调整?

③暂估材料价格如何调整?

三、任务实施

①在“人材机汇总”界面下,按照招标文件要求的“成都市 2019 年 4 月工程造价信息”,对材料“市场价”进行调整,如图 14.42 所示。

	编码	类别	名称	规格型号	单位	不含税市场价合计	含税市场价合计	价差	价差合计	是否暂估
18	40570620	材	铁卡箍		kg	1.42	1.61	-0.31	-0.08	□
19	47690130	材	PVC聚氯乙烯粘合剂		kg	0.45	0.5	11.54	0.4	□
20	40210750	材	铝合金靠墙条板		m	2550.55	2884.08	5.9	1446.95	□
21	40730560	材	对拉螺栓塑料管		m	1531.08	1531.08	0	0	□
22	40200020	材	不锈钢钢管	φ25	m	846.58	956.75	-1.24	-119.84	□
23	40200040	材	不锈钢钢管	φ50	m	741.47	837.96	15.04	318.26	□
24	40510121	材	泡沫塑料密封条	10	m	445.67	503.98	0.17	70.81	□
25	40200030	材	不锈钢钢管	φ35	m	344.34	344.34	0	0	□
26	47750090	材	塑料硬管	φ160	m	19.63	22.19	-1.03	-1.07	□
27	40270523	材	彩釉地砖	600*600	m2	39192.4	39192.4	43	18121.22	□
28	40150331	材	塑钢平开窗		m2	24153.75	24878.24	150.39	11337.69	□
29	40670250	材	复合模板		m2	20422.67	23078.17	15.53	7825.41	□
30	40210632	材	大理石板	厚20mm	m2	20605.25	20605.25	0	0	□
31	40210743	材	铝合金条板	有缝	m2	10508.79	11875.97	-30.78	-22746.88	□
32	40190292	材	铝合金条板龙骨		m2	10402.2	11757.15	-2.87	-2461.2	□
33	40210602	材	花岗石板	厚20mm	m2	10005.18	10005.18	0	0	□
34	40250082	材	面砖	240*60	m2	8670.44	9798.42	16.67	4712.63	□
35	40510271	材	聚苯板	厚30mm	m2	9387.7	9387.7	0	0	□
36	40250083	材	面砖	95*95	m2	6513.75	7361.1	17.67	3418.41	□
37	40270522	材	彩釉地砖	300*300	m2	1413.08	1413.08	0	0	□
38	40190061	材	装配式U型轻钢龙骨		m2	1001.52	1131.85	-6.32	-541.92	□
39	40220150	材	矿棉吸音板		m2	842.96	868.56	-30.45	-2687.77	□
40	40390022	材	镀锌钢丝网		m2	630.26	630.26	-4.41	-1073.15	□
41	44890050	商砼	商品混凝土	C30	m3	377516.94	377516.94	211	139502.76	□
42	44890020	商砼	商品混凝土	C15	m3	54547.1	54547.1	222	22342.17	□

图 14.42

②按照招标文件的要求,对于甲供材料可以在供货方式处选择“甲供材料”,如图 14.43 所示。

编码	类别	名称	规格型号	单位	数量	预算价	市场价	价格来源	市场价合计	价差	价差合计	供货方式
84020114001	商砼	商品砼	C30	m3	215.1074	266.99	480	自行询价	103251.55	213.01	45820.03	甲供材料
84020114002	商砼	商品砼	C15	m3	106.8683	266.99	440	自行询价	47022.05	173.01	18489.28	甲供材料
84020114003	商砼	商品砼	C25	m3	33.3836	266.99	470	自行询价	15690.29	203.01	6777.2	甲供材料
84020114004	商砼	商品砼	C30P6	m3	1142.8698	266.99	490	自行询价	560006.2	223.01	254871.39	甲供材料
84020114006	商砼	细石商品砼	C15	m3	7.6828	266.99	460	自行询价	3534.09	193.01	1482.86	甲供材料
840201170	商砼	商品砼 C30		m3	30.6	266.99	485	主城区(重庆)信息价(2019年04月)	14841	218.01	6671.11	甲供材料

图 14.43

③按照招标文件要求,对于暂估材料表中要求的暂估材料,可以在“人材机汇总”中将暂估材料选中,如图 14.44 所示。

编码	类别	名称	规格型号	单位	数量	预算价	市场价	价格来源	市场价合计	价差	价差合计	供货方式	是否暂估	市场价锁定
070101300	材	面砖		m2	1977.8776	30	42		83070.88	12	23734.53	自行采购	√	√
07050200001	材	地面砖	10mm厚高级地砖	m2	1447.9253	32.48	35		50677.39	2.52	3648.77	自行采购	√	√
07050200002	材	地面砖	10mm防滑地砖	m2	44.2493	32.48	33		1460.23	0.52	23.01	自行采购	√	√
07050200003	材	地面砖	400*100深色地砖	m2	140.8493	32.48	43		6056.52	10.52	1481.73	自行采购	√	√
08030033102	材	花岗石板	500×400×20	块	179.7058	39.32	138		24799.4	98.68	17733.37	自行采购	√	√
082100010	材	装饰石材		m2	132.1593	120	135		17841.51	15	1982.39	自行采购	√	√
08210001001	材	装饰石材	20mm大理石	m2	413.9364	120	136		56295.35	16	6622.98	自行采购	√	√
08210001002	材	装饰石材	800X100深色大理石	m2	117.273	120	136		15949.13	16	1876.37	自行采购	√	√

图 14.44

四、任务结果

详见报表实例。

五、总结拓展

1) 市场价锁定

对于招标文件要求的内容,如甲供材料表、暂估材料表中涉及的材料价格是不能进行调整的,为了避免在调整其他材料价格时出现操作失误,可使用“市场价锁定”对修改后的材料价格进行锁定,如图 14.45 所示。

编码	类别	名称	规格型号	单位	数量	预算价	市场价	价格来源	市场价合计	价差	价差合计	供货方式	是否暂估	市场价锁定
07050200001	材	地面砖	10mm厚高级地砖	m2	1447.9253	32.48	35		50677.39	2.52	3648.77	自行采购	√	√
07050200002	材	地面砖	10mm防滑地砖	m2	44.2493	32.48	33		1460.23	0.52	23.01	自行采购	√	√
07050200003	材	地面砖	400*100深色地砖	m2	140.8493	32.48	43		6056.52	10.52	1481.73	自行采购	√	√
08030033102	材	花岗石板	500×400×20	块	179.7058	39.32	138		24799.4	98.68	17733.37	自行采购	√	√
082100010	材	装饰石材		m2	132.1593	120	135		17841.51	15	1982.39	自行采购	√	√
08210001001	材	装饰石材	20mm大理石	m2	413.9364	120	136		56295.35	16	6622.98	自行采购	√	√
08210001002	材	装饰石材	800X100深色大理石	m2	117.273	120	136		15949.13	16	1876.37	自行采购	√	√

图 14.45

2) 显示对应子目

对于“人材机汇总”中出现的材料名称异常或数量异常的情况,可直接用鼠标右键单击相应材料,选择“显示对应子目”,在分部分项中对材料进行修改,如图 14.46 所示。

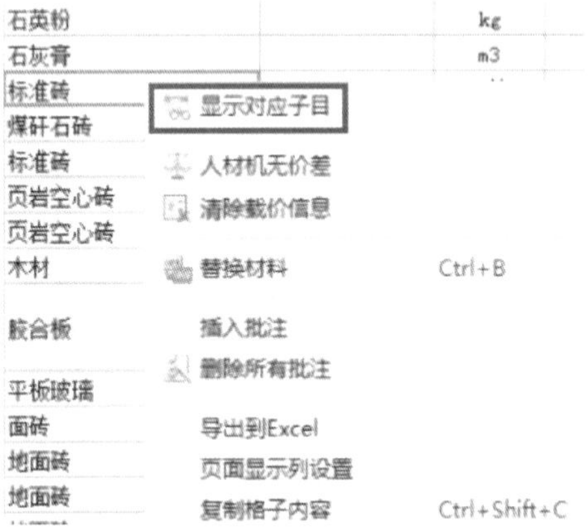

图 14.46

3) 市场价存档

对于同一个项目的多个标段,发包方会要求所有标段的材料价保持一致,在调整好一个标段的材料价后,可运用“存价”将此材料价运用到其他标段,如图 14.47 所示。

在其他标段的“人材机汇总”中使用该市场价文件时,可运用“载价”,载入 Excel 市场价文件,如图 14.48 所示。

在导入 Excel 市场价文件时,按如图 14.49 所示的顺序进行操作。

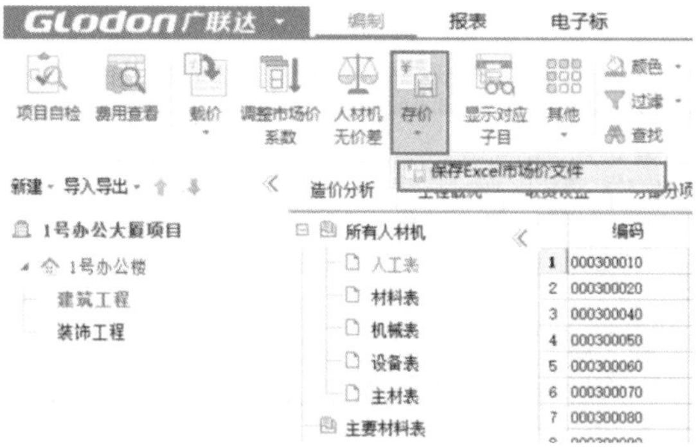

图 14.47

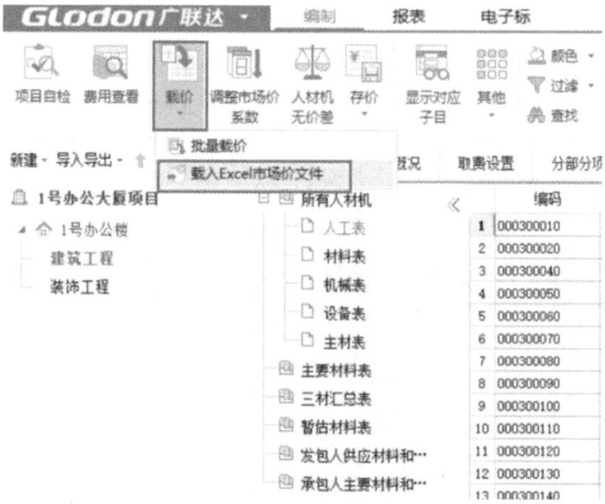

图 14.48

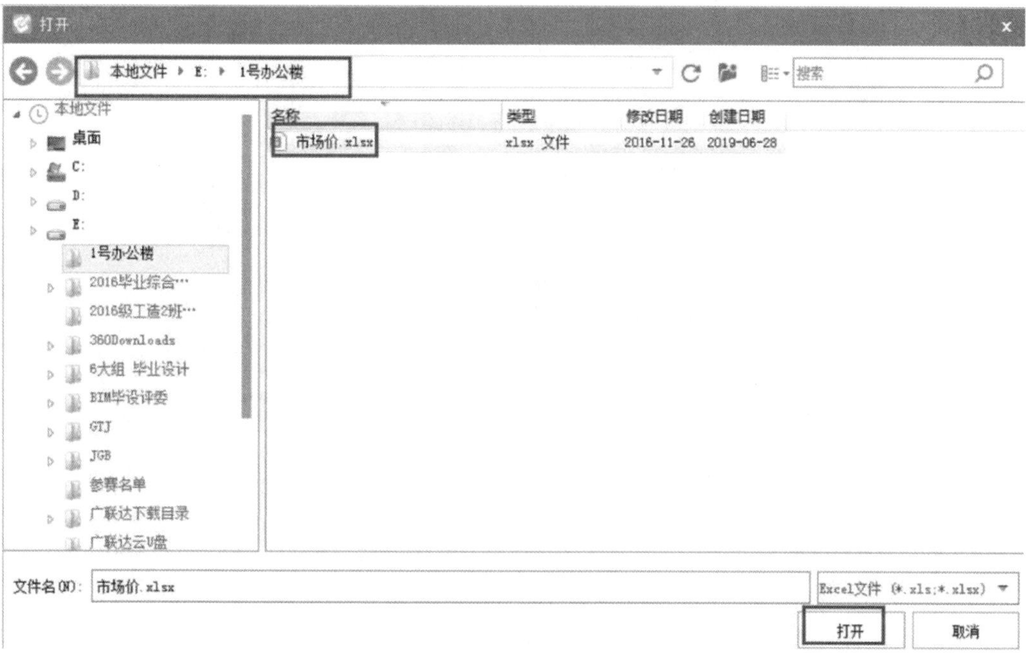

图 14.49

导入 Excel 市场价文件之后,需要先识别材料号、名称、规格、单位、单价等信息,如图 14.50 所示。

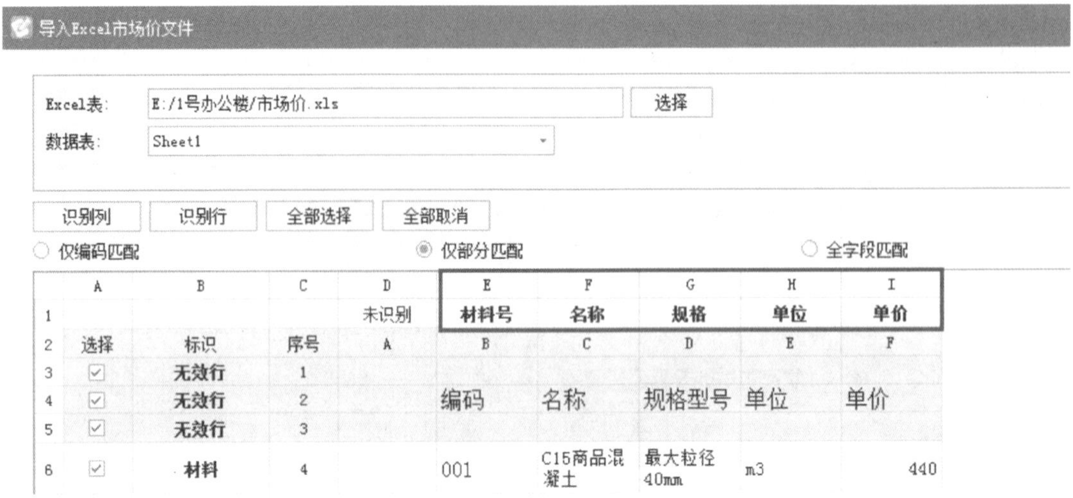

图 14.50

识别完需要的信息后,需要选择匹配选项,然后单击“导入”按钮即可,如图 14.51 所示。

图 14.51

14.7 计取规费和税金

通过本节的学习,你将能够:
(1)查看费用汇总;
(2)修改报表样式;
(3)调整规费、税金。

一、任务说明

在预览报表状态下对报表格式及相关内容进行调整和修改,根据招标文件所述内容和定额规定计取规费和税金。

二、任务分析

①规费都包含哪些项目?
②税金是如何确定的?

三、任务实施

①在“费用汇总”界面,查看“工程费用构成”,如图14.52所示。

造价分析 单位信息 取费设置 分部分项 措施项目 其他项目 人材机汇总 费用汇总

	序号	费用代号	名称	计算基数	基数说明	费率(%)
1	1	A	分部分项及单价措施项目	FBFXHJ + JSCSF	分部分项合计+单价措施项目合计	
2	+ 2	B	总价措施项目	ZZCSF	总价措施项目合计	
4	+ 3	C	其他项目	QTXMHJ	其他项目合计	
9	+ 4	D	规费	D1 + D2 + D3	社会保险费+住房公积金+工程排污费	
18	5	E	创优质工程奖补偿奖励费	A + B + C + D	分部分项及单价措施项目+总价措施项目+其他项目+规费	0
19	6	F	税前工程造价	A + B + C + D + E	分部分项及单价措施项目+总价措施项目+其他项目+规费+创优质工程奖补偿奖励费	
20	6.1	F_1	其中:除税甲供材料(设备)费	JGCLF + JGSBF + JGZCF	甲供材料费+甲供设备费+甲供主材费	
21	7	G	销项增值税额	A + B + C + D + E - F_1 - BJSSB	分部分项及单价措施项目+总价措施项目+其他项目+规费+创优质工程奖补偿奖励费-其中:除税甲供材料(设备)费-按规定不计税的工程设备金额	9
22	8	H	含税工程造价	A + B + C + D + E + G	分部分项及单价措施项目+总价措施项目+其他项目+规费+创优质工程奖补偿奖励费+销项增值税额	

图14.52

【注意】

费用汇总中可查看规费和税金等,规费和税金的基数和费率可进行调整。

②进入"报表"界面,选择"招标控制价",勾选需要输出的报表,单击鼠标右键选择"报表设计",如图 14.53 所示;或直接单击"报表设计器",进入"报表设计器"界面调整列宽及行距,如图 14.54 所示。

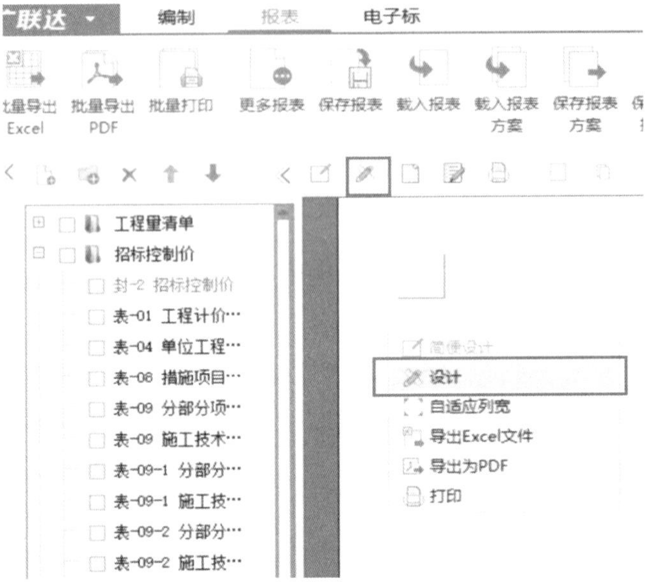

图 14.53

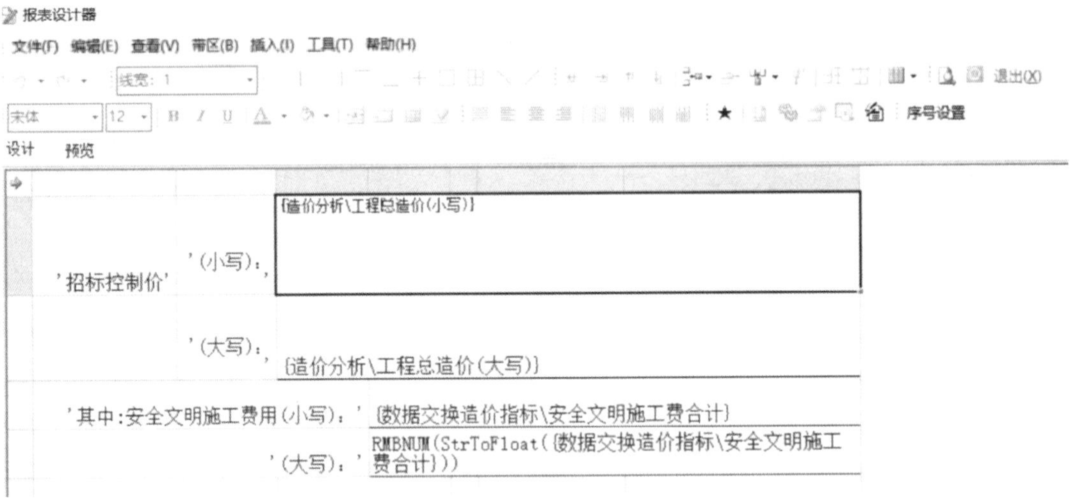

图 14.54

③单击文件,选择"报表设计预览",如需修改,关闭预览,重新调整。

四、任务结果

详见报表实例。

五、总结拓展

调整规费

如果招标文件对规费有特别要求的,可在规费的费率一栏中进行调整,如图 14.55 所示。本项目没有特别要求的,按软件默认设置即可。

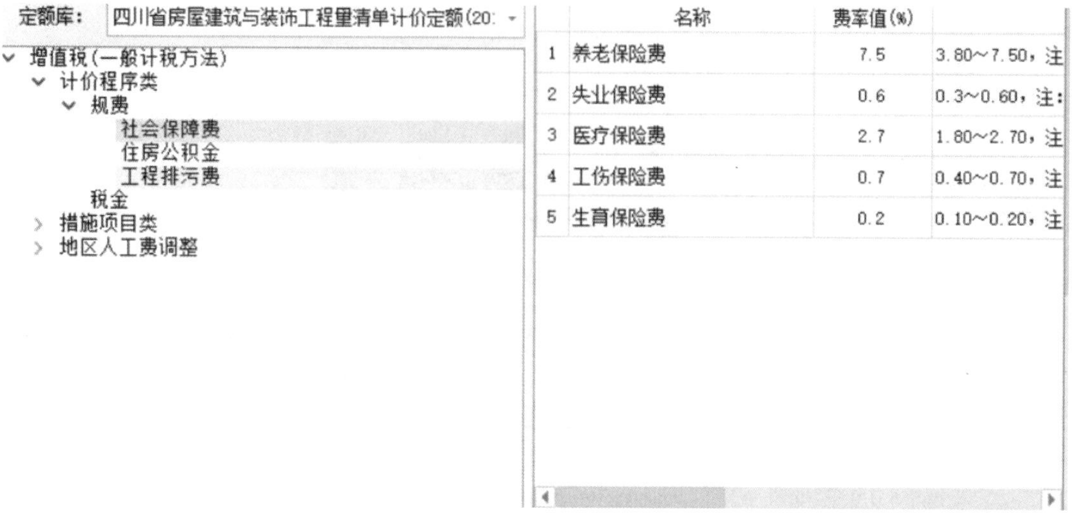

图 14.55

14.8 生成电子招标文件

通过本节的学习,你将能够:

(1)使用“项目自检”功能进行检查并对检查结果进行修改;

(2)运用软件生成招标书。

一、任务说明

根据招标文件所述内容生成招标书。

二、任务分析

①输出招标文件之前有检查要求吗?

②输出的招标文件是什么类型? 如何使用?

三、任务实施

1)项目自检

①在“编制”页签下,单击“项目自检”。

②在“项目自检”对话框中,选择需要检查的项目名称,可以设置检查范围和检查内容,如图 14.56 所示。

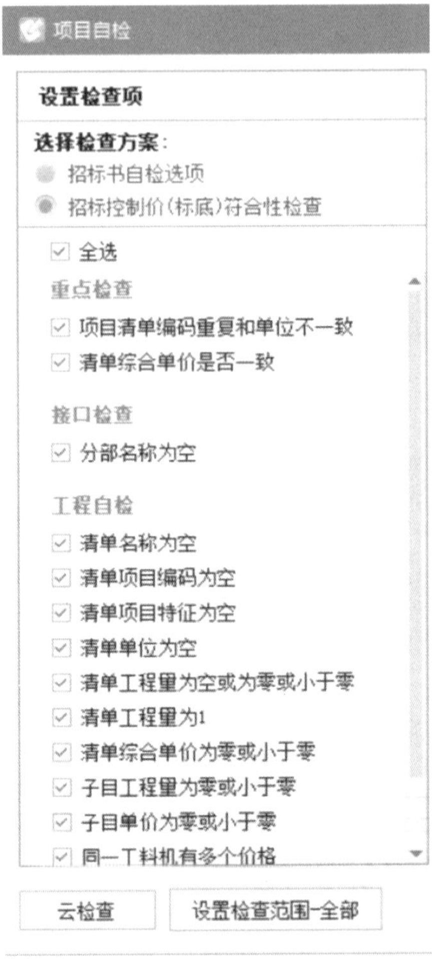

图 14.56

③根据生成的“检查结果”对单位工程中的内容进行修改,检查报告如图 14.57 所示。

图 14.57

④还可通过“云检查”,判断工程造价计算的合理性,如图 14.58 所示。

2)生成招标书

①在“电子标”页签下,单击“生成招标书”。

②在“导出标书”对话框中,选择导出位置以及需要导出的标书类型,单击“确定”即可,如图 14.59 所示。

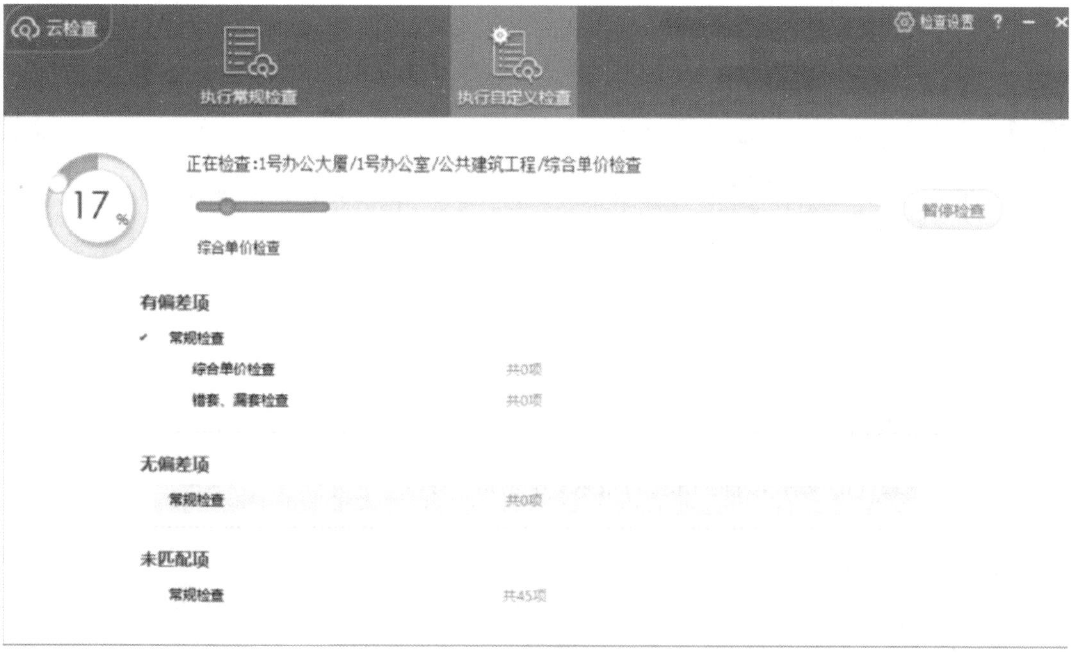

图 14.58

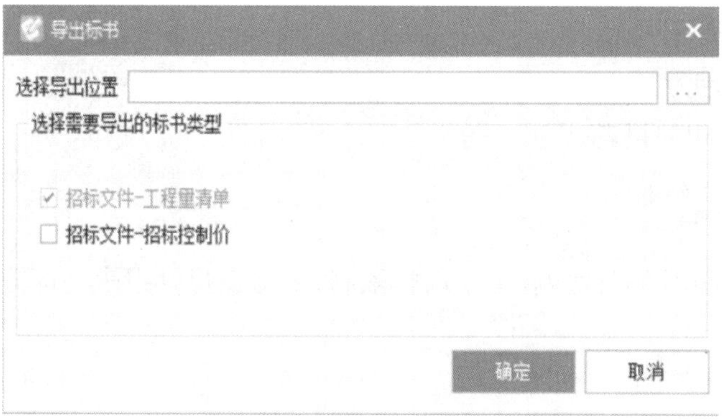

图 14.59

四、任务结果

详见报表实例。

五、总结拓展

在生成招标书之前,软件会进行友情提醒:“生成标书之前,最好进行自检”,以免出现不必要的错误!假如未进行项目自检,则可单击“是”,进入“项目自检”界面;假如已进行项目自检,则可单击“否”。

15 报表实例

通过本章的学习,你将能够:

熟悉编制招标控制价时需要打印的表格。

一、任务说明

按照招标文件的要求,打印相应的报表,并装订成册。

二、任务分析

①招标文件的内容和格式是如何规定的?

②如何检查打印前的报表是否符合要求?

三、任务实施

①检查报表样式。

②设定需要打印的报表。

四、任务结果

工程量清单招标控制价实例(由于篇幅限制,本书仅提供报表的部分内容,全部内容详见电子版)。

建筑与装饰工程 工程

招标控制价

招标控制价(小写):7,338,693,53

(大写):柒佰叁拾叁万捌仟陆佰玖拾叁元伍角三分

招 标 人: ________________ 造 价 咨 询 人: ________________

(单位盖章) (单位资质专用章)

法定代理人
或其授权人: ________________ 法定代理人
或其授权人: ________________

(签字或盖章) (签字或盖章)

编 制 人: ________________ 复 核 人: ________________

(造价人员签字盖专用章) (造价工程师签字盖专用章)

编制时间: 年 月 日 复核时间: 年 月 日

扉-2

单位工程招标控制价汇总表
(适用于一般计税方法)

工程名称:1 号办公楼/1 号办公楼【建筑与装饰工程】　　标段:1 号办公楼　　第 1 页　共 1 页

序　号	汇总内容	金额(元)	其中:暂估价(元)
1	分部分项及单价措施项目	4592307.71	
1.1	单价措施项目	511897.11	
2	总价措施项目	252344.75	—
2.1	其中:安全文明施工费	236467.64	—
3	其他项目	1814035	—
3.1	其中:暂列金额	1000000	—
3.2	其中:专业工程暂估价	800000	
3.3	其中:计日工	14035	—
3.4	其中:总承包服务费		—
4	规费	126679.09	—
5	创优质工程奖补偿奖励费		—
6	税前工程造价	6785366.55	
6.1	其中:除税甲供材料(设备)费	637288.95	
7	销项增值税额	553326.98	—
招标控制价总价合计 = 税前工程造价 + 销项增值税额		7338693.53	

注:1. 本表适用于单位工程招标控制价或投标报价的汇总,如无单位工程划分,单项工程也使用本表汇总。

2. 税前工程造价 = 1 + 2 + 3 + 4 + 5。

3. 销项增值税额 = [税前工程造价 - 按规定不计税的工程设备金额 - 除税甲供材料(设备)费] × 税率。

表-04-1

分部分项工程和单价措施项目清单与计价表

工程名称:1 号办公楼/1 号办公楼【建筑与装饰工程】　　标段:1 号办公楼　　第 1 页　共 15 页

序号	项目编码	项目名称	项目特征描述	计量单位	工程量	金额(元)			
						综合单价	合价	其中	
								定额人工费	暂估价
1	010101001001	平整场地	(1)土壤类别:三类土 (2)弃土运距:由投标人自行考虑 (3)取土运距:由投标人自行考虑	m^2	636.09	1.26	801.47	290.69	
2	010101002001	挖一般土方	(1)土壤类别:三类土 (2)挖土深度:4.1 (3)弃土运距:由投标人自行考虑	m^3	4141.75	13.79	57114.73	13502.1	
3	010101004001	挖基坑土方	(1)土壤类别:三类土 (2)挖土深度:2 m 内 (3)弃土运距:由投标人自行考虑	m^3	141.07	31.72	4474.74	2545.68	
4	010103001001	回填方	(1)密实度要求:满足设计及规范的要求 (2)填方材料品种:土方 (3)填方粒径要求:满足设计及规范的要求 (4)填方来源、运距:1000 m	m^3	1427.22	11.96	17069.55	2867.29	
5	010103002001	余方弃置	(1)废弃制品:土方 (2)运距:1 km	m^3	2573.46	7.57	19481.09	2626.22	
6	010401001001	砖基础	(1)砖品种、规格、强度等级:MU10 煤矸石实心砖、240 mm×115 mm×53 mm (2)基础类型:条形基础 (3)砂浆强度等级:M5 水泥砂浆	m^3	4.01	582.96	2337.67	413.26	
7	010401003001	实心砖墙	(1)砖品种、规格、强度等级:240 mm 厚标准砖 (2)墙体类型:女儿墙 (3)砂浆强度等级、配合比:水泥砂浆 M5.0	m^3	21.28	627.56	13354.48	2798.51	
本页小计							114633.73	25043.75	

表-08

分部分项工程和单价措施项目清单与计价表

工程名称:1 号办公楼/1 号办公楼【建筑与装饰工程】　　标段:1 号办公楼　　第 2 页　共 15 页

序号	项目编码	项目名称	项目特征描述	计量单位	工程量	金额(元)			
						综合单价	合价	其中	
								定额人工费	暂估价
8	010402001001	砌块墙	(1)砌块品种、规格、强度等级:加气混凝土砌块 (2)墙体类型:外墙 (3)砂浆强度等级:水泥砂浆 M5.0	m^3	182.64	617.16	112718.1	21493.21	
9	010402001002	砌块墙	(1)砌块品种、规格、强度等级:加气混凝土砌块 (2)墙体类型:内墙 (3)砂浆强度等级:水泥砂浆 M5.0	m^3	376.24	617.17	232204.04	44276.55	
10	010501001001	垫层	(1)混凝土种类:商品混凝土 (2)混凝土强度等级:C15	m^3	101.13	484.04	48950.97	2255.66	
11	010501003001	独立基础	(1)混凝土种类:商品混凝土 (2)混凝土强度等级:C15	m^3	65.33	523.82	34221.16	1523.78	
12	010501004001	满堂基础	(1)混凝土种类:商品混凝土 (2)混凝土强度等级:C15	m^3	316.76	523.83	165928.39	7388.36	
13	010502001001	矩形柱	(1)混凝土种类:商品混凝土 (2)混凝土强度等级:C30	m^3	150.92	488.3	73694.24	3785.62	
14	010502002001	构造柱	(1)混凝土种类:商品混凝土 (2)混凝土强度等级:C25	m^3	18.28	530.47	9696.99	598.83	
15	010503004001	圈梁	(1)混凝土种类:商品混凝土 (2)混凝土强度等级:C25	m^3	2.3	612.8	1409.44	61.34	
16	010503005001	过梁	(1)混凝土种类:商品混凝土 (2)混凝土强度等级:C25	m^3	5.79	613.39	3551.53	154.56	
17	010504001001	直形墙	(1)混凝土种类:商品混凝土 (2)混凝土强度等级:C30	m^3	155.75	605.15	94252.11	4956.37	
本页小计							776626.97	86494.28	

表-08

分部分项工程和单价措施项目清单与计价表

工程名称:1 号办公楼/1 号办公楼【建筑与装饰工程】　　标段:1 号办公楼　　第 3 页　共 15 页

序号	项目编码	项目名称	项目特征描述	计量单位	工程量	金额(元)			
						综合单价	合　价	其　中	
								定额人工费	暂估价
18	010504004001	挡土墙	(1)混凝土种类:商品混凝土 (2)混凝土强度等级:C30P6	m^3	15.65	544	8513.6	447.7	
19	010505001001	有梁板	(1)混凝土种类:商品混凝土 (2)混凝土强度等级:C30	m^3	561.49	532.46	298970.97	15050.85	
20	010505007001	天沟(檐沟)、挑檐板	(1)混凝土种类:商品混凝土 (2)混凝土强度等级:C30	m^3	9.21	532.41	4903.5	246.85	
21	010506001001	直形楼梯	(1)混凝土种类:商品混凝土 (2)混凝土强度等级:C30	m^2	68.48	144.8	9915.9	1194.63	
22	010507001001	散水、坡道	(1)垫层材料种类、厚度:150 mm厚3:7灰土 (2)面层厚度:60 mm厚 (3)混凝土种类:商品混凝土 (4)混凝土强度等级:C15 (5)变形缝填塞材料种类:沥青砂浆	m^2	98.87	109.41	10817.37	1549.83	
23	010507004001	台阶	(1)20 mm厚花岗岩板铺面,正、背面及四周边满涂防污剂,稀水泥浆擦缝 (2)撒素水泥面(洒适量清水) (3)30 mm厚1:4硬性水泥砂浆黏结层 (4)素水泥浆一道(内掺建筑胶) (5)100 mm厚C15混凝土,台阶面向外坡1% (6)300 mm厚3:7灰土垫层分两步夯实 (7)素土夯实	m^2	11.52	640.59	7379.6	1391.71	
本页小计							340500.94	19881.57	

表-08

分部分项工程和单价措施项目清单与计价表

工程名称:1 号办公楼/1 号办公楼【建筑与装饰工程】　　标段:1 号办公楼　　第 4 页　共 15 页

序号	项目编码	项目名称	项目特征描述	计量单位	工程量	金额(元)			
						综合单价	合　价	其　中	
								定额人工费	暂估价
24	010507005001	女儿墙压顶	(1)断面尺寸:300 mm×60 mm (2)混凝土种类:商品混凝土 (3)混凝土强度等级:C25	m	121.66	10.52	1279.86	64.53	
25	010515001001	现浇构件钢筋	钢筋种类、规格:现浇构件钢筋 直径≤ϕ10	t	53.644	6010.32	322417.61	43856.65	
26	010515001002	现浇构件钢筋	钢筋种类、规格:现浇构件钢筋 直径 ϕ12~ϕ16	t	60.908	5530.22	336834.64	27655.28	
27	010515001003	现浇构件钢筋	钢筋种类、规格:现浇构件钢筋 直径>ϕ16	t	71.421	5647.63	403359.38	38135.24	
28	010516003001	机械连接	(1)连接方式:机械连接 (2)螺纹套筒种类:螺纹套筒 (3)规格≤ϕ32	个	532	18.79	9996.28	4386.34	
29	010607003002	成品雨篷	(1)材料品种、规格:玻璃钢雨篷 (2)雨篷宽度:3.85 mm	m^2	27.72	133.79	3708.66	61.92	
30	010801001001	木质门 M1021	(1)门代号及洞口尺寸:M1021,1000 mm×2100 mm (2)门框、扇材质:木质复合门	m^2	222.6	380.51	84701.53	3635.68	
31	010802003001	钢质防火门 FM 乙 1121	(1)门代号及洞口尺寸:FM 乙 1121,1100 mm×2100 mm (2)门框、扇材质:乙级钢质防火门	m^2	5.04	535.9	2700.94	125.4	
32	010802003002	钢质防火门 FM 甲 1021	(1)门代号及洞口尺寸:FM 甲 1021,1000 mm×2100 mm (2)门框、扇材质:甲级钢质防火门	m^2	4.2	535.9	2250.78	104.5	
本页小计							1167249.68	118025.54	

表-08

分部分项工程和单价措施项目清单与计价表

工程名称:1 号办公楼/1 号办公楼【建筑与装饰工程】　　标段:1 号办公楼　　第 5 页　共 15 页

序号	项目编码	项目名称	项目特征描述	计量单位	工程量	金额(元)			
						综合单价	合价	其中	
								定额人工费	暂估价
33	010805002001	旋转门 M5021	(1)门代号及洞口尺寸:M5021,5000 mm×2100 mm (2)门框、扇材质:全玻璃转门	樘	1	44260.45	44260.45	915.2	
34	010807001001	转角窗 ZJC1	(1)窗代号及洞口尺寸:ZJC1、窗高2700 mm (2)框、扇材质:塑钢	m^2	229.32	356.22	81688.37	6190.17	
35	010807001002	飘窗 PC1	(1)窗代号及洞口尺寸:PC1、窗高2400 mm (2)框、扇材质:塑钢	m^2	80.26	356.2	28588.61	2166.4	
36	010807001003	塑钢窗 C5027	(1)窗代号及洞口尺寸:C5027,5000 mm×2700 mm (2)框、扇材质:塑钢	m^2	40.5	356.22	14426.91	1093.24	
37	010807001004	塑钢窗 C1624	(1)窗代号及洞口尺寸:C1624,1600 mm×2400 mm (2)框、扇材质:塑钢	m^2	38.4	356.22	13678.85	1036.55	
38	010807001005	塑钢窗 C1524	(1)窗代号及洞口尺寸:C1524,1500 mm×2400 mm (2)框、扇材质:塑钢	m^2	28.8	356.22	10259.14	777.4	
39	010807001006	塑钢窗 C2424	(1)窗代号及洞口尺寸:C2424,2400 mm×2400 mm (2)框、扇材质:塑钢	m^2	69.12	356.22	24621.93	1865.8	
40	010807001007	塑钢窗 C1824	(1)窗代号及洞口尺寸:C1824,1800 mm×2400 mm (2)框、扇材质:塑钢	m^2	69.12	356.22	24621.93	1865.8	
41	010807001008	塑钢窗 C0924	(1)窗代号及洞口尺寸:C0924,900 mm×2400 mm (2)框、扇材质:塑钢	m^2	34.56	356.22	12310.96	932.9	
本页小计							254457.15	16843.46	

表-08

分部分项工程和单价措施项目清单与计价表

工程名称:1 号办公楼/1 号办公楼【建筑与装饰工程】　　标段:1 号办公楼　　第 6 页　共 15 页

序号	项目编码	项目名称	项目特征描述	计量单位	工程量	金额(元)			
						综合单价	合价	其中	
								定额人工费	暂估价
42	010902002001	屋面涂膜防水	(1)防水膜品种:聚氨酯涂膜防水 (2)涂膜厚度、遍数:1.5 mm 厚,3 遍 (3)砂浆配合比、厚度:1∶3 水泥砂浆面层,20 mm 厚	m^2	626.79	58.51	36673.48	6327.56	
43	011001001001	保温隔热屋面	(1)保温隔热材料品种、规格、厚度:1∶12 现浇水泥珍珠岩,$i=2\%$,最薄处 20 mm (2)砂浆配合比、厚度:1∶3 水泥砂浆找平,20 mm 厚	m^2	593.11	26.33	15616.59	4587.43	
44	011101001001	水泥砂浆楼地面	楼面 4:水泥楼面 (1)20 mm 厚 1∶2.5 水泥砂浆抹面压实赶光 (2)50 mm 厚 C10 混凝土 (3)钢筋混凝土楼板	m^2	277.58	33.38	9265.62	3194.29	
45	011101001002	水泥砂浆楼地面(地面 4)	地面 4:水泥地面 (1)20 mm 厚 1∶2.5 水泥砂浆抹面压实赶光 (2)素水泥浆一道(内掺建筑胶) (3)50 mm 厚 C10 混凝土 (4)150 mm 厚 5~32 卵石灌 M2.5 混合砂浆,平板振捣器振捣密实 (5)素土夯实	m^2	38.86	119.12	4629	582.43	
本页小计							66184.69	14691.71	

表-08

分部分项工程和单价措施项目清单与计价表

工程名称:1 号办公楼/1 号办公楼【建筑与装饰工程】　　标段:1 号办公楼　　第 7 页　共 15 页

序号	项目编码	项目名称	项目特征描述	计量单位	工程量	金额(元)			
						综合单价	合　价	其　中	
								定额人工费	暂估价
46	011102001001	石材楼地面	楼面 3:大理石楼面 (1)铺 800 mm × 800 mm × 20 mm 大理石板,稀水泥擦缝 (2)20 mm 厚 1:2 干硬性水泥砂浆结合层,上撒 1 ~ 2 mm厚干水泥并洒清水适量 (3)20 mm 厚 1:3 水泥砂浆找平层 (4)水泥浆水灰比 0.4 ~ 0.5 结合层一道 (5)现浇混凝土楼板	m^2	388.18	227.25	88213.91	16097.42	
47	011102001002	石材楼地面(地面 1)	地面 1:大理石地面(大理石尺寸 800 mm × 800 mm) (1)铺 20 mm 厚大理石板,稀水泥擦缝 (2)撒素水泥面(洒适量清水) (3)30 mm 厚 1:3 干硬性水泥砂浆黏结层 (4)100 mm 厚 C10 素混凝土 (5)150 mm 厚 3:7灰土夯实 (6)素土夯实	m^2	327.29	298.31	97633.88	16427.2	
48	011102001003	石材楼地面(台阶平台)	(1)20 mm 厚光岗岩板铺面,正、背面及四周边满涂防污剂,稀水泥浆擦缝 (2)撒素水泥面(洒适量清水) (3)30 mm 厚 1:4 硬性水泥砂浆黏结层 (4)素水泥浆一道(内掺建筑胶) (5)100 mm 厚 C15 混凝土,台阶面向外坡 1% (6)300 mm 厚 3:7灰土垫层分两步夯实 (7)素土夯实	m^2	28.79	480.59	13403.66	2578.7	
本页小计							199251.45	35103.32	

表-08

分部分项工程和单价措施项目清单与计价表

工程名称:1 号办公楼/1 号办公楼【建筑与装饰工程】　　标段:1 号办公楼　　第 8 页　共 15 页

序号	项目编码	项目名称	项目特征描述	计量单位	工程量	金额(元)			
						综合单价	合价	其中	
								定额人工费	暂估价
49	011102003001	块料楼地面	楼面 1:防滑地砖楼面 (1)600 mm×600 mm×10 mm 抛光地砖面层,1∶1 水泥砂浆擦缝 (2)20 mm 厚 1∶2 干硬性水泥砂浆结合层,上撒 1~2 mm厚干水泥并洒清水适量 (3)20 mm 厚 1∶3 水泥砂浆找平层 (4)水泥浆水灰比 0.4~0.5 结合层一道 (5)结构层	m^2	1293.61	169.47	219228.09	44157.4	
50	511102003002	块料楼地面	楼面 2:防滑地砖防水楼面 (1)400 mm×400 mm×10 mm 防滑地砖,稀水泥浆擦缝 (2)撒素水泥面(洒适量清水) (3)20 mm 厚 1∶2 干硬性水泥砂浆黏结层 (4)1.5 mm 厚聚氨酯涂膜防水层靠墙处卷边 150 mm (5)20 mm 厚 1∶3 水泥砂浆找平层,四周及竖管根部抹小八字角 (6)素水泥浆一道 (7)平均 35 mm 厚 C15 细石混凝土从门口向地漏找 1% 坡 (8)现浇混凝土楼板	m^2	344.94	192.39	66363.01	13722.12	
本页小计							285591.10	57879.52	

表-08

分部分项工程和单价措施项目清单与计价表

工程名称:1 号办公楼/1 号办公楼【建筑与装饰工程】　　标段:1 号办公楼　　第 9 页　共 15 页

序号	项目编码	项目名称	项目特征描述	计量单位	工程量	金额(元)			
						综合单价	合价	其中	
								定额人工费	暂估价
51	011102003003	块料楼地面(地面3)	地面3:铺地砖地面 (1)10 mm 厚高级地砖,建筑胶黏剂粘铺,稀水泥浆碱擦缝 (2)20 mm 厚 1:2 干硬性水泥砂浆黏结层 (3)素水泥结合层一道 (4)50 mm 厚 C10 混凝土 (5)150 mm 厚 5 ~ 32 卵石灌 M2.5 混合砂浆,平板振捣器振捣密实 (6)素土夯实	m^2	116.29	178.29	20733.34	3675.84	
52	011102003004	块料楼地面(地面2)	地面2:防滑地砖地面 (1)2.5 mm 厚石塑防滑地砖,建筑胶黏剂粘铺,稀水泥浆碱擦缝 (2)素水泥浆一道(内掺建筑胶) (3)30 mm 厚 C15 细石混凝土随打随抹 (4)3 mm 厚高聚物改性沥青涂膜防水层,四周往上卷 150 mm 高 (5)平均 35 mm 厚 C15 细石混凝土找坡层 (6)150 mm 厚 3:7灰土夯实 (7)素土夯实	m^2	64.84	274.46	17795.99	3320.3	
本页小计							38529.33	6996.14	

表-08

分部分项工程和单价措施项目清单与计价表

工程名称:1 号办公楼/1 号办公楼【建筑与装饰工程】　　标段:1 号办公楼　　第 10 页　共 15 页

序号	项目编码	项目名称	项目特征描述	计量单位	工程量	金额(元)			
						综合单价	合价	其中	
								定额人工费	暂估价
53	011105001001	水泥砂浆踢脚线	踢脚 3:水泥砂浆踢脚 (1)6 mm 厚 1:2 水泥砂浆面层铁板赶光 (2)7 mm 厚 1:3 水泥砂浆基层 (3)13 mm 厚 1:2.5 水泥砂浆基层	m^2	21.87	36.85	805.91	349.41	
54	011105002001	石材踢脚线	踢脚 2:大理石踢脚 (1)面层:800 mm×100 mm×20 mm 深色地砖,高度为 100 mm,水泥浆擦缝 (2)4 mm 厚纯水泥浆黏结层(425 号水泥中掺 20%白乳胶) (3)25 mm 厚 1:2.5 水泥砂浆灌注	m^2	33.86	250.47	8480.91	2061.52	
55	011105003001	块料踢脚线	踢脚 1:地砖踢脚 (1)面层:400 mm×100 mm×10 mm 深色地砖,高度为 100 mm (2)4 mm 厚纯水泥浆粘贴层(425 号水泥中掺 20%白乳胶) (3)25 mm 厚 1:2.5 水泥砂浆基层	m^2	106.62	129.5	13807.29	5478.41	
56	011201001001	墙面一般抹灰	内墙面 1:水泥砂浆墙面 (1)墙体 (2)7 mm 厚 1:3 水泥砂浆打底拦毛 (3)6 mm 厚 1:3 水泥砂浆垫层找平 (4)5 mm 厚 1:2.5水泥砂浆罩面压光 (5)满刮腻子一道砂磨平 (6)刷乳胶漆	m^2	4499.01	28.82	129661.47	52954.61	
本页小计							152755.58	60843.95	

表-08

分部分项工程和单价措施项目清单与计价表

工程名称:1 号办公楼/1 号办公楼【建筑与装饰工程】　　标段:1 号办公楼　　第 11 页　共 15 页

序号	项目编码	项目名称	项目特征描述	计量单位	工程量	金额(元)			
						综合单价	合价	其中	
								定额人工费	暂估价
57	011204001001	石材墙面	墙裙 1:普通大理石板墙裙 (1)稀水泥浆擦缝 (2)贴 10 mm 厚大理石板,正、背面及四周满刷防污剂 (3)素水泥浆一道 (4)6 mm 厚 1∶0.5∶2.5 水泥石灰膏砂浆罩面 (5)8 mm 厚 1∶3 水泥砂浆打底扫毛划出纹道 (6)素水泥浆一道甩毛(内掺建筑胶)	m^2	14.63	255.26	3734.45	871.99	
58	011204001002	石材墙面	外墙 2:干挂大理石墙面 (1)干挂大理石墙面 (2)竖向龙骨间整个墙面用聚合物砂浆粘贴,35 mm 厚聚苯板与角钢竖龙骨交界处严贴,不得有缝隙,粘贴面积 20%,聚苯板离墙 10 mm,形成 10 mm 厚空气层。聚苯保温板容量≥18 kg/m^3 (3)墙面	m^2	145.13	444.25	64474	14243.99	
		本页小计					68208.45	15115.98	

表-08

分部分项工程和单价措施项目清单与计价表

工程名称:1 号办公楼/1 号办公楼【建筑与装饰工程】　　标段:1 号办公楼　　第 12 页　共 15 页

序号	项目编码	项目名称	项目特征描述	计量单位	工程量	金额(元) 综合单价	合价	其中 定额人工费	暂估价
59	011204003001	块料墙面	外墙 1:面砖外墙面(规格 45 mm×45 mm) (1)墙基层处理 (2)20 mm 厚 1∶2.5 水泥砂浆找平层(加 5%防水剂,聚丙烯纤维含量 0.9 kg/m^2) (3)3 mm 厚专用黏结剂 (4)界面剂一道 (5)35 mm 厚挤塑聚苯板 (6)界面剂一道 (7)专用底层聚合物抗裂砂浆 (8)镀锌钢丝网 (9)锚固件(保温钉) (10)专用面层聚合物抗裂砂浆 (11)专用黏结剂贴外墙面砖	m^2	1217.51	242.1	294759.17	97532.37	
60	011204003002	块料墙面	内墙面 2:瓷砖墙面 (1)墙体 (2)10 mm 厚 1∶3 水泥砂浆打底扫毛,分两次抹 (3)8 mm 厚 1∶2 水泥砂浆黏结层(加建筑胶适量) (4)200 mm×300 mm×6 mm 面砖,白水泥擦缝	m^2	793.49	127.17	100908.12	37126.37	
61	011301001001	天棚抹灰	天棚 1:抹灰天棚 (1)基层清理 (2)刷水泥浆一道(加建筑胶适量) (3)10 mm 厚 1∶1.4 水泥石灰砂浆打底找平 (4)4 mm 厚水泥石灰砂浆找平层 (5)满刮成品腻子膏一道 (6)刷乳胶漆三遍(底漆一遍,面漆两遍)	m^2	1649.98	25.3	41744.49	17354.79	
本页小计							437411.78	152013.53	

表-08

分部分项工程和单价措施项目清单与计价表

工程名称:1 号办公楼/1 号办公楼【建筑与装饰工程】　　标段:1 号办公楼　　第 13 页　共 15 页

序号	项目编码	项目名称	项目特征描述	计量单位	工程量	金额(元)			
						综合单价	合价	其中	
								定额人工费	暂估价
62	011302001001	吊顶天棚	吊顶 1:铝合金条板吊顶(燃烧性能为 A 级) (1)钢筋混凝土内预留 8 吊杆,双向吊点,中距 900 ~ 1200 mm (2)8 吊杆,双向吊点,中距 900 ~ 1200 mm (3)次龙骨(专用),中距 <300 ~ 600 mm (4)0.5 ~ 0.8 mm 厚铝合金条板,中距 200 mm	m^2	1054.37	59.34	62566.32	17231.38	
63	011302001002	吊顶天棚	吊顶 2:岩棉吸音板吊顶(燃烧性能为 A 级) (1)钢筋混凝土内预留 6.5 吊杆,双向吊点,中距 900 ~ 1200 mm (2)6.5 钢筋吊杆,双向吊点,中距 1200 mm (3)承载(主)龙骨[50 × 15 × 1.2,中距 <1200 mm (4)复面(次)龙骨 U50 × 19 × 0.5,中距 900 ~ 1200 mm(板材宽度) (5)复面横撑次龙骨 U50 × 19 × 0.5,中距等于板材长度 <2400 ~ 3000 mm (6)12 mm 厚岩棉吸声板面层,规格 592 mm × 592 mm	m^2	171.81	63.56	10920.24	3460.11	
本页小计							73486.56	20691.49	

表-08

分部分项工程和单价措施项目清单与计价表

工程名称:1 号办公楼/1 号办公楼【建筑与装饰工程】　　标段:1 号办公楼　　第 14 页　共 15 页

序号	项目编码	项目名称	项目特征描述	计量单位	工程量	金额(元)			
						综合单价	合　价	其　中	
								定额人工费	暂估价
64	011406001001	抹灰面油漆	外墙 3:涂料墙面 (1)喷甲基硅醇钠防水渗透剂防雨水渗漏 (2)刷真石漆两遍 (3)柔性腻子 (4)抗裂防渗砂浆压入耐碱玻纤网格布一层 (5)35 mm 厚挤塑聚苯板 (6)界面砂浆 (7)墙面	m^2	385.97	192.12	74152.56	20473.1	
65	011503001001	金属扶手、栏杆;栏板(阳台栏杆)	(1)扶手材料种类、规格:$D=60$ mm 不锈钢管扶手 (2)栏杆材料种类、规格:不锈钢管栏杆 竖条式	m	79.85	261.79	20903.93	6177.57	
66	011503001002	金属扶手、栏杆;栏板(楼梯栏杆)	(1)扶手材料种类、规格:$D=60$ mm 不锈钢管扶手 (2)栏杆材料种类、规格:不锈钢管栏杆 竖条式	m	24.96	205.55	5130.53	1636.6	
67	011503001003	金属扶手、栏杆;栏板(楼梯栏杆)	(1)扶手材料种类、规格:$D=60$ mm 不锈钢管扶手 (2)栏杆材料种类、规格:不锈钢管栏杆 竖条式	m	8.05	270.4	2176.72	644.9	
68	011503008001	玻璃栏板	栏杆玻璃的种类、规格、颜色:玻璃栏板,高 900 mm	m	6.7	471.56	3159.45	653.05	
69	011701001001	综合脚手架	(1)建筑结构形式 (2)檐口高度	m^2	3155.18	19.33	60989.63	27476.89	
70	011703001001	垂直运输	(1)建筑物建筑类型及结构形式 (2)地下室建筑面积 (3)建筑物檐口高度、层数	m^2	3155.18	16.01	50514.43	15147.39	
本页小计							217027.25	72209.5	

表-08

分部分项工程和单价措施项目清单与计价表

工程名称:1 号办公楼/1 号办公楼【建筑与装饰工程】　　标段:1 号办公楼　　第 15 页　共 15 页

<table>
<tr><th rowspan="3">序号</th><th rowspan="3">项目编码</th><th rowspan="3">项目名称</th><th rowspan="3">项目特征描述</th><th rowspan="3">计量单位</th><th rowspan="3">工程量</th><th colspan="4">金额(元)</th></tr>
<tr><th rowspan="2">综合单价</th><th rowspan="2">合　价</th><th colspan="2">其　中</th></tr>
<tr><th>定额人工费</th><th>暂估价</th></tr>
<tr><td>71</td><td>011705001001</td><td>大型机械设备进出场及安拆</td><td>(1)机械设备名称
(2)机械设备规格型号</td><td>台次</td><td>1</td><td>3840.02</td><td>3840.02</td><td>880</td><td></td></tr>
<tr><td>72</td><td>011705001002</td><td>大型机械设备进出场及安拆</td><td>(1)机械设备名称
(2)机械设备规格型号</td><td>台次</td><td>1</td><td>14508.91</td><td>14508.91</td><td>5495</td><td></td></tr>
<tr><td>73</td><td>011702001001</td><td>基础</td><td></td><td>m^2</td><td>78.64</td><td>51.73</td><td>4068.05</td><td>1215.54</td><td></td></tr>
<tr><td>74</td><td>011702001002</td><td>基础垫层</td><td></td><td>m^2</td><td>51.9</td><td>33.55</td><td>1741.25</td><td>547.91</td><td></td></tr>
<tr><td>75</td><td>011702001003</td><td>基础</td><td></td><td>m^2</td><td>48.23</td><td>48.3</td><td>2329.51</td><td>849.91</td><td></td></tr>
<tr><td>76</td><td>011702002001</td><td>矩形柱</td><td>(1)模板类型:复合模板
(2)模板高度:≤3.9 m</td><td>m^2</td><td>1050.18</td><td>57.46</td><td>60343.34</td><td>20895.01</td><td></td></tr>
<tr><td>77</td><td>011702003001</td><td>构造柱</td><td></td><td>m^2</td><td>183.25</td><td>58.92</td><td>10797.09</td><td>3691.74</td><td></td></tr>
<tr><td>78</td><td>011702009001</td><td>过梁</td><td></td><td>m^2</td><td>84.15</td><td>48.35</td><td>4068.65</td><td>1435.58</td><td></td></tr>
<tr><td>79</td><td>011702011002</td><td>直形墙</td><td></td><td>m^2</td><td>1145.71</td><td>50.34</td><td>57675.04</td><td>20746.94</td><td></td></tr>
<tr><td>80</td><td>011702012001</td><td>弧形墙</td><td></td><td>m^2</td><td>102.79</td><td>42.29</td><td>4346.99</td><td>2126.32</td><td></td></tr>
<tr><td>81</td><td>011702014002</td><td>有梁板</td><td>(1)模板类型:复合模板
(2)模板高度:≤3.9 m</td><td>m^2</td><td>3943.86</td><td>53.42</td><td>210681</td><td>73594.38</td><td></td></tr>
<tr><td>82</td><td>011702022001</td><td>天沟、檐沟</td><td></td><td>m^2</td><td>186.66</td><td>64.29</td><td>12000.37</td><td>4686.85</td><td></td></tr>
<tr><td>83</td><td>011702024001</td><td>楼梯</td><td></td><td>m^2</td><td>68.48</td><td>155.51</td><td>10649.32</td><td>5118.33</td><td></td></tr>
<tr><td>84</td><td>011702025001</td><td>其他现浇构件</td><td></td><td>m^2</td><td>41.7</td><td>80.18</td><td>3343.51</td><td>1409.74</td><td></td></tr>
<tr><td colspan="7">本页小计</td><td>400393.05</td><td>142693.25</td><td></td></tr>
<tr><td colspan="7">合　计</td><td>4592307.71</td><td>844527.31</td><td></td></tr>
</table>

表-08

综合单价分析表

工程名称:1 号办公楼/1 号办公楼【建筑与装饰工程】　　标段:1 号办公楼　　第 1 页　共 77 页

<table>
<tr><td colspan="2">项目编码</td><td colspan="2">010101001001</td><td colspan="2">项目名称</td><td colspan="2">平整场地</td><td>计量单位</td><td>m^2</td><td>工程量</td><td>636.09</td></tr>
<tr><td colspan="12">清单综合单价组成明细</td></tr>
<tr><td rowspan="2">定额
编号</td><td rowspan="2">定额项目名称</td><td rowspan="2">定额
单位</td><td rowspan="2">数量</td><td colspan="4">单价(元)</td><td colspan="4">合价(元)</td></tr>
<tr><td>人工费</td><td>材料费</td><td>机械费</td><td>综合费</td><td>人工费</td><td>材料费</td><td>机械费</td><td>综合费</td></tr>
<tr><td>AA0001</td><td>平整场地</td><td>100 m^2</td><td>0.0100</td><td>63.52</td><td>0.00</td><td>50.18</td><td>12.17</td><td>0.64</td><td>0.00</td><td>0.50</td><td>0.12</td></tr>
<tr><td colspan="2">人工单价</td><td colspan="6">小计</td><td>0.64</td><td>0.00</td><td>0.50</td><td>0.12</td></tr>
<tr><td colspan="2">元/工日</td><td colspan="6">未计价材料费</td><td colspan="4">0</td></tr>
<tr><td colspan="8">清单项目综合单价</td><td colspan="4">1.26</td></tr>
<tr><td rowspan="8">材料费
明细</td><td colspan="5">主要材料名称、规格、型号</td><td>单　位</td><td>数　量</td><td>单价
(元)</td><td>合价
(元)</td><td>暂估单价
(元)</td><td>暂估合价
(元)</td></tr>
<tr><td colspan="5"></td><td></td><td></td><td></td><td></td><td></td><td></td></tr>
<tr><td colspan="5"></td><td></td><td></td><td></td><td></td><td></td><td></td></tr>
<tr><td colspan="5"></td><td></td><td></td><td></td><td></td><td></td><td></td></tr>
<tr><td colspan="5"></td><td></td><td></td><td></td><td></td><td></td><td></td></tr>
<tr><td colspan="5"></td><td></td><td></td><td></td><td></td><td></td><td></td></tr>
<tr><td colspan="5"></td><td></td><td></td><td></td><td></td><td></td><td></td></tr>
<tr><td colspan="5"></td><td></td><td></td><td></td><td></td><td></td><td></td></tr>
</table>

注:1. 如不使用省级或行业建设主管部门发布的计价依据,可不填定额编号、名称等。

2. 招标文件提供了暂估单价的材料,按暂估的单价填入表内“暂估单价”栏及“暂估合价”栏。

表-09

综合单价分析表

工程名称:1 号办公楼/1 号办公楼【建筑与装饰工程】　　标段:1 号办公楼　　第 8 页　共 77 页

项目编码		010101001001		项目名称		砌块墙		计量单位	m^3	工程量	182.64
清单综合单价组成明细											
定额编号	定额项目名称	定额单位	数量	单价(元)				合价(元)			
				人工费	材料费	机械费	综合费	人工费	材料费	机械费	综合费
AD0157 R×1.25	加气混凝土砌块墙 干混砂浆 如为框架结构间和预制柱间墙人工×1.25	10 m^3	0.1000	1635.78	4382.71	0.00	153.22	163.58	438.27	0.00	15.32
人工单价		小　计						163.58	438.27	0.00	15.32
元/工日		未计价材料费						0			
清单项目综合单价								617.16			
材料费明细	主要材料名称、规格、型号					单　位	数　量	单价(元)	合价(元)	暂估单价(元)	暂估合价(元)
	水					m^3	0.146	4.3	0.63		
	加气混凝土砌块					m^3	0.99	393.83	389.89		
	干混砌筑砂浆					t	0.1377	345.85	47.62		
	其他材料费							—	0.13	—	0.00
	材料费小计							—	438.27	—	0.00

注:1. 如不使用省级或行业建设主管部门发布的计价依据,可不填定额编号、名称等。

2. 招标文件提供了暂估单价的材料,按暂估的单价填入表内"暂估单价"栏及"暂估合价"栏。

表-09

综合单价分析表

工程名称:1 号办公楼/1 号办公楼【建筑与装饰工程】　　标段:1 号办公楼　　第 35 页　共 77 页

项目编码		010805002001		项目名称		旋转门 M5021		计量单位	樘	工程量	1
清单综合单价组成明细											
定额编号	定额项目名称	定额单位	数量	单价(元)				合价(元)			
				人工费	材料费	机械费	综合费	人工费	材料费	机械费	综合费
AH0108	全玻旋转门 直径 2000 mm 不锈钢柱玻璃 12	樘	1.0000	1272.13	42738.47	0.00	249.85	1272.13	42738.47	0.00	249.85
人工单价		小　计						1272.13	42738.47	0.00	249.85
元/工日		未计价材料费						0			
清单项目综合单价								44260.45			
材料费明细	主要材料名称、规格、型号					单　位	数　量	单价(元)	合价(元)	暂估单价(元)	暂估合价(元)
	全玻旋转门(含玻璃转柱)					套	1	42735.04	42735.04		
	其他材料费							—	3.43	—	0.00
	材料费小计							—	42738.47	—	0.00

注:1. 如不使用省级或行业建设主管部门发布的计价依据,可不填定额编号、名称等。

2. 招标文件提供了暂估单价的材料,按暂估的单价填入表内“暂估单价”栏及“暂估合价”栏。

表-09

综合单价分析表

工程名称:1 号办公楼/1 号办公楼【建筑与装饰工程】　　标段:1 号办公楼　　第 77 页　共 77 页

项目编码		011503008001		项目名称		玻璃栏板		计量单位	m	工程量	6.7
清单综合单价组成明细											
定额编号	定额项目名称	定额单位	数量	单价(元)				合价(元)			
				人工费	材料费	机械费	综合费	人工费	材料费	机械费	综合费
AQ0046	不锈钢扶手 点支式玻璃栏板	10 m^2	0.0900	1505.37	3393.05	0.00	341.15	135.48	305.37	0.00	30.70
人工单价		小　计						135.48	305.37	0.00	30.70
元/工日		未计价材料费						0			
清单项目综合单价								471.56			
材料费明细	主要材料名称、规格、型号					单　位	数　量	单价(元)	合价(元)	暂估单价(元)	暂估合价(元)
	不锈钢钢管 $\phi50$					m	2.0988	35.04	73.54		
	钢化玻璃 12 mm					m^2	0.7416	79.65	59.07		
	铁件					kg	0.09	4.33	0.39		
	二爪挂件幕墙专用					套	1.08	137.93	148.96		
	其他材料费							—	23.41	—	0.00
	材料费小计							—	305.37	—	0.00

注:1. 如不使用省级或行业建设主管部门发布的计价依据,可不填定额编号、名称等。

2. 招标文件提供了暂估单价的材料,按暂估的单价填入表内“暂估单价”栏及“暂估合价”栏。

表-09

综合单价分析表

工程名称:1 号办公楼/1 号办公楼【建筑与装饰工程】　　标段:1 号办公楼　　第 1 页　共 16 页

项目编码		011701001001		项目名称		综合脚手架		计量单位	m^2	工程量	3155.18
清单综合单价组成明细											
定额编号	定额项目名称	定额单位	数　量	单价(元)				合价(元)			
				人工费	材料费	机械费	综合费	人工费	材料费	机械费	综合费
AS0007	综合脚手架 多层建筑(檐口高度)≤15 m	100 m^2	0.0100	1210.48	562.78	52.11	108.01	12.10	5.63	0.52	1.08
人工单价		小　计						12.10	5.63	0.52	1.08
元/工日		未计价材料费						0			
清单项目综合单价								19.23			
材料费明细	主要材料名称、规格、型号					单　位	数　量	单价(元)	合价(元)	暂估单价(元)	暂估合价(元)
	锯材综合					m^2	0.001	2035.5	2.04		
	脚手架钢材					kg	0.3701	4.781	1.77		
	其他材料费							—	1.82	—	0.00
	材料费小计							—	5.63	—	0.00

注:1. 如不使用省级或行业建设主管部门发布的计价依据,可不填定额编号、名称等。

2. 招标文件提供了暂估单价的材料,按暂估的单价填入表内“暂估单价”栏及“暂估合价”栏。

表-09

总价措施项目清单与计价表

工程名称:1 号办公楼/1 号办公楼【建筑与装饰工程】　　标段:1 号办公楼　　第 1 页　共 1 页

序号	项目编码	项目名称	计算基础	费率（%）	金额（元）	调整费率（%）	调整后金额（元）	备　注
1	011707001001	安全文明施工费			236467.64			建设工程安全文明施工费为不可竞争费用 ●在编制概算 ●招标控制价时应足额计取,即安全文明施工费费率按基本费费率加现场评价费最高费率计列
1.1	①	环境保护费	分部分项定额人工费 + 单价措施项目定额人工费	1.54	13005.72			
1.2	②	文明施工费	分部分项定额人工费 + 单价措施项目定额人工费	6.52	55063.18			
1.3	③	安全施工费	分部分项定额人工费 + 单价措施项目定额人工费	11.36	95938.3			
1.4	④	临时设施费	分部分项定额人工费 + 单价措施项目定额人工费	8.58	72460.44			
2	011707002001	夜间施工	分部分项定额人工费 + 单价措施项目定额人工费	0.78	6587.31			
3	011707003001	非夜间施工照明						
4	011707004001	二次搬运	分部分项定额人工费 + 单价措施项目定额人工费	0.38	3209.2			
5	011707005001	冬雨季施工	分部分项定额人工费 + 单价措施项目定额人工费	0.58	4898.26			
6	011707006001	地上、地下设施、建筑物的临时保护设施						
7	011707007001	已完工程及设备保护						
8	011707008001	工程定位复测	分部分项定额人工费 + 单价措施项目定额人工费	0.14	1182.34			
合　计					252344.75			

注:按施工方案计算的措施费,若无“计算基础”和“费率”的数值,也可只填“金额”数值,但应在备注栏说明施工方案出处或计算方法。用于投标报价时,“调整费率”及“调整后的金额”无须填写。

表-11

其他项目清单与计价汇总表

工程名称:1 号办公楼/1 号办公楼【建筑与装饰工程】　　标段:1 号办公楼　　第 1 页　共 1 页

序　号	项目名称	金额(元)	结算金额(元)	备　注
1	暂列金额	1000000		明细详见表-12-1
2	暂估价	800000		
2.1	材料(工程设备)暂估价/结算价	—		明细详见表-12-2
2.2	专业工程暂估价/结算价	800000		明细详见表-12-3
3	计日工	14035		明细详见表-12-4
4	总承包服务费			明细详见表-12-5
合　计		1814035		—

注:材料(工程设备)暂估单价进入清单项目综合单价,此处不汇总。

表-12

暂列金额明细表

工程名称:1 号办公楼/1 号办公楼【建筑与装饰工程】　　标段:1 号办公楼　　第 1 页　共 1 页

序　号	项目名称	计量单位	暂定金额(元)	备　注
1	暂列金额		1000000	
合　计			1000000	—

注:此表由招标人填写,如不能详列,也可只列暂定金额总额,投标人应将上述暂列金额计入投标总价中。

表-12-1

专业工程暂估价及结算价表

工程名称:1 号办公楼/1 号办公楼【建筑与装饰工程】　　标段:1 号办公楼　　第 1 页　共 1 页

序　号	工程名称	工程内容	暂估金额(元)	差额±(元)	备　注
1	幕墙工程(含预埋件)		800000		
合　计			800000		

注:此表“暂估金额”由招标人填写,投标人应将“暂估金额”计入投标总价中,结算时按合同约定结算金额填写。

表-12-3

计日工表

工程名称:1 号办公楼/1 号办公楼【建筑与装饰工程】　　标段:1 号办公楼　　第 1 页　共 1 页

编　号	项目名称	单　位	暂定数量	实际数量	综合单价(元)	合价(元)	
						暂　定	实　际
一	人工						
1	木工	工日	10		250	2500	
2	瓦工	工日	10		300	3000	
3	钢筋工	工日	10		280	2800	
工人小计						8300	
二	材料						
	砂子(中粗)	m^3	5		72	360	
	水泥	m^3	5		460	2300	
材料小计						2660	
三	施工机械						
	载重汽车	台班	1		1000	1000	
施工机械小计						1000	
四、综合费						2075	
合　计						14035	

注:此表项目名称、暂定数量由招标人填写,编制招标控制价时,单价由招标人按有关计价规定确定;投标时,单价由投标人自主报价,按暂定数量计算合价计入投标总价中。结算时,按发承包双方确认的实际数量计算合价。

表-12-4

规费、税金项目计价表
(适用于一般计税方法)

工程名称:1 号办公楼/1 号办公楼【建筑与装饰工程】　　标段:1 号办公楼　　第 1 页　共 1 页

序　号	项目名称	计算基础	计算基数	计算费率(%)	金额(元)
1	规费	分部分项清单定额人工费 + 单价措施项目清单定额人工费			126679.09
1.1	社会保险费	分部分项清单定额人工费 + 单价措施项目清单定额人工费			98809.69
(1)	养老保险费	分部分项清单定额人工费 + 单价措施项目清单定额人工费	844527.31	7.5	63339.55
(2)	失业保险费	分部分项清单定额人工费 + 单价措施项目清单定额人工费	844527.31	0.6	5067.16
(3)	医疗保险费	分部分项清单定额人工费 + 单价措施项目清单定额人工费	844527.31	2.7	22802.24
(4)	工伤保险费	分部分项清单定额人工费 + 单价措施项目清单定额人工费	844527.31	0.7	5911.69
(5)	生育保险费	分部分项清单定额人工费 + 单价措施项目清单定额人工费	844527.31	0.2	1689.05
1.2	住房公积金	分部分项清单定额人工费 + 单价措施项目清单定额人工费	844527.31	3.3	27869.4
1.3	工程排污费	按工程所在池环保部门规定按实计入		0	
2	税金	分部分项及单价措施项目费 + 总价措施项目费 + 其他项目费 + 规费 + 创优质工程奖补偿奖励费 - 按规定不计税的工程设备金额 - 除税甲供材料(设备)费	6148077.6	9	553326.98
合　计					680006.07

表-13-1

附录　其他算量软件介绍

手机扫码阅读